HEYNE BÜCHER
SACHBUCH

Robert Jungk

Heller als tausend Sonnen

Das Schicksal der Atomforscher

Mit einem Vorwort
von Matthias Greffrath

WILHELM HEYNE VERLAG
MÜNCHEN

HEYNE SACHBUCH
Nr. 19/108

Printed in Germany 1990
Umschlagfoto: ZEFA, Düsseldorf
Umschlaggestaltung: Atelier Adolf Bachmann, Reischach
Satz: Fotosatz Völkl, Germering
Druck und Verarbeitung: Ebner Ulm

ISBN 3-453-04019-8

Inhalt

Für Ruth

MATTHIAS GREFFRATH

Atomphysik und utopische Quanten – der Wissenschaftskritiker Robert Jungk

Durch Zufall kamen wir drauf. Wir saßen in seinem »Bergwerk«, der kleinen Arbeitswohnung hoch über der Salzach. Unten im Erdgeschoß war gerade die »Bibliothek für Zukunftsfragen« eröffnet worden, für die er die Bücher und Salzburg die Räume und etwas Geld gegeben hat. Aber er ist kein Mann für eine Bibliothek; jeden Tag, den er dort ist, schleppt er Material und Bücher hinein, in Plastiktüten und zum Entsetzen der Bibliothekare. Dann steigt er vier Stockwerke hoch, in dieses »Bergwerk« eben, wo die Broschüren, die Bücher, die grauen Materialien, die Zeitschriften und Ausschnitte sich bis zur Flurtür stapeln. Auf dem Weg zum Schreibtisch findet er dann das eine oder andere wieder, legt es um, bewegt sich zwischen den Papierbergen umher, organisch verbunden mit dem Material seiner Arbeit. Er ist einer, der nicht an Geschriebenem vorbeigehen kann, ohne es zu berühren, wie Kinder an Lattenzäunen muß er es wenigstens streifen. Über einem der beiden Schreibtische – der eine fürs Aktuelle, der andere fürs Dauerhaftere gedacht, aber es kann auch mal anders kommen – hängt ein fotokopierter Holzschnitt, mit einer Stecknadel an die Wand geheftet: der Indianer, ein auf der Erde nach kleinen Scherben sucht. »Es sind die Scherben der Sonne, die zerplatzt ist unter der Übermacht des Bösen«, erklärte Robert Jungk mir die Mythologie. »Nun müssen die Menschen die Partikel wieder zusammensetzen.« Die Hoffnungsfunken, die kleinen utopischen Quanten, die in vielen einzelnen Menschen, Bewegungen, Parteien stecken, wieder zusammenfügen zu einer Bewegung zur Bewahrung der Welt.

»Hast du eigentlich einmal einen Atombomben-Abwurf gesehen?« fragte ich ihn. Es war eine »wilde« Frage, ein kinderneugieriger Gedanke, der mir durch den Kopf geschossen war.

»Ja, ja«, hatte er geantwortet, und war schon wieder weiter, denn unser Thema war die Nutzung der Sonnenenergie. Aber dann, während es draußen langsam dunkel wurde und einige der tausend Salzburger Glocken zu läuten begannen, erzählte er: von einem der wenigen Bombentests, zu denen Journalisten zugelassen waren. Erzählte, wie sie die Modellstadt vorher besichtigen konnten, in der die Puppen hinter den Fenstern der Holzhäuser saßen. Die Puppen, die durch die Wochenschauen meiner Kindheit geflogen waren, vom Druck der Detonation durch die Luft gewirbelt, zerfetzt, von der Hitzewelle verbrannt.

»Sie haben uns dann auf einen Berg gefahren in der Wüste, irgendwo bei Las Vegas.« Nur eine kleine Pause, und dann sprudelte es aus ihm heraus: »Es ist wirklich ... unvorstellbar. Und wenn man hundertmal sagt: heller als tausend Sonnen – die wirkliche Gewalt hat man damit noch nicht ausgedrückt. Ich spreche von nichts als von der Helligkeit der Detonation. Danach rückten dann die Soldaten ein: Man wollte sehen, wie sie aussehen. Die sind alle krebskrank geworden.« Und er selbst wisse auch nicht, ob nicht seine Haare so früh weiß geworden sind unter dem Einfluß der Strahlung. »Ein leichter Schaden vielleicht. Einer ist ja hingegangen, der Paul Jacobs, und hat diese verkrusteten, zu Glas gewordenen Sandstücke in die Hand genommen. Einer der vielen, die dann früh gestorben sind.«

Und wie war es? Wie ist es, das »Unvorstellbare«?

»Merkwürdig«, sagt er da, »ich habe lange nicht daran gedacht. Ich habe damals diese dunkle Brille abgenommen. Wenigstens für den Bruchteil einer Sekunde. Ich wollte mich nicht hinter diesen Gläsern verstecken. Natürlich war das Leichtsinn, ich hätte leicht einen Katarakt kriegen können. Ja, ja, Reporterleichtsinn, oder Leidenschaft vielleicht. Ich kann das doch nicht nur so gefiltert sehen, habe ich gedacht. Aber was ich dann gesehen habe, für diesen Bruchteil der Sekunde« – er zögert einen Augenblick und schüttelt den Kopf –, »das war von einer solchen Helle, von einer solchen Überhelle, daß ich es nicht beschreiben kann.« Draußen war es jetzt dunkel geworden, in der Thermoskanne war noch etwas

Tee, und Robert Jungk versuchte noch einmal, sich dem Lichtblitz zu nähern. »Das ist es ja gerade: Die Sprache verharmlost. ›Überhell‹ ist noch zu harmlos, das erinnert noch an ›hell‹. Man müßte eine neue Sprache erfinden. Das ist ja wirklich so gewesen ..., als ob das Himmelszelt zerspalten wurde in diesem Augenblick. In zwei Hälften zerspalten, und dazwischen war ein Loch. Ein Himmelsloch. Ja, so müßte man es vielleicht beschreiben: nicht, was man sieht, sondern wie es auf uns wirkt. Die Sicherheit, die zerstört wird. Das, womit wir groß geworden sind, was uns seit der Kindheit sicher ist, diese Kuppel über uns, die reißt gewaltsam auseinander. Die Koordinaten unseres körperlichen Daseins, unseres ganz normalen Alltags zerreißen. Man muß vielleicht wirklich diese Gefühle beschreiben, diesen Schrecken, dieses Schwinden aller Selbstverständlichkeit, um der Sache nahezukommen. ›Heller als tausend Sonnen‹, wenn ich das sage, vergleiche ich immer noch. Dann betrüge ich mich immer noch.«

»Ist das nicht auch schön?«

»Ja«, sagt er schnell und korrigiert sich sofort: »Aber ist das nicht auch schon wieder falsch? Sicher, es entstehen da Farben, die es sonst nicht gibt, Lichtbrechungen, ganz anders als beim Regenbogen. Aber ich mißtraue dieser Begeisterung für die menschengemachte Schöpfung ...«

Die Ästhetisierung lenkt ab von der schrecklichen Wirkung. »Der Gregory Breit hat mir damals mal etwas über diese schreckliche Schönheit erzählt, die in der Vorstellung eines selbstgemachten Untergangs steckt. Dieses Machtgefühl: Immer waren wir die Geschöpfe der Welt, und nun können wir dieses Gefüge durcheinanderbringen. Ich bin stärker als die Natur – dieses Gefühl ist in dieser Schönheit drin.« Und Jungk erzählt noch einmal die wohl bestürzendste Episode aus der Geschichte der Atombombe: Wie die Physiker einige Tage vor dem ersten Test in einen Streit darüber gerieten, ob die Detonation nicht in einer Kettenreaktion die atmosphärische Hülle verbrennen würde. »Fermi hat damals gewettet, zumindest Neu-Mexiko würde es erwischen. Teller hat dann berechnet, es werde nichts passieren.«

Die Titanen beim Zerstören der Welt – eine solche Vorstellung mag am Anfang gestanden haben, als Robert Jungk sich daranmachte, die Geschichte der Atomforscher zu schreiben. Ein Romanstoff, mindestens. »Ja, meine große Sehnsucht war auch damals noch, einen Roman zu schreiben.« Lange hatte er, während der Kriegsjahre und danach, von diesem Roman geträumt. Der Weg war lang, der Weg in die Wirklichkeit ohne Brillen – getönte oder ästhetische. Der Nachrichtendienst, den der Flüchtling aus Berlin aufzog, die Journalistentätigkeit als nicht gerade freundlich behandelter Fremder in der Schweiz, das alles war noch nicht das Eigentliche. Jungk – einer seiner besten Freunde war Peter Weiß, mit dem ihn eine lange romantische Freundschaft verband: dem er vom Widerstand in Deutschland erzählte und der ihm gemalte Briefe mit Märchen schickte, im Prager und Züricher Exil – wollte den Roman des zwanzigsten Jahrhunderts schreiben, ein Buch, das all die revolutionären Veränderungen verarbeitet: die Veränderung der Wahrnehmung, die Verschiebung der wissenschaftlichen Horizonte ins Übergroße und ins Unterschwellige, die Deformation der Menschen, die Schleifung der Grenzen; ein Epos, das alle die Vertreibungen und stillen Heldentaten und korporativen Verbrechen, kurz, die Veränderungen all dessen konzentrieren sollte, was wir meinen, wenn wir heute »Mensch« sagen.

»Ich wollte das als Romancier beschreiben. Zum Beispiel die Akzeleration. Da drüben, über meinem Schreibtisch, hängt so eine Tabelle der Beschleunigungen: wieviel schneller wir uns bewegen können seit einem Jahrhundert, wieviel mehr wir sehen, wissen, mit wieviel mehr Menschen wir in Berührung kommen. Was bedeutet das für den einzelnen?« Psychologie und Geschichte zusammenzubringen, das war seine Idee gewesen. »Und dann ist folgendes passiert: In Los Alamos habe ich einen Physiker kennengelernt, einen österreichischen Emigranten. Kalmus hieß der, er hat mich durch die Laboratorien geführt, höflich, aber nicht allzu offen. Dann brachte er mich zum Bus, an den Zaun des Sperrbezirks. Und der Bus sprang nicht an, fuhr nicht. Wir mußten warten und standen da. Und dann – er hatte seine Arbeit getan und fühlte sich privat – hat er mir gesagt: ›Wissen Sie, bei mir ist alles umgekehrt gekommen: Ich war Sozialist, bin 1934 aus Österreich emigriert, und nun arbeite ich für die größte kapitalistische Nation. Ich war Pazifist, und nun baue ich gigantische Zerstörungswaffen. Ich war für die Unabhängigkeit der Forschung, und nun bin ich ein Rädchen im Getriebe.‹ Da wußte ich: Das ist mein Mann. Dieser Physiker war für mich das Symbol des Jahrhunderts.«

Jungk arbeitete sich in seinen Stoff hinein. Und wie immer: Wenn die Arbeit beginnt, regiert die Gelegenheit. Kurt Hirschfeld, der Dramaturg des Züricher Schauspielhauses, sieht die Protokolle von den Oppenheimer-Hearings auf Jungks Schreibtisch liegen, erinnert sich an seine Studienjahre in Göttingen und schickt Robert Jungk nach Bern, zu Houtermans. »Der war auch ein tragischer Fall: Ein deutscher Kommunist, in die Stalinschen Säuberungen geraten, von Stalin an die Nazis ausgeliefert, hat er dann mit Ardenne an der deutschen Atombombe gearbeitet. Er trank viel, weil er so starke Schmerzen hatte. Und plötzlich, es war schon spät, lallt er: ›Sie sind ein Idiot!‹ Wieso bin ich ein Idiot, frage ich ihn. ›Wieso erfinden Sie was?‹ brüllt er mich an. ›Sie sind ein Idiot. Die Wirklichkeit ist doch viel spannender!‹«

Das war ein entscheidender Augenblick im Leben des Reporters Robert Jungk. »›Aber ich kann doch das Buch über die Wirklichkeit gar nicht schreiben‹, habe ich ihm gesagt. ›Ich bin doch kein Physiker. Ich verstehe doch die Einzelheiten nicht.‹ Und Houtermans antwortete mir: ›Nur weil Sie nicht drin sind, nur weil Sie keiner von uns sind, können Sie das Buch schreiben. Wir sind alle betriebsblind und beziehungsgebunden. Keiner von uns überschaut das Ganze, und jeder von uns müßte Rücksicht nehmen auf seine Freunde und Kollegen, wenn er die Geschichte der Bombe schreiben würde.‹ Ja, so ist das Ganze entstanden. Houtermans hatte eingeschlagen, und ich habe mich auf die Suche gemacht.«

Das Buch schlug ein. »Ach«, sagte Linus Pauling einmal auf einer Pugwash-Konferenz zu Jungk, »Sie gibt es wirklich? Als ›Heller als tausend Sonnen‹ herauskam, dachten wir alle, das habe einer von uns geschrieben.« Kein Wunder. Die Bereitschaft, zu erzählen, zu beichten, zu klatschen, war groß unter den Wissenschaftlern. Um sich zu rühmen, um eine Last loszuwerden, um die eigenen Zweifel zu äußern, redeten sie bereitwillig mit dem Journalisten, der da kam. »Als hätten sie darauf gewartet«, erzählt Jungk, »über ihre Gewissensnöte zu reden.« Und der Laie entthronte die eigenen Vorstellungen von der Geradlinigkeit wissenschaftlicher Entwicklungen: »In den Veröffentlichungen sieht es immer so aus, als seien sie zielstrebig auf das Resultat zugegangen. In Wirklichkeit sind sie nicht so sicher, nicht so überzeugt, nicht so erhaben, wie sie sich gern darstellen.« Es gibt nicht »die Wissenschaftler«, lernte Jungk, auch nicht »die Atomphysiker«: »Da gab es diejenigen, die ihre Produktivität – als sie begriffen, was da geschehen war – bewußt oder unbewußt versiegen ließen, die nicht weiterforschten. Bei anderen ist der Charakter kaputtgegangen. Bei Oppenheimer zum Beispiel, der ja am Anfang eigentlich mein Idol war.« Stück für Stück habe er die Illusion verloren, habe entdeckt, wie anfällig Robert Oppenheimer für die Wonnen von Macht, Einfluß und Bewunderung war. »Oppenheimer hat später sogar behauptet, ich sei nie bei ihm gewesen. Erst als man aus dem Besuchsregister von Princeton rekonstruiert hat, daß ich ihn besucht habe, ist er ruhig geworden.«

Eine der Thesen des Buches lautete: Die deutschen Physiker hätten die Bombe bauen können, aber sie hätten ihre Arbeit so verzögert, daß es nicht zum Bau kam. »Heute muß ich sagen: Das hat man mir damals ›verkauft‹. Vor allem Weizsäkker.« Die deutschen Physiker seien »Passivisten« gewesen, habe der ihm damals eingeredet. »Später, als klar wurde, daß es bei den deutschen Physikern weniger am Willen als an den fehlenden Fähigkeiten und Mitteln lag, hat er sich dann korrigiert und versucht, mich als naiv darzustellen.« Robert Jungk fühlt sich bestätigt durch das Buch des amerikanischen Historikers Mark Walker (»Die Uranmaschine«). Walker zeigt anhand von bisher nicht zugänglichen Unterlagen aus dem Berlin Document Center, daß die deutschen Physiker durchaus nicht so abstinent waren, wie sie Jungk glauben zu machen suchten. Während des gesamten Krieges standen sie in engem

Kontakt mit der Staatsführung, und selbst ein so honoriger Mann wie Otto Hahn berichtete regelmäßig an das Heereswaffenamt über den militärischen Nutzen der Arbeiten in seinem Institut. Gut, es mag offenbleiben, welches die Motive im einzelnen waren und wie berechtigt es im Einzelfall gewesen sein mag, dabeizubleiben, um Schlimmeres zu verhindern. »Weizsäcker hat mir einmal gesagt, es sei die Aufgabe der Wissenschaftler, so wie Plato es auch getan habe, die Politiker zu führen. Es mag ja sein, daß man auch die großen grauen Eminenzen braucht, diese Leute, die beiden Seiten verdächtig sind. Aber meine Rolle ist es nicht, diesen Leuten einen Persilschein zu schreiben. Wer die Nähe zur Macht sucht, muß eben auch seinen Preis zahlen.« Walkers Buch jedenfalls zeigt: Einige der höchsten Repräsentanten der deutschen Physik haben dem Reporter Jungk damals eine Weißwaschvariante verkauft. »Und warum habe ich sie geglaubt? Das Buch ist während der McCarthy-Periode geschrieben, die Endfassung in Amerika entstanden. Ich wollte den Wissenschaftlern zeigen: Auch in einem totalitären Regime müßt ihr euch nicht total anpassen. Es gibt Möglichkeiten der Arbeitsverweigerung, die euch nicht gefährden. Und da kamen mir diese Selbstdarstellungen der Deutschen natürlich gerade recht.«

Vielleicht ist es überhaupt nicht mehr möglich, ein Buch wie »Heller als tausend Sonnen« heute noch zu schreiben, einen soziotechnischen Großprozeß zu beschreiben, als sei er das Resultat des bewußten Handelns von Wissenschaftlern. Der große Wendepunkt im Selbstbild der Naturwissenschaftler, der Abwurf der Atombomben, führte in den fünfziger und sechziger Jahren zu all den Debatten über Gewissen und Macht, über Wissenschaft und Politik. »Nach dem Abwurf der amerikanischen Atombombe über Hiroshima und Nagasaki«, schreibt Jungk in seinem Vorwort zu Walkers Buch, »haben viele Forscher in den USA, Großbritannien und Frankreich gemeint, daß es in erster Linie von ihnen abhänge, ob und wie der Rüstungswettlauf weitergehe. Die Nachkriegsgeschichte hat aber gezeigt, daß dies eine Überschätzung ihrer Einflußmöglichkeiten war. Denn die Entscheidungen über die Verwendung wissenschaftlicher Erkenntnisse fallen sowohl im Krieg wie in einem vom Konkurrenzkampf geprägten ›Frieden‹ nicht in den Laboratorien, sondern in den Büros der Militärs und Industriemanager und den vorwiegend von ihnen beeinflußten politischen Gremien.«

Es ist nicht mehr so, wie es die Größen der damaligen Physik, diese internationale, relativ kleine Gruppe, eine homogene, befreundete Elite von einander bekannten Großdenkern, noch glauben konnte: daß es auf sie und ihr Gewissen ankomme. »Die Wissenschaft hat sich so geändert, es kann diese großen Figuren vielleicht nicht mehr geben. Den großen einzelnen, der alles überblickt, die ehrfurchtgebietende Forscherpersönlichkeit, die gibt es nicht mehr. Die schöpferische Einzelleistung diffundiert im Apparat. Und so ist es auch mit der Verantwortung: Man kann keine Schuldzuweisung mehr aussprechen. Wie soll man diesen Zustand angemessen beschreiben?« Auf jeden Fall ist es kein dramatischer Vorgang mehr, mit literaturträchtigen Hauptrollen, dieser Forschungsprozeß, in dem viele Einzelne viele kleine Löcher bohren, aber keiner das Ganze überschaut. »Die Teilgebiete sind heute so klein geworden, daß es keine Helden mehr gibt. Helden der Gentechnik, wo sind die?«

Aber Robert Jungk wäre nicht, der er ist – nicht unerschütterlicher Optimist, das wäre falsch, aber unermüdlicher Sucher nach den positiven Möglichkeiten –, wenn er nicht auch in diesem veränderten Sachverhalt eine neue Chance sähe: »Die Kritiker haben es bei diesem Zustand vielleicht leichter. Sie dringen eher durch.« Auch deshalb, weil die Atombombe denn doch Fortschrittsgewißheit und Selbstsicherheit der Naturwissenschaftler unwiderruflich erschüttert hat. »Nicht nur die Kreativität ist diffundiert, auch das kritische Bewußtsein. Es sind mehr und mehr geworden, seit das ›Bulletin of the Atomic Scientists‹ zum ersten Mal erschienen ist.« Aber die Vorlesungen über Technik und Ethik und dergleichen seien nach wie vor nicht gut besucht, wende ich ein. »Ja, ja, aber man muß sehen, was sich verändert hat. Der Gedanke, daß Wissenschaft sich zur Gesellschaft öffnen muß, wird nicht mehr bestritten. Und auch der andere nicht, daß nicht alles gemacht werden darf, was gemacht werden kann. Und im übrigen kommt es auf die reine Quantität nicht an. Qualifizierte Minderheiten können die öffentliche Meinung stark beeinflussen.«

Das ist wohl richtig, und Jungks Bücher, Jungks Artikel haben in kaum wägbarer Weise dazu beigetragen, daß es diese Minderheiten gibt. Sein Buch über die Atomphysiker und die Bombe markiert gleichsam einen Einschnitt in der Geschichte der Technik: den Rückblick auf die Zeit, als es auf die einzelnen noch ankam, und den Ausblick in eine Epoche, in der die nicht mehr auflösbare Verquickung von Wissenschaft, Politik und Wirtschaft, von Erkenntnistrieb, Profitstreben und Ehrgeiz eine neue Form gesellschaftlicher Kontrolle unabweisbar macht.

»Ich meine, daß weder strenge Kontrolle noch Selbstkontrolle von Forschern, die mit gefährlichem Wissen umgehen, erreichbar oder auch nur wünschenswert wären.« Die Stimmen des Gewissens oder der Vernunft – sie sind zu schwach gegen die Zwänge der Karriere, des Ehrgeizes, des Korpsgeistes. »Man muß darüber nachdenken, wie die Leute Aufgaben verweigern können, die sie für lebensschädigend halten, ohne daß ihnen daraus Nachteile erwachsen, ohne daß sie aufhören müßten, Forscher zu sein.« Wie soll das geschehen? »Letztlich nur dadurch, daß nicht mehr diejenigen Forscher finanzieren, die es zur Stärkung ihrer Macht oder ihrer Gewinne tun, sondern die Millionen Betroffener, deren Steuergelder so oft zu ihrem eigenen Schaden verwendet werden. Nur den Bürgern gegenüber soll sich der Forscher verantworten müssen.«

Das ist ein fernes Ziel, schwer erreichbar. Es riecht nach Gewerkschaft, nach Bürokratie, nach Herrschaft des Mittelmaßes. Spitzenforscher unterwerfen sich dem ungern, auch heute. Aber was heißt denn heute noch Spitzenforscher? Was ist denn überhaupt aus dem »faustischen Trieb« geworden? Ist es denn überhaupt noch attraktiv für die »Besten«, sich in arbeitsteiliger Kleinteiligkeit zu erschöpfen? Oder anders gefragt: Wenn Wissenschaftler nicht zu bremsen sind, weil sie so neugierig und ehrgeizig sind, was wäre das »funktionale Äquivalent« für den einsamen Durchbruch ins Neuland, von dem man heute immer befürchten muß, daß es einer in die Zerstörung ist? »Die tolle Leistung, die zu verwirklichen wäre, ist vielleicht die Interdisziplinarität in einem Kopf. Die großen Wissenschaftlerpersönlichkeiten, die wir heute brauchten, das wären diejenigen, die die ganze Vielfalt des Zusammenhangs von Technik, Natur und Gesellschaft zusammen sehen. Und dazu noch das sehen, was erst im Werden ist, und aus all dem Bilder des Ganzen machen, die von den Menschen verstanden werden. Teams, Institute, auch ›interdisziplinär‹ arbeitende, können das nicht. Die müssen immer alles kleinarbeiten. Es geht aber um mehr als um die Verknüpfung der Einzelteile, geht vielleicht um etwas wie ›Makroskopie‹, um Synthesen, die uns die Welt erklären und uns gleichzeitig sagen: Wir sind Teil davon. Und wie dieser ganze lebende Zusammenhang sich bewegt, das hängt von unserem alltäglichen Verhalten ab.«

Nicht der Spitzenforscher also wäre das Leitbild der Zukunft, sondern der Polymath, wie H. G. Wells ihn nannte, derjenige, der das Ganze noch sehen will (und dabei einige Unschärfen in Kauf nimmt), der vor allem aber begriffen hat, daß Wissenschaft nicht die objektive Spiegelung der Welt mit Hilfe von Geisteskraft und Großtechnologie ist, sondern ein Projekt zur Veränderung der Welt – so daß er nicht nur weiß, sondern ausdrückt, daß Wirtschaft und Politik Teil der wissenschaftlichen Arbeit sind, weil sie die Richtung dieser Weltveränderung lenken, viel mehr als jeder einzelne Gedanke.

Einer der vielen kleinen und großen Helden aus Jungks Buch verkörpert diese Zukunftseigenschaft: Leo Szilard. »Er war einer der ersten, die Naturwissenschaft und Politik zusammen gesehen haben, nicht nur abstrakt, unter dem Motto ›die Verantwortung des Wissenschaftlers‹, sondern ganz konkret, als jemand, der strategisch und taktisch denken konnte, der auf wechselnde Lagen reagierte, der bis in die Veröffentlichungsstrategie hinein weltpolitisch dachte. Im Grunde war Szilard der erste komplette Mensch, der Typus, den das zwanzigste Jahrhundert gebraucht hätte, aber leider kaum gefunden hat. Er hat dann ja auch der Physik Lebewohl gesagt. Er hat dann Biologie betrieben, aber schnell gesehen, daß man dort in dieselben Probleme gerate wie in der Atomphysik. Das Bild von ihm, das mir unvergeßlich bleibt: wie er in einem Hotel am Dupont Circle in Washington saß und Unterschriften sammelte für Senatoren, die in der Atomfrage kritisch waren. Er hat das selbst gemacht.«

Danach haben sie sich noch einmal gesehen, in Wien. »Wir haben Jungschweinebraten gegessen, es war sein Lieblingsgericht, der Arzt hatte es ihm streng verboten.«

Leo Szilard ist Robert Jungks Lieblingsheld in »Heller als tausend Sonnen«, dieser Wissenschaftler alten Typs, der leidenschaftlich gern dachte, der mehr Anregungen gab, als ganze Institute verarbeiten konnten. Jemand, der wußte: Wenn alles ganz anders kommt, als man es wollte, kann man sich abwenden. Jemand, der sich in Formeln wie in Resolutionen äußern konnte, der aber auch gelegentlich merkte, daß nur noch Bilder helfen, um diese neue, unvorstellbare Wirklichkeit zu greifen. Dann schrieb er Geschichten. Jemand, der so sehr das Ganze dachte, im Ganzen lebte, daß er nie vergessen konnte, daß man dieses Ganze, das durch die Arbeit der Menschengattung so sehr verändert und durch die Spaltungen des Atoms und der Zelle in diesem Jahrhundert so nachhaltig in Teile zerlegbar ist, daß man diese Schöpfung ebenso nachhaltig zusammenhalten muß – wie der Indianer auf dem Bild über Robert Jungks Arbeitstisch die Sonne.

Und vielleicht ist es ja so: daß das Beste von dem Unternehmungsgeist, von der Gedankenschärfe, aber auch von der Konvivialität der Menschenlust und der Lebensfreude, die in der alten internationalen Gemeinschaft der Wissenschaftler zu finden war (oder doch gewesen sein soll), daß das Beste davon nun übergegangen ist an diejenigen, die an dem längst nicht mehr unsichtbaren Netzwerk zur Rettung der Welt arbeiten.

Wie das vorliegende Buch entstand

Ein kurzer Werkstattbericht des Autors

»Weshalb denken wir eigentlich immer nur darüber nach, was der Wissenschaftler *tut,* und niemals darüber, was er *ist?*« Diese Frage, die ich in einem Aufsatz des amerikanischen Erziehers George N. Shuster fand, hat mich nicht losgelassen. Sie führte mich auf die lange Reise von Erdteil zu Erdteil, von Land zu Land, von Atomforscher zu Atomforscher, deren Resultat die vorliegende Arbeit ist.

Allerdings fiel der Samen dieses Ausspruches bereits auf vorbereiteten Boden. Am Ende meines ersten Besuches in der amerikanischen Atomstadt Los Alamos im August 1949 hatte mir ein seit Jahren dort lebender Forscher mitteleuropäischen Ursprungs, ein paar Minuten nur bevor der Bus abfuhr, plötzlich ein erschütterndes persönliches Geständnis gemacht: »Es ist doch seltsam, und ich kann es nicht begreifen«, sagte er, »meine Jugend stand ganz unter dem Zeichen der Sehnsucht nach Wahrheit, Freiheit und Frieden. Und nun hat mich das Schicksal gerade hierher verschlagen, wo meine Bewegungsfreiheit eingeschränkt ist, die Wahrheit, die ich zu entdecken versuche, hinter Safetüren versperrt bleibt und meine Arbeit letzten Endes dem Bau der furchtbarsten Kriegswaffen gewidmet sein muß. Welch widerspruchsvolles Schicksal!«

Seither hatte ich oft über den Leidensweg der Atomforscher nachgedacht und auch versucht, die Tragödie eines solchen Menschen in Romanform zu erzählen. Um diesen Roman lebensecht zu gestalten, mußte ich beginnen, die wirklichen Hintergründe dieser Karriere zu studieren. Der erste bedeutende Kernphysiker, den ich nun traf, war der an der Universität Bern lehrende Professor Fritz Houtermans. Das war ein Glücksfall. Denn im Gegensatz zu vielen seiner Kollegen, die mehr in der Welt der Formeln als der der Anekdoten leben, mehr in der Zukunft als in der Vergangenheit, wußte Houtermans auf lebendige und spannende Weise aus den schönen alten Göttinger Tagen, aus den düsteren Zeiten seiner Gefangenschaft in Sowjetkerkern oder aus jenen Jahren zu erzählen, in denen er und andere seiner Kollegen im Dritten Reich darüber debattiert hatten, wie man den Mißbrauch der großen Atomentdeckung verhindern könnte.

Nie werde ich diese nächtliche Unterhaltung in einem Laboratorium der Berner Universität vergessen. Immer wieder unterbrach der Gelehrte das Gespräch, denn er mußte ein im Nebenraum tickendes Meßgerät (mit dessen Hilfe er den Urangehalt des Alpengranits untersuchte) in regelmäßigen Abständen kontrollieren. Wir tranken in Laborflaschen gebrauten Kaffee, und je weiter die Nacht fortschritt, desto klarer wurde es mir: Kein Roman konnte die tatsächliche, durch Aussagen und Dokumente belegbare Tragödie der Atomforscher an Bedeutsamkeit, Eindringlichkeit und Spannung übertreffen. Als ich Houtermans verließ, wußte ich, daß ich die Elemente meines Buches nicht in meiner Phantasie finden würde, sondern nur durch genaueste Befragung aller noch erreichbaren Menschen, die jenes für unsere Zeit so kennzeichnende Drama gelebt hatten.

Allerdings war es leichter, diesen Entschluß zu fassen, als ihn zu verwirklichen. Es gab zwar viele, beinahe zu viele Berichte über die wissenschaftliche und technische Geschichte der Atomentwicklung, aber kaum etwas Gedrucktes über die menschlichen und moralischen Probleme dieses Vorganges. So mußte ich noch viel stärker als geplant auf mündliche Aussagen gründen. Manche der Atomforscher, die ich um eine Unterredung bat, stimmten sofort zu, andere machten Schwierigkeiten. Nun habe ich eine für einen Reporter hinderliche Eigenschaft: Es fällt mir schwer, mich aufzudrängen, denn ich hasse es, wichtigen Leuten auch nur einen Teil ihrer kostbaren Zeit zu rauben. Dennoch – hier mußten diese Hemmungen vergessen werden. Die Aufgabe war es wert.

So bin ich einem meiner »Helden« buchstäblich durch ein halbes Dutzend Länder Europas nachgereist, und jedesmal wies er mich ab. Schließlich habe ich ihn dann doch während einer Physikerkonferenz in Amerika ausführlich sprechen können. Mein Glück war, daß gerade ein besonders langweiliges Referat gehalten wurde. Da wählte der große Mann das kleinere Übel: Er zog es vor, mit mir spazierenzugehen, und zeigte sich dann so aufgeschlossen, wie ich es nie zuvor erhofft hätte.

Drei Widerstände waren es, die ich in fast allen diesen Unterhaltungen zu überwinden hatte. Erstens die Befürchtung des Befragten, durch seine Äußerungen einen oder mehrere seiner noch lebenden Kollegen zu verletzen. Joliot-Curies enger Mitarbeiter Kowarski brachte diese Befürchtung in besonders zugespitzter Form vor. Er meinte lachend: »Wenn ich Ihnen erzählen sollte, was wirklich geschah, müßten Sie mir erst eine Million Dollar auf einer Bank hinterlegen. Denn dann wäre ich gezwungen, mich nach Erscheinen Ihres Buches für den Rest meines Lebens aus meinem Berufskreis zurückzuziehen und zu privatisieren.« Da erwies es sich nun als Vorteil, daß ich nicht Physiker, sondern nur Chronist war, der ohne Rücksicht auf Berufskollegen oder Behörden alles aufschreiben durfte, was er in Erfahrung gebracht hatte.

Auch konnte ich den Zögernden zusichern, daß ich, wenn sie es wünschten, die Quelle meiner Informationen nicht preisgeben würde.

Ein zweiter Einwand, den ich hörte, war der, daß ich als jemand, der selbst der »Familie der Atomphysiker« nicht angehörte, unmöglich ihre wahre Geschichte erfassen könnte. Das mochte am Anfang meiner Recherchen wirklich so sein. Je weiter ich aber in die Materie eindrang, desto klarer wurden mir die persönlichen und historischen Bezogenheiten dieser Menschen, ja es stellte sich heraus, daß ich schließlich mehr Übersicht über den Gesamtablauf dieses Schicksals einer besonders wichtigen und einflußreichen Gruppe besaß als die meisten einzelnen, die mir ihre Erlebnisse und Ansichten anvertrauten. Denn sie hatten ja – abgesehen von ganz wenigen Ausnahmen – nur den eigenen Abschnitt des Geschehens sehen können, während der Chronist aus seiner Kenntnis zahlloser Einzelheiten die Verknüpfung der Ergebnisse und ihre, den Handelnden selbst meist unbekannte, wechselseitige Einwirkung aufeinander übersah. Oft blieb es daher nicht nur bei der einen Unterhaltung mit den Befragten. Ich mußte, geleitet durch die Angaben eines zweiten und dritten, wieder zu meinem ersten Unterredner zurück, um Klarheit über gewisse Punkte zu erhalten, die er selbst aus seiner mangelnden Kenntnis des Gesamtbildes für unwichtig gehalten und daher gar nicht erwähnt hatte.

Eine dritte Schwierigkeit, der ich begegnete, war die bei zahlreichen Wissenschaftlern vorherrschende Einstellung, die private, die menschliche Geschichte der Wissenschaftler sei doch eigentlich unwichtig. Was zähle, sei nur ihre objektive Leistung. Hier zeigte sich eine Haltung, die recht eigentlich viele der in diesem Buche beschriebenen Gewissensqualen und Tragödien heraufbeschworen hat. Der Wissenschaftler, der meint, daß er – oder seine Kollegen – nichts anderes sei als ein »Werkzeug der Erkenntnis«, dessen persönlicher Charakter, dessen Ambitionen, Hoffnungen und Zweifel »nichts bedeuteten«, denkt in Wahrheit unwissenschaftlich. Denn er ignoriert einen wichtigen, vielleicht den ausschlaggebenden Teil des wissenschaftlichen Experimentes, nämlich sich selbst, oder glaubt, ihn willkürlich ausschalten zu können.

Nur durch diese künstliche, erzwungene und unnatürliche Loslösung der wissenschaftlichen Forschungsarbeit von der Wirklichkeit des einzelnen Menschen konnten ja überhaupt Monstren wie die Atom- und Wasserstoffbomben entstehen. Für immer wird meinem Gedächtnis das Bild jenes genialen Mathematikers eingebrannt bleiben, den ich bei meinem letzten Besuch in Los Alamos im Jahre 1956 auf der Straße spazierengehen sah. Auf seinem Gesicht stand ein Lächeln von beinahe engelhafter Schönheit. Man konnte denken, er habe den inneren Blick auf eine Welt der Harmonien gerichtet. In Wahrheit aber hatte er, wie ich später von ihm hörte, über ein mathematisches Problem nachgedacht, dessen Lösung für die Herstellung eines neuen Typs der »Höllenbombe« unerläßlich war.

Es stellte sich dann bei unserer Unterhaltung heraus, daß der Forscher selbst noch nie einer Versuchsexplosion der von ihm mit ausgeheckten Bomben beigewohnt hatte. Niemals hatte er Hiroshima oder Nagasaki besucht, obwohl man ihn dazu eingeladen hatte. Ja sogar die Bilder der dort angerichteten Zerstörungen wollte er nicht sehen. Für ihn war Kernwaffenforschung nur höhere Mathematik geblieben, unbefleckt von Blut, Vergiftung und Verwesung. Denn »all das« – so meinte er – ginge ihn doch eigentlich nichts an.

Viele Forscher denken heute nicht mehr so. Sie wissen, daß sie nicht nur »Gehirne«, sondern ganze Menschen mit ihren Schwächen, ihrer Größe und ihrer Verantwortung sind. Dieser großen Gewissenskrise in ihrer Entstehung, im Versuch ihrer Meisterung nachzuforschen und sie dann trotz vieler einander widersprechender Aussagen so wahrheitsgetreu wie möglich aufzuschreiben, das war mein Bemühen. Das weite Echo, das mein Buch in den vielen Ländern, wo es erschien, auslöste, scheint anzuzeigen, daß die menschlichen Schicksale der Forscher, als der großen Umgestalter unserer Zeit, nicht weniger interessieren als die Beschreibung ihrer Leistungen. »Denn die Wissenschaftler sind die von Tragik umwitterten Könige unserer Zeit«, schrieb mir ein Leser. »Hätte Shakespeare den ›Hamlet‹ in unserem Jahrzehnt geschrieben, er würde ihn nicht als Prinzen, sondern als Atomforscher auf die Bühne gebracht haben.«

Die Zeit der Wandlungen

1

Im letzten Jahr des Ersten Weltkriegs, so erzählt man, erschien Ernest Rutherford, der damals bereits berühmte Atomforscher, ausnahmsweise einmal nicht zu einer Sitzung der britischen Sachverständigenkommission, die über neue Methoden zur Abwehr feindlicher U-Boote zu beraten hätte. Als er später wegen seines Ausbleibens getadelt wurde, brach der robuste Neuseeländer in seiner ungenierten Art aus:

»Talk softly, please, sachte bitte! Ich war gerade an Experimenten, die vermuten lassen, daß das Atom durch menschlichen Eingriff zertrümmert werden kann. Sollte sich das als richtig herausstellen, dann ist diese Entdeckung viel wichtiger als euer ganzer Krieg.«

Im Juni 1919, dem gleichen Monat, als man versuchte, in Versailles (und anderen Pariser Vororten) durch Friedensverträge einen Schlußstrich unter die vier blutigen Kriegsjahre zu ziehen, veröffentlichte Rutherford im »Philosophical Magazine« Arbeiten über seine Versuche und zeigte überzeugend, daß ihm die Verwirklichung eines alten Menschheitstraumes gelungen war. Durch Bombardierung mit Alphapartikelchen hatte er ein Element in ein anderes verwandelt.

Die »transmutatio materiae«, nach der die Alchimisten so lange gesucht hatten, war nun Tatsache. Diese Vorläufer der modernen Naturwissenschaft dachten aber aus ihrer das Ganze umfassenden Weltsicht nicht nur an die materiellen, sondern auch an die sittlichen Folgen eines solchen Unternehmens. »Verweigert den Mächtigen und ihren Kriegsleuten den Zutritt zu euren Arbeitsstätten«, warnten sie kommende Forschergenerationen, »denn sie mißbrauchen das heilige Geheimnis im Dienste der Macht.«

In Rutherfords berühmten Mitteilungen über die Verwandlung des Stickstoffatoms findet sich keine ähnliche Bemerkung. Das hätte im zwanzigsten Jahrhundert auch gegen jede geltende Regel verstoßen. Der Naturwissenschaftler unserer

Tage soll nicht über die »Nebenwirkungen« seiner Entdekkungen philosophieren – auch wenn seine Arbeiten im »Philosophical Magazine« erscheinen. So wird es gehalten, seit die wissenschaftlichen Akademien im siebzehnten Jahrhundert festlegten, daß in ihren Sitzungen keine Debatten über politische, moralische oder theologische Probleme stattfinden dürften.

Tatsächlich aber war die Isolation der Naturforscher schon 1919 nur noch eine »Arbeitshypothese«. Gerade dieser eben zu Ende gegangene Krieg hatte mit seiner durch die Anwendung naturwissenschaftlicher Entdeckungen möglich gewordenen Waffentechnik die schicksalhaften Zusammenhänge zwischen den »weltfremden« Laboratorien und der blutigen Wirklichkeit des Schlachtfeldes nur allzu deutlich aufgezeigt.

Auch in Rutherfords Werkstatt hatte der Krieg rauh hineingegriffen. Seine »boys«, wie er die ihm wie einem Vater zugetanen Assistenten und Studenten nannte, waren fast alle zum Kriegsdienst eingezogen worden, und Moseley, der begabteste seiner Mitarbeiter, war schon 1915 bei den Dardanellen gefallen. Sogar seine Radiumquelle, mit der er alle seine Atomversuche machte, sollte ihm beschlagnahmt werden, denn sie war – Ironie des Schicksals – »enemy alien property« (»Feindgut«). Vor Kriegsbeginn hatte nämlich das Radium-Institut in Wien dem Kollegen Rutherford zweihundertfünfzig Milligramm der kostbaren Substanz geliehen, eine Geste, die den Österreichern vor 1914 leichtfiel, denn die einzigen ergiebigen Uranerzlager Europas im böhmischen Joachimsthal gehörten damals noch zur k. u. k. Doppelmonarchie. Rutherford erkannte die Konfiskation dieses Radiums durch seine Regierung niemals an. Es genügte ihm auch keineswegs, daß ihm die englischen Verwalter das wertvolle Metall weiter zur vorübergehenden Verwendung überließen. Der für seine Unbeugsamkeit und Prinzipienstärke bekannte Gelehrte bestand darauf, diese persönliche Leihgabe seiner wissenschaftlichen Freunde an der Donau nach Ende der Feindseligkeiten selbst zurückzugeben oder aber käuflich von ihnen erwerben zu dürfen. Und Rutherfords Festigkeit gegenüber den Behörden drang durch. Am 14. April 1921 konnte er endlich an seinen langjährigen Kollegen Stefan Meyer im inflationsgeplagten Wien schreiben:

»Ich war sehr beunruhigt über Ihre Mitteilung, die Finanzen des Radium-Instituts in Wien betreffend, und habe mich eifrig darum bemüht, Gelder zu beschaffen, mit denen ich um jeden Preis die kleine Radiummenge kaufen könnte, die mir von der Wiener Akademie so großzügig geliehen wurde. Sie ist mir bei meinen Forschungen von großer Hilfe gewesen.«

Meyer teilte mit, der Weltmarktpreis für Radium sei im Augenblick »monströs hoch«, aber das schreckte Rutherford nicht ab. Er trieb viele hundert Pfund auf, mit deren Hilfe das Wiener Radium-Institut über die schlimmsten Jahre der Geldentwertung hinwegkam.

2

Selbst während des Krieges war Rutherford über neutrale Länder mit seinen Schülern und Freunden in Deutschland und Österreich-Ungarn wenigstens brieflich in Verbindung geblieben. Besonders zwischen ihm und seinem alten und treuen Assistenten Hans Geiger, dem Erfinder des später unentbehrlich werdenden »Geiger-Zählers« zur Messung der unsichtbaren Radioaktivität, wurden über die Fronten hinweg mehrfach Lebenszeichen ausgetauscht. Die internationale »Familie der Physiker« hatte, so gut es nur ging, zusammengehalten, besser jedenfalls als die Literaten und Geisteswissenschaftler, die einander mit gehässigen Manifesten bombardierten. Menschen, die vor dem Kriege oft jahrelang brieflich oder Seite an Seite im Laboratorium zusammengearbeitet hatten, konnten niemals auf einen Befehl von oben »Feinde« werden. Wo immer es ging, halfen sie einander. So machten es seine deutschen Lehrer Nernst und Rubens dem bei Kriegsbeginn im Lager Ruhleben bei Berlin internierten James Chadwick – einem engen Mitarbeiter Rutherfords und späteren Nobelpreisträger – möglich, sich dort ein kleines Laboratorium einzurichten, wo er, zusammen mit anderen Gefangenen, viele interessante Experimente unternahm. Im

Mai 1918, als die furchtbaren Offensiven in Nordfrankreich täglich zahlreiche englische und deutsche Menschenleben forderten, schrieb Chadwick an seinen Meister Rutherford:

»Wir arbeiten jetzt ... über die Bildung von Kohlenstoffen durch Lichtbestrahlung ... Während der letzten Monate habe ich Rubens, Nernst und Warburg besucht. Sie waren außerordentlich entgegenkommend und boten an, uns zu leihen, was sie nur könnten. Tatsächlich haben uns alle möglichen Leute Instrumente geliehen.«

Kaum waren die Grenzen nicht mehr so dicht geschlossen, da nahmen die Physiker der ganzen Welt sofort wieder Kontakt miteinander auf, um sich gegenseitig mitzuteilen, welche Fortschritte ihre Arbeiten während der Kriegsjahre gemacht hatten. Nicht nur die gewöhnliche Post, auch der Telegrammdienst mußte bei der schnellstmöglichen Wiederaufnahme des Erfahrungsaustausches mithelfen. Die Kopenhagener Telegrafistinnen hatten es oft schwer, die ihnen völlig unverständlichen Botschaften voller mathematischer Formeln aus dem Institut von Professor Niels Bohr nach England, Frankreich, Holland, Deutschland, den USA und Japan korrekt durchzugeben.

Drei Hauptanziehungspunkte gab es damals auf der Landkarte der Atomforschung: Cambridge, von wo aus Rutherford wie ein bärbeißiger, leicht erzürnbarer König über das von ihm zuerst erschlossene Land der kleinsten Dimensionen regierte, Kopenhagen, das durch den Mund des weisen Niels Bohr Gesetze für dieses bestürzend neue und rätselhafte Territorium des Mikrokosmos erließ, und Göttingen, dessen Triumvirat Max Born, James Franck und David Hilbert sofort alles in Frage stellte, was man gerade in England neu entdeckt und in Dänemark richtig erklärt zu haben glaubte.

Bald schon genügte der schriftliche Verkehr nicht mehr, um Klärung über die vielen faszinierenden Probleme der atomaren Welt zu erlangen. So begann nun die Epoche der Kongresse und Konferenzen. Bohr brauchte nur wissen zu lassen, er werde in Göttingen eine Woche lang über seine Arbeiten während der Kriegsjahre sprechen, und schon reiste jeder

Physiker, der es nur irgend ermöglichen konnte, zu diesen »Bohr-Festspielen«. Sogar aus Ländern, wo man vor dem Weltkrieg entweder keine oder nur unbedeutende physikalische Forschungsarbeit geleistet hatte, kamen jetzt Nachrichten von interessanten Versuchen und Resultaten: Indien und Japan, die Vereinigten Staaten und das revolutionäre Rußland strebten nach wissenschaftlichem Erfahrungsaustausch. Am eifrigsten fast bemühte sich damals die Sowjetunion um Kontakte mit Naturforschern des Westens. Der bolschewistische Staat wollte nicht nur, daß seine Wissenschaftler von »draußen« lernten, sondern sorgte dafür, daß ihre eigenen Veröffentlichungen ins Englische, Französische und Deutsche übersetzt wurden. Auf dem Gebiet der Forschung gab es selbst für diesen Diktaturstaat zu jener Zeit noch keine Geheimhaltung oder Zensur.

Ein berühmter Physiker meinte in jenen Tagen, es gehe in seiner Berufswelt zu wie in einem Ameisenhaufen. Ein jeder laufe mit seinem gerade gefundenen Stückchen Erkenntnis aufgeregt zu einer schadhaften Stelle, kaum aber habe er sich umgedreht, so trage es der nächste schon wieder davon. Planck, Einstein, die Curies, Rutherford und Bohr hatten nacheinander das noch bei der Jahrhundertwende schön übersichtlich und stabil erscheinende Gebäude der Physik so schwer erschüttert, daß der humorvolle und als Interpret der modernen Richtung wohl erfolgreichste Lehrer dieser Generation, der in München dozierende Arnold Sommerfeld, meinte, am besten solle man neugierige Studenten vor dem Eintritt in dieses Studium folgendermaßen warnen:

»Achtung, Einsturzgefahr! Wegen radikalen Umbaus vorübergehend geschlossen!«

Rutherford behauptete allerdings kühn, an all dem Wirrwarr seien nicht die experimentellen, sondern nur die theoretischen Physiker schuld: »Die tragen ihre Schwänze zu hoch«, knurrte er. »Wir praktischen Physiker müssen sie wieder herunterziehen.«

3

Was war denn eigentlich geschehen? Die von Nachkriegswehen geschüttelte Welt fand mitten in ihren Revolutionen und Inflationen kaum die Zeit, die Geduld oder vielleicht einfach nicht die Kraft, die tiefste aller Umwälzungen, die bedeutsamste aller Abwertungen zu begreifen: den tiefen Wandel des Weltbildes. Planck hatte die seit Jahrtausenden als selbstverständlich geltende Behauptung erschüttert, daß die Natur keine Sprünge mache; Einstein hatte die als feste Größen angesehenen »Tatsachen« Raum und Zeit für relativ erklärt und Materie als »festgefrorene« Energie erkannt; die Curies, Rutherford und Bohr aber zeigten nun, daß das Unteilbare teilbar, daß das Feste, wenn man ganz genau hinsah, nicht stabil, sondern in ständiger Bewegung und Veränderung war.

Eigentlich hätten die Alpha-Kugeln des Professors Rutherford schon damals nicht nur die Stickstoffatome, sondern auch die seelische Sicherheit der Menschen erschüttern und seit vielen Jahren vergessene Weltuntergangsängste freilegen müssen. Aber all das schien damals noch fern von der mit den einfachen menschlichen Sinnen wahrnehmbaren Tageswirklichkeit zu sein. Was die Physiker mit ihren komplizierten Instrumenten festzustellen oder mit ihren noch komplizierteren Rechnereien über die »wahre Natur« unserer Welt zu erfahren glaubten, war, wie man noch allgemein annahm, nur ihre Sache. Übrigens schienen sie ja selbst keine nahen praktischen Folgen von ihren Entdeckungen zu erwarten. Rutherford hatte ausdrücklich versichert, er glaube, die Welt werde die Auswertung der in den Atomen schlummernden Energie nie erleben (ein Irrtum, an dem er bis zu seinem Tode im Jahre 1937 festhielt).

»Wir leben sozusagen auf einer Insel von Schießbaumwolle«, schrieb 1921 der deutsche Physiker und Nobelpreisträger Walter Nernst, als er versuchte, die neuesten Ergebnisse der Forschung Rutherfords einer größeren Öffentlichkeit verständlich zu machen. Aber zur Beruhigung hängte er gleich einen Nebensatz an: »... für die wir Gott sei Dank das anzündende Streichholz noch nicht gefunden haben.«

Weshalb sollte man sich da Sorgen machen?

Die Physiker allerdings machten sich doch Sorgen. Und zwar vorläufig noch weniger um die Welt, als um ihre eigene Wissenschaft, in der nun fast nichts mehr im alten Sinne »stimmte«. Gerade darum aber tauchte jetzt so viel Neues, Erstaunliches, in der Sicht früherer Jahrhunderte nie Gesehenes auf.

Das also war die wundersame und aufregende Epoche, von der einer ihrer jüngsten Teilnehmer, der Amerikaner J. Robert Oppenheimer, später schrieb:

»Was wir unter Atomphysik verstehen, was wir die Quantentheorie der Atomsysteme nennen, hatte um die Jahrhundertwende seinen Anfang genommen und seine Krönung und Ausgestaltung während der zwanziger Jahre erfahren. Es war eine heroische Zeit. Was sie brachte, war nicht die Schöpfung eines einzigen Mannes, sondern entsprang der Zusammenarbeit vieler Wissenschaftler aus vielen Ländern, wenn auch der wunderbare, feine kritische Geist von Niels Bohr das Werk von Anfang bis zu Ende lenkte, zusammenhielt und schließlich verwandelte. Es war eine Zeit geduldiger Arbeit in den Laboratorien, entscheidender Experimente und kühner Versuche, vieler falscher Anfänge und vieler unhaltbarer Annahmen. Es war eine Zeit tiefschürfender Briefwechsel und eiliger Konferenzen, des Debattierens, der Kritik und brillanter mathematischer Improvisationen. Für alle Beteiligten war es eine schöpferische Zeit. Ihre neuen Erkenntnisse erfüllten sie zugleich mit Schrecken und Begeisterung.«

Ein anderer Zeuge jener Jahre, der große deutsche Physiker Pascual Jordan, erinnerte sich:

»Alle waren erfüllt von fast atemberaubender Spannung. Das Eis war gebrochen ... Immer deutlicher trat zutage, daß man hier auf eine ganz unerahnte tiefere Schicht der Naturgeheimnisse gestoßen war, daß ganz neue, über alle physikalischen Vorstellungen hinausgehende Gedankengänge erforderlich wurden, wenn man die sich hier zuspitzenden Widersprüche (die erst später als scheinbare Widersprüche erkannt wurden) auflösen wollte.«

DIE SCHÖNEN JAHRE

1

Die ungeheure, nur noch mit der kopernikanischen Wende vergleichbare Wandlung des naturwissenschaftlichen Weltbildes ging wie alle wirklich großen geistigen Umwälzungen von Orten aus, in denen eine tiefe äußere Ruhe herrschte. Im Idyll ist die folgenreichste Revolution dieses Jahrhunderts geboren worden: in einem romantischen Park Kopenhagens, einer stillen Seitenstraße Berns, am Rande der Insel Helgoland, in Cambridge zwischen Wiese und schattigem Fluß, im Münchner Hofgarten, im Umkreis der Pariser Panthéons, auf dem sanften Zürichberg und dem von hohen Laubbäumen umrauschten ehemaligen Befestigungswall Göttingens.

Göttingen war in den zwanziger Jahren der eigentliche Knotenpunkt des regen geistigen Verkehrs der Physiker. Hierher kamen interessante Gäste von anderen Universitäten, besonders in den Sommermonaten, so häufig, daß der für seinen scharfen Witz bekannte holländische Physiker Ehrenfest meinte:

»Wir sollten uns eigentlich in der Hochsaison dem Andrang unserer auswärtigen Kollegen durch ›Besuchsflucht-Besuche‹ bei anderen Hochschulen entziehen.«

Göttingen war zwischen 1920 und 1930 noch fast genauso verträumt und biedermeierlich gemütlich wie im vorhergehenden Jahrhundert. Zwar gab es gerade hier schon seit 1908 die erste deutsche Versuchsanstalt für »Motor- und Luftschifffahrt« und seit dem Weltkrieg den ersten großen Windkanal Europas für aerodynamische Versuche. Aber diese Laboratorien prägten das Gesicht der Stadt nicht, denn sie lagen fast alle jenseits des alten Stadtwalls. Die Fachwerkhäuser mit ihren vom Rauch vieler, vieler Jahre gebeizten, kunstvoll geschnitzten Balken, der hohe Turm der gotischen Jacobikirche, die spitzwegisch von Klematis und Glyzinien umrankten Professorenhäuser an der Wilhelm-Weber-Straße, die verräucherten Studentenkneipen, das klassizistisch heitere Aulagebäude mit seinen weißen, goldverzierten Säulen strömten etwas Altväterisch-Beruhigendes aus, das sich auch über den großen Krieg hinweg in die neue Zeit gerettet hatte.

Sogar das Horn des Nachtwächters blies noch viele Jahre lang die Tage zur Ruhe, deren Ablauf sich schon nach dem Nauener Zeitzeichen im Radio richtete. Wohl wurden gerade hier hinter den roten Backsteinmauern wilhelminisch häßlicher Gebäude von der »Fakultät Schmieröl« unter Leitung des genialen Ingenieurs Prandtl die modernsten Motorentypen aller Art entworfen, aber die Göttinger selbst machten von solchen lärmenden Erfindungen weit weniger Gebrauch als die Bewohner der meisten anderen deutschen Städte.

In Göttingen pflegte man noch zu Fuß zu gehen, denn die Entfernungen innerhalb der Stadt waren so klein, daß es sich kaum gelohnt hätte, ins Auto oder auf das Motorrad zu steigen. Erst nach dem Weltkrieg bürgerte sich unter Studenten und Professoren das Fahrrad ein, eine Neuerung, die aber durchaus nicht allgemein Beifall fand. Denn hatten nicht gerade die geruhsamen Promenaden vor und nach den Vorlesungen oft wichtige Anregungen ergeben, hatten nicht Zufallsbegegnungen an einer Straßenecke oder beim Spaziergang am romantischen Stadtwall oft mehr für den Ideenaustausch bewirkt als umständlich einberufene Seminarien oder Kommissionssitzungen?

Geistiger und örtlicher Mittelpunkt der Stadt blieb auch nach 1918 die ehrwürdige Georgia-Augusta-Universität. Ja, sie war es nach dem Zusammenbruch der alten staatlichen Ordnung mehr denn je. Auf die Herren Dekane und Professoren ging jetzt etwas von der bis zur Devotion gehenden Hochachtung über, die man zuvor im Kaiserreich den höheren Staatsbeamten und Offizieren gezollt hatte. Die Medaillen, die sie erhielten, die Preise, Diplome und Mitgliedschaften in auswärtigen wissenschaftlichen Gesellschaften, die ihnen zuerkannt wurden, ersetzten im Bewußtsein einer stolzen Stadtbürgerschaft die Ordenspatente und Titelverleihungen der »guten alten Zeit«.

Diese Hochachtung wurde in kleinerem Maß auch schon

den werdenden Akademikern gezollt. Wenn die Studenten, besonders in den ersten geistig hochgespannten Nachkriegsjahren, bis spät in die Nacht auf der Straße standen und diskutierten, wurde ihnen das ebensowenig verübelt wie die gelegentlich lärmende Heimkehr aus den Kneipen. Seit Generationen gewohnt, daß Studenten Schulden machten (sie aber schließlich doch immer irgendwie bezahlten), erwiesen sich die Zimmervermieterinnen in den Pensionen am Friedländer Weg, am Nikolausburger Weg oder am Düsteren Eichenweg oft bis zur Grenze der Selbstaufopferung geduldig.

Da tauchte zum Beispiel einmal ein angehender junger Physiker, der seit langem seine Rechnung nicht bezahlt hatte, vor der Ladentür einer renommierten Buchhandlung auf, einen flugs von fahrenden Leuten zu diesem Zweck ausgeliehenen Tanzbären am Seil hinter sich herziehend. Als er das brave Tier scheinheilig zur »Abzahlung« anbot, verlor der an Kummer gewöhnte Buchhändler durchaus nicht seinen Humor, sondern erkannte lachend an, daß doch eigentlich er der an der Nase Herumgeführte sei.

Wie Fürsten wurden die in den Ruhestand versetzten Professoren behandelt. Ihnen war die Verehrung aller gewiß. Wenn sie auch nicht mehr Vorlesungen hielten, so nahmen sie dennoch weiter lebhaften und tätigen Anteil am geistigen Leben der Stadt. Sie blieben Mitglieder und oft Vorsitzende der wissenschaftlichen Vereinigungen, und man reservierte ihnen die besten Plätze, wenn Vortragende von auswärts zu Besuch kamen. Machten die alten Herren ihre gemächlichen Spaziergänge, wobei einige von ihnen durch Straßen wandern konnten, die schon bei Lebzeiten ihren Namen trugen, dann wurden sie auf Schritt und Tritt ehrfürchtig gegrüßt und wohl auch um Rat gefragt. Dort bereitete vielleicht gerade ein jüngerer Kollege am offenen Fenster seines Studierzimmers die nächste Vorlesung vor, da saß ein junger, eben von einer anderen Universität hierher berufener Privatdozent auf einer Bank und schrieb weltverloren seine Gedanken in ein Heft. Wissenschaft und Erkenntnis schritten stetig vorwärts, und keine äußere Störung schien ihnen etwas anhaben zu können.

Nie zuvor und vielleicht nie wieder konnten sich Akademiker so sehr für die eigentlichen Spitzen der Gesellschaft halten wie hier im Göttingen der »schönen Jahre«. Im Ratskeller stand ein alter Studentenspruch: »Extra Gottingam non est vita«, und es mußte manchem Akademiker, der hier lernte, lehrte oder seinen Lebensabend verbrachte, scheinen, als bestätigte sich diese Behauptung täglich neu.

2

Große Philologen, Philosophen, Theologen, Biologen und Juristen hatten dazu beigetragen, der »Georgia Augusta« einen weltweiten Namen zu verschaffen, aber ihren eigentlichen Ruhm verdankte die Göttinger Universität vor allem ihren Mathematikern. Carl Friedrich Gauß hatte hier bis um die Mitte des neunzehnten Jahrhunderts gelehrt und Göttingen zum Mittelpunkt der abstraktesten aller Wissenschaften gemacht. Ab 1886 saß eine Persönlichkeit auf diesem berühmten Lehrstuhl, die nicht nur als Denker, sondern vor allem als großzügiger, unermüdlicher und einfallsreicher Organisator diesen Ruf gefestigt, vielleicht noch vergrößert hatte: Felix Klein.

Fast dreißig Jahre, von 1886 bis 1913, hat Klein in Göttingen gewirkt, ein hoher, aufrechter Mann mit durchdringendem Blick und leuchtenden Augen, der »etwas Königliches an sich hatte«, so schildert ihn die Tochter des Mathematikers Carl Runge. Klein hatte stets darauf gedrängt, daß die Mathematik mehr Kontakt mit dem praktischen Leben haben müsse. Er faßte sie als die eigentliche Königin der Wissenschaften auf, ohne deren Hilfe die Naturforschung nicht weiter in die geheimnisvolle Schöpfung vordringen könne, die selbst aber ohne die bei Entdeckungen neu auftauchenden Probleme stagnieren müsse.

Klein hatte den eigentlichen Anstoß zur Gründung oder zum weiteren Ausbau zahlreicher astronomischer, physikalischer, technischer, mechanischer Institute in Göttingen gegeben, um die herum allmählich noch eine ganze Privatindustrie zur Herstellung von wissenschaftlichen Meßgeräten, optischen Instrumenten, feinmechanischen Apparaturen entstand. So war das altmodische Städtchen zur Wiege modernster Technik geworden.

Es ist aber bezeichnend für die früher noch herrschende Großzügigkeit, daß Klein nicht zögerte, ihm geistig durchaus entgegengesetzte Mathematiker wie Hilbert und Minkowski nach Göttingen zu rufen, denen jedes Spezialistentum und auch nur die Bemühungen um eine praktische Verwertung der Mathematik völlig fremd waren. Hilberts souveräner, ganz auf den Wesenskern der Dinge gerichteter Geist hatte nämlich für die »Techniker« nur Verachtung übrig. Als er ausnahmsweise einmal an Stelle des kranken Felix Klein die Studenten des Mathematischen Seminars nach Hannover zu einem der von Klein eingerichteten jährlichen Ingenieurtreffen mitnahm, wurde ihm vorher eingebleut, er müsse aber eine versöhnliche Rede halten und gegen die Vorstellung sprechen, daß Wissenschaft und Technik einander feindlich seien. Hilbert erinnerte sich dieser Weisung auch wirklich und erklärte bei der Tagung in dem ihm eigenen, etwas schnarrenden ostpreußischen Dialekt:

»Man hört eine Menge darüber, daß zwischen Wissenschaft und Ingenieuren Feindschaft herrsche. Ich glaube nicht, daß das wahr ist. Ich bin sogar ganz sicher, daß es falsch ist. Es kann ja auch gar nicht stimmen. Die beiden haben nämlich überhaupt nichts miteinander zu tun.«

Solche Anekdoten über den bis zur Schroffheit offenen Hilbert zirkulierten zu Dutzenden in Göttingen. Man nahm ihm seine ironischen Bosheiten und gutgezielten Sticheleien nicht übel. Aus ihnen sprach die gleiche kompromißlose Ehrlichkeit, mit der er als Mathematiker auch seine Wissenschaft anging. Sie erlaubte es ihm, ohne jede Rücksicht auf geistige »Konventionen« immer wieder zu ganz ungewöhnlichen Auffassungen vorzustoßen. Mit Recht zogen Hilberts Vorlesungen Studenten aus der ganzen Welt an. Denn wenn er unter dem riesigen, oberhalb seines Pultes angebrachten Rechenschieber stand und die noch ungelösten Probleme der Mathematik aufwarf, dann hatte jeder Zuhörer den Eindruck, er nehme unmittelbar an der Erschließung neuer Erkenntnisse teil. Der Hörer verließ den Kollegsaal nicht mit längst erwiesenen toten Faktoren, sondern mit lebendigen Fragen, die sein Denken weiter beschäftigen mußten.

Nur von der Lösung eines Problems hielt sich Hilbert absichtlich zurück, obwohl er damit ein kleines Vermögen, nämlich hunderttausend Goldmark, hätte gewinnen können. Das war die Summe, die ein Darmstädter Privatgelehrter in seinem Letzten Willen für jeden ausgesetzt hatte, der den Beweis eines seit dem siebzehnten Jahrhundert ungelösten mathematischen Problems, des sogenannten Fermatschen Satzes, erbringen könnte. Solange nämlich keine richtige Lösung eintraf, war die zu diesem Zwecke gegründete Stiftung berechtigt, die Zinsen nach freiem Ermessen zu verausgaben. Sie wurden nun jährlich dazu benutzt, große Mathematiker und Physiker zu Vortragszyklen nach Göttingen einzuladen. Henry Poincaré, H. A. Lorentz, Arnold Sommerfeld, Planck, Debye, Nernst, Niels Bohr und der Russe Smoluchowski befanden sich unter den Gästen, die auf diese Weise nach Göttingen kamen und unschätzbare Anregungen gaben. »Ein Glück, daß wohl nur ich diese Nuß knacken kann«, pflegte Hilbert zu sagen, wenn er als Vorsitzender der Preiskommission wieder einmal die jährlich aus Laien- und Fachkreisen eingelaufenen Lösungsversuche durchgesehen und als ungenügend beurteilt hatte. »Aber ich werde mich hüten, das Huhn zu töten, das uns so schöne goldene Eier legt.«

Jeden Donnerstag um Punkt drei Uhr pflegten sich die vier Ordinarien des Mathematischen Instituts, Klein, Runge, Minkowski und Hilbert, in der offenen Gartenhalle des Hilbertschen Hauses zu treffen. Hier stand halb im Freien eine große schwarze Wandtafel, auf der Hilbert meist bis zum letzten Augenblick geschrieben hatte, wie seine kreidigen Rockärmel bezeugten. Oft setzte an Ort und Stelle sofort das Gespräch um eine neue Formelreihe ein. Es wurde weitergeführt, während man bei jedem Wind und Wetter durch Wald und offene Äcker zu dem hochgelegenen Gasthaus »Kehr« kletterte. Bei einer Tasse Kaffee diskutierte das illustre Mathematikerquartett dann all die kleinen und großen Fragen des persönlichen Lebens, der geliebten Universität, der weiten Welt, und immer wieder mischte sich in ihr ernstes, oft bis in höchste Höhen der Erkenntnismöglichkeit verstoßendes Gespräch ein lautes Lachen, das Trost und Entspannung schenkte, sobald der Geist an scheinbar unüberwindliche Grenzen geraten war.

3

Eine der vielen folgenreichen Neueinrichtungen, die Felix Kleins organisatorische Erfindungsgabe Göttingen beschert hatte, war das mathematische Lesezimmer im Auditorienhaus. Hier waren nicht nur die wichtigsten mathematischen und physikalischen Zeitschriften aus aller Welt nebst einer die gleichen Gebiete umfassenden Handbücherei zu finden, sondern auch Zusammenfassungen, gelegentlich sogar Stenogramme der laufenden Vorlesungen. Dozenten und Studenten, die den Schlüssel zu beiden Räumen besaßen, konnten so in aller Ruhe zwischen einzelnen Kollegs arbeiten und – was häufig noch wichtiger war – im Vorzimmer, wo die strenge Schweigepflicht nicht befolgt werden mußte, über das debattieren, was sie gerade in den letzten wissenschaftlichen Journalen gelesen hatten. Seit die moderne Naturforschung in Bewegung geraten war und mit Hilfe der Mathematik einen Ausdruck für ihre widerspruchsvollen Erkenntnisse suchte, hörten die Diskussionen zwischen Physikern und Mathematikern nicht mehr auf. Mit seiner üblichen Kratzbürstigkeit hatte Hilbert erklärt: »Aber nein doch – die Physik ist für die Physiker ja eigentlich zu schwer.«

Bei diesem negativen Urteil ließ er es aber nicht bewenden. Mit der ihm eigenen Begeisterungsfähigkeit wandte sich Hilbert nun der »gedanklich notleidenden« Physik zu und versuchte, ihr »mathematische Hilfestellung« zu leisten.

Es war wohl Hilberts Einfluß, der im Jahre 1921 die Berufung eines der begabtesten theoretischen Physiker der »neuen Schule« nach Göttingen durchsetzte. Max Born, damals gerade achtunddreißig Jahre alt, war an der »Georgia Augusta« kein Unbekannter. 1907 hatte dieser Sohn eines bekannten Breslauer Biologen als einer der brillantesten Schüler des Mathematischen Instituts hier mit einer preisgekrönten Arbeit promoviert. Seine weiteren Lehr- und Wanderjahre führten ihn dann nach Cambridge, Breslau, Berlin und Frankfurt. Mit seinem Einzug in das von außen unsagbar häßliche Gebäude des Zweiten Physikalischen Instituts an der Bunsenstraße – es sah aus wie eine preußische Reiterkaserne – begann die kurze, aber unendlich fruchtbare Blütezeit der Göttinger Atomphysik.

Ein kleiner bürokratischer Irrtum, eine jener Listen des Schicksals, die soviel bewirken können, half Born bald nach seiner Ankunft, die Voraussetzungen für diese große Zeit entscheidend zu verbessern. Zwar gab es in Göttingen schon eine Professur, die der experimentellen Physik gewidmet war, aber deren Inhaber, Professor Pohl, ging fast völlig in seiner Lehrtätigkeit auf und hatte darum viel zuwenig Zeit für Forschungsarbeit, wie sie Born vorschwebte. Der neue Chef entdeckte nun aber in den Akten, daß im Etat außerdem noch eine bisher nie besetzte zweite Professur für sein Institut vorgesehen war. Dies sei der Irrtum eines Beamten, ein Schreibfehler, weiter nichts, hieß es. Aber Born gab sich nicht geschlagen, sondern bestand auf seinem Schein. So konnte er die Berufung von James Franck nach Göttingen durchsetzen, der bereits damals durch seine experimentellen Entdeckungen (darunter der Versuch, der ihm später den Nobelpreis brachte) bekannt geworden war.

So fand sich in Göttingen seit 1921 mit Hilbert, Born und Franck ein Trio von hohen Begabungen, unermüdlichem Fleiß und einer geradezu religiösen Leidenschaft für die neue Naturschau zusammen. Jeder dieser drei Männer war grundverschieden. Born war wohl der weltgewandteste, der zugänglichste und beweglichste von ihnen, eine so vielseitige Begabung, daß er vermutlich auch ein ausgezeichneter Pianist oder Schriftsteller geworden wäre. Sein vermögender Vater hatte ihm vor Beginn seines Studiums geraten: »Hör doch erst einmal alles an, bevor du dich entscheidest.« So belegte der junge Mann in seinen ersten Semestern an der Universität Breslau gleichzeitig Vorlesungen über Recht, Literatur, Psychologie, Volkswirtschaft und Astronomie. Am meisten fühlte er sich zur Himmelskunde hingezogen, und zwar angeblich vor allem deshalb, weil ihm das Gebäude, in dem die Vorlesungen über die Sternenwelt stattfanden, am besten gefiel.

Franck, wie Born aus einer seit langem in Deutschland ansässigen jüdischen Familie stammend, konnte seine Hamburger Herkunft nicht verleugnen. Bei aller Herzlichkeit und Wärme, die seine Schüler an ihm liebten, hielt er doch stets Abstand zu seinen Mitmenschen. Er blieb immer der Hamburger Patriziersohn. »Ein vornehmer Mann«, pflegte man damals von ihm zu sagen. Rückschauend haben ihn später seine Mitarbeiter einen Heiligen genannt. Das bezog sich nicht nur auf Francks große Güte, sondern auch auf seine beinahe religiöse Begeisterung für die Physik. Nur wer sich ihr ganz verschreibe, sogar von ihr träume, könne auf Erleuchtung hoffen, pflegte er seinen Schülern zu sagen. Und über seine eigenen Eingebungen sprach er wie ein mittelalterlicher Mystiker:

»Ich kann spüren, daß ein neuer Gedanke wirklich wichtig ist, wenn mich dabei plötzlich ein Gefühl tiefen Schreckens ergreift.«

4

Es gibt in fast jeder Epoche ein Gebiet menschlichen Denkens und Schaffens, das die Begabten besonders anzieht. In der einen drängen die unruhigen, nach Neuem strebenden Geister besonders zur Architektur, in anderen zu Malerei oder Musik, zu Theologie oder Philosophie. Plötzlich, und niemand könnte sagen *wie,* spüren die Aufgeschlossensten, wo gerade der Boden neu aufgebrochen wird, und drängen dorthin, wo sie hoffen können, nicht nur Epigonen zu bleiben, sondern Mitbegründer und Meister zu werden.

Eine solche Anziehungskraft besaß die Atomphysik in den Jahren nach dem Ersten Weltkrieg. Zu ihr stießen philosophisch begabte Geister und künstlerisch Veranlagte, politische Köpfe, denen die Tagespolitik zu konfus schien, und Abenteurer, die auf dem bis in die fernsten Kontinente erforschten Erdball nichts mehr zu erobern fanden. Im Studium des Unsichtbaren und Allerkleinsten war noch Hoffnung auf Offenbarungen, hier konnte man noch neuen Gesetzen auf die Spur kommen und jenes mit Furcht gemischte Entzücken spüren, etwas gedacht zu haben, was niemand vorher je dachte, gesehen zu haben, was niemand zuvor je sah.

Da in der Atomforschung alles so neu und unsicher war, standen Lehrer und Schüler einander viel näher als in anderen Disziplinen. Erfahrung und Wissen galten hier nicht viel. Alte und Junge wurden auf dieser Reise ins Innere der Materie zu Kameraden, gleich stolz auf ein gemeinsam erkämpftes Stückchen Erkenntnis, gleich bescheiden und gleich ratlos vor dem Undurchdringlichen.

So konnte es geschehen, daß James Franck, der zu dieser Zeit schon den Nobelpreis für Physik besaß, sich, als er in einer schwierigen Rechnung steckenblieb, von der schwarzen Tafel abwandte und einen seiner Hörer fragte: »Wissen Sie da vielleicht weiter?« Die Professoren teilten den Studenten ihre Irrwege und Zweifel freimütig mit, sie hielten sie auf dem laufenden über ihre wissenschaftliche Privatkorrespondenz, in der sie ungelöste Probleme mit auswärtigen Kollegen diskutierten, und regten die jugendlichen Mitarbeiter an, Erklärungen zu finden, wo sie, die Älteren, vorläufig versagt hatten.

Ein Höhepunkt jeder Semesterwoche war das von Born, Franck und Hilbert »gratis et privatissime« im Institut abgehaltene »Seminar über die Materie«. Es wurde beinahe traditionell mit der gespielt naiven Frage Hilberts eröffnet: »Also, meine Herren, nun sachen Sie mir doch mal, was is denn das eijentlich, eijn Atom?« Jedesmal unternahm ein anderer Student, es dem Herrn Professor zu erklären. Immer wieder ging man das Problem neu an, versuchte man eine andere Lösung. Wenn aber eines der jungen »Genies« anfing, sich in esoterische Höhen komplizierter mathematischer Erklärungen zu flüchten, pflegte ihn Hilbert in seinem breitesten Ostpreußisch zu unterbrechen. »Das verstehe ich doch nich, junger Mann. Nun erklären Sie mir das alles noch mal.« So wurde jeder gezwungen, sich so klar wie möglich auszudrücken und, statt mit allzu kühnen Gedankensprüngen über Abgründe der Erkenntnis zu eilen, solide Brücken zu bauen.

Es ging in diesen Debatten immer mehr um tiefste erkenntnistheoretische Fragen. War durch die Entdeckungen der Atomphysik die Zweiheit zwischen dem beobachtenden Menschen und der Welt, die er beobachtete, aufgehoben worden? Gab es also keine wirkliche Trennung mehr zwischen Subjekt und Objekt? War es möglich, zwei sich gegenseitig ausschließende Aussagen über die gleiche Sache dennoch von einem höheren Standpunkt aus beide als richtig anzusehen? Durfte man es wagen, die enge Verknüpfung von Ursache und Wirkung als Grundlage der Physik aufzugeben? Konnte es dann aber überhaupt noch Naturgesetze geben? Ließen sich überhaupt noch schlüssige wissenschaftliche Voraussagen machen?

Fragen, Fragen und nochmals Fragen, über die man endlos diskutieren konnte und zu denen jeder etwas zu sagen hatte. Im Wintersemester 1926 tat sich in diesen Diskussionen ein schmaler, etwas kränklich aussehender amerikanischer Student hervor, der sogar in diesem Kreis der Hochbegabten auffiel. Manchmal konnte er, ohne ein Ende zu finden, ganze Abhandlungen fließend aus dem Stegreif improvisieren, so daß neben ihm kaum ein anderer zu Wort kam. Zuerst hörte man dem »Neuen« fasziniert zu, aber allmählich erweckte seine allzu große Redelust und Redegabe den Ärger und vielleicht auch den Neid mancher Kommilitonen. Sie machten eine schriftliche Eingabe an einen der Professoren und baten, man möge dem »Wunderkind« einen Dämpfer aufsetzen. Sein Name sollte nicht ganz zwanzig Jahre später weltbekannt werden: J. Robert Oppenheimer, den die Zeitungen im August 1945 der Öffentlichkeit erstmals als den »Vater der Atombombe« vorstellten.

5

Oppenheimer war einer der vielen jungen Amerikaner, die in jenen Jahren nach der Alten Welt kamen, um hier Physik zu studieren. Sie nannten sich gelegentlich »die umgekehrten

Columbus-Ritter«, denn sie waren in die entgegengesetzte Richtung gereist wie einst der italienische Seefahrer und seine Begleiter, um einen »neuen Kontinent« zu entdecken. Von ihm kehrten sie in ihr Land, wo man damals noch »altmodisch Physik« lehrte, mit unglaublicher Kunde und märchenhaften Entdeckungen zurück, die, gleich dem Gold der spanischen Seefahrer im fünfzehnten Jahrhundert, ihrer Heimat großen, aber zwiespältigen Gewinn bringen sollten.

Fast alle diese jungen Amerikaner kamen reichversehen mit Stipendien nach Europa. Zu ihnen gesellten sich auch »ältere Semester«, Dozenten, die ihr traditionell alle sieben Jahre gewährtes »sabbatical year« – ein freies Studienjahr bei vollem Gehalt – als Lernende im Gedankenaustausch mit ihren europäischen Kollegen zu verbringen pflegten.

Diese »wissenschaftlichen Touristen« von der anderen Seite des Atlantik brachten Devisen in die durch den Weltkrieg verarmten europäischen Universitätsstädte und zogen später oft noch weiteres Dollarkapital nach. Denn wenn die amerikanischen Akademiker erst einmal in ihre Heimat zurückgekehrt waren, plädierten sie bei philanthropischen Stiftungen oft erfolgreich für ihre jeweilige europäische »Alma mater«.

Besonders die deutschen wissenschaftlichen Institute haben aus dieser amerikanischen Hilfe damals größten Nutzen gezogen. Was hätte ein Mann wie Geheimrat Sommerfeld in München ohne die gelegentlichen Aufbesserungen seines spärlichen Etats durch die Rockefeller Foundation getan? Reiste damals Wickliff Rose, der Mann, der die Gelder aus dem Erbe des verstorbenen Ölmagnaten verteilte, durch Europa, so empfingen ihn die Universitäten wie einen Potentaten. Für Göttingen hatten die amerikanischen Mathematiker und Physiker eine besondere Vorliebe. Hier wirkte schon vor dem Ersten Weltkrieg ihr berühmter Physiker Charles Michelson ein Semester lang als Gastprofessor. Hier hatten einst Millikan und Langmuir, die »großen alten Männer« der amerikanischen Physik und Chemie, studiert.

In den zwanziger Jahren waren oft ein Dutzend und mehr Amerikaner an der naturwissenschaftlichen Fakultät der

»Georgia Augusta« eingeschrieben, sie brachten ein wenig von der unbeschwerten Atmosphäre des amerikanischen »Campus« nach Göttingen. Ihre jährlichen »Thanksgiving-Dinners« – das unvergeßliche, bei dem K. T. Compton präsidierte, fand 1926 statt – waren allgemein beliebt. Die Amerikaner zeigten den deutschen Kollegen, wie man Truthahn und Mais ißt, sie lernten von ihnen dafür Biertrinken, Singen und Wandern. Fast alle durch die Entwicklung der Atomenergie später bekannt gewordenen Amerikaner sind zwischen 1924 und 1932 irgendwann einmal in Göttingen gewesen. Da waren Condon, der sich lebhaft über den mangelnden Komfort der Göttinger »Buden« beklagte, der blitzgescheite Norbert Wiener, der immer nachdenkliche Brode, der bescheidene Richtmyer, der heitere Pauling (ein Sommerfeld-Schüler, der oft von München hergereist kam) und eben jener verblüffende »Oppie«, der in Göttingen nicht nur seinen physikalischen Studien nachgehen konnte, sondern auch seinen philosophischen, philologischen und literarischen Liebhabereien. Besonders hat er sich damals in die Lektüre des »Inferno« vertieft und in langen abendlichen Spaziergängen entlang der Eisenbahnschienen des Güterbahnhofs mit seinen Studienfreunden darüber debattiert, weshalb Dante wohl »die ewige Suche« in der Hölle statt im Paradies angesiedelt habe. Eines Abends nahm der sonst so schweigsame Engländer Dirac den Kollegen Oppenheimer beiseite und sagte zu ihm mit sanftem Vorwurf: »Ich höre, Sie schreiben neben Ihrem Physikstudium Gedichte. Wie können Sie das nur beides nebeneinander tun? In der Wissenschaft versucht man etwas, das niemand zuvor wußte, auf eine Weise zu sagen, die jeder versteht. In der Dichtung verhält es sich doch gerade umgekehrt!«

Oppenheimer und Dirac wohnten beide in einer schönen großen Granitvilla am Beginn der Geismarer Landstraße, die gegenüber dem astronomischen Observatorium lag, wo einst Carl Friedrich Gauß gearbeitet hatte. Dieses Haus gehörte dem Arzt Dr. Cario, dessen Sohn Günther Physiker war und sich als einer der Assistenten Francks auf eine schöne Karriere vorbereitete. Es war durchaus nichts Ungewöhnliches, wenn in Göttingen gutgestellte Familien auswärtige Studenten als »paying guests« in ihr Heim aufnahmen. Sie brachten die große weite Welt in die provinzielle »gute Stube« und empfingen dafür etwas von jener bürgerlichen Geborgenheit, die sie zuerst belächelten, dann schätzten und später oft genug zurückersehnten. Aus solchen Beziehungen zwischen Vermietern und Untermietern entstanden meist lang anhaltende Freundschaften und nicht selten – Ehen. Überraschend viele Professorenfrauen in fünf Erdteilen stammen aus dem kleinen Göttingen.

Durch das Leben in der Familie haben die in Göttingen studierenden Ausländer meist sehr schnell Deutsch gelernt und oft sogar schon während ihrer Studienzeit Aufsätze in deutscher Sprache für wissenschaftliche Zeitschriften verfaßt. Natürlich gab es auch die üblichen kleinen Mißverständnisse, die dann reichlich Stoff zum Lachen boten. Eine gewisse Berühmtheit hat das Abenteuer des jungen englischen Astrophysikers Robertson erlangt, der einen Auslandsbrief, ehe er ihn abschickte, noch schnell auf sein exaktes Gewicht prüfen wollte und, atemlos in ein Geschäft stürzend, fragte: »Fräulein, haben Sie eine Wiege? Ich möchte etwas wagen.« Als ihn das Mädchen hinter dem Ladentisch mit rotem Kopf anschaute, verbesserte er sich bestürzt: »Pardon me, wollte sagen, haben Sie eine Waage? Ich möchte etwas wiegen.«

Nie befreunden konnten sich die amerikanischen Studenten mit den an deutschen Universitäten üblichen bürokratischen Formalitäten. Über sie stolperte auch Oppenheimer. Als er nämlich im Frühjahr 1927 seine Zulassung zur Doktorprüfung beantragte, wurde zur Überraschung aller das Gesuch vom preußischen Kultusministerium, dem die Universität Göttingen unterstand, rundweg abgelehnt. Eine Anfrage des Dekans der naturwissenschaftlichen Fakultät brachte aus Berlin folgende Antwort des Ministerialrats v. Rottenburg:

»Der Herr Oppenheimer hat seinerzeit ein ganz unzureichendes Gesuch eingereicht. Es war selbstverständlich, daß das Ministerium dieses Gesuch ablehnen mußte.«

Anscheinend hatte »Oppie« vergessen, seinem Antrag um Aufnahme an die »Georgia Augusta« vorschriftsmäßig einen ausführlichen Lebenslauf beizulegen. Er war deshalb niemals immatrikuliert worden, hatte also aktenmäßig bisher gar nicht zur Universität gehört.

Die Professoren des künftigen »Vaters der Atombombe« mußten sich nun mit Bittbriefen an Rektorat und Ministerium ins Zeug legen. Max Born setzte sich für Oppenheimer mit der Begründung ein, die von ihm eingereichte Doktorarbeit sei so hervorragend, daß er sie in einer von ihm herausgegebenen Göttinger Dissertationen-Reihe veröffentlichen wolle. Daß der amerikanische Doktorand nicht ein weiteres Semester in Göttingen warten könne, um dann »ordnungsgemäß« sein Examen zu machen, wurde den Behörden gegenüber in einem Gesuch um nachträgliche Immatrikulation folgendermaßen motiviert:

»Wirtschaftliche Gründe machen es Herrn Oppenheimer unmöglich, länger als bis zum Schluß des Sommersemesters in Göttingen zu bleiben.«

Entsprach dieses Argument den Tatsachen? Oppenheimer war der Sohn eines New Yorker Geschäftsmannes, der im Alter von siebzehn Jahren aus Deutschland nach den USA ausgewandert und dort reich geworden war. An Geld hat es »Oppie« damals weniger gemangelt als an Geduld. Ein weiteres Göttinger Semester mußte er wohl als verlorene Zeit ansehen. In diesen Jahren aber wurden solche kleinen Notlügen glücklicherweise noch nicht von staatlichen Untersuchungskommissionen überprüft, und das Gesuch ging daher anstandslos durch. So konnte Robert Oppenheimer am Nachmittag des 11. Mai 1927 in die mündliche Prüfung »steigen«. Er bestand sie in allen Fällen (ausgenommen physikalische Chemie) mit den Prädikaten »Ausgezeichnet« oder »Sehr gut«. Über seine schriftliche Doktorarbeit gab Max Born das Urteil ab, es handle sich dabei um eine Leistung von hohem wissenschaftlichem Rang, die weit über dem Durchschnitt der Dissertationen stehe. Als Kritik fügte er lediglich hinzu: »Der einzige Mangel der Arbeit besteht darin, daß sie schwer lesbar ist. Doch kommt dieser Formfehler gegen den Inhalt so wenig in Betracht, daß ich das Prädikat ›Mit Auszeichnung‹ beantrage.«

6

Im Göttingen der schönen Jahre konnte man auch ohne Stipendium oder fetten Monatsscheck auskommen. Der russische Mathematiker Schnirelmann brachte außer seiner Zahnbürste nur den Sonderdruck seiner neuesten Arbeit über die Primzahlen mit. Aber Landau, der Göttinger Mathematiker, hatte bereits eine Vorlesung über den »Schnirelmannschen Satz« gehalten, und so war der junge Gelehrte, der in recht abgerissenem Zustand angekommen war, anständig gekleidet, bald in der berühmten Physikerpension Wunderlich untergebracht und verköstigt. Außerdem bekam er noch monatlich von seinem anonymen Mäzen eine kleine Summe Taschengeld per Postanweisung. Mit hängenden Schnürsenkeln sah man ihn nun oft langsam die »Weender«, Göttingens Hauptstraße, hinuntergehen, den Blick wie immer abwesend auf ferne Harmonien und Formenspiele gerichtet.

Der bekannte Theatermann Kurt Hirschfeld, der damals in Götttingen studierte, erzählt, wie seltsam ihm diese jungen Mathematiker und Physiker erschienen. Einmal sah er, wie ein Mitglied des Bornschen »Kinder«-Seminars in seiner Traumverlorenheit stolperte und der Länge nach hinfiel. Als er hinzueilte und ihn aufheben wollte, wehrte der noch am Boden Liegende energisch ab: »Lassen Sie mich doch! Ich bin beschäftigt!« Anscheinend war ihm gerade eine neue »geniale Lösung« eingefallen. Fritz Houtermans, heute wohlbestallter Physikprofessor an einer Schweizer Universität, berichtet, wie er einmal mitten in der Nacht durch Klopfen ans Fenster seiner ebenerdigen »Bude« am Nikolausburger Weg geweckt wurde. Ein Kommilitone verlangte dringend Einlaß. Er hatte eben eine »großartige Idee« gehabt, die, wie er meinte, soundso viele bisher ungelöste Widersprüche der neuen Theorien mit einem Schlag aufklären würde. Weit entfernt davon, den Ruhestörer hinauszuwerfen, öffnete ihm der aus dem Schlaf Gerissene, sobald er nur in Hausschuhe und Schlafrock geschlüpft war, und die beiden rechneten bis zum Morgengrauen an den neuaufgestellten Gleichungen.

Daß solche plötzlichen »neuen Einfälle« blutjungen Menschen hohe Geltung in den internationalen Fachkreisen, ja in einzelnen Fällen fast über Nacht Weltruhm brachten, war in jenen aufregenden Jahren nichts Ungewöhnliches. Da war zum Beispiel Werner Heisenberg. 1921 hatte ihn sein Lehrer Arnold Sommerfeld aus München zum ersten Male mit nach Göttingen zu den »Bohr-Festspielen« genommen, und der Neunzehnjährige, weit davon entfernt, dem großen Mann aus Kopenhagen nur ehrfürchtig zuzuhören, kreuzte mit ihm auf langen Spaziergängen zum Rohns und auf den Hainberg die Klingen. In diesen Gesprächen, die ihn begeisterten, hat er sich endgültig für die Physik entschieden. Schon begann sein Name als Mitarbeiter in einer Veröffentlichung Sommerfelds aufzutauchen. Mit dreiundzwanzig Jahren war er Assistent Borns, mit vierundzwanzig Dozent für theoretische Physik in Kopenhagen, mit sechsundzwanzig ordentlicher Professor in Leipzig. Kaum zweiunddreißig Jahre alt, erhielt Heisenberg den Nobelpreis für grundlegend wichtige theoretische Arbeiten, die er schon sechs Jahre zuvor veröffentlicht hatte, in einem Alter also, in dem Mediziner und Juristen gewöhnlich gerade erst ihr Studium abschließen.

Einer seiner nächsten Freunde erinnert sich an die Göttinger Zeit Heisenbergs: »Er sah damals sogar noch ›grüner‹ aus, als er wirklich war, denn als Anhänger der Jugendbewegung, deren sittlicher Idealismus ihn begeisterte, trug er auch im Mannesalter oft noch halsfreie Hemden und kurze Wanderhosen. Er hielt sich stets für ein Glückskind, und er war wirklich eines. Große geistige Leistungen wie seine Erkenntnis des ›Unschärfeprinzips‹ oder die Grundideen der ›Matrizenrechnung‹, die er dann mit Hilfe Borns und seines noch um ein paar Monate jüngeren Kommilitonen Pascual Jordan entwickelte, fielen ihm anscheinend wie von selbst zu. Wer Heisenberg erst später kennengelernt hat, als infolge des politischen Umsturzes Sorgen und Zweifel an ihm zehrten, weiß nicht, wie strahlend er einmal war. Seine revolutionäre Quantenmechanik brachte er 1925 aus Helgoland mit. Dort kletterte er auf den roten Felsen herum, las Goethes ›Westöstlichen Divan‹ und arbeitete zwischendurch an seinen Gedanken in einer Art von geistigem Rausch. Geschlafen hat er, glaube ich, in diesen glückhaften Pfingstferien so gut wie gar nicht.«

In noch jüngeren Jahren als Heisenberg gelangte der hagere Paul Dirac, Sohn eines Schweizer Vaters und einer englischen Mutter, zu hohem Ruf in der Welt der Physiker. Selbst die Eingeweihten konnten seinen Gedankengängen nicht immer ganz folgen. Das störte diesen »Mystiker des Atoms« aber keineswegs. War er nicht in Cambridge, so konnte man ihn oft in einem der hellgrün gestrichenen Seminarzimmer des Göttinger Zweiten Physikalischen Instituts arbeiten sehen. Wie traumverloren hielt er dort vor der schwarzen Tafel mit seinen Symbolreihen Zwiesprache. Auch vor Dritten begleitete Dirac seine mathematische Beweisführung fast nie mit Worten. Die Sprache hätte es ja doch nicht ausdrükken können, was er zu sagen hatte. Deshalb hieß es bei den anderen Physikern, Dirac, der große Schweiger, bringe nur alle Lichtjahre wieder einmal einen ganzen Satz hervor.

Enrico Fermi, ein junger Italiener, der damals unter den vielen Begabten in Göttingen noch kaum auffiel, »Pat« Blakkett, ehemaliger britischer Flottenoffizier, der die Wunderwelt des Atominnern fotografierte und interpretierte, der ausgelassene und phantasievolle Sowjetrusse George Gamow, der die meisten Ideen von allen hatte, es aber dann den anderen überließ, das Richtige vom Falschen zu trennen, der Wiener Wolfgang Pauli, der in München einmal mitten auf der Amalienstraße vor Freude tanzte, weil ihm gerade etwas Neues eingefallen war – sie alle gehörten zu jenem kleinen Kreis inspirierter oder gar genialer Zwanzig- bis Dreißigjähriger, die sich zwar bewußt waren, an etwas Großem und Wichtigem zu wirken, jedoch nicht ahnten, daß ihre eher abseitigen Arbeiten das Leben der Menschheit und ihr eigenes Leben schon so bald und so tief erschüttern würden.

Wie hätte der junge Österreicher Fritz Houtermans damals vermuten können, daß ein paar Überlegungen, die er an einem heißen Sommertag des Jahres 1927 auf einer Fußwanderung unweit Göttingens mit seinem englischen Kommilitonen Atkinson anstellte, ein Vierteljahrhundert später zur Explosion der ersten Wasserstoffbombe, der »absoluten Waffe«, führen konnten? Die beiden Studenten hatten zum Zeitvertreib fast spielerisch die seit langem ungeklärte Frage aufgeworfen, woher die Sonne, die ihnen auf die Köpfe brannte, eigentlich ihre unerschöpfliche Energie nehme. Einer der üblichen Verbrennungsprozesse konnte hier nicht im Spiele sein, sonst hätte die Substanz des Himmelskörpers in dem gewaltigen, seit Jahrmillionen brennenden Feuer längst verbraucht sein müssen. Seit Einsteins Formel von der Austauschbarkeit von Materie und Energie hatte man aber schon zu ahnen begonnen, daß in diesem gewaltigen Laboratorium am Himmel über uns vermutlich ein atomarer Transmutationsprozeß vor sich gehe.

Atkinson hatte in Cambridge an Rutherfords Atom-Umwandlungen teilgenommen. »Was man im Cavendish-Laboratorium fertigbringt, müßte doch wahrhaftig dort oben auch möglich sein«, sagte er zu seinem Kameraden.

»Gewiß!« antwortete Houtermans, »rechnen wir die Sache doch mal durch. Wie könnte das dort zugehen?«

So begann die Arbeit an der später so berühmt gewordenen Theorie von Atkinson und Houtermans über die thermonuklearen Reaktionen in der Sonne. In ihr wurde erstmals die Vermutung ausgesprochen, daß die Sonnenenergie nicht aus der Zertrümmerung, sondern aus der Verschmelzung von leichten Atomen erklärt werden könne, ein Gedanke, dessen Weiterentwicklung direkt zu den »H-Bomben« unserer bedrohten Gegenwart geführt hat.

Damals allerdings, gegen Ende der zwanziger Jahre, dachte keiner der beiden jungen Atomforscher an so unheimliche Konsequenzen.

Houtermans erzählt: »Ich ging am Abend, nachdem wir unseren Aufsatz abgeschlossen hatten, mit einem hübschen Mädchen spazieren, und als es dunkel geworden war, gingen die Sterne nacheinander prächtig auf. ›Wie schön sie blinken!‹ rief meine Begleiterin aus. Ich aber warf mich ein wenig in die Brust und sagte: ›Ich weiß seit gestern, weshalb sie blinken. Ob die's wohl wissen?‹ Sie zeigte kein Anzeichen von Bewegung. Ob sie's wohl glaubte? Es war ihr vermutlich in diesem Augenblick ganz gleichgültig.«

Zusammenstoss mit der Politik

1

In dem großen Wohnzimmer der Villa des Tuchfabrikanten Levin in der Merckelstraße, deren ersten Stock James Franck in Göttingen gemietet hatte, war, wie so oft schon, ein ausländischer Physiker am Abend zu Gast. Diesmal hörte man besonders aufmerksam zu, denn Professor Abraham Joffé kam aus Sowjetrußland und berichtete wahre Wunderdinge von der Unterstützung, die der Staat dort den Naturwissenschaften zuteil werden lasse. Man hatte jedenfalls keine Budgetsorgen wie am Zweiten Physikalischen Institut, wo in den sibirisch kalten Wintermonaten des Jahres 1929 die Räume kaum geheizt werden konnten und es in den späten Jahreszeiten mit Rücksicht auf den Stromverbrauch »streng untersagt« war, vor zehn Uhr vormittags und nach vier Uhr nachmittags zu arbeiten. An seinem Institut, erzählte der Mann aus Leningrad, gebe es dreihundert Studenten und zahlreiche gutbezahlte Assistenten. Sie alle könnten später auf sichere Beschäftigung und ständige Förderung rechnen, denn das aufstrebende Land brauche tüchtige Wissenschaftler. »Ja, das klingt alles schön und gut«, summierte Joffé. Dann senkte er plötzlich seine Stimme und fügte kaum hörbar hinzu: »Oft habe ich das Gefühl, als lebte ich auf einem Vulkan. Man weiß weder wann noch warum er eigentlich ausbricht.«

Seit der innere Machtkampf zwischen Stalin und anderen »Fraktionen« der Kommunistischen Partei der UdSSR sich verschärft hatte, waren auch die Wissenschaftler davon betroffen. Einige sowjetische Physiker, die sonst ohne ernste Schwierigkeiten ins Ausland hatten reisen können, blieben plötzlich ohne Erklärung aus. Und die wenigen, die kamen, begannen sich deutlich zu distanzieren. »Sprechen Sie mit mir nur nicht über Politik!« wies der des »Trotzkismus« verdächtige Sowjetphysiker Landau seine Kollegen an der Berliner Technischen Hochschule ab. Ein paar Jahre früher war das noch ganz anders gewesen. Damals hatte der gleiche Landau mit Feuereifer die neue Gesellschaftsordnung verteidigt. Er war mit zerrissenen Schuhen nach Berlin gekommen und verstand es gar nicht, als man ihm nicht nur ein, sondern sogar zwei Paar schenkte: »Wer braucht denn zwei Paar Schuhe?« kritisierte er solche »kapitalistischen Gewohnheiten«.

Es sprach sich in Göttingen, Cambridge und Kopenhagen herum, daß George Gamow, der »Kindskopf« unter den Physikern, der immer bereit gewesen war, seine Zuhörer mit Zaubertricks und lustigen Jugendstreichen zu unterhalten, zur Zeit mit der GPU ein gar nicht so heiteres Verstecken spielte. Als man ihn nicht wieder nach dem Westen ausreisen lassen wollte, hatte er zuerst vergeblich versucht, über die afghanische Grenze zu entkommen. Das mißlang zwar, konnte aber den Grenzbeamten, die ihn aufgriffen, überzeugend als »Bergtour« erklärt werden. Gamow, der gerade jung verheiratet war, unternahm bald einen zweiten Fluchtversuch. Er wollte mit seiner Frau in einem kleinen Segelboot auf dem Schwarzen Meer vom russischen ans türkische Ufer gelangen. Dabei geriet er unglücklicherweise in einen so heftigen Sturm, daß er schließlich noch dankbar sein mußte, als ihn die patrouillierenden Motorboote der Grenzpolizei, denen er hatte entwischen wollen, aus schwerer Seenot erretteten. Und doch gehörte Gamow bereits zu jener nachrevolutionären Generation, die weder pro- noch antikommunistisch dachte, sondern einfach die vom Staat gebotenen Gelegenheiten zu Ausbildung und Karriere wahrgenommen hatte. Jetzt gaben sich die neuen Herren des »Apparates« in Moskau aber mit der bis dahin geduldeten »neutralen« Haltung der wissenschaftlichen »Spezialisten« nicht mehr zufrieden, sondern verlangten auch ideologische Stellungnahme.

Besonders die moderne Physik, wie sie im Westen während der zwanziger Jahre entwickelt worden war, erschien den sowjetrussischen Kulturkommissaren »ideologisch verdächtig«. Die vor allem von Bohr und Heisenberg vorgetragene Behauptung, daß bei der Betrachtung mikroskopischer Vorgänge keine klare Grenze mehr zwischen dem Subjekt, das beobachtet, und dem Objekt, das beobachtet wird, zu ziehen sei, verstieß gegen das materialistische Dogma. Denn diese Auffassung räumte dem einzelnen viel zu großen Einfluß über die Naturphänomene ein. Das aber war in den Augen der sowjetrussischen Staatsphilosophen »gefährlicher Idealismus«, der schließlich nur zu »kirchlichem Obskurantismus« führen konnte.

Als Jaroslaw Frenkel bei einer »Vorlesung für die Werktätigen« in Moskau über die Theorie berichtete, daß Licht, je nach den Voraussetzungen, unter denen es beobachtet wird, bald als aus kleinen Teilchen bestehend, bald als Effekt von Wellen beschrieben werden könne, fügte er zum Scherz hinzu: »Gewiß, das sind nach unserer bisherigen Denkart zwei Auffassungen, die einander völlig ausschließen. Genossen, ihr könnt ja am Montag, Mittwoch und Freitag an die Teilchen glauben und am Dienstag, Donnerstag und Samstag an die Theorie der Wellen.« Diese Bemerkung nahm eine Diskussionsrednerin aus dem Publikum auf. Sie griff den Vortragenden wegen derartiger »bourgeoiser Propaganda« scharf an. Leider hörten auch die Behörden davon, und der Physiker wurde von nun an als »Reaktionär« verfolgt, obwohl er doch gerade über die neuesten Fortschritte in seinem Fach berichtet hatte. Sogar die Eintragung über Frenkel in der »Sowjet-Enzyklopädie« verfehlt es nicht, diesem vielleicht größten zeitgenössischen Physiklehrer Sowjetrußlands den folgenden Tadel anzuhängen: »Die philosophischen Ideen von Ja. L. Frenkel zeichnen sich nicht durch Klarheit und Beständigkeit seiner Haltung gegenüber dem Materialismus aus. Viele Behauptungen in seinen Büchern, die entweder direkt oder indirekt idealistisch verzerrt sind, wurden von der Gemeinschaft der sowjetischen Wissenschaftler mit Recht stark kritisiert.«

2

Auch in die Stille Göttingens hinein drang mit dem Beginn der Wirtschaftskrise im Jahre 1930 das »garstig Lied« der Politik immer deutlicher. Die führende Zeitung der Stadt, das bürgerliche »Göttinger Tageblatt«, stand schon seit Jahren weit rechts und begann Adolf Hitler bereits zu einer Zeit als »Retter« zu preisen, da die übrige deutschnationale Presse noch ihre Vorbehalte gegenüber dem »Führer« hatte. In aller Stille bildeten Studenten des Zweiten Physikalischen und des Mathematischen Instituts eine nationalsozialistische Gruppe, die vorläufig nur im engeren Kreis gegen die Juden zu hetzen begann, die eigenen jüdischen Professoren allerdings, deren lautere Charaktere man schließlich aus täglicher Erfahrung kannte, ausnahm. Es agitierte unter den Göttinger Studenten aber auch eine kleine kommunistische »Zelle«. Sie schmuggelte in die Bibliothek des Physikalischen Seminars ihre Broschüren und Traktätchen ein. Eine Untersuchung, die darüber eingeleitet wurde, verlief zwar ergebnislos, aber zum ersten Male war die kameradschaftliche Atmosphäre des Instituts von Mißtrauen und Spannung erfüllt.

Harmlose Laboratoriumsintrigen erhielten jetzt eine fatale politische Färbung. Schon seit langem hatten einige Studenten des Seminars für Experimentelle Physik es als Beleidigung ihrer Männlichkeit empfunden, daß sie sich von einer Frau, nämlich von Fräulein Hertha Sponer, der ersten Assistentin James Francks, korrigieren lassen mußten. Bisher hatte diese Animosität ihr Ventil in den gutmütigen »Anpflaumungen« der Bierzeitung gefunden, die zum Beispiel eine »Anzeige« veröffentlichte, in der eine »energische Institutsleiterin« unter dem Kennwort »Widerspruch ausgeschlossen« eine neue Stellung suchte. Nun aber begannen die »nationalen« Studenten in allem Ernst, die »Entfernung der nicht genügend national gesinnten Assistentin« zu fordern. Wieviel hatte sich in dieser Universitätsstadt, wo die Zeit bisher stillzustehen schien, schon geändert!

Als Einstein einige Jahre zuvor in Berlin bei einer Vorlesung über seine Relativitätstheorie von völkischen Studenten ausgezischt worden war, hatte man noch in Göttingen entsetzt die Köpfe geschüttelt. »Bei uns haben die Studenten nur einmal demonstriert«, hieß es, »sie marschierten zur Begrüßung eines berühmten Physikers vor seinem Hause auf und riefen begeistert die Plancksche Quantenformel in die Abendluft.« Nun gab es auch in dieser idyllischen Universitätsstadt öfter Demonstrationen gegen »unliebsame« Dozenten. Eine der Zielscheiben war der hervorragende Mathematiker Hermann Weyl, ein enger Freund Einsteins. Früher schon hatte unter der wachsenden Hetze Leonhard Nelson, Dozent für Philosophie, leiden müssen, nur weil er ein bekannter Sozialist war. Erschüttert durch das Erlebnis des Ersten Weltkriegs widmete sich Nelson in seinen Vorlesungen und Schriften vor allem ethischen Problemen. Im Gegensatz zur modernen Physik stehend, hielt er doch engen Kontakt mit ihren Verkündern. Ihre strenge Wissenschaftlichkeit und redliche Wahrheitssuche waren ihm Vorbild für seine eigenen philosophischen Bemühungen.

Nelson hoffte zwar stets, daß aus zunehmender Vernunft allmählich ein vollkommeneres Sittengesetz erwachsen könne, doch hatte er früher als seine naturwissenschaftlichen Kollegen die Stabilität der Nachkriegsordnung skeptisch beurteilt. Nach seinem Tode fand man ein nie veröffentlichtes Vorwort zu einem seiner Werke, das er in der ersten Hälfte der zwanziger Jahre niedergeschrieben hatte. Dort hieß es prophetisch: »Die fortschreitende Auflösung nähert sich dem chaotischen Zustand, in dem die Kräfte blind aufeinanderstoßen und bestenfalls eine vorübergehend erzwungene Ordnung, niemals Friede, der Hüter freier aufbauender Arbeit, das Ergebnis sein kann.«

Mit dem Anfang des vierten Jahrzehnts unseres Jahrhunderts begann nun die »vorübergehend erzwungene Ordnung« wirklich zu zerfallen, wie der prophetische Philosoph es vorhergesehen hatte.

Besonders aufs Korn nahmen die Studenten im Braunhemd jene ihrer jüdischen oder halbjüdischen Kommilitonen, die aus Polen oder Ungarn gekommen waren, um in Deutschland zu studieren. Opfer des »kalten« Antisemitismus ihrer Geburtsländer, die ihnen durch einen »numerus clausus« den Zutritt zu ihren Universitäten verweigert hatten, wurden sie nun zum zweiten Male Opfer des Rassenhasses. Begabte junge Physiker wie Eugen Wigner, Leo Szilard und Eduard Teller, die damals in Göttingen, Hamburg und Berlin Debatten über die Atomphysik durch ihre Beiträge bereicherten, sind dann nur ein paar Jahre später die aktivsten Vorkämpfer für den Bau der Atombombe geworden. Erst wenn man weiß, welchen Beleidigungen und Verfolgungen sie in den Jahren 1932 und 1933 von seiten nationalsozialistischer Studenten ausgesetzt waren, wird die Furcht verständlich, die sie später bei der Vorstellung packte, Hitler könne zuerst in den Besitz einer solchen Terrorwaffe gelangen. Diese Physiker haben den Schock des Einbruchs politischer Fanatiker in den Frieden des akademischen Lebens nie wirklich verwinden können. Und es war ein Schock, der Geschichte machen sollte.

Unter den deutschen Physikern gab es schon lange vor Hitlers Machtergreifung eine kleine Gruppe »nationaler Forscher«, die sich um die beiden Nobelpreisträger Lenard und Stark scharte. Sie erklärten die Relativitätstheorie Einsteins kühn als »jüdischen Weltbluff«. Alle Arbeiten, die auf den Erkenntnissen von Einstein und Bohr aufbauten, versuchten sie summarisch als »jüdische Physik« abzutun. Schon damals wurden von ihnen »Arier«, welche ihren Veröffentlichungen Relativitätstheorie und Quantenlehre zugrunde legten, »Geistesjuden« genannt. Johannes Stark hatte es besonders auf Sommerfeld abgesehen. Der schwadronierende Begründer einer nebelhaften »deutschen Physik« nahm es dem Münchner Geheimrat übel, daß er seine Arbeiten sachlich kritisiert hatte und sich nicht scheute, ihn scherzhaft »Giovanni Fortissimo« zu nennen. Das war ein zuerst von Einstein geprägter Spitzname, der dem lauten Agitator für immer anhaftete. Auch machte Stark den großen Münchner Kollegen dafür verantwortlich, daß er bis 1933 nicht wieder auf einen Lehrstuhl berufen wurde. Stark hatte 1922 auf sein Lehramt verzichtet, nachdem er wegen einer von ihm veranlaßten Habilitationsschrift über Porzellanherstellung (Stark hatte mit seinem Nobelpreis eine Porzellanfabrik erworben) Streit mit der Würzburger Fakultät bekam. Er hatte es abgelehnt, sein Urteil »Hervorragend« zu begründen. In der wissenschaftlichen Welt der Weimarer Republik aber hatte man diese Ausflüge einiger weniger Gelehrter in die trüben Sphären der Rassendemagogie nie sehr ernst genommen. Vorläufig zählte noch vor allem anderen die Leistung. Da die Anhänger der »deutschen Physik« aber, seit sie Agitatoren geworden waren, nicht mehr durch ihre Forschungsarbeit von sich reden machten, wurde ihr »dummes Geschrei« als unwichtig abgetan.

Tatsächlich aber war die wachsende Agitation der Querköpfe, Nichtanerkannten und Gescheiterten, die sich um die nationalsozialistischen Physiker scharten, schon ein Symptom der tiefen politischen und sozialen Krise Deutschlands. Von Woche zu Woche stieg die Zahl der Arbeitslosen, Tag um Tag berichteten die Zeitungen von »Saalschlachten« zwischen »Braunhemden« und Angehörigen anderer Parteien. Der politische Mord wurde zum alltäglichen Ereignis. Die Göttinger Atomphysiker aber – wie die meisten anderen Naturwissenschaftler in aller Welt – taten zunächst so, als könnten sie diese traurigen Vorkommnisse ignorieren. Mit monomanischem Eigensinn knieten sie sich noch intensiver als bisher in ihre Arbeit.

Die Gründe für diese Vogel-Strauß-Politik hat James Franck fünfzehn Jahre später klar analysiert. 1947 erklärte er nämlich bei einer Tafelrede des »Emergency Committee of the Atomic Scientists«: »Es ist Sitte der Wissenschaft – und vielleicht sogar ein Prinzip –, aus dem unendlichen Reservoir ungelöster Probleme nur diejenigen auszuwählen, deren Lösung unter Berücksichtigung des bereits verfügbaren Wissens und der technischen Mittel möglich erscheint. Wir sind erzogen worden, unsere Resultate der allerstrengsten Kritik zu unterwerfen. Die Anwendung dieser beiden Prinzipien hat zur Folge, daß wir sehr wenig wissen, aber andererseits sehr sicher sind, daß wir dieses wenige wirklich kennen.

Wir Wissenschaftler sind anscheinend unfähig, diese Prinzipien auf die unendlich komplizierten Probleme der politischen Welt und der Gesellschaftsordnung anzuwenden. Im allgemeinen sind wir vorsichtig und daher tolerant. Wir neigen nicht dazu, totale Lösungen anzuerkennen. Gerade diese unsere Objektivität hält uns davon ab, in politischen Gegensätzen entschieden Stellung zu nehmen, denn bei ihnen ist das Recht nie ganz auf einer Seite.

So suchten wir den leichtesten Ausweg und versteckten uns in unserem Elfenbeinturm.«

3

In Jahrhunderten geduldiger, von glänzenden Leistungen gekrönter Arbeit war der Ruhm der Universität Göttingen langsam gewachsen und hatte sich über die ganze Welt verbreitet. Ein paar Monate, ja eigentlich sogar nur wenige Wochen im Frühjahr 1933 genügten, um diesen Ruhm zu zerstören. Es geschah an der »Georgia Augusta« nichts anderes als an den meisten anderen deutschen Hochschulen: lärmende Demonstrationen einer Minderheit von Studenten, die sich als Mehrheit ausgab, Brandreden demagogischer Politiker, die das Kommen der »neuen Ordnung« verkündeten, brutale Vertreibung angesehener Gelehrter, denen ihre Gesinnung oder Abkunft wie ein Verbrechen vorgeworfen wurde. Hier im Göttinger Idyll aber erschienen alle diese Maßnahmen noch viel sinnloser und gewalttätiger als in anderen Universitätsstädten. Denn man kannte einander zu gut, um den haltlosen Anschuldigungen der neuen Herren Glauben zu schenken, man wußte ganz genau, daß die Männer, denen jetzt ihre Stellungen gekündigt werden sollten, unersetzlich waren. Zu diesen Meistern war man aus ganz Europa, aus den Vereinigten Staaten, ja sogar aus Asien gepilgert. Gingen sie, so mußte Göttingen auf den Rang einer Provinzuniversität herabsinken.

Fast genau hundert Jahre vorher hatten sieben Professoren die Göttinger Universität verlassen müssen, weil sie gegen den Verfassungsbruch des Königs von Hannover protestiert hatten. Der Zufall wollte es, daß auch diesmal wieder sieben Professoren als erste Opfer eines Verfassungsbruches gehen mußten. Denn bereits einen Monat nach der Machtergreifung Hitlers wurde telegrafisch aus Berlin die sofortige Beurlaubung von sieben Mitgliedern der naturwissenschaftlichen Fakultät befohlen. Die meisten, wie zum Beispiel Max Born, der damals gerade im Ausland war, versuchten nicht ernsthaft gegen diese Willkürmaßnahme zu kämpfen. Ein einziger, der Mathematiker Courant, wollte sich durch Eingaben gegen die Verfügung wehren. Aber weder der Hinweis auf die Tatsache, daß er im Ersten Weltkrieg als deutscher Frontsoldat bei Verdun durch einen Bauchschuß und eine schwere Gasvergiftung sich ein gewisses Recht darauf erworben zu haben glaube, als »guter Deutscher« behandelt zu werden, noch die Protesteingabe von zweiundzwanzig deutschen Professoren zu seinen Gunsten (es befanden sich darunter Heisenberg, Hilbert, Prandtl und Sommerfeld sowie die Nobelpreisträger von Laue und Planck) halfen ihm auch nur im geringsten.

James Franck wurde, wohl weil er als Nobelpreisträger im Ausland besonders bekannt war, zunächst verschont. Aber er war stolz genug, freiwillig auf eine solche Sonderbehandlung zu verzichten. Am 17. April 1933 reichte er seine Entlassung ein. Zwei Tage später ließ er die Öffentlichkeit durch die wenigen noch nicht ganz gleichgeschalteten Zeitungen wissen, daß er aus Solidarität zu seinen vertriebenen Kollegen zurücktreten müsse. »Wir Deutsche jüdischer Abkunft werden wie Fremde und Feinde des Vaterlandes behandelt ...« klagte Franck und betonte, da wolle er keine Vorzugsstellung einnehmen.

Diese würdige Haltung wurde dem großen Physiker aber von einigen Professoren der »Georgia Augusta« übelgenommen. Statt für die akademische Freiheit und Geisteswürde einzustehen, schickten zweiundvierzig Dozenten und Professoren ein infames Schreiben an die Ortsgruppenleitung der Göttinger NSDAP, in dem sie Francks Schritt verurteilten, da er der »Greuelpropaganda« des Auslands in die Hände spiele. Nur ein einziger unter Göttingens Naturwissenschaftlern fand noch den Mut, offen gegen die Entlassung der jüdischen Wissenschaftler zu protestieren. Das war der Physiologe Krayer. Er ließ sich weder durch die Entlassung, die der neue preußische Kultusminister Stuckart gegen ihn verfügte, noch die Drohung auf lebenslängliche Suspendierung einschüchtern.

Die große Mehrheit der Göttinger Professoren verurteilte

den Einbruch der Demagogie und des Hasses in ihre stillen Bezirke, aber sie wagte, um ihre Lehrstühle besorgt, keine Protestaktion. Als jetzt wissenschaftlich Zweit- und Drittrangige, die nur rechtzeitig zur »Partei« gestoßen waren, wild reorganisierten und dekretierten, fanden sie statt Widerstand nur leichten, harmlosen Spott. Der neue nationalsozialistische »Dozentenführer« spielte in jenen Tagen als »Säuberer« und »Neuordner« so lange die erste Geige, bis er als Plagiator fremder Arbeiten entlarvt wurde. Viele durchschauten diesen Dieb geistigen Eigentums instinktiv bereits damals als Windbeutel, aber die Zivilcourage, seine Abberufung zu verlangen, brachten sie dennoch nicht auf. Man nahm sich vor, »mitzumachen«, um zu retten, was zu retten war, und wurde dadurch zum stillen Helfershelfer eines Regimes, das unermeßliches Unglück über die Welt und das eigene Land bringen sollte.

Diese »kluge Vorsicht« übte zumindest am Anfang auch Robert Pohl, der Leiter des Ersten Physikalischen Instituts. Ein Mann von der Geradheit und Lauterkeit Francks konnte es nicht verstehen, wie dieser alte Mitarbeiter sich trotz seiner Verachtung für die neuen Herren doch dazu hergeben konnte, ihre Verordnungen auszuführen. Als Pohl gar, ohne ausdrücklich dazu gezwungen worden zu sein, Francks langjährige Assistentin, Fräulein Dr. Sponer, aus Gründen suspendierte, die nur durch die »neuentstandene politische Lage« zu rechtfertigen waren, kam es zu einem offenen Bruch zwischen den langjährigen Kollegen. Mittelspersonen wollten die Freundschaft wiederherstellen, aber da jeder der beiden Männer glaubte, im Recht zu sein, weigerte sich jeder, den anderen als erster aufzusuchen. Schließlich wurde verabredet, daß man sich an einer bestimmten, etwa in der Mitte zwischen ihren beiden Wohnungen liegenden Straßenecke zu einer klärenden Aussprache treffen sollte. Das Schicksal aber wollte, daß Pohl und Franck sich verfehlten, und jeder, an einer anderen Ecke stehend, nach der Wartezeit grollend über des anderen vermeintliche Wortbrüchigkeit wieder in sein Haus zurückkehrte. Ein kleines Versehen, das in normalen Zeiten mit ein paar Worten aufgeklärt worden wäre, mußte in dieser giftigen Atmosphäre politischen Mißtrauens wie eine tiefe Beleidigung wirken.[1]

Einige Wochen nach diesen traurigen Ereignissen trafen sich im Teezimmer des Zweiten Physikalischen Instituts noch einmal die Mitarbeiter, Schüler und Freunde James Francks zu einer Abschiedszeremonie. Am Vorabend der Abreise wollten sie ihn ihrer Dankbarkeit und Achtung versichern. Mit ein paar Worten wurde dem scheidenden Lehrer von seinem Assistenten Cario eine Kunstmappe mit Göttinger Motiven überreicht, die er zur Erinnerung an die schönen Jahre mit in die Fremde nehmen sollte. Franck dankte bewegt.

Am nächsten Tag wurde die Villa in der Merckelstraße geräumt. Ohne Begleitung – er hatte gebeten, ihn allein und ohne Aufsehen ziehen zu lassen – fuhr Franck zum Bahnhof, wo sich trotzdem viele seiner Freunde eingefunden hatten. Der Gepäckträger Ahlborn berichtete von seiner Abfahrt: »Stellen Sie sich vor«, erzählte er, »als der Herr Professor im Zug saß, fuhr doch det Ding nicht ab. Die Lokomotive wollte nich. Die war eben klüger als unsere neuen Führer.«

Die in Göttingen Zurückgebliebenen, unter denen sich auch jetzt noch einige hervorragende Gelehrte befanden, konnten während des Dritten Reiches nie mehr an die großen Leistungen der zwanziger Jahre anknüpfen. Am klarsten gab sich darüber der nun schon betagte Mathematiker Hilbert Rechenschaft. Als er etwa ein Jahr nach der großen »Säuberung« Göttingens bei einem Bankett auf dem Ehrenplatz neben dem neuen Reichskultusminister Rust saß, war dieser unvorsichtig genug, zu fragen: »Stimmt es denn wirklich, daß Ihr Institut durch den Weggang der Juden und Judenfreunde so gelitten hat?« Worauf Hilbert, bärbeißig und ungeniert wie immer, antwortete: »Jelitten? Dat hat nich jelitten, Herr Minister. Dat jibt es doch ja nich mehr!«

[1] Pohl hat später seine abwartende Haltung gegenüber dem Nationalsozialismus aufgegeben und war bei seinen Kollegen als Gegner des Regimes bekannt. Als Born, Franck und Courant nach dem Zweiten Weltkrieg zu Ehrenbürgern Göttingens ernannt wurden, begrüßte sie Pohl vor einem großen Auditorium, und man beschloß, das Vergangene zu vergessen.

4

Eine Insel des Friedens und der gegenseitigen Duldung blieb in dieser Zeit, da lärmender politischer Fanatismus in den sonst so ruhigen Kreis der Forschung eingebrochen war, das »Universitets Institut for Teroretisk Fysik« am Blegdamsvej Nummer 15 in Kopenhagen. Dort scharten sich noch immer wie in den Jahren vor Hitlers »Machtergreifung« und Stalins »neuer Linie« Physiker aller Nationen, Rassen und Ideologien um ihren Meister Niels Bohr. Je frecher der Anspruch von Halbwahrheit und Lüge sich im öffentlichen Leben der Völker breitmachte, um so entschiedener bemühte man sich im Kreise um Bohr, das ungewisse, nie endgültig faßbare, sich in immer fernere Tiefen zurückziehende Bild der ganzen Wahrheit zu entdecken. Die neuen Diktatoren erkannten neben ihren Programmpunkten nichts an und bestraften schon den leisesten Zweifel grausam. Der »Kopenhagener Geist« dagegen verlangte den Zweifel. Er hielt die Menschen dazu an, alle Dinge von mehreren Seiten zu betrachten, und postulierte, daß selbst einander widersprechende Erkenntnisse auf einer höheren Ebene sich zu einem Ganzen zusammenfänden.

Der als weltfremd geltende Niels Bohr handelte schneller und tatkräftiger als irgendein anderes Mitglied der Physiker-»Familie«, da es galt, den Kollegen in den Diktaturstaaten zu helfen. Zahlreiche noch in Deutschland lebende Atomforscher fanden damals, ohne auch nur vorher darum gebeten zu haben, plötzlich eine dringende Einladung von Bohr in ihrer Post. »Kommen Sie zu uns«, hieß es etwa, »bleiben Sie erst einmal hier und überlegen Sie in Ruhe, wohin Sie sich dann wenden wollen.«

Wer im Herbst 1933 mit dem Nachmittagszug aus Deutschland auf dem Kopenhagener Bahnhof eintraf, wo ihn Mitglieder des Bohrschen Instituts erwarteten und herzlich wie einen Verwandten begrüßten, fand sich, aus der Welt der Parteibefehle und der stummen Angst kommend, wie durch ein Wunder wieder in eine Atmosphäre gegenseitiger Achtung und Freundschaft zurückversetzt.

Bohr fehlten, wie sein Schüler von Weizsäcker es ausgedrückt hat, zwei Eigenschaften, die Schulhäupter sonst meist »auszeichnen«: pädagogisches Talent und Herrschsucht. Es schien seine Würde durchaus nicht zu verletzen, wenn man seine Gedanken entschieden, ja respektlos kritisierte. Wie ungeniert Meister und Jünger sich in einem von Bohr geleiteten Seminar unterhielten, ist in einer Parodie des »Faust« festgehalten worden, die anfangs der dreißiger Jahre anläßlich des jährlichen, von auswärtigen Bohr-Schülern besuchten September-Seminars gespielt wurde. Selbstverständlich war der »Herr« in diesem Spiel Bohr selbst. Die Rolle des »Mephisto« fiel seinem alten Schüler und unermüdlichen Kritiker Wolfgang Pauli zu. So also hörte sich (in leicht parodistischer Übertreibung) eine Unterhaltung zwischen diesen beiden an:

Bohr *(Der Herr):* Hast du mir weiter nichts zu sagen?
Kommst du nur immer, anzuklagen?
Ist die Physik dir niemals recht?

Pauli *(Mephisto):* Nein, Quatsch! Ich finde sie, wie immer, herzlich schlecht.
Bekümmert sie mich auch in meinen Jammertagen,
Muß ich die Physiker doch immer weiter plagen ...

B.: *(wie immer, wenn er aufgeregt wird, Deutsch und Englisch mischend):* Oh, it is dreadful! In this situation we must remember the essential failure of classical concepts ... Muß ich sagen ... Just a little remark ... Was willst du mit der Masse tun?

P.: Wieso? Die Masse? Die schafft man ab!

B.: Das ist ja sehr, sehr interessant! ... aber, aber ...

P.: Nein, schweig! Halt, Quatsch!

B.: Aber, aber ...

P.: Ich verbiete dir zu sprechen!

B.: Aber Pauli, Pauli, wir sind ja viel mehr einig, als du denkst! Of course I quite agree; only ... Man kann natürlich die Masse abschaffen, aber die Ladung we must uphold ...

P.: Wieso, warum? Nein, nein, das ist Stimmungsmalerei! Warum soll ich die Ladung nicht auch abschaffen?

B.: Muß ich fragen ... Ich verstehe ja völlig, but, but ...
P.: Schweig!
B.: Aber Pauli, du mußt mich doch ausreden lassen! Wenn man die Masse und die Ladung abschafft, was bleibt denn da noch übrig?
P.: Das ist doch ganz einfach! Was dann noch übrigbleibt? Das Neutron!
(Pause. Beide laufen auf und ab.)
B.: Nicht um zu kritisieren, nur um zu lernen,
Will ich mich jetzt für dieses Mal entfernen! *(Ab.)*
P.: *(zu sich selbst):*
Von Zeit zu Zeit seh ich den Alten gern
Und hüte mich, mit ihm zu brechen.
Es ist gar hübsch von einem großen Herrn,
So menschlich mit dem Pauli selbst zu sprechen! *(Ab.)*

Obwohl und vielleicht weil Niels Bohr sich so wenig wichtig nahm, daß ihn kleine Respektlosigkeiten gegen seine Person gar nicht zu stören schienen, verehrten und liebten ihn alle, die um ihn waren, so tief und herzlich, wie selten ein Lehrer geliebt worden ist. Man belächelte seine Zerstreutheit und seine Vergeßlichkeit, aber dieses Lächeln enthielt zugleich Bewunderung für einen Geist, der es verstand, vorübergehend alles Äußerliche zu übersehen, um das eigentlich Wesentliche zu erkennen. Kam Bohr mit dem Fahrrad aus Schloß Carlsberg, dem Ehrensitz, den ihm die Regierung als dem hervorragendsten Gelehrten des Landes 1932 zur Verfügung gestellt hatte, ins Institut, so achtete er fast nie auf die roten Verkehrslichter; fuhr er mit der Straßenbahn, so mochte es ihm passieren, daß er im Grübeln nicht nur über seine Station hinaus bis zur Endstation weiterfuhr, sondern gelegentlich auf dem Rückweg abermals das Aussteigen vergaß. Doch lebte Bohr nicht nur in seiner Gedankenwelt. Er segelte mit seinen Schülern, schnitzte für sie Windmühlen, löste mit ihnen Kreuzworträtsel, spielte mit ihnen Pingpong. Sein Lieblingssport aber war und blieb Fußball. Er hatte als junger Mann selbst erfolgreich in einer guten Mannschaft gespielt. Allerdings behaupteten die Spötter, daß er den Ball manchmal, statt ihn mit dem Fuß aufs gegnerische Tor zuzutreiben, mitten im Spiel aufnahm, um nachzuschauen, was denn nun eigentlich in dem runden Leder drinnen sei.

Niels Bohr war ein schlechter Sprecher. Fast alle seine Vorlesungen begannen mit ähnlichen Sätzen, in denen er zum hunderstenmal die Notwendigkeit seines Abgehens von der klassischen Theorie begründete. Das war die »Bohrsche Messe«, wie seine Jünger es nannten. Er sprach oft zu leise, redete durcheinander deutsch, dänisch, englisch und hielt an den wichtigsten Stellen zudem noch die Hand vor den Mund. Den meisten seiner Zuhörer war Bohr an mathematischen Kenntnissen weit unterlegen. Dennoch war das, was er zu sagen hatte, tiefer, und wenn man sich die Mühe nahm, es zu entwickeln, bedeutungsvoller als das meiste, was man von viel klareren, oratorisch bezwingenderen Physikprofessoren an anderen Universitäten hören konnte.

Bohrs wahre Größe trat seinen Schülern am deutlichsten im Zwiegespräch entgegen. Legte man ihm eine neue Arbeit vor, so lautete sein erstes Urteil gewöhnlich »Großartig!«. Das veranlaßte aber nur Neulinge zu verfrühtem Frohlocken. Wer Bohr länger kannte, wußte bereits, daß zum Beispiel ein mit leisem entschuldigendem Lächeln vorgebrachtes »Very very interesting« nach dem Vortrag eines Gastprofessors in Wirklichkeit ein höchst abschätziges Urteil bedeutete. Fragend, gelegentlich auch monologisierend oder minutenlang schweigend, führte der große Denker den jungen Physiker, der ihn um Rat gefragt hatte, allmählich selbst zu der Erkenntnis, daß seine Arbeit vielleicht doch nicht ganz gründlich durchdacht war. Ein solches Gespräch mochte viele Stunden dauern und sich bis spät in die Nacht hinziehen. Manchmal tauchte leise und unauffällig Frau Bohr auf, deren hausfrauliche Tugenden die Studenten fast noch mehr bewunderten als ihre klassische Schönheit. Sie sprach kein Wort, lächelte höchstens und schob den Debattierenden Teller mit ausgezeichneten Sandwiches sowie ein paar Schachteln Streichhölzer hin, damit der Meister seine immer wieder ausgehende Pfeife anzünden konnte.

Schließlich begann der Schüler nicht nur die Fehler seiner Arbeit zu entdecken, sondern sie selbst grausam zu zerpflükken. Da aber hielt ihn Bohr auf und warnte davor, alles zu verwerfen, denn selbst im Irrtum sei stets Fruchtbares enthalten.

»Wenn man nach einigen Jahren sein Institut verließ, so wußte man etwas über Physik, was man vorher nicht gewußt hatte und auf keine andere Weise hätte lernen können«, hat von Weizsäcker über Bohr gesagt. Kein Wunder, daß aus dem Kreis um diesen Mann so zahlreiche bedeutende Naturforscher hervorgingen. Er gehörte zu den seltenen Erziehern, die behutsam und doch, wo notwendig, mit Kraft den in jedem Menschen schlummernden Genius zu befreien verstanden: Ein Geburtshelfer war er wie Sokrates, dessen dialogisches Denken ihm vorbildlich schien.

Unter den Schülern, die im Jahre der durch Hitlers »Machtergreifung« ausgelösten Krise in Kopenhagen bei Bohr studierten, befand sich auch ein ungewöhnliches Freundespaar: Carl Friedrich von Weizsäcker, der hochbegabte Sohn eines führenden deutschen Diplomaten, und der Ungar Eduard Teller, der durch die Rassengesetzgebung des Dritten Reiches zur Flucht aus Deutschland gezwungen worden war. Ungewöhnlich war die Freundschaft zwischen dem deutschen Adligen und dem vertriebenen »Nichtarier«, weil Weizsäcker, irregeführt wie viele idealistisch veranlagte junge Deutsche, damals noch glaubte, daß sich in Hitler und seiner Bewegung, ungeachtet mancher Züge, die er ablehnte, vielleicht etwas wirklich Großes ankündige: der Beginn einer gegen Geschäftsgeist und Intellektualismus durchbrechenden gesellschaftlichen und religiösen Erneuerung. Er machte aus dieser Hoffnung kein Geheimnis und ließ sich vorläufig von dem skeptischen Teller nicht vom Gegenteil überzeugen. Immer wieder versuchte er, doch »etwas Gutes« an einem Regime zu finden, dessen Schattenseite er in Kopenhagen, dem Rettungshafen für so viele Opfer des Nationalsozialismus, nur zu genau kennenlernte. Fünf Jahre später sollten diese eigentlich nur am Rande physikalischer und philosophischer Gespräche geführten politischen Diskussionen einen wichtigen Einfluß auf den Gang der Weltgeschichte haben. Als nämlich im Jahre 1939 einem kleinen Kreis nach den USA emigrierter Physiker, zu dem auch Teller gehörte, bekannt wurde, daß angeblich von Weizsäcker die Leitung des deutschen »Uranprojektes« innehabe, war Teller einer von denen, welche die amerikanischen Militärstellen zum präventiven Bau einer Atombombe drängten. Denn er mußte annehmen, sein alter Studienfreund werde Hitler trotz des Grauens, das er ihm gegenüber oft genug empfunden hatte, aus Bewunderung über die politischen Erfolge seiner Gewaltpolitik helfen. In Wirklichkeit war Weizsäcker damals schon von seinen Illusionen über den Nationalsozialismus geheilt, eine Tatsache, die nur seinen engsten Freunden in Deutschland bekannt war.

Teller, der Sohn eines angesehenen Budapester Anwalts, wußte seit seinem zehnten Jahr, daß er es in seiner Heimat auf Grund der Gesetze, die fast alle Juden vom akademischen Leben ausschlossen, zu nichts bringen konnte. So war er bereits mit achtzehn Jahren nach Karlsruhe gegangen und hatte dort Chemie studiert. Auf Grund seines frühen Interesses für die Quantentheorie plante er eine Fortsetzung seines Studiums bei Arnold Sommerfeld in München. Aber er sah von der bayerischen Hauptstadt nicht viel mehr als die vier Wände eines Krankenzimmers. Gleich nach seiner Ankunft im Jahre 1928 wollte Teller, ein begeisterter Bergsteiger, an einem Sonntagmorgen in die Alpen fahren. Er hatte sich etwas verspätet. Um den Ausflüglerzug doch noch zu erreichen, sprang er vor dem Hauptbahnhof so unglücklich von der fahrenden Straßenbahn ab, daß ihn der nachfolgende Wagen erwischte und ihm den rechten Fuß abfuhr. Er sagte sich: »Diese Stadt bringt mir kein Glück ...«, und übersiedelte nach Leipzig, wo Heisenberg gerade Professor geworden war und einen Kreis von jungen begabten Schülern um sich zu sammeln begann. Dort lernte Teller den verträumten, phantasievollen von Weizsäcker zuerst kennen.

Weizsäcker war vier Jahre jünger als Teller. Er hatte eigentlich Philosophie studieren wollen. Da lernte er in Kopenhagen, wohin sein Vater vom Auswärtigen Amt als Diplomat versetzt worden war, den bei Bohr arbeitenden Heisenberg kennen. »Philosophie kann man heute nicht mehr betreiben, ohne um die moderne Physik zu wissen«, sagte Heisenberg dem Sohn seines Gastgebers. »Sie müssen aber bald mit diesem Studium anfangen, sonst ist es zu spät.«

Auch Teller hatte schon immer einen Hang zum Schöngeistigen. Er war, was nur wenige ahnten, ein heimlicher Dichter. Die Freundschaft zwischen ihm und von Weizsäcker war weniger auf ihr gemeinsames Interesse für die Wissenschaft als auf ihre Liebe zur Poesie, zur Literatur und zur philosophischen Spekulation gegründet. In Leipzig erwarb Teller seinen Doktorgrad, dann ging er nach Göttingen zu Born, mit dem er seine Arbeit über »Optik« schrieb. Nach Hitlers Machtergreifung flüchtete Teller über London nach Kopenhagen. Er hatte inzwischen eine Jugendfreundin geheiratet, durfte das aber nicht offiziell zugeben, da er sonst seines Rokkefeller-Stipendiums verlustig gegangen wäre, das nur an Unverheiratete vergeben wurde. Deshalb wohnte er im Stil der Junggesellen, die am Bohrschen Institut arbeiteten, in einer der nahebei gelegenen Privatpensionen. Zwei davon waren als Physikerquartiere besonders beliebt, das »Fremdenheim« des Fröken Have und das Häuschen des Fröken Thalbitzer. Man stritt sich darüber, welche der beiden Frauen das größere Original sei. Die eine hatte nämlich im Laufe der Jahre von ihren gelehrten Gästen so viel Mathematik aufgeschnappt, daß sie ihnen gern ihre eigenen Theorien über den Lauf von Himmel und Erde verkündete; die andere erklärte alle »diese Haarspalterei« für ungesund, rauchte Pfeife, trug eine alte Soldatenmütze und wollte die jungen Leute dazu überreden, die »dummen Bücher« ins Wasser zu werfen. »Ich liebe es, wenn das Meer brüllt«, rief sie mit ihrer tiefen Stimme, wenn sie von einem ihrer häufigen Ausflüge an den Strand zurückkam, »dort lernt man die Natur kennen. Nicht aus dürrem, bedrucktem Papier!«

Teller und Weizsäcker wohnten beide bei dieser energischen Naturfreundin. Um Mitternacht pflegte Weizsäcker in Tellers Zimmer zu gehen, und sie stritten sich dann freundschaftlich bis zwei Uhr früh. So groß war ihre Freude am reinen Debattieren, daß Teller ein Diskussionsspiel erfand. Es mußte jeweils der eine den anderen von der Richtigkeit einer ganz paradoxen Behauptung zu überzeugen versuchen.

Dabei durfte einer der Partner, wie es in den platonischen Dialogen geschieht, seine Position nur durch geschickte Fragestellung behaupten. Eine These, deren Richtigkeit Weizsäkker beweisen wollte, lautete: »Strammstehen ist ein dionysisches Erlebnis«; eine, die Teller aufstellte, hieß: »Schadenfreude ist die reinste Freude.«

Ein anderes Spiel mit ernstem Hintergrund waren die »Fragebogen«, die beide Freunde einander vorlegten. Teller, der spätere »Erfinder« der schrecklichsten Waffe der Welt, gab damals einige Antworten, die im Licht dessen, was aus ihm wurde, besonders interessant sind. Befragt, womit er am wenigsten gern umgehe, antwortete er, nicht ganz zwanzig Jahre vor den großen Wasserstoffbomben-Tests: »Mit Maschinen.« – »Was tust du am liebsten?« wollte der Verfasser des Quiz weiter wissen. Tellers Antwort: »Anderen klarmachen, was ihnen unklar ist, und unklar machen, was ihnen klar ist.« Teller, später Verfasser vertraulicher, für den Lauf der Geschichte schwerwiegender Berichte an die amerikanische Regierung, erklärte damals, er tue eigentlich nichts so ungern, wie »für andere schreiben«. Er verglich sich, als er eine weitere Frage beantwortete, unter den Figuren des Märchens mit »Hans im Glück«, dem sein Goldklumpen in nichts zerrann, und unter den geschichtlichen Persönlichkeiten mit Ludwig II., einem ungarischen König, den er bewunderte, weil er in der Schlacht von Mohacs alles auf eine Karte gesetzt und damit Reich und Leben verloren hatte.

Teller übersetzte damals oft Gedichte des von ihm geliebten ungarischen Poeten Ady ins Deutsche. Eine dieser nie veröffentlichten Arbeiten scheint wie erfüllt von der Vorahnung einer Existenz, die später sein und anderer Atomforscher Schicksal werden sollte:

Der Herr nimmt alle, die er schlägt und liebt
Und entführt sie von der Erde …
Es flammt ihr Herz, ihr Gehirn ist Eis,
Die Erde lacht zu ihnen herauf,
Und mitleidig streut Diamantenstaub
Die Sonne auf ihren einsamen Lauf.

5

Kopenhagen konnte für die zahlreichen aus Mitteleuropa geflüchteten Atomforscher nur Durchgangsstation sein. Zwar verstand es der unermüdliche Bohr, unter Lord Rutherfords kräftiger Beihilfe, immer wieder Mittel aufzutreiben, um den ihrer Stellung, ihrer Einnahmen und ihrer Ersparnisse beraubten Kollegen zu helfen, aber dieses Leben von Unterstützungen behagte niemandem. Es durfte kein Dauerzustand werden, und man suchte nun in der ganzen Welt nach Anstellungen für die vertriebenen Physiker. Das war weniger leicht, als es zuerst den Anschein hatte. Denn die Zahl der freien Lehrstühle an Europas Universitäten und der verfügbaren Arbeitsplätze in den Laboratorien war begrenzt. Denn fast kein Land verstand damals schon, daß die Zulassung von Flüchtlingen, die zwar keinen materiellen Besitz, aber unschätzbares Wissen mitbringen, Gewinn statt Belastung bedeutet.

Nur die Vereinigten Staaten mit ihren Hunderten von Universitäten und Institutionen hatten den intellektuellen »refugees« genügend Stellungen anzubieten, obwohl auch sie gerade in den ersten beiden Jahren nach Hitlers Machtergreifung noch unter den Folgen der großen Wirtschaftskrise zu leiden hatten. Als Albert Einstein im Herbst 1933 den Antrag des neugegründeten »Institute of Advanced Study« in Princeton annahm und seinen Wohnsitz aus Berlin in diese kleine amerikanische Universitätsstadt verlegte, sprach der französische Physiker Paul Langevin, halb im Scherz und halb im Ernst, die prophetische Wahrheit aus: »Das ist ein so großes Ereignis, wie es die Verlegung des Vatikans von Rom in die Neue Welt wäre. Der ›Papst der Physik‹ zieht um, die Vereinigten Staaten werden das Zentrum der Naturwissenschaften werden.«

Es war damals eine Überraschung, daß die Russen, die sich vorher immer um die Anwerbung ausländischer »Spezialisten« bemüht hatten, so wenig unternahmen, um vertriebene Forscher zu sich zu holen. Der von Stalin geförderte Sowjet-Patriotismus und die wachsende Angst vor Sabotage und

Spionage hatten bereits begonnen, den trennenden »Vorhang« zwischen der Sowjetunion und der Welt immer undurchdringlicher zu machen. Vorläufig aber hob sich noch ein Zipfel für ausländische »Genossen«. So kam es, daß einige wenige bekannte Atomforscher aus Mitteleuropa nach der Sowjetunion emigrierten. Sie erlitten dort ein furchtbares Schicksal. Bis 1937 erlaubte man ihnen, in physikalischen Institutionen zu arbeiten und sogar eine deutschsprachige Zeitschrift herauszugeben, dann aber gerieten sie, zusammen mit anderen ausländischen Kommunisten, in die große »Reinigung«. Man warf sie in Gefängnisse, folterte sie, versuchte falsche Geständnisse von ihnen zu erpressen und schickte sie nach Sibirien.

Von alledem ahnte man im Westen zunächst nichts. Niels Bohr sandte sogar noch 1938 zwei seiner Schüler, die aus Wien stammenden Weißkopf und Placzek, in die Sowjetunion, um dort Existenzmöglichkeiten für die neuen Flüchtlinge aus dem gerade von Hitler besetzten Österreich zu finden. Sie wurden von der stalinistischen Geheimpolizei jedoch als »Spionage-Anwerber« angesehen und brachten schließlich nur die Nachricht vom traurigen Schicksal der beiden Physiker Fritz Houtermans und Alexander Weißberg nach Kopenhagen.

Petitionen, die Einstein, Niels Bohr und auch der erst Jahre später zum Kommunisten gewordene Joliot-Curie unterschrieben, gingen damals an den Kreml. Vermutlich retteten sie den beiden westlichen Forschern das Leben. Man bot ihnen zuerst das sowjetische Bürgerrecht und Einsetzung in alle ihre früheren Ämter an. Dies lehnten sie aber nach den schrecklichen Erfahrungen der vergangenen Jahre ab. Daraufhin brachten die sowjetischen Geheimpolizisten im Jahre 1940 die vor Hitler geflohenen Forscher ausgerechnet an die Grenze des »Generalgouvernements«. Sie lieferten sie dort ihren »Kollegen« von der Gestapo und damit neuen Verhören und neuen Gefängnissen aus.

Die unerwartete Entdeckung

1

Zu Beginn der dreißiger Jahre, um die gleiche Zeit also, als die Politik so brutal in die stille Welt der Kernphysiker einbrach, pochte die Atomforschung auch erstmals an die Tür der Politik. James Chadwick entdeckte 1932 den Schlüssel zur Spaltung des Atoms: das Neutron[1].

Aber wie leise war dieses Pochen! Fast niemand hörte es. Als der Privatdozent Fritz Houtermans 1932 in seiner Antrittsvorlesung an der Technischen Hochschule in Berlin erwähnte, dieses soeben in Cambridge gefundene unscheinbare Partikelchen werde vielleicht einmal gewaltige in der Materie schlummernde Kräfte freimachen, fand diese Mitteilung kaum wahre Beachtung. Drei Jahre später machte Frédéric Joliot-Curie, als er zusammen mit seiner Gattin Irène für die Entdeckung der künstlichen Radioaktivität in Stockholm den Nobelpreis erhielt, präzisere Voraussagen in dieser Richtung:

»Wir dürfen mit Recht an die Möglichkeit denken, daß die Forscher, die nach ihrem Gutdünken Elemente aufbauen und zerschlagen können, auch Kernumwandlungen von explosivem Charakter verwirklichen werden ... Sollte man es fertigbringen, daß solche Umwandlungen sich in der Materie fortpflanzen, so wird vermutlich die Befreiung enorm großer nutzbarer Energie stattfinden.«

Aber auch Joliots Prophezeiung erweckte damals nur vorübergehendes Interesse. Nur ein Forscher zog fast sofort aus der mit der Entdeckung des Neutrons in Gang gesetzten wissenschaftlichen Entwicklung auch politische Schlüsse: der ungarische Physiker Leo Szilard.

Zwei Jahre vor der Jahrhundertwende geboren, hatte Szi-

[1] Ein winziges Elementarteilchen, das in den durch elektromagnetische Wälle von Millionen Volt geschützten Atomkern eindringen kann, weil es elektrisch neutral ist und darum nicht zurückgestoßen wird.

lard schon sehr früh am eigenen Leib die Wirkungen politischer Erschütterungen erleben müssen. Kaum ein Jahr an der Technischen Hochschule in Budapest, war er eingezogen worden. Der Krieg stand damals bereits schlecht für den Dreibund, aber die k. u. k. Offiziere drillten ihre Rekruten noch so scharf wie in den Jahren der großen Kaiserparaden. Sie impften Szilard eine derartige Abneigung gegen alles Militärische ein, daß er noch fast drei Jahrzehnte später einem amerikanischen Reporter auf die Frage, welches denn eigentlich sein »Hobby« sei, antwortete: »Kampf gegen militärische Engstirnigkeit!« Die Wochen des roten Terrors unter Bela Khun, die darauf folgenden Monate des weißen Terrors unter Horthy zwangen Szilard, der nach der Demobilisierung zuerst versucht hatte, in Budapest weiterzustudieren, nach Berlin zu gehen, wo er sich zuerst an der Technischen Hochschule in Charlottenburg und im folgenden Jahr an der Universität immatrikulieren ließ. Unter dem Einfluß von Einstein, Nernst, von Laue und Max Planck, die alle damals in der Reichshauptstadt lehrten und arbeiteten, wechselte Szilard, der ursprünglich wie sein Vater Bauingenieur hatte werden wollen, zur theoretischen Physik über. Als von Laues Assistent, später als Privatdozent und Mitarbeiter des Kaiser-Wilhelm-Instituts, machte der lebhafte, phantasievolle junge Forscher sich in der Fachwelt bald einen Namen.

Bei Hitlers Machtantritt ging Szilard zuerst nach Wien. Seine besondere Gabe, künftige Ereignisse auf Grund gegenwärtiger Tatsachen vorauszusehen, ließ ihn aber sofort erkennen, daß Österreich früher oder später vom Nationalsozialismus überrannt werden würde. Er blieb daher nur sechs Wochen in Wien und wanderte nach England aus.

Im Herbst 1933 hielt Lord Rutherford bei der Jahrestagung der »British Association« eine Rede, in der er sagte, daß Leute, die eine Freisetzung der Atomenergie in großem Maße prophezeiten, »vom Mond redeten«. »Das machte mich nachdenken«, erinnerte sich Szilard. »Und im Oktober 1933 hatte ich den Einfall, daß man eine Kettenreaktion erreichen könne, wenn ein Element zu finden wäre, das zwei Neutronen ausstoßen würde, nachdem es ein Neutron geschluckt hatte. Zuerst dachte ich dabei an Beryllium, dann an andere Elemente, einschließlich Uran, aber aus dem einen oder anderen Grund führte ich das entscheidende Experiment niemals aus.«

Szilard experimentierte damals zwar nicht weiter mit Neutronen, aber als praktischer Zukunftsträumer begann er zu überlegen, wie wohl Politiker, Industrielle und die Militärs reagieren würden, falls es wirklich einmal gelingen sollte, Atomenergie zu erzeugen. Bisher war zwar noch niemand in die schweren Atomkerne eingedrungen, um die in ihnen schlummernde Energie nutzbar zu machen. Aber es arbeiteten bereits so viele Forscher und ihre Teams an diesen Problemen, daß die Lösung wohl nicht mehr fernlag. Wenn aber diese in der Luft liegende Entdeckung erst einmal gemacht war, mußte die bisherige Gleichgültigkeit der Mächte und Interessengruppen jäh umschlagen. Sollten die Wissenschaftler eine solche Möglichkeit nicht jetzt schon ins Auge fassen?

Aus solchen Überlegungen heraus wandte sich Szilard schon 1935 an eine Reihe von Atomforschern und fragte sie, ob es nicht in Voraussicht der möglicherweise großen und vielleicht einmal gefährlichen Konsequenzen ihrer jetzigen Arbeiten ratsam wäre, die künftigen Resultate zumindest vorübergehend nicht zu veröffentlichen. Der Vorschlag wurde allgemein abgelehnt. Man sah ja vorläufig noch gar keine Möglichkeit, wie die »Festung Atom« erobert werden könnte. Und Szilard sprach bereits davon, was mit der Beute geschehen sollte! Auf Grund dieses »voreiligen Vorschlages« kam er in den Ruf, daß er immer schon an den dritten und vierten Schritt denke, bevor der erste und der zweite gemacht seien.

Und doch beschäftigten diese abenteuerlichen Perspektiven auch noch andere Wissenschaftler. Bewegt von ihnen, versuchte Paul Langevin, der in jenen Jahren so viel für die Flüchtlinge aus dem Dritten Reich tat, einen aus Deutschland geflohenen Studenten der Geschichte auf eine etwas ungewöhnliche Art zu trösten. »Sie nehmen das alles viel zu schwer«, sagte er. »Hitler? Der wird sich wie alle Tyrannen in absehbarer Zeit den Hals brechen. Mir macht etwas anderes weit mehr Sorgen. Etwas, das die Welt, wenn es in falsche Hände gerät, stärker gefährden kann als dieser ephemere Narr. Etwas, das wir – im Gegensatz zu ihm – nie mehr loswerden können: das Neutron.«

Der junge Historiker hatte zu jener Zeit von diesem angeblich so gefährlichen Neutron nur ganz flüchtig gehört. Denn das war etwas, das zur Physik gehörte, also zu einer anderen Fakultät, und ging ihn, wie er meinte, deshalb nichts an. Daß große wissenschaftliche Entdeckungen die Geschichte dauerhafter formen können als mächtige Diktatoren, war ihm damals noch ebensowenig klar wie den meisten seiner Mitmenschen.

Die Unterschätzung der Politik durch die Wissenschaftler wurde in jener erst ein Vierteljahrhundert zurückliegenden Epoche nämlich noch übertroffen von der Unterschätzung der Wissenschaft durch die Politiker (und die politische Öffentlichkeit). Wollte man statistisch feststellen, wie oft in jenen Tagen der Name »Hitler«, verglichen mit dem Wort »Neutron«, in der Presse auftauchte, so wäre das Verhältnis eine Million zu eins vermutlich noch zu niedrig gegriffen. So wenig können wir selbst im »Zeitalter der Information« beurteilen, was vom Tagesgeschehen letzten Endes sich als bedeutsam und zukunftsträchtig herausstellen wird.

Erst seit Ende 1945, dem Zeitpunkt, da die ganze Welt von der Entdeckung und technischen Entwicklung der Atomkraft erfuhr, ist es möglich, jene damals wenig beachtete Wendung der Atomgeschichte auch als eine Wendung der Weltgeschichte zu sehen. Welch außerordentliches Zusammentreffen aber, daß innerhalb der gleichen zwölf Monate das Neutron entdeckt (Februar 1932), Roosevelt gewählt wurde (November 1932) und Hitler die deutsche Regierung übernahm (Januar 1933)!

Volle sieben schicksalsreiche Jahre sollte es nun noch dauern, bis die Physiker die volle Bedeutung des Neutrons erkannten. Sieben Jahre, in denen man bereits mit Neutronen in Paris, Cambridge, Rom, Zürich und Berlin Atome spaltete, ohne es zu ahnen. Die Forscher waren sich dessen nicht bewußt. Weil sie von 1932 bis Ende 1938 einfach nicht glauben wollten, was ihre Instrumente ihnen sagten, erfuhren glücklicherweise auch die Staatsmänner nicht, welches außerordentliche Machtmittel da in ihrer Reichweite lag. Welche Konsequenzen hätte es wohl gehabt, wenn die Kettenreaktion im Uran schon 1934, als sie zum ersten Mal in Rom stattfand, richtig gedeutet worden wäre? Hätten dann Mussolini und Hitler als erste eine Atombombe entwickelt? Hätte der Atom-Rüstungswettlauf schon vor dem Zweiten Weltkrieg begonnen? Wäre dieser Krieg bereits mit Atomwaffen auf beiden Seiten ausgefochten worden?

Der Physiker Emilio Segré, der an jenen geglückten, aber falsch interpretierten Experimenten in der italienischen Hauptstadt teilnahm, hat versucht, auf diese aufregenden Fragen, die er sich wie viele andere Atomforscher in späteren Jahren oft genug gestellt hat, eine Antwort zu erteilen. Er sagte zwei Jahrzehnte später bei der Trauerfeier für seinen Lehrer Enrico Fermi: »Gott machte aus seinen eigenen unergründlichen Absichten damals jedermann gegenüber dem Phänomenen der Spaltung blind.«

2

Die Entdeckung des Neutrons war nicht zufällig gerade in Rutherfords Laboratorium in Cambridge gelungen. Auf dem Züricher Physikerkongreß von 1931 hatte die Ankündigung der Deutschen Bothe und Becker, daß sie bei dem Bombardement von Beryllium mit Alphateilchen eine sehr starke, nicht zu erklärende Strahlung[1] entdeckt hätten, das größte Aufsehen erregt. Sofort versuchten Forscher in allen Ländern das Experiment zu wiederholen, um die Natur dieser Strahlung zu ergründen. Frédéric Joliot-Curie und seine Gattin Irène lösten das Rätsel teilweise. Schon einen Monat, nachdem sie ihre ersten Resultate bekanntgegeben hatten, verkündete Chadwick, der, angefeuert von Rutherford, fast ununterbrochen an diesem Problem gearbeitet hatte, daß es sich um Neutronen handle. Ihre Existenz war

[1] Die sogenannten »Gammastrahlen«.

von seinem Meister schon vor siebzehn Jahren vorausgesagt worden.

Diesen schnellen Erfolg verdankte Chadwick zu erheblichem Teil seinen besseren Meßinstrumenten, vor allem einem neuen Verstärker, der damals gerade erfunden worden war. Keine physikalische Forschungsanstalt der Welt besaß im Jahre 1932 so hervorragende Versuchsinstrumente wie das Cavendish-Laboratorium in Cambridge.

Die Atomphysiker können die Gegenstände ihrer Forschung niemals mit bloßem Auge wahrnehmen und prüfen. Sie müssen daher ihre Untersuchungsobjekte durch die Einschaltung von Apparaturen wahrnehmbar und meßbar machen. Diese »Prothesen«, ohne deren Hilfe sich der Mensch im Reich der allerkleinsten Dimensionen nicht zu bewegen vermag, waren gegen Ende des Ersten Weltkriegs noch recht primitiv. Die Forscher pflegten sie mit Hilfe ihrer Laboratoriumsgehilfen aus Draht, Wachs und selbstgeblasenen Glaskolben zusammenzubasteln. Aber je weiter sie ins Unbekannte einzudringen versuchten, um so schwerer und komplizierter wurde ihre Ausrüstung. C. D. Ellis, der englische Physiker, zeigte sich, als er 1919 zum ersten Mal die Versuchsanordnung sah, mit der Rutherford gerade seine ersten Atom-Umwandlungen erreicht hatte, wie er schrieb, »leicht schokkiert darüber, daß der Apparat nicht eindrucksvoller war ... Er konnte ganz und gar in einem kleinen Messingkasten Platz finden.« Noch nicht einmal anderthalb Jahrzehnte später experimentierte Ellis, der seither ein Mitglied des »Stalles Rutherford« im Cavendish-Laboratorium geworden war, selbst fast nur noch mit riesigen Generatoren und hochempfindlichen neuen Meßgeräten. Die Werkstätten der experimentellen Atomforscher begannen mehr und mehr Fabrikhallen zu gleichen und sie selbst Maschinenmeistern.

Dieses neue Instrumentarium war natürlich kostspielig. Bis zum Ende des Ersten Weltkriegs hatte das Cavendish-Laboratorium niemals mehr als fünfhundertfünfzig Pfund pro Jahr für neue Apparaturen ausgegeben, nach und nach war dieses Budget gestiegen, und in den dreißiger Jahren erreichte es schon ein Vielfaches. Das brachte allmählich eine

Wandlung in der Stellung der Atomforscher zur Gesellschaft, die sie selbst erst viel später begriffen. Es genügte nicht mehr, daß ein Tabakhändler wie der Kanadier William Macdonald, ein Fabrikant von Chemikalien wie der Belgier Ernest Solvay oder ein Großindustrieller wie der »gute Engel der Göttinger Physiker«, Carl Still, alljährlich durch Stiftungen aus eigener Tasche für die wachsenden Laboratoriumsausgaben aufkamen. Selbst die Millionen der Rockefeller, Mellon und Austin reichten nicht. Immer häufiger mußten die Regierungen einspringen. Sie taten es, wie zum Beispiel in England, bereitwillig, in anderen Ländern zögernder. Wo ursprünglich solche staatliche Hilfe gering war, wurden aber von den Atomforschern oft mit Erfolg größere Beiträge durchgesetzt. Daß der neue Mäzen Staat einmal sagen könnte: »Wer zahlt, befiehlt«, kam ihnen damals gar nicht in den Sinn.

Schon weil das Cavendish-Laboratorium technisch so viel besser ausgerüstet war, um sich in der Welt der kleinsten Dimensionen zurechtzufinden, erwarteten die Atomphysiker von dort nach der Entdeckung des Neutrons auch die nächsten wichtigen Resultate über die Rolle und die Wirkungen dieses neugefundenen Kernteilchens.

Diese Erwartung war um so berechtigter, als Rutherford es verstanden hatte, ein ganz eigenartiges Team von Mitarbeitern um sich zu scharen.

Da war der etwas melancholische Aston, der 1922 den Prototyp des Massen-Spektrographen baute, mit dem er erstmals in großem Maßstab Isotope trennte, da war der immer gutgelaunte Japaner Shimizu, dessen neue »Wolkenkammer« automatisch Fotos von Atombahnen aufnahm, und da war vor allem Pat M. S. Blackett, ein großer, etwas steifer Marineoffizier, der eigentlich nur für einen Ferienkurs ins Cavendish-Laboratorium gekommen war, sich aber für die neue Arbeit so begeisterte, daß er blieb und durch seine Interpretation von vierhundertvierzigtausend Atomspuren auf den von ihm selbst gemachten Nebelkammerfotos sich als erfolgreichster »Kartograph« der neuerworbenen Territorien erwies.

Auch der temperamentvolle Australier Markus Oliphant, der im Umgang mit den neuen elektrotechnischen Instrumenten unübertrefflich geschickte John Cockroft sowie der vor allem für seine fast übermenschliche Geduld bekannte Norman Feather dürfen nicht vergessen werden. Sie arbeiteten als eine Art »Untergruppe« unter Leitung des russischen Physikers Pjotr L. Kapitza, der seit 1921 aus seiner von Bürgerkrieg und Hungersnot zerrissenen Heimat nach Cambridge zu Rutherford gekommen war. Alle diese jungen Atomforscher waren von wildem Eifer besessen. Ihr Lehrer Rutherford nannte sie einfach seine »boys«, und behandelte sie auch manchmal wie ein strenger Schulmeister. In Wahrheit aber liebte er sie wie ein Vater. Da er selbst keinen Sohn hatte, schenkte er diesen aufstrebenden jungen Leuten alle Aufmerksamkeit, Hilfe und Zuneigung, die er zu vergeben hatte. Fühlte er gar, daß einer seiner »Jungens« im Begriff war, ein neues Resultat ans Tageslicht zu bringen, dann umsorgte er ihn von früh bis spät und rief sogar während der Nacht im Laboratorium an, um dem über seinen Instrumenten Wachenden mit Ratschlägen und gutem Zuspruch beizustehen.[1]

Rutherfords Favorit war sicherlich lange Zeit Kapitza. Er bewunderte den mit großer geistiger Beweglichkeit gepaarten sturen Eigensinn des Russen, die Schnelligkeit, mit der »Pjotr« arbeiten konnte, und seine an Fanatismus grenzende Schaffensfreude. Vor allem aber fühlte sich Rutherford diesem um fast ein Vierteljahrhundert jüngeren Mann wesensverwandt. Von Rutherford sagte man: »Er ist ein Wilder, ein nobler Wilder, aber eben doch ein Wilder«, oder: »Befreundet sein kann man mit ihm ebensowenig wie mit den Naturgewalten«. All das traf auch auf Kapitza zu. Er besaß die gleiche begeisterte Lebensfreude wie sein Meister, die gleiche unbändige Kraft und Phantasie, zu der bei ihm noch ein Schuß russischer Exzentrizität kam.

[1] Auch Otto Hahn, dem später der wohl entscheidendste Durchbruch auf dem Gebiete der Kernforschung gelang, war von 1905 bis 1906, damals noch in Montreal, einer der »boys« von Rutherford gewesen und hat später über diese Zeit berichtet: »Die Begeisterung und die überschäumende Arbeitskraft Rutherfords übertrugen sich auf uns alle, und das Weiterarbeiten nach dem Abendbrot war eher die Regel als die Ausnahme ...«

Ob er mit Höchstgeschwindigkeiten im Auto über die ruhigen englischen Landstraßen jagte, sich zum Entsetzen seiner puritanischen Gastgeber nackt an einem Weekend in einen nahen Fluß warf und die Schwäne mit einem imitierten Vogelkrächzen schreckte, mehrere Nächte ohne zu schlafen gleich einem blitzeschleudernden Gott an einer Hochfrequenzmaschine experimentierte, die Belastung so lange steigernd, bis ein Kabel zu brennen begann – immer lebte dieser Sohn eines Zarengenerals an oder jenseits der Grenze des Gewöhnlichen. Er liebte das Ringen mit den Maschinen, das Spiel mit der Gefahr. Typisch für Kapitza ist ein Brief, in dem er Rutherford, der sich damals gerade auf einer Weltreise befand, über Experimente mit einer mächtigen neuen Maschine unter anderem berichtet: »Wir erreichten Felder von über 270000 ... Weiter konnten wir nicht gehen, da das Gewinde mit einem Riesenknall platzte. Das hätte Sie sicher sehr amüsiert, wenn Sie es gehört hätten. Die Stärke in der Leitung betrug dreizehneinhalbtausend Kilowatt, ungefähr soviel wie drei Elektrizitätswerke in Cambridge auf einmal produzieren ... Der Unfall war das interessanteste aller Experimente ... Wir wissen nun genau, wie ein Bogen von 13000 Ampère aussieht ...«

Sogar wenn Kapitza sich nur, wie 1931 bei der Physikertagung in Zürich, einer Fotokamera stellte, mußte er eine dramatische Situation schaffen. Er ließ sich knapp vor den Rädern eines Autos liegend aufnehmen und gab dafür als Erklärung: »Ich möchte doch gern einmal erfahren, wie ich aussehe, wenn ich überfahren werde.«

Für Kapitzas hochvoltige »Gigantenbabys« trieb Rutherford unermüdlich neue Mittel auf. Von der »Royal Society« und dem »Department for Scientific and Industrial Research« (einer englischen Regierungsorganisation zur Förderung der Wissenschaften, die nach dem Ende des Ersten Weltkriegs gebildet worden war) wurde Kapitza auf Grund der Empfehlung seines Meisters ein besonderes Laboratorium gebaut. Als diese nach dem Chemiker und Multimillionär Mond benannte Forschungsstätte schließlich im Februar 1933 eröffnet wurde, erblickten die überraschten Teilnehmer der

Zeremonie auf der Fassade ein ungewöhnliches »Wappentier« – ein Krokodil, das von Eric Gill, dem bekannten englischen Künstler, auf besonderen Wunsch Kapitzas in den Stein gemeißelt worden war. Befragt, was denn dieses so ganz unenglische Lebewesen hier zu suchen habe, antwortete Kapitza: »So wie das Krokodil frißt sich der Fortschritt weiter. Mit stählernen Kiefern, ohne jemals zurückzublicken.« In Wahrheit war »Krokodil« der von dem Russen erfundene Spitzname für Rutherford, den jedermann im Cavendish-Laboratorium kannte außer dem Betroffenen selbst.

Pjotr Kapitza sollte zunächst keine Gelegenheit haben, dieses neue Laboratorium zu benutzen. Als ihn die Akademie der Wissenschaften 1934 anläßlich ihrer Übersiedlung von Leningrad nach Moskau (gegen die Opposition Stalins) zu ihrem Mitglied gemacht hatte, begab er sich zu Besuch in seine Heimat. Nicht zum ersten Mal hatte der »Halbemigrant« eine solche Reise »nach Hause« unternommen, diesmal aber verlief sie nicht so reibungslos wie zuvor. Als Kapitza nach Cambridge zurückkehren wollte, wurde ihm bedeutet, daß die Sowjetunion ihn »angesichts der Hitler-Gefahr nicht mehr entbehren könne«. So wurde er zum Gefangenen im eigenen Land. Rutherford schrieb nach Moskau und bat, man möge im Interesse der Wissenschaft Kapitza erlauben, an seine Arbeitsstätte zurückzukehren. Er bekam von einem russischen Regierungsbeamten zur Antwort: »England würde verständlicherweise Kapitza gern wieder bei sich haben. Ebenso gern würden wir Rutherford bei uns in der Sowjetunion haben.«

Auf diese geschickt formulierte Absage hin wandte sich Rutherford an Premierminister Baldwin: »Kapitza wurde von den Sowjetbehörden gekapert, weil sie glaubten, er könne ihnen beim Aufbau der Elektroindustrie nützlich sein, und sie haben noch nicht herausgefunden, daß diese Annahme auf falschen Informationen beruht.« Aber auch Baldwins Intervention nützte nichts.

Eine Verwandte Kapitzas sprach in London bei dem sowjetischen Botschafter Maiskij für ihn vor. »Sie werden ihn doch nicht halten können«, sagte sie schließlich, »unser Pjotr hat einen harten Kopf.« Worauf der Diplomat versichert haben soll: »Unser Josef hat aber einen noch härteren.«

Als alle diese Bemühungen gescheitert waren, tat Rutherford etwas, das zugleich seinen unermeßlichen Glauben an die Internationalität der Wissenschaft und seine Zuneigung zu dem verlorenen Wahlverwandten zeigt. Er beschloß, Kapitza die ganze Installation seines neuen Laboratoriums, um dessen Einrichtung er sich so bemüht hatte, nach Rußland nachzuschicken. Die englischen Wissenschaftler Adrian und Dirac reisten nach Moskau, um den Transfer dieser kostbaren und umfangreichen Apparaturen zu regeln. Sie wurden auf einen in einem englischen Hafen liegenden sowjetischen Frachtdampfer verladen und kamen zusammen mit einer Ladung Gefrierfleisch bald darauf in Leningrad an. Um Kapitza für sich zu gewinnen, zahlte die Sowjetregierung nicht nur dreißigtausend Pfund für das demontierte Mond-Laboratorium, sondern baute dem Physiker auch in Moskau ein neues Institut im Stil eines englischen Herrensitzes. Kapitza ergab sich nun in seine goldene Gefangenschaft. An Rutherford schrieb er im Jahre 1936: »Schließlich und endlich sind wir ja alle nur kleine Partikelchen einer fließenden Masse in einem Strom, den wir Schicksal nennen. Wir bringen es höchstens fertig, gelegentlich ein wenig von unserer Bahn abzuirren und oben zu schwimmen. Der Strom dirigiert uns.«

Kapitzas erzwungener Abschied traf nicht nur Rutherford persönlich sehr schwer, er wirkte sich auch auf das ganze Cavendish-Laboratorium aus, dessen großartiges Team in den nächsten Jahren auseinanderzufallen begann. Es gingen zuerst Blackett, dann Chadwick und schließlich Oliphant. Sie nahmen leitende Stellen an anderen Universitäten an. Rutherford, dieser mächtige Mann, der stets ein Urbild von Kraft und Gesundheit gewesen war, begann plötzlich zu altern, obwohl er es nicht zugeben wollte. Als er eines Tages ein feines Goldblättchen in sein Elektroskop schieben wollte, zitterten seine Hände so sehr, daß er seinen Assistenten Crowe bitten mußte, es für ihn zu besorgen. Als sich das gleiche ein paar Tage später wiederholte, fragte Crowe besorgt: »Nerven heute wieder nicht so gut?« Da brüllte Rutherford mit seiner gefürchteten Löwenstimme: »Verflucht, das sind nicht meine Nerven! *Sie* erschüttern den Tisch so stark.«

Am 14. Oktober 1937 hob sich der Gelehrte bei einer körperlichen Arbeit einen leichten Bruch. Eine kleine, scheinbar harmlose Operation wurde notwendig. Sie ging unerwarteterweise schlecht aus, und fünf Tage später starb der Pionier der experimentellen Atomforschung. Mit ihm ging ein Gelehrter vom alten Schlag dahin. Er hatte die Beschaffenheit der Atomwelt nur um der Wahrheit willen kennenlernen wollen. Als die Presse nach den großen Erfolgen seines Teams bereits im Jahre 1932 die Möglichkeiten einer Nutzbarmachung der Atomenergie prophezeite, wurde sie von Rutherford sofort korrigiert: »Die Männer, die diese Experimente machten, suchten nicht nach einer neuen Kraftquelle oder der Herstellung seltener oder kostspieliger Elemente. Das wirkliche Motiv lag tiefer. Es hat mit der triebhaften Anziehungskraft zu tun, die von der Suche nach einem der tiefsten Naturgeheimnisse ausgeht.«

3

Obwohl Feather, noch unter Rutherfords Leitung, in Cambridge einige aufschlußreiche Experimente über die Wirkung der Neutronen machte, kamen die interessantesten Resultate der Neutronenforschung seit 1934 aus Rom, der Ewigen Stadt, die Enrico Fermi, ein junger Mann, der gerade erst sein dreißigstes Jahr überschritten hatte, für einige Jahre zur »Welthauptstadt der Physik« machte. Schon seine ersten theoretischen Arbeiten hatten vor allem bei der jüngeren Generation der Physiker großes Aufsehen erregt. Sie pilgerten oft nach Rom, um diesen bei all seiner sportlichen Jungenhaftigkeit wissenschaftlich ernst zu nehmenden Italiener kennenzulernen.

Und er enttäuschte sie nicht. Bezeichnend, was Hans Bethe, der Meisterschüler Arnold Sommerfelds, seinem Lehrer damals aus Rom schrieb: »Natürlich habe ich das Colosseum besucht und bewundert, das Beste in Rom ist aber unbedingt Fermi. Fabelhaft, wie er bei jedem Problem, das man ihm vorlegt, sofort die Lösung sieht.« Als Curies erfolgreiche Erzeugung künstlicher radioaktiver Elemente durch seine endgültige Mitteilung an die »Académie des Sciences« im Jahre 1934 bekannt wurde, hatte Fermi gerade eine Enttäuschung erlebt. Seine neueste Arbeit über Betastrahlen war von der damals bedeutendsten aller naturwissenschaftlichen Zeitschriften, der »Nature« in London, abgelehnt worden. Nun wollte er »zum Spaß« einmal seine Hand an praktischen Experimenten der Art, wie Joliot sie unternommen hatte, versuchen. Allerdings beschloß der »Papst«, wie ihn seine noch jüngeren Mitarbeiter nannten, statt der von den Franzosen verwendeten Alphastrahlen das neue und stärkere Geschoß, das Neutron, einzusetzen.

Fermis gescheite Gattin Laura hat humorvoll geschildert, wie ihr Gatte und seine Schüler im »Wunderjahr« 1934 systematisch begannen, ein Element nach dem anderen mit Neutronen zu bombardieren. Bei den ersten acht Elementen wurde kein Resultat erzielt. Erst bei dem neunten, Fluor, begann der Geigerzähler zu ticken. Radioaktivität war künstlich erzeugt worden. Die Arbeit war so spannend, daß der junge physikalische Chemiker d'Agostino, der eigentlich nur für ein paar Wochen als Gast aus Paris gekommen war, um mit der Gruppe zu arbeiten, die Rückreise so lange verschob, bis sein Retourbillett verfallen war und er nun gleich für immer blieb.

Da die künstlich produzierte Ausstrahlung der Radioaktivität in einigen Elementen weniger als eine Minute dauerte, mußten Fermi und sein Assistent oft zu dem am anderen Ende eines langen Korridors gelegenen Raum mit den Meßinstrumenten wie Sprinter rennen. Eines Tages erschien nun ein höchst förmlich angezogener spanischer Gelehrter im Laboratorium, um »Seiner Exzellenz Fermi«, dem berühmten Physiker und Mitglied der Königlichen Akademie, einen Besuch abzustatten. Natürlich war er aufs äußerste betroffen, ja vermutlich sogar schockiert, als man ihn aufklärte, »Seine Exzellenz« sei einer jener beiden jungen Männer in ölverschmierten grauen Mänteln, die soeben an ihm vorbeigerannt waren.

Im Laufe dieser Versuche machten der damals erst zweiunddreißigjährige Fermi und seine engsten Mitarbeiter zwei wichtige Entdeckungen. Erstens die überraschende Feststellung, daß die Radioaktivität eines mit Neutronen bombardierten Metalls hundertfach größer war, wenn die Neutronen zuvor durch Paraffin oder Wasser verlangsamt worden waren (eine Annahme, die im romantischen Goldfischteich hinter dem Physikgebäude ihre erste Bestätigung fand). Zweitens, daß bei der Beschießung von Uran, dem schwersten aller Metalle, anscheinend ein oder vielleicht sogar mehrere neue Elemente entstanden, die sogenannten künstlichen »Transurane«. Die erste Entdeckung erwies sich später als richtig und entscheidend für die weitere Entwicklung der Atomphysik, die zweite stellte sich als falsch heraus.

In Wirklichkeit hatte Fermi nämlich mit seinen Neutronen nicht neue »transuranische« Elemente geschaffen, sondern – vermutlich als erster – das Uranatom gespalten. Fermis Arbeiten, die in der Schaffung eines neuen Elements mit der Ordnungszahl 93 ihre Krönung erhalten zu haben schienen, machten großen Eindruck auf die wissenschaftliche Welt. Er hatte die starken Wirkungen des neuen, von Chadwick entdeckten Partikelchens Neutron zeigen können, wenn er auch vorläufig nicht die in Wahrheit noch viel größeren und umwälzenden Effekte der Neutronenbeschießung zu deuten vermochte.

Viele Laboratorien begannen sich nun mit ähnlichen Neutronen-»Bombardements« zu beschäftigen. Aber eine Stimme der Kritik mischte sich in den allgemeinen Beifall. Am Institut für physikalische Chemie der Universität Freiburg im Breisgau hatte das junge Forscherpaar Ida und Walter Noddack schon seit 1929 nach natürlichen »Transuranen« Ausschau gehalten. Frau Noddack hatte, als junges Mädchen noch, im Jahre 1925 zwei bisher unbekannte Elemente, das Rhenium und das Masurium, entdeckt. Sie und ihr Mann galten als die führenden Fachleute für die chemische Analyse der sogenannten »seltenen Erden«. 1934 hatte ihnen ein tschechoslowakischer Chemiker namens Koblic ein von ihm in den Uranbergwerken von Joachimsthal gewonnenes rotes

Salz geschickt, das er für ein transuranisches Element hielt und »Bohemium« taufen wollte. Die Noddacks stellten durch chemische Überprüfung eindeutig fest, daß diese Annahme des tschechischen Forschers nicht stimmte. Ein ebenso ablehnendes Urteil fällte Ida Noddack über Fermis angebliche »Transurane«. Sie wies nicht nur nach, daß der italienische Physiker in seiner chemischen Analyse wirklich keinen schlüssigen Beweis geliefert hatte, sondern äußerte eine kühne Vermutung, die sich erst Ende 1938 als richtig erweisen sollte. Sie schrieb nämlich 1934 (mehr als vier Jahre vor der offiziellen Entdeckung der Uranspaltung durch Hahn und Straßmann) in der »Zeitschrift für angewandte Chemie«: »Man kann ebensogut annehmen, daß bei dieser neuartigen Kernzertrümmerung durch Neutronen erheblich andere ›Kernreaktionen‹ stattfanden, als man bisher bei der Einwirkung von Protonen- und Alphastrahlen auf Atomkerne beobachtet hat. Es wäre denkbar, daß bei der Beschießung schwerer Kerne mit Neutronen *diese Kerne in mehrere größere Bruchstücke zerfallen,* die zwar Isotope bekannter Elemente, aber nicht Nachbarn der bestrahlten Elemente sind.«

Diese Kritik und die ihr folgende Anregung ging auch an Fermi nach Rom, aber er nahm sie nicht ernst. Die Vermutung, daß die Neutronen mit ihrer Stärke von weniger als einem Volt den Atomkern gespalten hätten, der Geschossen von einer Kraft von Millionen von Volt zu trotzen vermochte, erschien ihm als Physiker ganz unmöglich. Vor allem, da ihm Otto Hahn, der bekannteste Radiumchemiker der Welt, recht gab.

Denn auch im Laboratorium des Kaiser-Wilhelm-Instituts in Berlin-Dahlem beschäftigte man sich damals unter der Leitung Hahns und der Wienerin Lise Meitner intensiv mit Fermis »Transuranen«. In zahlreichen Veröffentlichungen zwischen 1935 und 1938 beschrieben Hahn und Meitner eingehend die chemischen Eigenschaften dieser durch Neutronenbeschuß entstandenen »neuen Körper«. »An ihrer ›Identifizierung‹ der einzelnen Transurane durch deren chemische Eigenschaften hegte ich genau wie an der Deutung Fermis ständig Zweifel«, berichtete Frau Noddack. »Mit Hahn waren wir, mein Mann und ich, jahrzehntelang gut bekannt, und er hat uns des öfteren nach unseren Arbeiten gefragt ... Als mein Mann 1935 oder 1936 Hahn einmal mündlich darauf hinwies, er solle doch bei seinen Vorträgen und Publikationen meine kritische Betrachtung der Fermischen Versuche wenigstens zitieren, da antwortete Hahn, ›er wolle mich nicht lächerlich machen, meine Annahme von einem Zerplatzen des Urankerns in größere Bruchstücke sei doch absurd‹.«

4

Um zu verstehen, weshalb weder Fermi noch das Forscherteam Hahn–Meitner Frau Noddacks Vermutung ernst nahmen, muß man sich vergegenwärtigen, daß nach den damaligen Vorstellungen der Physik nur Geschosse von einer bisher noch nicht erzielten Durchschlagskraft imstande sein würden, in den Kern eines schweren Atoms einzudringen und ihn zu spalten. Seit Rutherfords ersten Versuchen hatte die »Artillerie« der Belagerer des Atomkerns an Stärke und Vielfalt gewonnen. Vor allem in den Vereinigten Staaten waren Atomzertrümmerungsmaschinen wie die Van-de-Graaff-Generatoren und Zyklotrone gebaut worden, die gewisse als »Geschosse« verwendete Partikelchen bereits bis auf die Durchschlagsenergie von neun Millionen Volt beschleunigen konnten. Und doch hatten auch sie die Schutzmauer, welche die Natur in ihrer Weisheit um den Atomkern und den in ihm enthaltenen gewaltigen Energiespeicher gebaut hat, nur beschädigt, nicht aber durchbrochen. Die Vorstellung, daß den Neutronen, die überhaupt keine elektrische Ladung tragen, gelungen sein sollte, was man mit den schweren Geschossen nicht erreicht hatte, war zu phantastisch, als daß man an sie glauben konnte. Es war, als hätte man einer Truppe, die einen Bunker seit langem vergeblich mit schwerstem Kaliber beschoß, vorgeschlagen, sie solle ihr Glück doch einmal mit Pingpongbällen versuchen.[1]

[1] Besser noch wäre es allerdings, die Neutronen mit »Saboteuren« zu vergleichen, die statt mit Gewalt unter einer Art von Tarnkappe ins Innere des Atoms schlüpfen können.

Doch es waren nicht nur sachliche Gründe dafür verantwortlich, daß die Atomforscher von 1935 bis 1938 so oft an der Wahrheit vorbeisahen. Was bedeutete für Fermi, der mit seinen Arbeiten gerade im schönsten Zug war, zum Beispiel Italiens Krieg mit Abessinien? Wir wissen aus Berichten der Mitarbeiter Fermis, wie sehr der Krieg, die Wendung der Weltmeinung gegen Italien und die aus dieser Verschärfung resultierende schärfere politische Überwachung aller Intellektuellen (darunter auch ihres Institutes), die Arbeiten des Teams in der Via Panisperna störten. Der Atlas in der Bibliothek des Instituts, so hat Segré erzählt, öffnete sich bald von selbst auf der Seite Abessinien, so oft wurde er konsultiert. Statt über Neutronenbombardements debattierten Fermi und seine jungen Leute jetzt über die Beschießung abessinischer Stellungen. Das war keine Atmosphäre, in der klares Denken und wissenschaftliche Selbstkritik gediehen.

Vom Einfluß solcher politischer oder gar privater Momente erzählen die Forschungsberichte in ihrer wissenschaftlichen Nüchternheit nichts. Liest man sie heute, so wird einem zwar der Ablauf dieser Komödie der Irrungen klar, dieses Verlaufen und Danebentappen, das später keiner der Beteiligten mehr verstehen konnte, aber man erfährt nichts über die handelnden Personen, ihre Lebensbedingungen und ihre Gefühle.

Es blieb der Öffentlichkeit verborgen, daß sich zwischen zwei Gestalten, die in dem Drama der Uranversuche die Hauptrolle spielten, nach und nach leider immer stärkere persönliche Spannungen entwickelten (obwohl so etwas in höflicher wissenschaftlicher Gesellschaft nie zugegeben wird): Madame Irène Joliot-Curie und Fräulein Lise Meitner. Sie waren die führenden Radiumforscherinnen ihrer Zeit. Niemand bestritt ihnen ihren Rang, und doch entwickelte sich zwischen ihnen ein Wettkampf, in dem ihre Mitarbeiter sie unterstützten.

Diese Reibungen begannen im Oktober 1933 auf dem Solvay-Kongreß in Brüssel. Madame Joliot hatte zusammen mit ihrem Mann einen Bericht über ihre Beschießung des Aluminiums mit Neutronen abgegeben. Über das, was dann geschah, erzählt Joliot: »Unsere Mitteilung führte zu einer lebhaften Diskussion. Fräulein Meitner kündigte an, daß sie analoge Versuche gemacht und nicht die gleichen Resultate gefunden hätte. Schließlich glaubte die große Mehrheit der anwesenden Physiker, daß unsere Experimente ungenau gewesen seien. Nach der Sitzung waren wir ziemlich verzweifelt. In diesem Augenblick kam Professor Bohr auf uns zu, nahm meine Frau und mich zur Seite und sagte, daß er unsere Resultate für sehr wichtig halte. Pauli ermutigte uns wenig später in gleicher Weise.«

In Paris machten sich die Joliots wieder an die Arbeit, und gerade der Bericht, den Fräulein Meitner in Brüssel als unzutreffend kritisiert hatte, wurde zur Grundlage ihrer wichtigsten Entdeckung: der künstlichen Radioaktivität. Das verbesserte die Beziehungen zwischen den Laboratorien in der Rue d'Ulm und in Berlin-Dahlem keineswegs. Hahn beklagte sich später sogar bei Rutherford über die Joliots. Der englische Forscher antwortete: »Ich hatte im Augenblick vergessen, daß Sie Ihren Brief in den ›Naturwissenschaften‹ publiziert hatten, bevor ihre (der Joliots) Arbeit erschien, und ich stimme zu, daß sie Ihre endgültige Feststellung über die $4n + 1$-Serie hätten ausdrücklich erwähnen müssen.«

Solche Animositäten waren schuld daran, daß man in Dahlem Arbeiten, die von Madame Joliot-Curie veröffentlicht wurden, allzuleicht als »unzuverlässig« bezeichnete. Einmal, im Jahre 1935, ließ Fräulein Meitner ihren Schüler von Droste Experimente, die in Paris über das Bombardement von Thorium gemacht worden waren, in Dahlem wiederholen. Irène Joliot-Curie hatte behauptet, daß das bestrahlte Thorium-Isotop Alphastrahlen aussende. Droste fand diese Strahlen nicht. Einmal mehr glaubte Lise Meitner, ihre Rivalin der Ungenauigkeit überführt zu haben. Einmal mehr irrte sie sich.[1]

[1] Lise Meitner ist sich selbst der hier geschilderten (und dem Autor von zwei kaum anzuzweifelnden Quellen bestätigten) persönlichen Rivalität nicht bewußt. Sie hat nach dem Tode von Irène Joliot-Curie der Forscherin einen schönen und würdigen Nachruf gewidmet. Die Zeit heilt viele Wunden und läßt manchen Gegensatz vergessen.

Droste experimentierte nicht nur mit Thorium, sondern auch noch mit Uran. Hätte er damals nicht einen Filter eingeschoben (der Teilchen von unter drei Zentimeter Reichweite abschirmen sollte), so wäre er bei dieser Gelegenheit nicht nur darauf gekommen, daß Madame Joliots Resultate stimmten, sondern hätte auch gleich Spaltungstrümmer des Urans finden müssen. So dicht ging man damals schon an der Entdeckung der Uranspaltung vorbei.

Als im Sommer 1938 die nächste Arbeit von Irène Joliot-Curie über die Transurane erschien, die sie mit dem Jugoslawen Savitch verfaßt hatte, wurde eine Substanz erwähnt, die in das inzwischen von Hahn und seinen Mitarbeitern ausgearbeitete Schema der »Transurane« nicht hineinpaßte.

»Madame Joliot-Curie hat ihre chemischen Kenntnisse noch von ihrer berühmten Mutter, und die sind heut eben etwas veraltet«, hieß es in Dahlem. Hahn meinte, man müsse taktvoll sein und darauf verzichten, diese »Nachlässigkeit« der französischen Kollegin in einer wissenschaftlichen Zeitschrift vor aller Welt aufzudecken. »Es gibt zur Zeit genug ärgerliche Spannungen zwischen Deutschland und Frankreich«, sagte er, »helfen wir nicht, sie noch zu vergrößern.« Statt dessen ging ein privates Schreiben mit der Bitte, die Experimente noch einmal etwas genauer zu wiederholen, an das Laboratorium in der Rue d'Ulm.

Auf diese Geste hin kam jedoch keine Antwort aus Paris. Im Gegenteil, Madame Joliot »sündigte« weiter. Sie veröffentlichte eine zweite, auf den Ergebnissen ihres ersten Artikels fußende Arbeit, die Hahn nicht lesen wollte, wie sehr ihn auch sein Assistent Straßmann darum bat. So verärgert war er über die »Unbelehrbarkeit« der Pariser Kollegen.

In diesem Sommer 1938 plagte Hahn ein anderes Problem, das nichts mit der Physik zu tun hatte. Man wollte ihm »seine« Lise Meitner nehmen. Seit über einem Vierteljahrhundert hatten die Wiener Physikerin und ihr »Hähnchen« Seite an Seite gearbeitet. So sehr identifizierte sich einer mit dem anderen, daß das zerstreute Fräulein Meitner einmal einem Kollegen, der sie auf einem Kongreß ansprach, antwortete: »Ich glaube, Sie verwechseln mich mit Otto Hahn.«

Als Österreicherin hatte Lise Meitner trotz ihres von den Nazis plötzlich entdeckten Nichtariertums auch nach 1933 im Kaiser-Wilhelm-Institut bleiben dürfen. Aber nach dem »Anschluß« im März 1938 wurde die Rassengesetzgebung des Dritten Reiches nun auch auf sie anwendbar. Interventionen von Hahn und Max Planck, der sogar bis zu Hitler selbst gegangen war, um die jüdischen Mitarbeiter für das Institut zu retten, nutzten jedoch nichts. Die »Meitnerin« mußte gehen. Es stand nicht einmal fest, ob ihr die Regierung wenigstens die Ausreise aus Deutschland erlauben würde. So war sie gezwungen, ohne Abschied von ihren alten Mitarbeitern, getarnt als »Touristin«, über die holländische Grenze zu schlüpfen. Außer Hahn wußten nur zwei oder drei Menschen im Dahlemer Institut, daß Lise Meitner von der Sommerreise nicht zurückkehren würde.

Im Herbst 1938 veröffentlichte Madame Joliot-Curie in Zusammenfassung und Erweiterung ihrer letzten beiden Arbeiten einen dritten Aufsatz, der Straßmann, seit dem Weggang der Meitner nun Hahns engster Mitarbeiter auf dem Gebiet der Radiumchemie, mit einem Schlag klarmachte, daß man sich im Laboratorium der Madame Curie nicht geirrt hatte, sondern sich vermutlich auf einem beachtlichen neuen Weg befand. Erregt lief er hinauf in den ersten Stock zu Hahn und insistierte: »Sie müssen diesen Bericht einfach lesen.«

Hahn blieb starrköpfig.

»Es interessiert mich nicht, was unsere Dame da wieder schreibt«, sagte er, ruhig an seiner Zigarre ziehend.

Aber Straßmann gab sich mit dieser Ablehnung nicht zufrieden. Ehe Hahn nochmals »nein« sagen konnte, trug er dem Chef schnell die wichtigsten Punkte der neuen Darstellung vor. »Das schlug bei Hahn ein wie der Blitz«, erinnert sich sein Mitarbeiter. »Er rauchte nicht einmal seine Zigarre zu Ende, legte sie brennend auf dem Schreibtisch ab und lief mit mir hinunter ins Labor.«

Nur schwer war Hahn davon zu überzeugen gewesen, daß er wie viele Forscher der ganzen Welt seit Jahren auf einer falschen Fährte gewesen war. Aber sobald er den Fehlkurs erkannt hatte, schwenkte er sofort um und bemühte sich, der

Wahrheit auf die Spur zu kommen. Diesem gewiß nicht leichten Eingeständnis einer Reihe von Mißerfolgen verdankte er kurz darauf den größten Erfolg seiner Laufbahn.

Nun wurden in wochenlanger, fast pausenloser Arbeit die Experimente von Madame Joliot und Savitch mit den exaktesten radiochemischen Methoden nachgeprüft. Dabei zeigte es sich, daß bei der Beschießung von Uran mit Neutronen tatsächlich ein Stoff entstand, der, wie die Pariser »équipe« behauptet hatte, dem Lanthan sehr ähnlich war. Hahns und Straßmanns genauere Trennungen führten jedoch zu dem chemisch einwandfreien, physikalisch aber unerklärlichen Resultat, daß es sich dabei in Wahrheit um Barium handelte, ein Element, das in die Mitte der Elemententafel gehört und nur etwas mehr als halb so schwer ist wie das Uran.[1]

Erst später erkannte man, daß dieses zunächst unbegreifliche Vorhandensein des Bariums aus einem »Zerplatzen« des Kerns, wie Hahn es nannte, zu erklären sei. Damals aber erschien Hahn und Straßmann das, was sie in ihren chemischen Sonden gefunden hatten, noch so unglaublich, daß sie folgende berühmt gewordenen Zweifelsworte niederschrieben:

»Wir kommen zu dem Schluß: Unsere ›Radium-Isotope‹ haben die Eigenschaften des Bariums; als Chemiker müßten wir eigentlich sagen, bei den neuen Körpern handelt es sich nicht um Radium, sondern um Barium; denn andere Elemente als Radium oder Barium kommen nicht in Frage ... Als ›Kernchemiker‹ können wir uns zu diesem, allen bisherigen Erfahrungen der Kernphysik widersprechenden Sprung noch nicht entschließen.«

Die beiden deutschen Atomforscher spürten, daß sie eine bemerkenswerte, wenn auch vorläufig noch physikalisch un-

[1] Hahn selbst bemerkt dazu in einem Brief an den Verfasser: »Die Pariser haben niemals von Barium gesprochen, sondern von Lanthan. Sie fanden, daß ihre strittige Substanz, der sie früher andere Eigenschaften zugeschrieben hatten, dem Lanthan sehr ähnlich war, und zwar so ähnlich, daß sie es nur durch fraktionierte Kristallisation von dem Lanthan trennen konnten. Und dies letztere war der ausschlaggebende Irrtum, der verhinderte, daß Joliot und Savitch die Uranspaltung aufgefunden haben.«

deutbare Entdeckung gemacht hatten. Das geschah kurz vor Weihnachten 1938, und es lag Hahn daran, daß diese Arbeit so schnell wie möglich veröffentlicht wurde. So tat er etwas Ungewöhnliches. Er rief den ihm befreundeten Leiter des Springer-Verlags, Dr. Paul Rosbaud, an und fragte, ob er noch in der nächsterscheinenden Nummer der »Naturwissenschaften« Platz für eine dringende »Mitteilung« schaffen könne. Das wurde zugesagt, und die vom 22. Dezember 1938 datierte Arbeit verließ Hahns Schreibtisch.

Fast zwei Jahrzehnte später erzählte Hahn: »Als das Manuskript abgegangen war, kam mir das Ganze wieder so ungewöhnlich vor, daß ich am liebsten den Brief aus dem Kasten zurückgeholt hätte.«

So begann in Schwanken und Zweifel das Zeitalter der Atomspaltung.

5

Es war eine Demonstration gegen die Rassengesetze des Dritten Reiches und doch eigentlich nur ein selbstverständlicher Beweis jahrzehntealten Vertrauens, daß Otto Hahn diese Ergebnisse sofort seiner nach Stockholm ausgewanderten Mitarbeiterin Lise Meitner mitteilte. Noch bevor irgendein anderes Mitglied seiner Abteilung im Kaiser-Wilhelm-Institut etwas über die neue, vorläufig noch ganz unerklärliche Entdeckung erfuhr, war der schicksalsschwere Brief nach Schweden unterwegs. Gespannt wartete Hahn, wie die Partnerin, mit der er diese Versuche 1934 begonnen und zahllose Male diskutiert hatte, auf die erstaunlichen neuen, allen bisherigen Erfahrungen widersprechenden Resultate reagieren würde. Ein wenig fürchtete sich Hahn sogar vor dieser Antwort. Lise Meitner war stets eine scharfe Kritikerin gewesen. Vermutlich würde sie keinen guten Faden an diesen neuesten Ergebnissen lassen.

Lise Meitner bekam den Brief in dem kleinen, unweit von Göteborg gelegenen Ort Kungelv. Sie war in dieses in der Wintersaison fast ganz ausgestorbene Strandbad gefahren, um hier in einer kleinen Familienpension allein und fern von aller Welt ihre ersten Weihnachtstage im Exil zu verbringen. Ihren jungen Neffen, den Physiker O. R. Frisch, der, seit 1934 selbst ein Flüchtling, am Institut von Niels Bohr in Kopenhagen arbeitete, rührte die Einsamkeit seiner Tante, und er beschloß, sie zu besuchen. So kam es, daß er dabei war, als Hahns Brief in dem stillen kleinen Provinznest ankam. Wie nicht anders zu erwarten, regte die Mitteilung aus Dahlem die Empfängerin ungewöhnlich auf. Wenn die radiochemischen Analysen von Hahn und Straßmann stimmten – und Fräulein Meitner, die wußte, wie genau Hahn arbeitete, konnte daran eigentlich nicht zweifeln –, so trafen eben gewisse bisher für unerschütterlich gehaltene Vorstellungen über die Kernphysik nicht zu. Sie spürte noch deutlicher als ihr alter Partner Hahn, daß man hier auf etwas Ungeheuerliches gestoßen war.

Natürlich brannte Lise Meitner darauf, die Unmenge von Fragen und Vermutungen, die in ihr wach wurden, mit einem Fachmann zu diskutieren. Welch ein Glücksfall, daß ihr Neffe, der als eine der Leuchten im Kreise Bohrs galt, gerade bei ihr war. Aber Frisch war schließlich nicht nach Kungelv gekommen, um mit seiner Tante zu »fachsimpeln«, sondern weil er Ferien machen wollte. »Sie brauchte eine Zeitlang, bevor ich zuhörte ...«, erzählte er später. Genaugenommen versuchte Frisch sogar, Lise Meitners Erklärungen im wörtlichsten Sinne davonzulaufen. Er schnallte nämlich ein Paar Ski an und wäre sicher schnell außer Reichweite seiner Tante gelangt, wenn das Gelände in dem Seebad nicht so hoffnungslos flach gewesen wäre. Daher konnte Lise Meitner zu Fuß Schritt mit ihrem Neffen halten, und, durch den Schnee stapfend, immer weiter auf ihn einreden. Es gelang ihr schließlich durch ein Bombardement von Worten, die Mauer seiner Gleichgültigkeit zu durchbrechen und in ihm eine wahre Kettenreaktion von Ideen auszulösen.

Über die Resultate dieser aufregenden Diskussionen, die nun am Abend im altmodischen Aufenthaltsraum der Familienpension fortgeführt wurden, berichtete Frisch später: »Allmählich wurde uns klar, daß die Spaltung des Urans in zwei annähernd gleiche Stücke ... von einer anderen Seite her erfaßt werden mußte. Das Bild ist ... die allmähliche Formänderung des ursprünglichen Urankerns, seine Verlängerung, Bildung einer Einschnürung und schließlich seiner Trennung in zwei Hälften. Die in die Augen springende Ähnlichkeit mit dem Vorgang der Spaltung (fission), durch den sich die Bazillen vermehren, veranlaßte uns, in unserer ersten Veröffentlichung den Ausdruck ›nuclear fission‹ (›Kernspaltung‹) anzuwenden.[1]

Otto Hahn nannte den Vorgang ›zerplatzen ...‹. Diese Veröffentlichung wurde ziemlich mühsam am Telefon verfaßt, denn Professor Lise Meitner war nach Stockholm gefahren, während ich in Kopenhagen arbeitete; sie erschien schließlich in der Zeitschrift ›Nature‹ im Februar 1939 ... Der am meisten in die Augen springende Zug der neuartigen Kernreaktion war die große freigemachte Energie ... Aber die wirklich wichtige Frage, ob Neutronen bei diesem Prozeß frei würden ... das war ein Punkt, den ich meinerseits vollständig übersah.«

Ganz geheuer war es Frisch damals bei seiner Entdeckung nicht. An seine Mutter schrieb er, daß er sich vorkomme wie jemand, der, ohne es zu wollen, plötzlich einen Elefanten gefangen habe und nun nicht wisse, was er mit ihm anfangen solle.

Die Nachricht von Hahns Entdeckung und ihrer erregenden physikalischen Deutung durch Lise Meitner und O. R. Frisch löste in den Kreisen der Atomforscher zuerst vor allem Überraschung aus. Als Frisch, aus Schweden zurückgekehrt, in Kopenhagen von Hahns Arbeit und seinen Unterhaltungen mit Lise Meitner erzählte, schlug Niels Bohr sich vor die Stirn:

»Wie haben wir das nur so lange übersehen können?« rief er aus.

[1] Es war der damals ebenfalls bei Bohr in Kopenhagen arbeitende amerikanische Biologe James Arnold, der Frisch auf dessen Beschreibungen hin den aus seiner Wissenschaft stammenden Fachausdruck vorschlug.

Der Zerfall des Vertrauens

1

Seit drei Jahrhunderten war jede neue Erkenntnis, die Licht ins Dunkel der Natur warf, als Fortschritt begrüßt worden. Nun, im Januar 1939, hielten manche Forscher zum ersten Male erschrocken inne. Über der Welt hing die schwere Wolke der Kriegsfurcht. Bereits einige Monate früher wäre es fast zum Ausbruch eines bewaffneten Konflikts gekommen, aber das Zurückweichen der Demokratien bei der Münchner Konferenz hatte noch einmal den Frieden gerettet. Dennoch waren durch dieses Opfer die Spannungen nicht vermindert worden. Und gerade jetzt öffnete sich für die wenigen Eingeweihten der Ausblick auf eine Machtquelle von ganz neuen, übermenschlichen Dimensionen. Allerdings – ein paar Wochen lang – war es sogar jetzt noch möglich, sich gegen die blendende und erschreckende Perspektive befreiter Atomkraft mit der dunklen Brille der Skepsis zu schützen. Niels Bohr nannte noch Anfang 1939 in Princeton seinem Kollegen Wigner fünfzehn schwerwiegende Gründe, die in seinen Augen eine praktische Auswertung des Spaltungsprozesses unwahrscheinlich machten. Einstein versicherte dem amerikanischen Reporter W. L. Laurence, daß er an die »Befreiung der Atomenergie« nicht glaube. Und Otto Hahn, so erzählt der junge deutsche Physiker Korsching, soll, als man im Kollegenkreis über die praktische Auswertung seiner Entdeckung diskutierte, ausgerufen haben: »Das kann doch Gott nicht wollen.«

Bisher waren alle Kernspaltungsversuche mit so winzigen Mengen Uranium unternommen worden, daß von einer substantiellen Energiemenge, die dabei entbunden worden wäre, nicht die Rede sein konnte. Die Hoffnungen und Befürchtungen, die schon damals in den Kreisen der Atomforscher aufkamen, vermochten überhaupt erst Gestalt anzunehmen, wenn es gelang, die winzigen Effekte bei der Spaltung eines Atoms durch eine Art von Lawineneffekt gewaltig zu steigern. Eine solche »Kettenreaktion«, deren Zustandekommen Houtermans, Szilard und Joliot-Curie schon in den Jahren 1932 bis 1935 als theoretische Möglichkeit erwähnt hatten, konnte aber nur erzielt werden, falls nach der Spaltung eines Urankerns stets mehrere Neutronen frei wurden, die nun weitere Kerne spalteten. Bevor diese entscheidende Frage nicht überprüft und bestätigt war, bestand, wie die meisten Atomphysiker ihren schon an weitere Konsequenzen denkenden Kollegen versicherten, kein Grund zu wirklicher Sorge.

Parallel mit diesen Versuchen, in denen halb in Hoffnung, halb in Furcht die Möglichkeit einer Kettenreaktion untersucht wurde, lief ein ebenso ungewöhnliches politisches, ja geistesgeschichtliches Experiment. Sein Urheber war Leo Szilard, der inzwischen aus England nach den Vereinigten Staaten emigriert war. Sobald er aus dem Munde von Bohr und seinem Landsmann Wigner von den Versuchen in Dahlem und Kopenhagen gehört hatte, ließ er sich seine in Oxford zurückgelassenen Versuchsapparaturen nachschicken und borgte sich von einem befreundeten New Yorker Fabrikanten namens Liebowitz zweitausend Dollar, um dafür ein Gramm Radium ausleihen zu können. Da Szilard noch keine Universitätsanstellung in den USA hatte, ließ man ihn im physikalischen Laboratorium der New Yorker Columbia-Universität hospitieren. Als schon seine ersten Versuche nach drei Tagen die Möglichkeit einer zusätzlichen Neutronenemission aufzuzeigen schienen, packte Szilard mit noch größerer Gewalt als zuvor die Sorge, was geschehen müßte, wenn diese jetzt zweifellos auch in Europa stattfindenden Experimente erfolgreich ausgingen.[1]. Sein phantasiebegabter Geist

[1] Dr. Szilard hat dieses entscheidende Experiment vom 3. März 1939 in folgenden Worten geschildert: »Alles war nun soweit, wir mußten nur noch auf den Knopf drücken und die Bildfläche des Fernsehschirmes beobachten. Wenn dort Lichtzeichen auftauchten, dann bedeutete es, daß bei der Spaltung des Urans Neutronen ausgestoßen würden. Das aber würde anzeigen, daß die Befreiung der Atomenergie noch zu unseren Lebzeiten möglich wäre. Wir drückten auf den Knopf. Wir sahen Lichtzeichen. Wir beobachteten sie gebannt etwa zehn Minuten lang. Und dann drehten wir ab. In dieser Nacht war es mir klar, daß die Welt einen Weg voller Sorgen angetreten hatte ...«

eilte wieder einmal den Ereignissen voraus, und er sah mit einer erschreckenden Deutlichkeit die Möglichkeit eines Atom-Rüstungswettlaufs voraus.

Es mußte etwas geschehen! Einer der ersten, mit denen Szilard sprach, war Enrico Fermi. Der italienische Forscher hatte im November 1938 die Reise nach Stockholm, wo ihn der Nobelpreis erwartete, schon mit der festen Absicht angetreten, nicht ins faschistische Italien zurückzukehren. Er arbeitete im gleichen Gebäude, nur wenige Stockwerke tiefer als Szilard, mit dem jungen Amerikaner Herbert Anderson am Problem der Neutronenemission. Die Idee einer freiwilligen Selbstzensur der Wissenschaftler, die der ungarische Kollege vorschlug, gefiel Fermi zuerst gar nicht. Denn er war gerade erst aus einem Lande geflohen, wo Zensur und Geheimhaltung den geistigen Verkehr lähmten.

Nicht viel ermutigender war das Echo, das Szilards Vorschlag bei den meisten anderen Kollegen fand. Nur drei Atomforscher stimmten ihm anfänglich zu: Eugen Wigner, der seit zehn Jahren schon in Princeton arbeitete, Eduard Teller, der auf Empfehlung seines Freundes Gamow im Jahre 1935 an die George-Washington-Universität in der amerikanischen Hauptstadt geholt worden war, und Victor Weißkopf, der kurz zuvor von Kopenhagen aus einen Ruf an die Universität Rochester im Staate New York angenommen hatte.

Diese vier Männer ließen sich durch das Gegenargument, die Wissenschaft habe seit Jahrhunderten für den freien Austausch von Ideen gekämpft und dürfe daher niemals für das gegenteilige Prinzip eintreten, nicht beeindrucken. Sie waren selbst ihr Leben lang Anhänger freiheitlicher Prinzipien und ausgesprochene Gegner des Militarismus gewesen. Aber jetzt mußte man, so schien es ihnen, einer ganz besonderen Situation Rechnung tragen.

Die Welt fragte sich damals, wie Hitler es sich eigentlich leisten könne, die Großmächte herauszufordern. Zog man die Bilanz der Rohstoffquellen und der Produktionskapazität seiner Gegner, so konnte er trotz seines momentanen Übergewichts an Flugzeugen und Tanks niemals hoffen, sie zu besiegen. Oder gab es etwa einen unbekannten Faktor, der diese zuversichtliche Rechnung der Alliierten über den Haufen werfen könnte? Den paar Physikern, die an die Möglichkeit einer Uranbombe dachten, schien es nur zu naheliegend, daß Hitler einen heimlichen Trumpf in der Hand zu haben glaubte: die Atomspaltung. Im Alleinbesitz von Atombomben, würde Hitler trotz seiner wirtschaftlichen Schwächen unbesiegbar und imstande sein, die ganze Welt zu versklaven. Was konnte getan werden, um das zu verhindern?

2

Weshalb versuchten die Atomforscher in den Vereinigten Staaten damals nicht zunächst, mit ihren Kollegen in Deutschland über diese schicksalhafte Frage zu sprechen? Das hätte nahegelegen, aber das Vertrauen innerhalb der »Familie der Atomphysiker« war schon zu sehr erschüttert. Gewiß, man wußte, daß die Hitler-Regierung mit den Physikern schlecht auskam. Nobelpreisträger Max von Laue kritisierte das Regime offen und verließ das Land nur deshalb nicht, weil er der Ansicht war, die wenigen im Ausland vorhandenen Lehrstühle müßten denen reserviert bleiben, die Hitler zur Auswanderung gezwungen hatte. Es war auch bekannt, daß Heisenberg und alle Anhänger der modernen Physik 1937 vom »Schwarzen Korps« als »weiße Juden« angegriffen worden waren, und der zum ersten Mal offen auf der Physikertagung in Würzburg entflammte Kleinkrieg zwischen der Clique der sogenannten »Deutschen Physiker« und den anderen Forschern (die behaupteten, es gebe weder »deutsche« noch »jüdische«, sondern nur falsche und richtige Physik) kam nicht zur Ruhe. Dennoch schien diese Opposition der Vernünftigen den Physikern außerhalb Deutschlands zu zahm, um mit ihr etwa einen geheimen Stillhaltepakt gegen die Weiterentwicklung der Atomforschung abzuschließen. Vor allem konnte man nie sicher sein, ob die deutschen Physiker, solange sie im Machtbereich Hitlers blieben, nicht einfach gezwungen würden, den Zielen des Nationalsozialismus zu dienen. Dies war die Meinung des amerikanischen Physikers W. P. Bridgeman. Er kündigte Ende Februar 1939 in der

Zeitschrift »Science« an, daß er leider in Zukunft Wissenschaftlern aus totalitären Ländern den Zutritt zu seinem Laboratorium verbieten müsse und von seinen Kollegen ähnliche Schritte erwarte. Zur Begründung schrieb er:

»Der Bürger eines solchen Staates ist nicht mehr ein freier Einzelmensch, sondern kann gezwungen werden, jede nur mögliche Handlung auszuführen, um den Zwecken des Staates zu dienen. Die Beendigung allen wissenschaftlichen Verkehrs mit den totalitären Staaten verfolgt doppelten Zweck. Sie soll den Mißbrauch wissenschaftlicher Informationen durch diese Staaten verhindern und den einzelnen Gelehrten der anderen Länder die Möglichkeit geben, ihren Abscheu vor den in diesen Staaten angewandten Methoden auszudrükken.«

Erstaunlich wenig Stimmen wurden damals gegen diesen Bruch mit den Traditionen der Wissenschaft laut, und die Überzeugung war fast allgemein, daß auf die neuen außerordentlichen, gegen die Gesetze der Menschlichkeit und Freiheit verstoßenden Methoden der Diktatoren, die gerade in diesem Augenblick mit der Besetzung Prags erneut demonstriert wurden, mit ebenso außerordentlichen Maßnahmen geantwortet werden müsse.

So drang Szilards Gedanke, unterstützt von den politischen Ereignissen, nun doch allmählich durch. Die Selbstzensur der Wissenschaftler sollte nur gegen die Angehörigen der Achsenmächte gerichtet sein. Freiwillig verzichteten die in Amerika lebenden Physiker vorübergehend auf die Veröffentlichung aller Arbeiten über Atomforschung. Sogar Fermi stimmte dieser Selbstzensur jetzt zu.

3

Schwerer als in den Vereinigten Staaten hatte es die Gruppe um Szilard, als sie mit ihrer ungewöhnlichen Idee der Geheimhaltung aller weiteren kernphysikalischen Arbeiten bei den europäischen Atomforschern durchdringen wollte. Schon am 2. Februar 1939 hatte Szilard an Joliot-Curie geschrieben und ihn auf einen solchen Schritt vorbereitet. »Als

Hahns Veröffentlichung vor vierzehn Tagen hier ankam, begannen sich einige von uns sofort für die Frage zu interessieren, ob Neutronen bei der Zertrümmerung des Urans freigesetzt werden«, hieß es in diesem Brief. »Es liegt auf der Hand, daß, falls mehr als ein Neutron befreit würde, eine Kettenreaktion möglich wäre. Unter Umständen könnte das zum Bau von Bomben führen, die ganz allgemein sehr gefährlich wären, besonders aber in den Händen gewisser Regierungen.«

Szilards Brief schloß mit einer Bemerkung, die zeigte, wie die bisherige Fortschrittshoffnung der Wissenschaftler sich unter dem Eindruck der dunklen Möglichkeiten dieser Entdeckung in eine Furcht vor dem Fortschritt verwandelt hatte, denn er schrieb: »Wir alle hoffen, daß entweder keine oder nur eine ungenügende Ausstoßung von Neutronen stattfindet und wir uns darum keine weiteren Sorgen machen müssen.« Es war, als ob er ein Mißlingen der Experimente wünschte.

Szilard hatte Joliot angekündigt, er werde ihm, falls die Vereinbarung über die freiwillige Zurückhaltung von Forschungsergebnissen in Kraft treten sollte, ein Kabel schicken. Außerdem aber hatte er ihn generell um seine Meinungsäußerung zu diesem Problem gebeten. Daraufhin – Schweigen! Aus gutem Grund: Der französische Forscher stand gerade mit seinen Mitarbeitern Hans von Halban und Lew Kowarski dicht vor der experimentellen Verwirklichung der im Alarmbrief Szilards angedeuteten »Kettenreaktion« und wollte auf keinen Fall um die Priorität dieser Entdeckung gebracht werden. Als der Versuch einen Monat später gelang, vertraute Joliot die Mitteilung darüber nicht, wie bei allen seinen früheren Arbeiten, einer französischen Zeitschrift an, sondern sandte sie an die englische Zeitschrift »Nature«. Denn dieses englische Organ publizierte ja eingeschickte Arbeiten rascher als alle anderen naturwissenschaftlichen Veröffentlichungen. Um auch ganz sicher zu sein, daß die wichtige »Communication« bestimmt rechtzeitig vor Redaktionsschluß der nächsten Ausgabe in London ankomme, fuhr Kowarski am 8. März zu dem über eine Stunde vom Pariser Stadtzentrum gelegenen Flughafen Le Bourget hinaus und sorgte persönlich dafür, daß der Brief vor seinen Augen in den Londoner Postsack kam. Zu einem solchen Wettrennen um ein paar Tage war also die Atomforschung im Frühjahr 1939 ausgeartet. Ein ganz neuer Geist scharfer nationaler Konkurrenz wurde jetzt spürbar.

Sobald Szilard erfuhr, daß Joliot seinem Brief anscheinend keine Beachtung geschenkt hatte, verdoppelten er und seine Freunde ihre Anstrengungen, wenigstens für alle weiteren Arbeiten einen »Veröffentlichungsstopp« zu erreichen. Jetzt sagten auch die Engländer, die bis dahin den Bemühungen in den USA abwartend gegenübergestanden hatten, ihre Mitarbeit zu. Cockroft, ein altes Mitglied des Rutherford-Teams, antwortete Mitte April immer noch skeptisch, aber entschlossen, sich dem Vorschlag anzuschließen. »Dirac hat mir Ihre Botschaft über das Uranium weitergegeben. Bis jetzt hatte ich das Gefühl, es sei unwahrscheinlich, daß während der nächsten Jahre aus dieser Sache etwas Brauchbares herauskommen könne. Immerhin dürfen wir es uns unter den augenblicklichen Umständen nicht erlauben, irgendwelche Risiken einzugehen.«

Joliot-Curie dagegen schien sich auch weiterhin nicht um die ganze Angelegenheit kümmern zu wollen. Erst ein Telegramm Weißkopfs von hundertfünfzig Worten Länge, in dem er nachdrücklich auf den Ernst der Angelegenheit hinwies, brachte endlich eine Antwort aus Paris.

»brief szilard erhalten, aber kein angekündigtes kabel stop vorschlag vom 31. März sehr vernünftig, aber kommt zu spät stop erfuhren letzte woche, daß science service amerikanische presse februar über arbeiten roberts informierte stop brief folgt stop halban kowarski.«

Die Pressemitteilung, von der Joliot sprach, war wirklich erfolgt, aber so allgemein gehalten, daß der von der Pariser Gruppe erwähnte Grund nur eine Ausrede sein konnte. Es hatten de facto mehrere Motive bei Joliot-Curie mitgespielt. Erstens hatte er Szilards Brief einfach nicht ernst genommen, sondern ihn für eine Extratour des ungarischen Kollegen gehalten. Weißkopfs Telegramm, das zufällig am 1. April in Paris anlangte, verstärkte noch diesen Eindruck, es handle sich um einen Privatstreich einiger weniger Forscher. Eine so wichtige Angelegenheit hätte nach Ansicht der auf strenge Formen haltenden Franzosen von der amerikanischen »Akademie der Wissenschaften« in die Wege geleitet werden müssen, statt von ein paar »Einzelgängern« und »Außenseitern«.

Schwerer als dieses psychologische Argument dürfte aber noch ein anderer Grund gewogen haben, über den eines der drei Mitglieder des damaligen Teams von Joliot sich heute freimütig äußert: »Wir wußten vorher, daß unsere Entdekkung in der Presse als Sieg der französischen Forschung gefeiert werden würde, und wir brauchten damals unbedingt etwas Reklame, damit die Regierung unsere weiteren Arbeiten großzügiger unterstützte.«

Mit der Veröffentlichung Joliots wurde der Druck der Kollegen Szilards gegen die von ihnen ohnehin nur ungern angenommene Selbstzensur ihrer Arbeiten so stark, daß der amerikanische Physiker Rabi zu Szilard ging und ihn warnte, man werde ihm, der seine bisherigen Arbeiten nur als Gast der Columbia-Universität hatte ausführen dürfen, nicht mehr erlauben, dort zu hospitieren, falls er unnachgiebig bleibe. Unter Protest mußte Szilard gestatten, daß nunmehr auch seine eigene bahnbrechende Arbeit über die »Kettenreaktionen im Uran« veröffentlicht wurde.

Bei dieser Debatte kam von seiten Wigners ein Vorschlag, der noch große Folgen haben sollte. Er schlug nämlich vor, die amerikanische Regierung über die »Uranium-Situation« zu verständigen. Dies sei notwendig, damit sie sich auf eine »mögliche plötzliche Drohung« – gemeint war die Entwicklung einer Atombombe durch Hitler – vorbereite.

4

Von Ende April bis Ende Juli 1939 beschäftigte Szilard und seine Freunde die Frage, wie man die amerikanische Regierung über die Bedeutung und die möglichen kriegstechnischen Folgen der neuesten Atomforschungen informieren könne. Denn der erste Versuch, eine staatliche Behörde zu interessieren, war allem Anschein nach völlig ergebnislos geblieben. Am 17. März 1939 hatte Enrico Fermi, eingeführt durch einen Empfehlungsbrief und einen dringenden Telefonanruf seines Dekans George Pegram, mit Admiral Hooper, einem hohen Beamten des Flottenministeriums, über die Möglichkeit einer Atombombe gesprochen. Allem Anschein nach hatte diese Mitteilung keinen großen Eindruck auf den Admiral und dessen Mitarbeiter gemacht. Jedenfalls waren weder Fermi noch irgendein anderer Atomforscher zu einer weiteren Besprechung eingeladen worden. Seltsamerweise erweckte auch ein Ende April in der »New York Times« erscheinender Bericht über die Frühjahrstagung der »Amerikanischen Physikalischen Gesellschaft« kein Interesse bei den Behörden in Washington, obwohl bei dieser Gelegenheit niemand anders als Niels Bohr erklärt hatte, daß eine Bombe, in der sich eine winzige Menge von Uran 235 befinde, das mit langsamen Neutronen beschossen würde, eine starke Explosion auslösen müßte, die genüge, um mindestens das Laboratorium in die Luft zu sprengen.

Szilard, Wigner, Teller und Weißkopf mußten sowohl innere wie äußere Hemmungen überwinden, ehe sie Kontakt mit der amerikanischen Regierung aufnehmen konnten. Erstens brachten sie als frühere Mitteleuropäer prinzipiell jeder Regierung, vor allem aber Militärbehörden, höchst wenig Vertrauen entgegen. Zweitens war keiner von ihnen geborener Amerikaner. Mit Ausnahme Wigners waren sie noch nicht einmal lange genug eingewandert, um schon Staatsbürger zu sein. Während sich Szilard und seine Freunde noch den Kopf darüber zerbrachen, wie sie mit einer wirklich einflußreichen Behörde ins Gespräch kommen könnten, erreichte sie die vertrauliche Nachricht, daß im Dritten Reich bereits mit Wissen und Unterstützung der Behörden an dem »Uranproblem« gearbeitet werde. Es schienen sich also die schlimmsten Befürchtungen der emigrierten Atomforscher zu bestätigen.

Diese Nachricht stimmte. Im April 1939 hatte Dr. Dames, der Sachbearbeiter für Forschung im Ministerium für Wissenschaft, Erziehung und Volksbildung, ein Schreiben der beiden Physiker Joos und Hanle erhalten, in dem sie auf die

Möglichkeit einer »Uranmaschine« hinwiesen. Daraufhin berief er zum 30. April eine Sitzung nach Berlin ein, an der sechs deutsche Atomphysiker teilnahmen. Otto Hahn, der Entdekker der Kernspaltung, war nicht unter den »Auserwählten«. Formell wurde das damit gerechtfertigt, daß er nicht Physiker, sondern Chemiker sei. In Wahrheit wußte man »oben« recht genau, daß Hahn kein Freund des Nationalsozialismus war. Man schrieb ihm in Forscherkreisen sogar die Äußerung zu: »Ihr Physiker werdet doch jetzt nicht etwa eine Uranbombe bauen! Wenn Hitler so eine Waffe bekommt, begehe ich Selbstmord!«

Auf dieser ersten Sitzung im Hause Unter den Linden 69 wurde vorläufig überhaupt nicht von einer Atomwaffe gesprochen, sondern nur von der Möglichkeit, die Kernspaltung zum Antrieb von Motoren zu nutzen. Nach einem Überblick, den Professor Joos über den Stand der Atomforschung im Ausland und Inland gegeben hatte, beschloß man, einen »derartigen Versuch« durchzuführen. Er sollte als »Gemeinschaftsarbeit der bedeutendsten auf diesem Gebiet arbeitenden Physiker« in Angriff genommen werden. Die Teilnehmer der Sitzung vom 30. April waren zu Stillschweigen verpflichtet worden, aber einer von ihnen, Professor Mattauch, hielt sich nicht an diese Vorschrift. Noch am gleichen Abend erzählte er einem der engsten und begabtesten Mitarbeiter Hahns, Dr. S. Flügge, von den Besprechungen im Ministerium. Flügge schien es ungeheuer gefährlich, wenn eine wissenschaftliche Entwicklung, die so enorme politische Folgen haben könnte, dem Auge der Weltöffentlichkeit entzogen bliebe. Und da er nicht zur Geheimhaltung verpflichtet worden war, schrieb er für das Juliheft der »Naturwissenschaften« einen ausführlichen Bericht über Uran-Kettenreaktionen, dem zur Verdeutlichung noch ein von Flügge selbst angeregtes, allgemeinverständliches Interview über dieses Problem mit einem Vertreter der bürgerlichen (von den Nationalsozialisten nur ungern geduldeten) »Deutschen Allgemeinen Zeitung« folgte.

Unglücklicherweise verstärkten aber die Veröffentlichungen Dr. Flügges in Amerika nur den Alarm. Man konnte sich nicht vorstellen, daß in Deutschland überhaupt noch eine Zeile ohne Absicht oder Einwilligung der Regierung erscheinen könne.

»Wenn die Nazis gestatten, daß so viel über das Uranproblem veröffentlicht wird, dann wissen sie bestimmt schon viel mehr darüber. Also müssen wir uns sehr beeilen ...« war der Fehlschluß, den man in den USA zog.

Da bot sich im Sommer 1939 unverhofft noch eine Chance, mit den deutschen Atomforschern in ein Gespräch zu kommen. Heisenberg war zu Besuch in den Staaten. Pegram, der Dekan des »Physics Department« der Columbia-Universität, der um Szilards und Fermis Bemühungen wußte, versuchte den deutschen Physiker durch das Angebot einer Professur zum Bleiben zu bewegen. Aber Heisenberg glaubte ablehnen zu müssen, da er die ihm anvertrauten »netten Physiker« (das waren seine Worte) nicht im Stich lassen dürfe. Zwar sei er überzeugt, so fügte Heisenberg hinzu, daß Hitler den Krieg verlieren müsse, aber er wolle während der kommenden Zeit der Katastrophen in Deutschland sein und mithelfen, das Gute zu bewahren.

Einen anderen vorsichtigen Versuch hatte Fermi zuvor in Ann Arbor gemacht, wo er in jenem Sommer an der University of Michigan Vorlesungen hielt. Er traf Heisenberg im Hause ihres aus Holland stammenden Kollegen Samuel Goudsmit, und das Gespräch kam wohl auch auf die faszinierenden Probleme, die durch die Entdeckung Hahns aufgeworfen worden waren.[1]

Später hat Heisenberg einmal geäußert: »Im Sommer 1939 hätten noch zwölf Menschen durch gemeinsame Verabredungen den Bau von Atombomben verhindern können.« Fermi und er, die beide zweifellos zu diesen »zwölf« gehörten, hät-

[1] Dazu schreibt Heisenberg dem Verfasser: »Die Möglichkeit, daß Atombomben schon im kommenden Krieg verwendet werden könnten, habe ich damals sicher nicht ernstlich ins Auge gefaßt; vielleicht aus Angst innerlich verdrängt. Jedenfalls kann ich mich, wie gesagt, an die Erwähnung des Uranproblems nicht mehr erinnern, und vielleicht ist auch dieser Mangel an Erinnerung ein Zeichen der damaligen Verdrängung.«

ten damals den Anfang machen müssen. Aber sie ließen diese Chance vorbeigehen. Ihre politische und moralische Einbildungskraft versagte in diesem Augenblick ebensosehr wie ihre Treue zur internationalen Tradition. Weder brachten sie es fertig, ihr Denken und Handeln entschieden den künftigen Konsequenzen ihrer Erfindung anzupassen, noch hatten sie in dieser kritischen Situation genügend Vertrauen zu den Überlieferungen ihres Berufsstandes.

»Es genügte eben nicht, daß wir eine Familie waren«, kommentierte Weizsäcker nach Kriegsende, »vielleicht hätten wir ein internationaler Orden sein müssen mit disziplinarischer Gewalt über seine Mitglieder. Aber ist so etwas bei der Natur der modernen Wissenschaft wohl überhaupt durchführbar?«

Die Furcht vor Hitlers Atombombe

1

Die Nachrichten, die über die Fortschritte des deutschen Uranprojektes in die Vereinigten Staaten drangen, wurden im Sommer 1939 immer alarmierender. In Berlin hatte ein zweites Treffen der Kernphysiker stattgefunden. Es war diesmal vom Leiter der Forschungsabteilung im Heereswaffenamt, Oberst Schumann, einberufen worden. Er handelte auf Grund einer Verständigung des Hamburger Physikers Harteck, der Ende April bereits auf die »grundsätzliche Möglichkeit der Auslösung einer Kettenreaktion im Uran« hingewiesen und laut einem späteren Bericht seines Mitarbeiters Diebner »deren Verfolgung beim Reichskriegsministerium angeraten« hatte. Eine weitere, auf geheimen Wegen zur Kenntnis der in Amerika lebenden Physiker gelangte Mitteilung schien anzuzeigen, daß die Deutschen es wirklich ernst meinten: Plötzlich hatten sie alle Ausfuhr von Uranerz aus der von ihnen besetzten Tschechoslowakei verboten!

Außer in der Tschechoslowakei gab es damals in Europa nur noch in Belgien große Uranvorräte, die aus der Kongo-Kolonie kamen. Mußte nicht sofort etwas geschehen, um dieses strategisch wichtig gewordene Metall vor Hitlers Zugriff zu sichern? fragte sich Szilard. Aber das amerikanische State Department wußte ja noch nicht einmal, daß Uranium irgendeine Kriegsbedeutung haben konnte. Bisher hatte man es fast nur zur Herstellung von Leuchtziffern und Keramik benutzt.

Da kam Szilard zum ersten Mal die Idee, daß Albert Einstein helfen könne. Denn Einstein gehörte zu jenem kleinen internationalen Freundeskreis großer Geister und Musiker, den die belgische Königinmutter Elisabeth im Laufe ihres Lebens um sich gesammelt hatte. Durch diese Verbindung würde es vielleicht möglich sein, der Brüsseler Regierung eine Warnung zukommen zu lassen. Eine Verabredung mit dem in Princeton wohnenden Vater der Relativitätstheorie kam durch Wigner, der ja am gleichen Ort lebte, leicht zustande. Einstein stand zwar kurz vor der Abreise zum Urlaub auf Long Island (der New York vorgelagerten Insel), er hatte aber nichts dagegen, daß die beiden Kollegen ihn mit ihrem wichtigen Anliegen dort aufsuchten.

So geschah es, daß Wigner und Szilard, zusammen mit Eduard Teller, an einem heißen Julitag des Jahres 1939 zum Seebad Patchogue aufbrachen. Als sie dort nach zweistündiger Autofahrt ankamen, stellte sich bald heraus, daß die Adresse anscheinend nicht stimmte.

»Vielleicht habe ich den Ortsnamen telefonisch falsch verstanden«, meinte Wigner. »Suchen wir mal auf der Karte nach einem ähnlichen Namen.«

»Peconic? Wie wäre das?« fragte Szilard.

»Das war es«, sagte Wigner sofort. »Jetzt erinnere ich mich genau.«

In Peconic angelangt, fragten die drei Autofahrer überall nach der »Cabin« von Dr. Moore, so hieß nämlich der Besitzer des Häuschens, das Einstein gemietet hatte. Eine Gruppe von Sommergästen in Shorts und bunten Badekostümen kam vorbeigeschlendert. »Doctor Moore's Cabin? Kennen wir nicht«, hieß die Antwort. Ortsansässige schienen nicht besser Bescheid zu wissen.

Die Fahrerei ging weiter und wurde immer hoffnungsloser. Plötzlich sagte Szilard zu seinen Gefährten: »Geben wir es doch auf und fahren nach Hause. Vielleicht soll es nicht sein. Vermutlich würden wir einen schrecklichen Fehler begehen, wenn wir uns in dieser Sache mit Einsteins Hilfe an irgendwelche Behörden wendeten. Was der Staat einmal hat, läßt er nicht mehr los ...«

»Es ist unsere Pflicht, so zu handeln«, entgegnete Wigner. »Das muß unser Beitrag zur Verhinderung eines furchtbaren Unglücks sein.«

So wurde die Suche also fortgesetzt.

»Wie wäre es, wenn wir einfach fragten, wo wohnt hier Einstein? Den kennt doch jedes Kind«, schlug Szilard vor.

Man machte sofort die Probe aufs Exempel. Ein sonnenverbrannter, etwa siebenjähriger Junge stand an der Straßenecke und bastelte an seiner Angel.

»Weißt du, wo Einstein wohnt?« fragte Szilard mehr im Spaß als im Ernst.

»Klar«, sagte der Junge. »Ich kann Sie hinführen.«

So nahm das Schicksal, geleitet von der Unschuld, weiter seinen Lauf.

2

Die Besucher mußten kurze Zeit auf der offenen Veranda des Häuschens warten, dann kam Einstein selbst in Hausschuhen heraus und führte sie in sein Arbeitszimmer. Über den Inhalt dieser ersten wichtigen Unterredung berichtet Szilard: »Einstein hatte die Möglichkeit einer Kettenreaktion im Uran nicht wahrgenommen. Aber kaum hatte er mich angehört, als er auch schon die Folgerungen begriff und sofort bereit war, uns zu helfen und, wenn nötig, den Kopf hinzuhalten, wie man so sagt. Doch, vorgängig der Kontaktnahme mit der belgischen Regierung, schien es wünschenswert, das State Department von dem geplanten Schritt zu unterrichten. Wigner schlug vor, wir sollten einen Brief an die belgische Regierung entwerfen, eine Kopie ans State Department schicken und ihm eine Frist von zwei Wochen setzen, um Einspruch zu erheben, falls es der Meinung war, daß Einstein ein solches Schreiben unterlassen solle. So standen die Dinge, als Wigner und ich Einsteins Haus auf Long Island verließen.«

Szilard stand jetzt abermals vor der gleichen Schwierigkeit, die ihn schon seit Wochen beschäftigte. Wie konnte man an die amerikanischen Regierungsstellen herankommen? Er sprach über sein Problem mit verschiedenen Freunden, darunter auch mit Gustav Stolper, dem nach New York emigrierten deutschen Nationalökonomen und früheren Herausgeber der Zeitschrift »Der deutsche Volkswirt«. Diesem kam eine Idee. Unter seinen Bekannten befand sich ein Mann, von dem man wußte, daß er, ohne selbst im Regierungsdienst zu sein, das Ohr des Präsidenten Roosevelt besaß: der Bankier und Privatgelehrte Alexander Sachs. Dieser internationale

Finanzmann fand stets Zutritt zum Weißen Haus, weil er Roosevelt mehrmals durch seine meist erstaunlich genauen Wirtschaftsprophezeiungen überrascht hatte. Seit 1933 gehörte Sachs daher zu jenen inoffiziellen, aber höchst einflußreichen Ratgebern des amerikanischen Staatschefs, die laut dessen eigener Definition »große Kompetenz, körperliche Vitalität und eine wahre Passion für Anonymität« besitzen mußten.

Sachs fing sofort Feuer für Szilards Gedanken. Im Laufe der nächsten zwei Wochen wurde von den beiden Männern im Büro von Sachs, das sich im Bankhaus Lehman Brothers unweit der Wall Street befand, ein Briefentwurf ausgearbeitet, der über das hinausging, was Einstein ursprünglich hatte unterzeichnen wollen. Zunächst einmal sollte das Schreiben nun nicht, wie geplant, ans State Department gehen, sondern an das Weiße Haus, da vom Präsidenten schnelleres und nachdrücklicheres Handeln zu erwarten war als vom Außenminister. Vor allem aber wurde dem mit Einstein besprochenen Punkt einer amerikanischen Intervention bei der belgischen Regierung zur Sicherstellung des Kongo-Urans noch ein zweiter hinzugefügt. In ihm wurde die finanzielle Unterstützung und Beschleunigung der Atomforschung angeregt. Allerdings erwähnte dieser zweite Punkt ausdrücklich keinerlei staatliche Hilfe, sondern regte lediglich die Bestellung eines Vertrauensmannes des Weißen Hauses an, der versuchen sollte, die Hilfe von Privatpersonen und industriellen Laboratorien für dieses Geheimprojekt zu erlangen.

Am 2. August fuhr Szilard wieder hinaus nach Long Island. Da Wigner auf Ferien nach Kalifornien gegangen war, chauffierte ihn diesmal sein junger Landsmann Eduard Teller, der später noch eine wichtige Rolle im Schicksalsdrama der Atomforscher spielen sollte. Trug Szilard damals schon den fertigen Brieftext in der Tasche mit sich? Das behaupten sowohl Teller wie Einstein selbst, der stets erklärt hat, er habe dieses historisch so wichtige Schreiben nicht selbst verfaßt, sondern lediglich unterzeichnet. Szilard dagegen meint: »Soweit ich mich erinnere, diktierte Einstein Teller auf deutsch einen Brief, und ich benutzte diesen Text als Unterlage zum Entwurf zweier Briefe, eines kürzeren und eines längeren, an den Präsidenten und überließ es Einstein, zu entscheiden, welchen er vorziehe. Er wählte den längeren. Ich bereitete auch ein Memorandum vor, als Beilage zu Einsteins Brief, und beides, Brief und Memorandum, wurden dem Präsidenten durch Dr. Sachs im Oktober 1939 übermittelt.«

Diese Version erscheint auch Dr. Otto Nathan, dem langjährigen Freund und späteren Nachlaßverwalter Einsteins, wahrscheinlicher. Teller dagegen behauptet fest: »Einstein gab nur seinen Namen her. Ich glaube, er verstand damals nicht einmal genau, worum es bei unseren kernphysikalischen Arbeiten ging«; und Sachs erklärte nicht ohne Zynismus: »Wir brauchten Einstein nur als ›Heiligenschein‹ für Szilard, der ja in unserem Lande noch fast unbekannt war. Darauf beschränkte sich im Grunde seine ganze Rolle.«

3

»Ich habe eigentlich nur als Briefkasten gedient. Man hat mir einen fertigen Brief gebracht ...«, so entschuldigte Einstein nach dem Zweiten Weltkrieg gegenüber Antonina Vallentin, seiner alten Freundin und Biographin, eine Handlung, die er sehr bald zu bereuen begann. Es gibt zu diesem Thema in privaten Briefen und Aufzeichnungen, die vermutlich in kommenden Jahren einmal an die Öffentlichkeit gelangen werden, noch weit deutlichere Erklärungen des genialen Gelehrten und großen Friedensfreundes, der durch eine Paradoxie des Schicksals dazu bestimmt war, das Startzeichen zur Herstellung der schrecklichsten aller Vernichtungswaffen zu geben.

Allerdings war Einstein damals davon überzeugt, daß die Regierung, der er empfahl, sich aktiv des »Uranproblems« anzunehmen, um gegen die Überraschung einer deutschen Atombombe gerüstet zu sein, diese gewaltige neue Kraft einmal weise und menschlich verwalten würde. Er handelte in der Annahme, daß die Vereinigten Staaten eine solche Bombe niemals zu anderen Zwecken als zu denen der Selbstverteidigung gegen eine ähnliche Waffe, und auch dann nur in allerhöchster eigener Gefahr, verwenden würden. Als sechs

Jahre später die erste Atombombe gegen ein bereits kapitulationsreifes Japan eingesetzt wurde, fühlte Einstein, daß man ihn und die Atomforscher, die am Bau dieser Waffe gearbeitet hatten, getäuscht habe.

Die Tragik der Entscheidung des Pazifisten Einstein vertieft sich, wenn man, wie es heute möglich ist, die von dem großen Gelehrten und denen, die ihn beeinflußten, zweifellos für echt gehaltene Drohung einer »deutschen Uranbombe« als das erkennt, was sie war: ein bloßes Schreckgespenst.

Einstein sagte bedauernd nach dem Krieg: »Wenn ich gewußt hätte, daß es den Deutschen nicht gelingen würde, die Atombombe zu bauen, so hätte ich keinen Finger gerührt.« Man überschätzte damals in der Welt die Fähigkeit des Dritten Reiches, neue kriegsentscheidende Waffen herzustellen, gewaltig. Spätere Untersuchungen alliierter Kommissionen haben gezeigt, daß die deutsche Führung bei Kriegsausbruch der irrigen Auffassung war, man könne mit den noch im Frieden hergestellten Waffen den Endsieg erringen. Erst ab 1942 wurde im Dritten Reich der Entwicklung neuer Waffen Aufmerksamkeit geschenkt. Da war allerdings der Vorsprung der »alliierten Nationen« schon so groß, daß er nun nicht mehr eingeholt werden konnte. Die wichtigste »neue Waffe«, die von den Deutschen im Kriege entwickelte V-2-Fernrakete, kam daher erst in einem Stadium des Kampfes zum Einsatz, als Deutschlands Lage bereits hoffnungslos war.

Die bis zur Feindschaft gehende Gleichgültigkeit Hitlers und seiner Umgebung gegenüber der naturwissenschaftlichen Forschung hatte den »Führer« schon sehr früh den guten Willen der Physiker gekostet. Nur eine Handvoll Ehrgeiziger oder vor Anbruch des Dritten Reiches Zukurzgekommener boten ihm ihre volle Hilfe an. Die große Mehrheit aber flüsterte sich bald die aus der Umkehrung eines bekannten Schlagwortes geborene Parole zu: »Man muß den Krieg in den Dienst der Wissenschaft stellen.« Der Versuch Hitlers, Deutschland zur Weltmacht zu machen, war zu leichtsinnig vorbereitet, um gelingen zu können. Das war die Ansicht gerade derjenigen, die gewohnt waren, das Glücken eines Experimentes nur auf Grund solider Voraussetzungen zu erwarten. Also war es wichtig, die deutsche Forschung, soweit das Regime sie noch nicht ganz zerstört hatte, einigermaßen durch die bevorstehenden Katastrophen hindurchzuretten. Denn nach dem verlorenen Krieg würde die Wissenschaft dann wohl einer der wenigen noch vorhandenen Posten auf der Habenseite der deutschen Bilanz sein.

Drei Faktoren mußten zusammenwirken, um den Bau einer deutschen Atombombe zu vereiteln. Erstens die Mißorganisation und ungenügende Anerkennung der Kriegsforschung durch das nationalsozialistische Regime. Zweitens die technischen Schwierigkeiten, die der Verwirklichung eines so komplizierten Projektes im Wege standen. Drittens aber vor allem auch die persönliche Haltung der wichtigsten deutschen Atomforscher, die glücklicherweise nichts taten, um den Bau einer solchen Bombe gegen behördliches Unverständnis und technische Unzulänglichkeiten durchzusetzen, sondern mit Erfolg die nationalsozialistischen Amtsstellen von dem Gedanken an eine so unmenschliche Waffe ablenkten.

Über dieses persönliche Moment ist bis zur Veröffentlichung dieses Buches sehr wenig in der Öffentlichkeit bekanntgeworden. Die meisten der Beteiligten selbst haben es aus Diskretion und Taktgefühl vorgezogen, diese »heikle Angelegenheit« nur im engeren Kreis zu erwähnen. Sie begnügen sich damit, als Erklärung für das Nichtvorhandensein einer deutschen Atombombe bei Kriegsende das mangelnde Interesse der politischen Führung und die technischen Schwierigkeiten in den Vordergrund zu schieben, die tatsächlich ab Ende 1942, mit dem Beginn der alliierten schweren Luftangriffe, fast unüberwindlich wurden. Heisenberg, der Leiter des deutschen Uranprojekts, hat Ende 1946 in der Zeitschrift »Naturwissenschaft« erklärt, die »äußeren Umstände« hätten den deutschen Atomforschern »die schwere Entscheidung, ob sie Atombomben herstellen sollten, aus der Hand genommen«. Das trifft ab Sommer 1942 in der Tat zu. Was aber geschah vorher? Was meinte Heisenberg, als er im gleichen Aufsatz schrieb: »Die deutschen Physiker haben von vornherein bewußt darauf hingearbeitet, die Kontrolle über das Vorhaben in der Hand zu behalten, und sie haben den Einfluß, den sie als Sachverständige hatten, darauf verwendet, die Arbeiten in dem in diesem Bericht geschilderten Sinne zu lenken«?

4

Zunächst machte das deutsche »U-Projekt« (wie es in der Behördensprache hieß) rein administrativ schnellere Fortschritte als die Bemühungen in den alliierten Ländern und den vorläufig noch neutralen Vereinigten Staaten. Zwar waren die meisten Physiker gleich nach Kriegsbeginn zum Waffendienst einberufen worden, aber drei bis vier Wochen später wurden zumindest die wichtigeren unter ihnen als »unabkömmlich« wieder in ihre Institute zurückgeschickt. Schon am 26. September 1939, über zwei Wochen bevor Alexander Sachs, versehen mit dem Einstein-Brief, zu Roosevelt vordringen konnte, fand im Heereswaffenamt in Berlin eine Versammlung von neun Kernphysikern statt (Bagge, Basche, Bothe, Diebner, Flügge, Geiger, Harteck, Hoffman, Mattauch), bei der ein detailliertes Arbeitsprogramm festgelegt und, wie Diebner sich erinnert, »Teilaufgaben an verschiedene Arbeitsgruppen verteilt wurden«. Das war die eigentliche Gründung des sogenannten »Uran-Vereins«. Vier Wochen später traf sich ein erweiterter Kreis, zu dem bereits Heisenberg und von Weizsäcker gestoßen waren. Zunächst einmal galt es festzustellen, wie fein das für Versuche benötigte Uranoxyd sein müsse. Aber der Spezialist, der in Göttingen die chemische Prüfung vornehmen sollte, war eingezogen worden, und es dauerte eine Weile, ehe man wieder über ihn verfügen konnte. Dann stellte es sich heraus, daß fast alles in Deutschland vorhandene Uranoxyd bereits von einer anderen Heeresstelle aufgekauft worden war, die es um keinen Preis wieder hergeben wollte. Sie hoffte nämlich, durch Legierung dieses Schwermetalls panzerbrechende Geschosse herstellen zu können.

Die ersten praktischen Experimente in Leipzig waren vom

Unglück verfolgt. Man hatte in Unkenntnis der chemischen Eigenschaften des Urans dieses mit einer Metallschaufel genommen und dadurch zur Selbstentzündung gebracht. Als darauf Wasser auf die Flamme geschüttet wurde, breitete sich der Brand nur noch schneller aus, und die Leipziger Feuerwehr mußte Großalarm geben.

Ab Herbst 1939 wurde das Kaiser-Wilhelm-Institut für Physik zum wissenschaftlichen Zentrum des »Uran-Vereins« erklärt. Seinen Leiter, den Holländer Peter Debye, der seit 1909 unbehelligt in Deutschland gewirkt hatte, forderte man auf, entweder Deutscher zu werden oder wenigstens durch die Veröffentlichung eines pronationalsozialistischen Buches seine »Zuverlässigkeit« zu beweisen. Er lehnte diese Zumutungen stolz ab und benutzte eine Einladung zu Gastvorlesungen nach den USA, um seiner »zweiten Heimat« für immer den Rücken zu kehren. An seiner Stelle übernahm Heisenberg etwas später auf Kriegsdauer die Leitung des Instituts, ein Entschluß, der ihm von seinen Physikerfreunden im Ausland sehr verübelt wurde. Dieser Schritt schien ihren seit einiger Zeit gehegten Verdacht, daß Heisenberg seinen Frieden mit Hitler gemacht habe, in eklatanter Weise zu bestätigen.[1] Auch in Deutschland selbst ist Heisenberg für sein Handeln von einigen Physikern stark kritisiert worden. Sie waren damals und sind heute noch der Ansicht, daß er durch eine deutliche Distanzierung vom Nationalsozialismus alle jene Kräfte unter den Wissenschaftlern, die gegen Hitler waren, nicht nur ermutigt hätte, sondern außerdem ihnen

[1] Dazu bemerkt von Weizsäcker: »Nachdem Debye gegangen war, wurden wir vom Heereswaffenamt beherrscht und nach und nach mit sehr unangenehmen Leuten durchsetzt ... Wir brachten Heisenberg allwöchentlich als Berater ins Institut, und nach einem Jahr trat das ein, was wir vorausgesehen hatten, daß er faktisch Leiter aller Arbeiten im Institut war. Dann gelang es, den Präsidenten und den Senat der Kaiser-Wilhelm-Gesellschaft, die genau wußten, was wir politisch dachten, dazu zu bewegen, daß sie Heisenberg zum Direktor machten, womit der Spuk jener anderen Leute ein Ende hatte. Um Debyes Recht nicht zu schmälern, erhielt Heisenberg den Titel ›Direktor *am* Institut‹, weil wir weiterhin Debye als Direktor *des* Instituts betrachteten ...«

vielleicht der leitende, zu aktivem Widerstand befeuernde Geist geworden wäre.[1]

Sein Freund und Mitarbeiter von Weizsäcker versucht Heisenberg zu entschuldigen, er sei stets ein Mann von internationaler Bildung und Denkweise gewesen, der seine Heimat liebe. In Deutschland sei er geblieben, »um dazu beizutragen, daß die deutsche Physik durch die Katastrophen, die er voraussah, hindurchgerettet würde«.

Dazu kam aber noch ein anderes, das vielleicht wichtigste Motiv, das Heisenberg in seinem Artikel von 1946 nur andeutet. Er und sein engerer Kreis wollten durch die Leitung des Kaiser-Wilhelm-Instituts für Physik die Atomentwicklung Deutschlands in der Hand behalten, weil sie damals noch befürchten mußten, daß sonst andere, mit weniger Skrupeln belastete Physiker versuchen könnten, für Hitler Atombomben zu bauen. Nicht nur in New York, sondern auch in Dahlem sagte man sich nämlich, daß eine solche Waffe in der Hand eines fanatischen, zu allem entschlossenen Diktators unvorstellbares Unheil über die Welt bringen müßte.

Bereits im Winter 1939/40 schloß Heisenberg eine theoretische Arbeit ab, die den prinzipiellen Unterschied zwischen dem Bau eines Uranmeilers, in dem die Kettenreaktion ge-

[1] Heisenberg selbst verteidigt seine damalige Haltung dem Verfasser gegenüber folgendermaßen:

»In einer Diktatur kann aktiver Widerstand nur von Leuten ausgeübt werden, die scheinbar beim System mitmachen. Wenn jemand öffentlich sich gegen das System ausspricht, so beraubt er sich damit ganz sicher jeder Möglichkeit eines aktiven Widerstandes. Denn entweder äußert er diese Kritik am System nur gelegentlich in politisch harmloser Form, dann kann sein politischer Einfluß leicht abgeriegelt werden … Oder aber der Betreffende versucht wirklich, etwa die Studenten politisch in Bewegung zu setzen, dann würde er natürlich nach wenigen Tagen im Konzentrationslager enden, und selbst sein Opfertod würde praktisch unbekannt bleiben, weil nicht von ihm geredet werden darf … Ich habe mich … immer sehr geschämt vor den Leuten des zwanzigsten Juli (mit einigen von ihnen war ich befreundet), die damals unter Aufopferung ihres Lebens wirklich ernsthaften Widerstand geleistet haben. Aber auch ihr Beispiel zeigt, daß wirklicher Widerstand nur von Leuten kommen kann, die scheinbar mitspielen.«

steuert wird, und einer Uranbombe konstatierte, bei der man die Neutronenlawine einem explosiven Höhepunkt entgegenlaufen läßt. Am 17. Juli 1940 brachte von Weizsäcker, Heisenbergs engster Mitarbeiter, unter dem Titel »Eine Möglichkeit der Energiegewinnung aus U 238« Überlegungen zu Papier, aus denen hervorging, daß in einem Uranmeiler eine ganz neue Substanz entstehen könne, die »als Sprengstoff« zu verwenden sei. Er nannte diese Substanz jedoch damals nicht »Plutonium«, wie seine Kollegen in den angelsächsischen Ländern, sondern gab ihr die Ordnungszahl »Element 93«, noch schwankend, ob es sich nicht in Wirklichkeit um »Element 49« handle.

Solche Erwägungen drangen jedoch über den allerengsten Kreis um Heisenberg nicht hinaus. Man hütete sich wohlweislich davor, theoretische Vorarbeiten zu diesem Thema zu verbreiten. Nicht einmal die Aufmerksamkeit der nächsten Kollegen sollte auf die Möglichkeit einer Atombombe gelenkt werden. Tauchten dennoch von anderen Physikern gelegentlich Vorschläge auf, die in diese Richtung zielten, so wurden sie von Heisenberg zwar nicht als prinzipiell unmöglich abgelehnt, aber als unrealistisch bezeichnet. »Wir finden vorläufig keinen technisch gangbaren Weg, mit den in Deutschland verfügbaren Mitteln während des Krieges eine Atombombe herzustellen, aber wir müssen das Thema doch hinreichend erforschen, um sicher zu sein, daß auch die Amerikaner keine Atombomben entwickeln können«, hieß die von dieser einflußreichen Gruppe im Kreise des »Uran-Vereins« ausgegebene Begründung ihres abwartenden Verhaltens. Andererseits mußte das Uranprojekt in den Augen der Regierung aber doch vielversprechend genug bleiben, um die Befreiung junger Physiker vom Heeresdienst zu rechtfertigen. So spielte man ein nicht ungefährliches, zu Mißtrauen und Mißverständnissen einladendes Spiel zwischen Hinhalten und Versprechen.

Es ist bemerkenswert, daß weder Heisenberg noch Weizsäcker je versucht haben, aus ihrer bewunderungswürdigen Haltung in dieser schwierigen Situation später, nach Kriegsende, Kapital zu schlagen. Sogar als der amerikanische Physiker Dr. Goudsmit in einem Buch die hier geschilderten Probleme ganz einseitig darstellte, verzichteten die beiden Wissenschaftler darauf, sich durch eine öffentliche Richtigstellung zu rechtfertigen. Weizsäcker beschränkte sich damals darauf, für seinen eigenen Gebrauch ein paar Notizen über den wahren Sachverhalt abzufassen. Seine Zurückhaltung hat er lange nach Kriegsende (in einem Privatbrief an Dipl.-Ing. Max Himmelhuber) ausführlich begründet. Es erscheint uns wichtig, dieses Dokument der Bescheidenheit und ehrlichen Gewissenserforschung zu zitieren:

»Man muß verstehen, daß es für die amerikanischen Physiker, die sich vielfach durch die Atombombe selbst in ihrem Gewissen bedrängt fühlen, eine zu große Anforderung ist, öffentlich (in vielen Fällen auch nur vor dem eigenen Bewußtsein) zuzugeben, daß die deutschen Physiker sich über die moralische Seite der Sache schon früher ausführliche Gedanken gemacht haben als die meisten von ihnen. Auch finde ich uns Deutsche nicht in einer Lage, die uns das Recht geben könnte, irgendeinen Anspruch dieser Art öffentlich zu erheben. Während ich in der Tat meine, daß wir schon sehr früh über das moralische Problem der Atombomben nachgedacht und daß wir in dieser Hinsicht im Krieg jedenfalls nichts getan haben, was wir uns heute vorwerfen müßten, finde ich, daß wir als Nation und im allgemeinen auch als Einzelperson das moralische Problem des Nationalsozialismus zu wenig gemeistert haben, als daß wir uns jetzt aufs hohe Roß setzen könnten. Dazu kommt, daß in der Tat die Erkenntnis unserer technischen Unfähigkeit, im Krieg Atombomben herzustellen, uns die eigentliche moralische Entscheidung erspart hat. Wie wir uns verhalten hätten, wenn wir die Bomben wirklich hätten machen können, wage ich nicht zu sagen. Ich vermute, wir wären mit uns selbst ebenso uneins gewesen, wie es inzwischen die amerikanischen Physiker sind. Deshalb haben Heisenberg und ich immer die Form gewählt, öffentlich nur zu sagen, daß wir die Bomben nicht machen konnten und daß wir froh darüber waren.«

5

Außer Heisenberg und von Weizsäcker hatte in den Jahren 1940 bis 1941 auch ein dritter in Deutschland arbeitender Physiker herausgefunden, daß eine Uranbombe vermutlich am ehesten nach vorheriger Herstellung eines neuen Sprengstoffelements in einem Uranmeiler produziert werden könne: der Mitentdecker der thermonuklearen Vorgänge in der Sonne, Fritz Houtermans.

1937 in den Wirbel der sowjetrussischen Spionagepsychose hineingezogen, hatte der bei Hitlers Machtantritt aus dem Dritten Reich emigierte Physiker seine »Liquidierung« durch die russische Geheimpolizei mit einem geschickten Schachzug aufzuhalten verstanden. Als er nämlich sah, daß die Inquisitoren sich durch Unschuldsbeteuerungen nicht rühren oder gar überzeugen ließen, sondern ihn weiter folterten, verfiel er auf eine List. Er sagte sich: Die Untersuchungsbeamten müssen einfach ihr »Soll« von soundso viel Geständnissen produzieren. Ich werde ihnen liefern, was sie verlangen, aber in mein Protokoll eine kleine »Zeitbombe« einbauen. Sie kann mich vielleicht sogar aus meinem Gefängnis befreien. Houtermans »gestand« nun, er habe tatsächlich, wie die Geheimpolizei vermutete, Spionage und Sabotage gegen die Sowjetunion getrieben, und zwar mit Hilfe eines kleinen, von ihm heimlich erfundenen Apparates. Dieses Instrument beschrieb Houtermans nicht nur ganz genau, sondern fertigte auch detaillierte Blaupausen davon an. Mit seiner Hilfe hatte er angeblich vom Boden aus die Schnelligkeit sowjetischer Kriegsflugzeuge genau bestimmen und so den Deutschen wichtige Rüstungsgeheimnisse übermitteln können. Der gefangene Atomforscher spekulierte darauf, daß man diese Pläne seinem alten Kollegen Kapitza zur Prüfung vorlegen würde. Dieser oder auch jeder andere Experte konnte dann sofort feststellen, daß Houtermans' »Erfindung« in dieser Form wissenschaftlich völlig unsinnig war, also auch sein ganzes Geständnis falsch und vermutlich erpreßt sein mußte. So gewann Houtermans nicht nur zunächst eine Zeitlang Ruhe vor den Untersuchungsbeamten, sondern auch die Chance, daß sein »Fall« vielleicht von außen neu überprüft werden würde.

Im Frühjahr 1940 wurde Houtermans tatsächlich bedingt freigelassen. Ob auf Grund der Petitionen berühmter ausländischer Physiker oder einer Intervention Kapitzas ist unbekannt. Man übergab ihn in Brest-Litowsk der Gestapo, die ihn zunächst wieder einsperrte, aber schließlich auf Verwendung Max von Laues mit der Einschränkung entließ, daß er während der Kriegsdauer unter Beobachtung der Gestapo bleiben müsse und keinerlei Stellung in einem staatlichen oder akademischen Forschungsprojekt annehmen dürfe. Houtermans befand sich erst wenige Tage auf freiem Fuß in Berlin, als er schon von der streng geheimgehaltenen Existenz des »Uran-Vereins« erfuhr. Er ahnte, obwohl er durch seine jahrelange Haft mit den neuesten Entwicklungen der Atomforschung nicht hatte Schritt halten können, sofort, auf welches Ziel diese Forschungsgruppe vermutlich hinsteuerte. Denn er selbst hatte ja schon 1932 auf die Möglichkeit einer Kettenreaktion hingewiesen und selbst bis zu seiner Verhaftung in der Sowjetunion an der Weiterentwicklung dieser Fragen gearbeitet. Schon 1937 hatte Houtermans an der sowjetischen »Akademie der Wissenschaften« einen Vortrag über Neutronenabsorption gehalten. Hätte ihn die kommunistische Geheimpolizei damals nicht aus seinen Arbeiten herausgerissen, dann wären Atomspaltung und Kettenreaktion womöglich zuerst in Sowjetrußland entdeckt worden.

Als Houtermans nun hörte, daß Heisenberg und von Weizsäcker sich tatsächlich mit dem Problem einer Anwendung der Kettenreaktion beschäftigten, wandte er sich zutiefst erschrocken an Max von Laue. Der Nobelpreisträger beruhigte ihn: »Herr Kollege, eine Erfindung, die man nicht machen will, macht man auch nicht.«

Da Houtermans an keinem staatlichen oder akademischen Laboratorium arbeiten durfte, wandte er sich im Mai 1940 an den bekannten Erfinder Baron Manfred von Ardenne, der in seinem privaten Forschungsinstitut in Lichterfelde bei Berlin Arbeiten für die Reichspost durchführte. Es ist bezeichnend für die Rivalität, die damals zwischen den einzelnen Amtsstellen des Dritten Reiches herrschte, daß nun neben dem Kultusministerium und dem Kriegsministerium auch noch das Postministerium die Atomforschung förderte. Postminister Ohnesorge glaubte wahrscheinlich in der Achtung seines »Führers« gewaltig zu steigen, wenn gerade er, der Chef einer zivilen Behörde, ihm eines Tages eine »Wunderwaffe« präsentieren würde. Als aber 1944 dieser lang ersehnte Augenblick kam und Ohnesorge in einer Kabinettssitzung über den Stand »seiner« Arbeiten an der Uranbombe vorzutragen versuchte, unterbrach ihn Hitler höhnisch: »Sehen Sie, meine Herren, Sie zerbrechen sich den Kopf, wie wir den Krieg gewinnen sollen, und da kommt nun ausgerechnet unser Postminister und bringt uns die Lösung.« Damit war die Sache für den »Führer« erledigt.

Houtermans wagte es nicht, den Auftrag seines neuen Chefs, von Ardenne, sich mit dem Uranproblem zu beschäftigen, glatt abzulehnen. Wohl war er jeder Kriegsarbeit abgeneigt, aber seine bittere Erfahrung in der Sowjetunion hatte ihn doch gelehrt, daß es in solchen Fällen das sicherste sei, scheinbar »mitzuspielen«. Dann mußte man allerdings dafür sorgen, daß Memoranden, die dabei entstanden, in entsprechenden Geheimsafes liegenblieben.

Im September 1940 schloß Houtermans eine erste Arbeit über das Uranproblem ab, in dem er bereits die Verwendung von Uranmeilern zur Erzeugung mikroskopisch kleiner Mengen der Elemente 93 beziehungsweise 94 erwähnte. Im Juli 1941 war es ihm völlig klar, daß es möglich sein werde, eine Atombombe herzustellen, falls es gelänge, im Atommeiler wägbare Mengen von diesem (später »Plutonium« genannten) Material zu erzeugen. Diesen Aspekt seiner Arbeit verschwieg Houtermans jedoch ausdrücklich, um die staatlichen Stellen nicht auf die Möglichkeit einer Herstellung von Atombomben aufmerksam zu machen. Er bat außerdem den ihm gut bekannten Verbindungsmann der Reichspost zum »Uran-Verein«, Dr. Otterbein, dafür zu sorgen, daß die Veröffentlichung seiner Arbeit in den Geheimberichten des Heereswaffenamtes zunächst unterbleibe. Durch gelegentliche Rückfragen versicherte sich Houtermans, daß die Arbeit weiter im

Safe der Post lag. Erst als er 1944 erfuhr, daß nunmehr der Hamburger Physiker Harteck unabhängig von ihm die gleiche Möglichkeit vorgeschlagen habe, willigte Houtermans in eine geheime Veröffentlichung seines Aufsatzes ein. Zu diesem Zeitpunkt der täglichen Bombenangriffe war ja an ein Gelingen des deutschen Projektes ohnehin nicht mehr zu denken. So erklärt es sich, daß bei Kriegsende eine der wichtigsten Publikationen über die deutsche Kernforschung in den geheimen »Forschungsberichten des Reichspostministeriums« gefunden wurde. Ihr Titel lautete: »Die Frage der Auslösung von Kern-Kettenreaktionen«.

6

Selbstverständlich setzte sich Houtermans ungeachtet seiner eigenen politischen Gefährdung schon bald nach seiner Freilassung durch die Gestapo auch direkt mit Heisenberg und Weizsäcker in Verbindung, um aus ihrem Mund zu erfahren, wohin der »Uran-Verein« eigentlich steuere. Dabei erhielt er die ihn beruhigende Andeutung, man werde alle Kräfte auf das Problem einer »Uranmaschine« konzentrieren und dadurch die Aufmerksamkeit der Regierungsstellen mehr und mehr von der Möglichkeit der Bombe ablenken. Im Winter 1941 kam es abermals zu einer vertraulichen Unterredung mit Weizsäcker. Dabei berichtete Houtermans über seine eigenen Arbeiten bei Ardenne und sein Verschweigen der sich daraus für den Bau einer Atomwaffe ergebenden Möglichkeiten. Dieses Geständnis brachte den Gesprächspartner dazu, sich seinerseits noch offener als bisher auszusprechen. Man wurde sich nach langer Unterhaltung einig darüber, daß es die erste und wichtigste Aufgabe der »Uranpolitik« sein müsse, die Regierungsstellen nicht auf die nun recht nahegerückte Möglichkeit einer Bombenkonstruktion aufmerksam zu machen. Heisenberg und Weizsäcker sicherten Houtermans auch zu, daß sie seine Arbeit, falls sie ihnen auf dem Dienstwege bekannt werden sollte, in »entsprechendem Sinne« behandeln würden.

Außer diesen drei Männern waren damals mindestens

noch zehn prominente deutsche Physiker sich untereinander darüber einig, daß man versuchen müsse, eine Mitarbeit an Hitlers Kriegsmaschine zu umgehen oder nur vorzutäuschen. Die Namen deutscher Physiker, die Hitler keine Rüstungshilfe leisten wollten, wurden nach Kriegsbeginn in Schweden (bei Professor Westgreen) und in Holland (bei Professor Burgers) hinterlegt. Einen offenen Forscherstreik hielt man für gefährlich, weil damit den Skrupellosen und Ehrgeizigen das Feld freigegeben worden wäre. Solange die Politik des Verzögerns und Hinhaltens möglich war, mußte sie gewagt werden. Ging das aber nicht mehr, so dachten zumindest einige Forscher daran, direkt in die Politik einzugreifen. Sie standen deshalb in Verbindung mit den Verschwörern um Goerdeler.

Diese Physiker, die sich zum Teil nur unter schwersten Gewissenskonflikten zu solcher passiven Resistenz entschließen konnten, bildeten keine organisatorisch festgefügte Gruppe. »Man« wußte eben, wer »dazugehörte«. Stieß ein »Neuer« zu dem Kreis, so tastete man sich vorsichtig heran. Das begann harmlos mit dem Austausch von politischen Witzen, wurde fortgesetzt mit zunächst noch milder Kritik am Regime und geriet allmählich in immer gefährlichere Regionen. »Man gab sich Zug um Zug gegenseitig mehr Vertrauenspfänder, schließlich hielt jeder sozusagen den Kopf des anderen in seinen Händen«, erinnert sich der bekannte Kernphysiker Haxel. »Das war dann der Augenblick, wo man endlich offen miteinander zu sprechen begann.«

Bevorzugter Treffpunkt für die ketzerischen deutschen Atomforscher waren das Berliner Büro oder das kleine Haus des wissenschaftlichen Verlagsleiters Dr. Paul Rosbaud. Dieser temperamentvolle Österreicher, ein persönlicher Freund der meisten seiner Autoren, zeigte gegenüber der Gestapo eine an Tollkühnheit grenzende Furchtlosigkeit. Wenn überhaupt jemand für sich in Anspruch nehmen kann, die Seele des passiven Widerstandes der deutschen Wissenschaftler gegen Hitler gewesen zu sein, dann dieser warmherzige Mann, der nicht nur in Worten, sondern auch in Taten mitten im Krieg den Gedanken der Verbundenheit aller Menschen guten Willens hochhielt. Er pflegte zum Beispiel, so oft es ging, »aus Versehen« in den für die ausländischen Zwangsarbeiter bestimmten Wagen der Stadtbahnzüge einzusteigen und ihnen Lebensmittel oder andere kleine Geschenke zuzustecken. Mitten im Krieg erreichte es Rosbaud, daß die französischen Physiker Pérou und Piattier für den Verlag Julius Springer ein bekanntes physikalisches Werk aus dem Deutschen ins Französische übersetzen durften. Dadurch konnten sie aus dem Gefangenenlager entlassen werden. Vorher jedoch wurde durch Rosbaud erst noch die Erlaubnis von Joliot-Curie eingeholt, damit ihnen als französischen Offizieren diese Arbeit später nicht als »Kollaboration« ausgelegt werden könnte.

Zwischen Joliot und den nazifeindlichen deutschen Physikern liefen damals zahlreiche Fäden. Im Sommer 1940 hatte Wolfgang Gentner, ein früherer Mitarbeiter Joliot-Curies aus Friedenszeiten, im besetzten Paris für die deutschen Militärbehörden das Institut seines alten Chefs übernommen. Er tat das aber erst, nachdem Joliot ausdrücklich zugestimmt hatte. Dann setzten sich die beiden Atomforscher, deren Vertrauensverhältnis durch den Krieg nicht im geringsten erschüttert worden war, wie oft in alten Zeiten auf eine Kaffeehausterrasse am Boulevard Saint-Michel und entwarfen auf der Rückseite einer Speisekarte ein feierliches Abkommen des Inhalts, daß Joliots Laboratorium auf keinen Fall für Kriegsforschung benutzt werden solle. Mehrmals hat Gentner dann in der Folgezeit durch persönliches Eingreifen Joliot und auch Paul Langevin aus den Fängen der SS retten müssen. Er wurde schließlich wegen seiner »Weichheit« aus Paris abberufen und durch einen Scharfmacher ersetzt, der später wegen Diamantenschmuggels polizeilich gesucht werden mußte.

7

Mehrfach wurde bei den »Passivisten« unter den deutschen Atomforschern die Frage aufgeworfen, ob und wie man die »andere Seite« über den Stand der deutschen Forschung und die wirklichen Absichten des »Uran-Vereins« informieren könne. Für Houtermans, der in den Kerkern der stalinistischen Geheimpolizei gelitten hatte, gab es da gar kein Schwanken. »Einem totalitären Regime gegenüber muß jeder anständige Mensch den Mut besitzen, Hochverrat zu begehen«, war seine These. Heisenberg konnte wohl so radikal nicht denken. Er gehörte, laut von Weizsäcker, zu den Leuten, »welche die mit dem Nationalsozialismus verbundenen Schrecken und den Zynismus, mit dem dieser Krieg begonnen worden war, so tief fühlten, daß sie auf der einen Seite einen deutschen Sieg nicht wünschen konnten, die aber auf der anderen Seite eine deutsche Niederlage mit allen ihren furchtbaren Folgen ebensowenig wünschen konnten«.

Wenn er den deutschen Zusammenbruch auch nicht herbeisehnte, so war Heisenberg doch rein verstandesmäßig davon überzeugt, daß Deutschland verlieren müsse, weil, wie er später gesprächsweise äußerte, »der Krieg für Deutschland wie ein Schachendspiel stehe, in dem es einen Turm weniger habe als der Gegner. Der Verlust dieses Krieges sei so sicher wie der Verlust eines derartigen Endspiels.«

Was konnte man nun tun, um den Zusammenbruch zu mildern und die Schlußphase des Krieges für Deutschland weniger schrecklich werden zu lassen? Das muß wohl die Gewissensfrage gewesen sein, die Heisenberg sich stellte, als er beschloß, mit einem einflußreichen ausländischen Freund über die Atombombe zu sprechen. Durch die Weitergabe des »negativen Geheimnisses«, daß die Deutschen keine Atombombe zu bauen beabsichtigten, konnte man vielleicht den Bau einer englischen oder amerikanischen Atombombe verhindern – falls sie schon für diesen Krieg geplant war – und somit seine Heimat vor den Schrecken eines Atombombardements bewahren. Aus solchen Überlegungen dürfte es 1941 zu einem wenig bekannten »Friedensfühler« gekommen sein, der noch einmal die Herstellung dieser aus moralischen Gründen verwerflichen Waffe durch eine stillschweigende Übereinkunft der deutschen und der alliierten Atomforscher verhindern sollte.

Heisenberg war damals zu einem Vortrag in das besetzte Kopenhagen eingeladen worden. Selbstverständlich suchte er bei dieser Gelegenheit seinen alten Lehrer und Freund

Niels Bohr auf. Bohr, obwohl als Halbjude gefährdet, war in der dänischen Hauptstadt geblieben, da er wußte, daß seine Anwesenheit der einzige Schutz für die »nichtarischen« Mitarbeiter seines Instituts war. Man hatte ihm von alliierter Seite schon verschiedentlich nahegelegt zu fliehen, aber er betonte den alliierten Emissären gegenüber, daß er so lange wie nur möglich in Kopenhagen bleiben werde. Bohrs Korrespondenz mit dem Ausland wurde von seinen Freunden noch genauer gelesen als von der deutschen Militärzensur. In einem Telegramm, das er kurz nach der Besetzung Kopenhagens an O. R. Frisch nach England sandte, erkundigte sich Bohr nach Miß »Maud Rey at Kent«. Der Empfänger konnte sich nicht erinnern, je von einer solchen Dame gehört zu haben, und kam auf die Idee, daß es sich vermutlich um ein Anagramm für »Radium taken« handle, und schloß scharfsinnig daraus, Bohr habe unauffällig mitteilen wollen, daß die Radiumvorräte in seinem Institut von den Deutschen beschlagnahmt worden seien. Viel später stellte sich dann allerdings heraus, daß Bohr ohne jeden Hintergedanken genau das gemeint hatte, was der Telegrammtext besagte. Er hatte wirklich nur nach einer Bekannten gefahndet, doch war der Name dieser Dame bei der Übermittlung etwas verstümmelt worden. Das wußten aber die englischen Physiker, die sich 1940 mit dem britischen Atomprojekt befaßten, noch nicht, und sie beschlossen damals, zu Ehren ihres Meisters ihrem Vorhaben den Codenamen »M. A. U. D.« zu geben.

Etwas später bat Bohr auf einer Karte um Nachrichten über einen alten Schüler namens »D. Burns«. Auch dieses Mal geheimniste man in seine Botschaft einen tiefsinnigen Inhalt hinein und meinte, Bohr wolle den allierten Atomphysikern mitteilen, er habe bei seinen Arbeiten herausgefunden: »D. (gleich Deuterium, das heißt schwerer Wasserstoff) burns« (»brennt«).

Die deutschen Physiker wußten, daß Bohr, wenn er es wollte, sofort die besten Beziehungen zu den in England und in den USA arbeitenden Atomforschern herstellen konnte. Daher war er wirklich der geeignete Vermittler.

Leider stand aber die wichtige Kopenhagener Unterredung zwischen Heisenberg und Bohr von Anfang an unter einem schlechten Stern. Es war Bohr nämlich zugetragen worden, daß Heisenberg auf einem Empfang, den man kurz vorher zu seinen Ehren gegeben hatte, den deutschen Angriff auf Polen verteidigt habe. Tatsächlich pflegte Heisenberg aus Tarnungsgründen, besonders im Ausland, sich in Gesellschaft meist ganz anders zu äußern als unter vier Augen. Ein solches, unter totalitärem Zwang erlerntes Doppelspiel konnte und wollte der fanatische Wahrheitssucher Bohr aber nicht anerkennen. So gab er sich, als Heisenberg ihn aufsuchte, von Anfang an äußerst zurückhaltend, ja geradezu kühl gegenüber seinem einstigen Lieblingsschüler.

Nach und nach brachte Heisenberg, der zuvor um Verständnis für die Zwangslage der deutschen Physiker gebeten hatte, das Gespräch vorsichtig auf die Atombombe. Zu dem offenen Bekenntnis, daß er und seine Gruppe alles tun würden, den Bau einer solchen Waffe zu verhindern, falls die Gegenseite ähnlich handeln wolle, ist es aber leider nicht gekommen. Vielmehr tastete man sich allzu vorsichtig aneinander heran und – wieder vorbei. Auf Heisenbergs Frage, ob er es für wahrscheinlich halte, daß eine solche Bombe gebaut werden könne, antwortete Bohr, der seit April 1940 von den geheimgehaltenen Fortschritten der Atomforschung in England und Amerika nichts mehr vernommen hatte, überzeugt: »Nein!« Nun bemühte sich Heisenberg, ihm beredt zu versichern, er wisse, daß eine solche Waffe durchaus hergestellt werden könne, und zwar, wenn man sich mit großer Energie darauf stürze, sogar schon in naher Zukunft.[1]

Bohr war von diesen Ausführungen tief beeindruckt. Sie beschäftigten ihn so sehr, daß er den nun folgenden Bemerkungen Heisenbergs, der jetzt über die moralische Fragwürdigkeit einer solchen Waffe sprach, nicht mehr die richtige Aufmerksamkeit widmete.

Als Heisenberg den Meister verließ, hatte er den – wie sich später herausstellen sollte – richtigen Eindruck, daß er durch dieses Gespräch die Lage eher verschlimmert habe. Bohrs

[1] Siehe Anmerkung Seite 399

Mißtrauen gegenüber den in Hitlerdeutschland gebliebenen Physikern war durch den Besuch seines Schülers nicht geringer geworden. Im Gegenteil: Er war jetzt davon überzeugt, daß sie intensiv und erfolgreich an einer Uranbombe arbeiteten.

Um diesen falschen Eindruck zu korrigieren, reiste etwas später noch ein zweiter deutscher Atomphysiker zu Bohr nach Kopenhagen. Aber Bohrs Mißtrauen war inzwischen so tief geworden, daß er den jungen Physiker J., der offen aussprach, was Heisenberg allzu behutsam angedeutet hatte, für einen »agent provocateur« hielt.

Als Bohr, sobald die Besetzung seines Instituts drohte, im Jahre 1943 unter gefahrvollen Umständen über Schweden nach England gelangt war, bestärkte er auf Grund dieser Unterhaltungen die anglo-amerikanischen Behörden noch in ihrem Bestreben, Hitler beim Bau einer Atombombe zuvorzukommen.

Das Laboratorium wird Kaserne

1

Es erscheint paradox, daß die in einer säbelrasselnden Diktatur lebenden deutschen Kernphysiker, der Stimme ihres Gewissens folgend, den Bau von Atombomben verhindern wollten, während sich ihre Berufskollegen in den Demokratien, die keinen Zwang zu befürchten hatten, mit ganz wenigen Ausnahmen mit aller Energie für die neue Waffe einsetzten.

Die Erklärung dafür versuchte fünfzehn Jahre später ein deutscher Wissenschaftler zu geben: »Wir waren wahrhaftig nicht bessere Menschen oder klüger als unsere ausländischen Kollegen, aber wir hatten bei Kriegsbeginn bereits aus der bitteren Erfahrung von fast sieben Jahren unter Hitler gelernt, daß man sich dem Staat und seinen ausführenden Organen gegenüber mißtrauisch und zurückhaltend verhalten muß. Angehörige von totalitär regierten Ländern sind selten gute Patrioten. Die anderen aber besaßen damals noch volles Vertrauen in die Anständigkeit und Gerechtigkeit ihrer Regierungen.« Er stockte einen Augenblick und fügte hinzu: »Ich bezweifle übrigens, daß es dort heute noch ganz so ist.«

Mit dem Kriegsausbruch begann die »levée en masse« der Wissenschaftler in den von Hitler bedrohten Ländern. Sie war ein großartiges Vertrauensvotum für die Gerechtigkeit und moralische Handlungsweise der Demokratie. Um so erstaunlicher war sie, weil der Forscher im Grunde kein idealer Staatsbürger, sondern ein niemals Zufriedener, ein ewig das Neue Anstrebender ist. Es ist seine Natur, das Bestehende in Zweifel zu ziehen und nach anderen, besseren Lösungen zu suchen. Diesen Hang der Wissenschaftler zur Kritik und zum Ändern konnte eine Demokratie aber viel besser auffangen als ein starres autoritäres Staatsgefüge. Ja, sie konnte ihn geradezu zur Stärkung ihres Rüstungspotentials erfolgreich benutzen, um den Widerstand der erzkonservativen Militärbehörden gegen alle neuen Waffen zu durchlöchern. Noch Jahre später hat man sich in den Kreisen der amerikanischen Kernphysiker an Geschichten erfreut, die zeigten, mit wieviel Mißtrauen und Kurzsichtigkeit die Vertreter der Streitkräfte sich zuerst gegen die Pläne dieser »Narren« wehrten. In Ehren ergraute Obersten ließen ihre gelehrten Gesprächspartner, denen sie auf Grund »von oben« kommender Befehle zuhören mußten, deutlich fühlen, daß sie ihnen kaum mehr Kredit einräumten als anderen »verrückten Erfindern«, die Heer und Flotte mit Entwürfen von allen möglichen, meist absolut unrealisierbaren Wunderwaffen überschütteten. »Hat mir da jemand unlängst wieder mal einen Apparat zur Erzeugung von Todesstrahlen geschickt«, schnarrte ein amerikanischer Offizier eine Gruppe von Atomforschern während einer dieser Konferenzen an. »Hab' das Ding an dem Ziegenbock, unserer Regimentsmaskotte, ausprobiert. Lebt noch heute, das Vieh. Ist gesünder denn je.«

Nun, es gelang den Kernphysikern, die Widerstände der »Colonel Blimps« mit Hilfe von Zivilbeamten und Politikern nach und nach zu überwinden. Am schnellsten ging das in Frankreich. Als Joliot nach Kriegsausbruch den Rüstungsminister Raoul Dautry besuchte und ihm über die Möglichkeit von Atomwaffen berichtete, machte ihm dieser seit jeher für neue technische Errungenschaften aufgeschlossene ehemalige Industrielle geradezu Vorwürfe, daß er nicht schon früher zu ihm gekommen sei. Joliots Hinweise auf die Bedeutung von Uran und schwerem Wasser für die Atomentwicklung veranlaßten Dautry zu sofortigem Handeln. Zur Zeit des deutschen Einmarsches besaß Frankreich nicht nur größere Vorräte an Uranoxyd als irgendein anderes Land der Erde, sondern auch alles in Europa vorhandene schwere Wasser – nur hundertfünfundachtzig Kilogramm waren es alles in allem, das der französische Sonderbeauftragte Jacques Allier im März 1940 der norwegischen Firma »Norsk Hydro« abgekauft und in zwölf versiegelten Aluminiumbehältern per Flugzeug nach Frankreich gebracht hatte.

Am 16. Mai 1940 läutete bei Henri Moureux, dem stellvertretenden Direktor des Laboratoriums für Kernchemie im »Collège de France«, das Telefon. Joliot-Curie war am Apparat und bestellte seinen Mitarbeiter dringend zu sich. Sichtlich erregt, teilte er ihm mit: »Die Front ist bei Sedan durchbrochen worden. Dautry hat mich eben angerufen. Das schwere Wasser muß sofort in Sicherheit gebracht werden.« Noch in der gleichen Nacht wurden die Behälter mit dem wertvollen »Produkt Z« (wie der Deckname lautete) nach Zentralfrankreich geschafft, wo sie vorläufig in den Kellern einer Filiale der Bank von Frankreich in Clermont-Ferrand aufbewahrt wurden.

Am 10. Juni begann Joliot mit seinen engsten Mitarbeitern alle seine Papiere, die auf den Stand seiner Atomforschungen hinwiesen, zu verbrennen, um den bereits unweit vor Paris stehenden Deutschen keine Hinweise auf seine Arbeiten zu geben. Eine Vorsichtsmaßnahme, die sich als vergeblich erwies, denn einige Tage später fiel die Kopie dieses Dossiers zusammen mit zahlreichen anderen Dokumenten des französischen Kriegsministeriums bei Charité-sur-Loire in die Hände der Wehrmacht.

Joliot blieb in Paris zurück, weil er sich von seinen wertvollen Laboratoriumsgeräten – darunter das gerade vollendete erste Zyklotron in Mittel- und Westeuropa – nicht trennen wollte. Er vertraute seinen Mitarbeitern Halban und Kowarski, die vorübergehend in der Villa »Clair Logis« in Clermont-Ferrand eine Ausweichstelle des Zentrums für kernphysikalische und kernchemische Arbeiten eingerichtet hatten, die Mission an, das schwere Wasser über Bordeaux nach England zu bringen. Halban erzählt: »Eine Nacht stellten wir unsere wertvolle Ladung zur Sicherheit im Staatsgefängnis von Riom ein. Der sicherste Platz dort war die Todeszelle, die zur Aufnahme unseres ›bidons‹ vorübergehend geräumt wurde. Die delogierten Todeskandidaten trugen selbst die schweren Behälter in das Verlies. Am nächsten Morgen weigerte sich der Gefängnisdirektor, vermutlich schon aus Angst vor den neuen Herren, uns die ›deponierten‹ Gegenstände wieder herauszugeben. Mit vorgehaltenem Revolver mußte ihn der Sonderbeauftragte Dautry schließlich dazu zwingen. Die Reise konnte weitergehen.«

Nach zahlreichen Fährnissen in Bordeaux angelangt,

wurde dann das schwere Wasser auf den englischen Kohlendampfer »Broompark« verladen. Dabei war den flüchtenden Atomforschern der Earl of Suffolk, Wissenschaftsattaché der britischen Gesandtschaft in Paris, behilflich. Dieser abenteuerlustige englische Adlige war in seiner Jugend einmal von zu Hause weggelaufen und hatte sich auf einem Schiff anheuern lassen. In jenen Tagen erlernte er Zimmermannskunststücke, die ihm jetzt gut zustatten kamen. Er baute in aller Eile ein seetüchtiges Floß, auf dem die Aluminiumkanister mit dem wertvollen »Produkt Z« sowie Industriediamanten im Werte von zweieinhalb Millionen englischer Pfund verstaut wurden. Halban und Kowarski verpflichteten sich dem Earl of Suffolk gegenüber feierlich, daß sie, falls die »Broompark« aus irgendeinem Grund, sei es durch Auflaufen auf eine Mine oder Luftbombardement, havarierte, das Floß aus dem Laderaum hinausschaffen und, komme was wolle, auf offener See mit ihm ausharren würden. Diese Vorsichtsmaßnahme erwies sich jedoch als unnötig. Das Schiff mit der strategisch wichtigen Ladung erreichte England sicher. Ein gleichzeitig aus Bordeaux ausgelaufenes Schiff wurde jedoch versenkt, und Joliot spielte der deutschen Abwehr die falsche Nachricht zu, darauf habe sich das schwere Wasser befunden.

Auch in England begann man sehr früh mit Unterstützung der Regierung am Problem der Atomspaltung zu arbeiten. Kaum hatte George P. Thomson, Physikprofessor am »Imperial College« in London, im Frühjahr 1939 in der »Nature« die Arbeiten von Joliot und seinen Mitarbeitern über die Neutronenemission gelesen, als er sich mit Henry Tizard in Verbindung setzte, einem Wissenschaftler, der seit 1934 die Forschungsabteilung der »Royal Air Force« leitete. Auf Empfehlung Tizards begab sich Thomson ins Luftfahrtministerium. Als er dort den Beamten entwickelte, welche enormen energietechnischen und militärischen Konsequenzen diese Entdeckungen haben könnten, sei er sich wie eine Figur aus einem »drittklassigen Schundroman« vorgekommen, hat Thomson später erzählt. Man nahm aber seine sensationellen Erklärungen durchaus ernst und bot ihm, wenn auch etwas skeptisch, Hilfe durch Lieferung von Uranoxyd und kleine

Geldsummen. Beeinflußt mag diese schnelle Bereitschaft durch Informationen über die Sitzung einiger deutscher Atomforscher im Reichserziehungsministerium gewesen sein, die der englische Physiker R. S. Hutton schon Mitte Mai aus Berlin mitgebracht hatte. Bei Kriegsbeginn wurde Thomson allerdings bedeutet, daß er für seine Versuche keine Vorzugsquote erhalten könne. Es gebe vorläufig Dringenderes zu tun.

So kam es, daß zu den als »nicht so wichtig für die Kriegsanstrengung« betrachteten Arbeiten über die Atomspaltung vor allem ausländische Physiker hinzugezogen wurden: O. R. Frisch, der gerade aus Kopenhagen nach England geflüchtet war, Rudolf Peierls und Franz Simon. Der bekannteste »refugee physicist«, Max Born, der in Edinburgh lebte, beschloß schon damals unter dem Einfluß seiner Frau, einer Quäkerin, sich von aller Kriegsarbeit fernzuhalten. Etwas später stieß einer seiner begabtesten Studenten zum Team von Peierls: der über Paris nach England geflüchtete deutsche Pfarrerssohn Klaus Fuchs.

2

In den Vereinigten Staaten wurden zunächst nur sehr langsam Fortschritte auf dem Gebiete der Atomforschung gemacht. Alexander Sachs mußte beinahe zehn Wochen verstreichen lassen, ehe er Präsident Roosevelt endlich am 11. Oktober 1939 den von Szilard verfaßten und von Einstein unterschriebenen Brief persönlich überreichen konnte. Damit der Präsident auch bestimmt den Inhalt des Schreibens erfahre und es nicht zu einem Haufen unerledigter Arbeiten lege, las Sachs ihm außer der Botschaft und einem angehängten Memorandum Szilards auch noch eine selbstverfaßte, um vieles umfangreichere Denkschrift vor. Die Wirkung war durchaus nicht so stark, wie Sachs erwartet hatte. Roosevelt, müde vom langen Zuhören, versuchte die ganze Angelegenheit von sich wegzuschieben. Er sei zwar interessiert, halte aber eine Intervention der Regierung in dieser Sache vorerst für verfrüht, sagte er, zur großen Enttäuschung seines Besuchers.

Beim Abschied gelang es Sachs jedoch, vom Präsidenten wenigstens für den nächsten Morgen eine Einladung zum Frühstück zu erwirken. »In dieser Nacht schloß ich kein Auge«, erinnert sich Sachs. »Ich wohnte im Hotel Carlton. Ich ging unruhig in meinem Zimmer auf und ab oder versuchte auf einem Stuhl sitzend einzuschlafen. Ganz nahebei war ein kleiner Park. Ich habe wohl drei- oder viermal zwischen elf Uhr abends und sieben Uhr früh zum Erstaunen des Portiers das Hotel verlassen und bin hinüber in diesen Park gegangen. Dort saß ich auf einer Bank und dachte nach. Was konnte ich sagen, um den Präsidenten doch noch für diese schon fast verlorene Sache zu gewinnen? Endlich kam mir ganz plötzlich wie eine Eingebung die rettende Idee. Ich ging zurück, duschte und war bald darauf wieder im Weißen Haus.«

Roosevelt saß allein im Rollstuhl am Frühstückstisch, als Sachs eintrat. Ironisch fragte er:

»Nun, was bringen Sie mir heute für eine blendende Idee? Und wie lange werden Sie heute brauchen, um sie zu erklären?«

»Nicht lange. Eigentlich möchte ich Ihnen nur eine Anekdote erzählen.«

Etwas umständlich berichtete Sachs zuerst, woher er die Anekdote kenne, kam aber dann ziemlich bald zum Kern der Sache.

»Während der Napoleonischen Kriege wandte sich ein junger Erfinder namens Fulton an den französischen Kaiser und erbot sich, eine Flotte von Dampfschiffen für ihn zu bauen, mit deren Hilfe Napoleon unbekümmert um das launische Wetter in England landen könne. Schiffe ohne Segel? Das erschien dem großen Korsen so wenig wahrscheinlich, daß er Fulton wegschickte. Dies ist nach der Ansicht des englischen Historikers Lord Acton ein Beispiel dafür, wie England durch die Kurzsichtigkeit eines Gegners gerettet wurde«, kommentierte Sachs und fuhr pathetisch fort: »Hätte Napoleon damals mehr Phantasie und Bescheidenheit besessen – die Geschichte des neunzehnten Jahrhunderts wäre ganz anders verlaufen.«

Als Sachs geendet hatte, schwieg der Präsident mehrere Minuten. Dann schrieb er etwas auf einen Zettel und gab ihn dem Bedienten, der serviert hatte. Der kam bald darauf mit einem Paket zurück, das er nun auf Befehl Roosevelts langsam auszuwickeln begann. Es war eine Flasche alten französischen Cognacs aus der Zeit Napoleons, die lange Jahre im Besitz der Familie Roosevelt gewesen war. Der Präsident, immer noch bedeutungsvoll schweigend, ließ einschenken, dann hob er mit einem Kopfnicken sein Glas und trank Sachs zu. Erst jetzt rief er den Attaché, General »Pa« Watson, herein, um – auf die von Sachs mitgebrachten Dokumente deutend – jene später so berühmt gewordenen Worte auszusprechen: »Pa, das hier bedeutet: Wir müssen handeln!«

3

Der später die Welt überraschende Erfolg des amerikanischen Atomprojekts im Krieg hat auf die meisten Schilderungen dieses Themas abgefärbt. Was aus der Rückschau als ein zwar schwieriger, aber doch geradeaus auf ein Ziel zusteuernder Weg angesehen wurde, war in Wirklichkeit ein Labyrinth verschlungener Wege und Sackgassen.

Eduard Teller kritisiert einen dieser allzu rosig klingenden Berichte über die Frühgeschichte der amerikanischen Atombombe mit folgenden Worten: »Die erfolglosen Versuche der Forscher im Jahre 1939, das Interesse der Militärbehörden zu erregen, bleiben unerwähnt. Der Leser erfährt nichts von dem Unbehagen der Wissenschaftler, die sich mit der Notwendigkeit einer planmäßigen, disziplinierten Forschung befreunden mußten, er findet nichts über die Empörung der Ingenieure, von denen man verlangte, an reine Theorie zu glauben und auf einer so luftigen Grundlage Fabriken zu bauen ...«

Boris Pregel, ein Radiumfachmann, ohne dessen uneigennützige Leihgabe von Uran die ersten Versuche an der New Yorker Columbia-Universität nicht möglich gewesen wären, meint: »Es ist ein Wunder, daß trotz der vielen Fehler und Irrtümer schließlich etwas zustande kam.« Leo Szilard ist noch heute der Ansicht, die Arbeit am Uranprojekt sei durch behördliche Kurzsichtigkeit und Schwerfälligkeit um mindestens ein Jahr verzögert worden. Selbst Roosevelts deutlich bekundetes Interesse an dem Projekt konnte das Tempo kaum beschleunigen. Sachs, der sich im Dschungel bürokratischer Intrigen gut auskannte, hatte es zunächst erfolgreich zu verhindern verstanden, daß Heer oder Flotte das Vorhaben allein in die Hand bekamen, indem er Briggs, den Chef des »National Bureau of Standards«[1], als ersten Leiter des Atomprojekts vorschlug. Aber dieser verdienstvolle Mann war leidend und konnte daher nicht so tatkräftig eingreifen, wie es oft notwendig gewesen wäre. Als Briggs eine schwere Operation durchmachen mußte, sah es eine Weile so aus, als werde mit ihm das ganze »Projekt S-1« (wie es mittlerweile hieß) sein schwaches Leben aushauchen. Aber er genas, und auch »S-1« schleppte sich weiter.

Vor Ende Juni 1940 war kein Geld für Atomforschung vom Staat zu erwarten. Statt dessen mehrte sich die Kritik an dem »aussichtslosen Plan«. Ein zweiter Einstein-Brief vom 2. März 1940, in dem er auf die »Intensivierung des Interesses für Uranium in Deutschland seit Kriegsbeginn« hinwies, half wenig. Erst als die Berichte über die guten Fortschritte der englischen Atomforschung nach den USA gelangten, belebte sich das offizielle Interesse wieder. Ein Memorandum der Thomson-Kommission im Juli 1941 hatte nämlich auf Grund der englischen Arbeiten festgestellt, es sei »ziemlich wahrscheinlich, daß die Atombombe noch vor Ende des Krieges hergestellt werden könne«. So kam es schließlich am 6. Dezember 1941, zufälligerweise gerade einen Tag vor dem japanischen Überfall auf Pearl Harbor und Amerikas offiziellem Kriegseintritt, zu dem lange verzögerten Entschluß, endlich ernste finanzielle und technische Anstrengungen zum Bau der Waffe zu machen.

Die aus Europa emigrierten Wissenschaftler, die sich am entschiedensten für das Projekt eingesetzt hatten, wurden in den Anfangsstadien dieser Entwicklung als »Ausländer« oder

[1] Das amerikanische Eichamt.

gar, wie der aus Italien stammende Fermi, als »feindliche Ausländer« in ihrer Arbeit stark behindert. Und zwar so sehr, daß Wigner, beleidigt über das Mißtrauen, dem er begegnete, in einem Brief an Briggs ankündigte, er müsse sich unter diesen Umständen leider von allen Arbeiten, die mit der Atomentwicklung zu tun hätten, zurückziehen. Später erhielt er Genugtuung und wurde einer der wichtigsten Mitarbeiter des Vorhabens. Auch in dieser Beziehung waren die Engländer viel großzügiger. Sie behandelten die zu ihnen geflüchteten Wissenschaftler als Gleichberechtigte. Weißkopf erinnert sich, daß er als früherer Österreicher von den amerikanischen Behörden nur mit Schwierigkeiten Erlaubnis erhielt, einmal an einer Spezialkonferenz mit »drei englischen Herren« teilzunehmen, die aus London erwartet wurden. Als die drei Briten ankamen, stellte es sich heraus, daß es Halban, Peierls und Simon waren, alle drei bis vor kurzem noch Mitteleuropäer wie Weißkopf selbst.

4

Die zahllosen administrativen und technischen Klippen, die auf dem Weg zur Befreiung der Atomenergie lagen, wurden schließlich einzig und allein durch die Entschlossenheit und Hartnäckigkeit der Wissenschaftler in den angelsächsischen Ländern überwunden. Sie haben viel mehr getan, als Befehle entgegenzunehmen. Sie ergriffen selbst wieder und wieder die Initiative, um diese schreckliche Waffe in die Welt zu setzen.

Was viele von ihnen damals vor allem antrieb, war die ehrliche Überzeugung, daß dies der beste, ja der einzige Weg sei, den Gebrauch der Atomwaffe in diesem Krieg zu verhindern. »Wir mußten im Fall einer deutschen Atomdrohung ein Gegenmittel in der Hand haben. Wenn dieses Gleichgewicht einmal vorhanden war, dann würde Hitler ebenso wie wir auf den Gebrauch eines solchen Monstrums verzichten müssen«, hieß es.

Die Vorstellung aber, daß die Deutschen in diesem Atom-Rüstungswettlauf bereits einen gefährlichen Vorsprung besaßen, war damals so verankert, daß sie wie eine Gewißheit behandelt wurde. »Wir hörten jeden Morgen und jeden Abend, daß wir die Deutschen einholen müßten«, erinnert sich Leona Marshall, eine der wenigen Frauen, die an dem Vorhaben mitarbeiteten. An dieser Voraussetzung, die alle wohl gelegentlich doch einmal auftauchenden Bedenken beruhigte, wurde nie gezweifelt. 1941 kam der erst einige Wochen vorher aus Deutschland geflüchtete Chemiker Reiche in Princeton an und berichtete, daß die deutschen Physiker bisher nicht an der Bombe gearbeitet hätten und auch so lange wie möglich versuchen würden, die deutschen Militärbehörden von dieser Möglichkeit abzulenken. Diese Botschaft wurde von einem anderen nach Amerika emigrierten Forscher, dem Physiker Rudolf Ladenburg, nach Washington weitergegeben. Die am Atomprojekt arbeitenden Gelehrten scheint sie aber nie erreicht zu haben. Ein Jahr später brachte Jomar Brun, der nach Schweden geflohene technische Direktor jener Schwerwasser-Werke in Rjukan (Norwegen), welche seit 1940 von der Wehrmacht besetzt waren, die ihm von dem dort tätigen deutschen Atomforscher Hans Suess anvertraute Nachricht, daß die Produktion dieser Fabrik kaum vor fünf Jahren kriegswichtige Dimensionen annehmen könne. Dennoch wurde dieses Werk durch heldenhafte, aber im Grunde sinnlose Aktionen alliierter Kommandos und Flugzeuge zerstört.

Konnte man solchen Nachrichten nicht glauben oder wollte man ihnen nicht glauben, weil dadurch der Eifer und das Tempo der Menschen, die am »Projekt S-1« arbeiteten, gebremst worden wäre?

Im Jahre 1942 trat das alliierte Atomprojekt in eine ganz neue Phase. International einigten sich Roosevelt und Churchill, daß die Bemühungen der englischen und amerikanischen Forscherteams um die Bombe in den USA konzentriert werden sollten. In den Vereinigten Staaten wurde die oberste Leitung der Atomentwicklung der Alleinverwaltung der Wissenschaftler entzogen und einem aus drei Angehörigen der Streitkräfte (General Styer, Admiral Purnell und General Groves) und nur zwei Forschern (Dr. Vannevar und Dr. James Conant) bestehenden »Military Policy Committee« (»Militärpolitische Kommission«) übertragen. Ab dem August 1942 lief das ganze Vorhaben unter dem Decknamen »DSM-Project« (Development of Substitute Materials – Entwicklung von Ersatzstoffen) oder »Manhattan Project«. Von nun an wurden die Atomforscher nur noch als »scientific personnel (»wissenschaftliches Personal«) bezeichnet und hatten sich den strengen Regeln militärischer Geheimhaltung zu unterwerfen.

Wohl nie zuvor hat eine Schar so brillanter Geister freiwillig das Joch einer ihnen so fremden Arbeits- und Lebensweise auf sich genommen. Daß sie ihre Resultate bis Kriegsende nicht mehr publizieren durften, war ihnen selbstverständlich. Sie hatten selbst als erste, sogar schon vor Kriegsbeginn, die Geheimhaltung angeregt. Aber die Militärbehörden gingen viel weiter. Sie errichteten um jedes kleine Teilgebiet der Forschung unsichtbare Mauern, so daß die eine Abteilung nicht mehr wußte, woran die andere arbeitete. Kaum ein Dutzend von den insgesamt hundertfünfzigtausend Personen, die das »Manhattan Project« schließlich beschäftigte, durfte einen Überblick über das Ganze haben. Ja, nur ein sehr kleiner Teil des Personals wußte überhaupt, daß sie an einer Atombombe arbeiteten. So hatte zum Beispiel die Mehrzahl der Mitarbeiter des »computing center« in Los Alamos lange Zeit keine Ahnung, wozu die mit ihren Rechenmaschinen ausgeführten komplizierten Kalkulationen eigentlich dienten. Da sie nicht wußten, was ihre Berechnungen bezweckten, arbeiteten sie ohne wirkliches Interesse. Feynman, einer der jungen theoretischen Physiker, setzte schließlich durch, daß er diesen Leuten sagen durfte, was in Los Alamos hergestellt werden solle. Daraufhin stiegen die Leistungen der Abteilung sofort beträchtlich, und einige Leute machten sogar freiwillige Überstunden.

War ein Meinungsaustausch zwischen Mitarbeitern verschiedener Abteilungen unbedingt notwendig, so mußte vorher von der militärischen Verwaltung eine Sondergenehmigung eingeholt werden. Der Physiker Henry D. Smyth, der später den offiziellen Bericht über das ganze Projekt verfaßte, kam durch diese Regeln in einen ungewöhnlichen Konflikt. Da er zugleich Vorsteher zweier Abteilungen war, hätte er bei strikter Befolgung der Vorschriften eigentlich nur nach vorheriger Einholung einer Erlaubnis mit sich selbst Zwiesprache halten dürfen.

Diese sogenannte »compartmentalization« wurde dekretiert, obwohl man sich vorher durch polizeiliche Untersuchungen, Kreuzverhöre und Fragebogen über das private und politische Vorleben sowie die charakterliche Zuverlässigkeit jedes Mitarbeiters schon weitgehend Sicherheit verschafft hatte und alle seine Schritte durch ein bis ins kleinste durchdachtes Beobachtungssystem kontrollierte. Wer in einer jener drei 1943 ganz neu erbauten »geheimen Städte« Oak Ridge, Hanford oder Los Alamos lebte, mußte die Post, die er bekam oder abschickte, durch die Zensur gehen lassen. Paßte einem der Zensoren eine Stelle nicht, so begnügte er sich keineswegs damit, wie sonst üblich, einige beanstandete Worte auszuschneiden, sondern ließ den Brief an den Verfasser zurückgehen und neu schreiben, damit der Empfänger auf keinen Fall stutzig werde. Die Telefongespräche wurden laufend überwacht, in der Umgebung jedes »Projektes« waren die Hotelportiers Agenten der Gegenspionage.

Die wichtigsten Atomforscher hatten ihren offiziellen Leibwächter, der sie auf allen Wegen begleitete. Außerdem wurden diejenigen, die aus politischen oder irgendwelchen anderen Gründen nicht hundertprozentig zuverlässig schienen, noch besonders überwacht. Agenten folgten ihnen ohne ihr Wissen auf Schritt und Tritt, versteckte Mikrofone belauschten ihre Unterhaltungen in Büros und Wohnungen. Der Chef der Sicherheitsabteilung im »Manhattan Project«, Oberst John Lansdale junior, hat nach dem Kriege zugegeben, daß es auch noch raffiniertere Überwachungsmethoden und Tricks gab, die bis heute nicht preisgegeben worden sind.

Er empfand sie jedoch als so unehrenhaft, daß er von ihnen verallgemeinernd nur als »nasty things« (»böse Sachen«) sprach. Es wurde von den Wissenschaftlern sogar verlangt, daß sie selbst aktiv an diesem Netz mitspannen. Über das Schweigegebot hinaus war es ihre Pflicht, Dritten gegenüber in bezug auf ihre Beschäftigung und ihren Wohnort zu lügen.

Nicht einmal die nächsten Verwandten durften auch nur andeutungsweise erfahren, wo und woran sie arbeiteten. Die Gegenspionage machte aus jedem Ehemann, der in einem der Laboratorien arbeitete, einen Lohengrin, der seiner Elsa das »Nie sollst du mich befragen« abverlangte. Gewiß, nicht alle Forscher haben es zugelassen, daß der Schatten der »Security« sich zwischen sie und die ihnen am nächsten stehenden Menschen drängte. Die wissenden Ehefrauen hatten dann die schwere Aufgabe, sich gegenüber den Gattinnen der anderen, diesem Zwang sich fügenden Atomphysiker so zu stellen, als wären sie genauso ahnungslos.

5

Der Mann, dessen Geist über dem »Manhattan Project« waltete, war ein Berufssoldat namens Leslie Richard Groves. Er war sechsundvierzig Jahre alt, als er am 17. September 1942 mit der Leitung der Atomentwicklung betraut wurde. »Greasy« Groves, wie er an der Militärakademie West Point genannt worden war, drückte eine Sorge: Er hatte in seiner ganzen Soldatenlaufbahn nur »Schreibtisch-Kommandos« gehabt, war deshalb sechzehn Jahre lang im Leutnantsrang geblieben und hatte es seit Kriegsbeginn nur zu einem provisorischen Oberstentitel gebracht. Am Vorabend seiner Ernennung zum Chef des »Manhattan Project« war Groves endlich ein Frontkommando angeboten worden. Deshalb war er gar nicht begeistert, als ihn nun sein Vorgesetzter zu sich rufen ließ und ihm erklärte, er sei zwar für einen Job in der Heimat ausgewählt worden, allerdings für den »größten Job« des Krieges, vielleicht dazu bestimmt, den Sieg zu bringen. General Groves – seine Ernennung brachte ihm zum Trost die lang ersehnte Rangerhöhung – war für diesen Posten in Aussicht genommen worden, weil er in der Armee über die größte Erfahrung als Leiter von Bauarbeiten verfügte. Bisher hatte er die Erstellung zahlreicher Kasernen, vor allem aber des riesigen fünfeckigen neuen Kriegsministeriums, des »Pentagon«, geleitet, nun sollte er die geheimen Atomstädte und die dazugehörigen Laboratorien aus dem Boden stampfen und verwalten. Sie nahmen unter seiner Leitung äußerlich und innerlich Kasernenstil an.

Als Groves seinen militärischen Stab in Los Alamos zum ersten Mal versammelte, begann er seine Ansprache mit den Worten: »Sie werden es nicht leicht haben, denn Sie müssen hier auf die größte Ansammlung ›unberechenbarer Narren‹ (›crackpots‹) aufpassen.« Groves verließ sich aber nicht immer auf die offizielle Überprüfung und Überwachung der Forscher. In einem Fall verlangte er willkürlich, ohne den geringsten Beweis für sein Mißtrauen zu haben, daß ein in Los Alamos arbeitender Wissenschaftler nichtamerikanischer Herkunft sofort als »feindlicher Ausländer« zu internieren sei. Auf die Rückfrage, wie er denn diesen Antrag begründe, ließ er dem Kriegsminister mitteilen, seine Intuition genüge ihm. Er könne zwar dem Mann weder Illoyalität noch Verrat nachweisen, traue ihm aber einfach nicht und halte ihn für ein zersetzendes Element.

Der Minister hielt sich an das in demokratischen Ländern übliche Gesetz, daß niemand ohne hinreichenden Beweis angeklagt und verurteilt werden dürfe, und lehnte die von Groves vorgeschlagene »Schutzhaft« ab. Groves sah darin nur einen Beweis mehr für die Leichtgläubigkeit und Schlappheit der zivilen Behörden. Er hat sich später ausdrücklich gerühmt, er habe in Fällen, wo ihm das möglich war, auf eigene Faust gegen die Wünsche Washingtons gehandelt. 1954 sagte er aus: »Ich befolgte die Anweisungen unserer Regierung hinsichtlich der Zusammenarbeit mit den Engländern nicht, denn ich versuchte, es ihnen so schwer wie möglich zu machen.«

Der forsche General und die Atomforscher waren zu verschieden, als daß sie wirklich hätten miteinander auskommen können. Groves hatte das Gefühl (und hat es bis heute), daß sie seine Geistesgaben unterschätzten. Deshalb versuchte er ihnen immer wieder zu beweisen, daß er ihnen auch auf ihrem eigenen Feld zumindest ebenbürtig sei. »Das erste Mal, als wir eine größere Besprechung in dem gerade gegründeten ›Metallurgical Laboratory‹ in Chicago abhielten, erwischte ich die Herren bei einem Rechenfehler«, erzählt

Groves. »Es waren ein paar Nobelpreisträger dabei, aber ich zeigte ihnen doch, wo sie sich geirrt hatten, und sie konnten es nicht abstreiten. Das haben sie mir nie verziehen.«

In Wirklichkeit wurde »Gee-Gee«, wie sie ihn nannten, von seinen ungezogenen Rekruten mit den hohen Intelligenzquotienten keineswegs verachtet, sondern eher bewundert. Allerdings weniger ob seiner mathematischen Gaben, auf die er so stolz war, als vielmehr wegen seiner unbestreitbaren Zähigkeit und Hartnäckigkeit. Der Atomforscher Philip Morrison erzählt: »Ich habe eine Zeitlang direkt neben einem seiner vielen Büros gearbeitet und gestaunt, wie er mit dem gleichen Ernst und der gleichen Ausdauer über die Notwendigkeit der Anschaffung eines Tennisnetzes und die Ausgabe einer Million für irgendein recht ungewisses Experiment diskutierte. Die paar Dollar für das Tennisnetz ›hinauszuwerfen‹ verweigerte er schließlich, die Million für den Versuch aber bewilligte er. Er hätte auch einen Zaun um den Mond gebaut, wenn ihm gesagt worden wäre, es diene unserem Vorhaben.«

Groves hatte es nicht leicht, seine oft unsinnig erscheinenden Entscheidungen zu rechtfertigen. »Weshalb legen sie für das Plutoniumwerk in Hanford eine Zufahrtsstraße mit acht Fahrbahnen an?« fragten die unweit davon in jämmerlichen Baracken untergebrachten Bauarbeiter. »Das ist doch reine Geldverschwendung.« Nun, Groves konnte sie nicht wissen lassen, daß dies eine allerdings recht kostspielige Sicherheitsmaßnahme war. Für den normalen Verkehr hätten auch zwei bis vier Bahnen genügt, für den Fall einer Explosionskatastrophe aber, mit dem man immer rechnen mußte, würden die acht Fahrbahnen kaum reichen, um die Belegschaft und die nahe wohnenden Familien so schnell wie möglich vor den ausströmenden radioaktiven Dämpfen in Sicherheit zu bringen.

Groves traf unvermeidlich auch falsche Dispositionen. Seine Kritiker können zahlreiche solcher aus Eile oder ungenügender Übersicht geborenen Fehlentscheidungen aufzählen. Der General ist jedoch in seiner herzgewinnenden Naivität noch heute vom Gegenteil überzeugt. »Sie fragen mich, weshalb ich meine Erinnerungen noch nicht geschrieben habe?« sagte er zu einem Besucher elf Jahre nach dem Krieg. »Weil ich einfach immer recht behalten habe. Und das würde mir niemand glauben oder gar verzeihen.«

6

An die »compartmentalization«, die Groves mit besonderem Eifer aufrechtzuerhalten versuchte, hielten sich die Forscher von Anfang an nur zum Schein. Szilard hat darüber nach dem Krieg vor einer Kommission des Kongresses berichtet: »Diese Vorschriften konnte man nicht befolgen, auch wenn man gewollt hätte. Aber wir wollten ja gar nicht. Denn wir hatten die Wahl, entweder diesen Regeln zu gehorchen und damit unsere Arbeit zu sabotieren respektive zu verlangsamen oder unserem gesunden Menschenverstand zu folgen. Es verging kaum eine Woche, ohne daß jemand von irgendwoher in mein Büro in Chicago kam und mir eine Mitteilung machen wollte, auf die ich kein Recht hatte. Sie verlangten gewöhnlich nicht von mir, die Tatsache zu verschleiern, daß ich diese Informationen nun besaß; ich sollte nur nicht sagen, wer sie mir gegeben hatte.«

Szilard, der erste, der seinerzeit für eine Geheimhaltung wissenschaftlicher Fakten eingetreten war – allerdings innerhalb vernünftiger Grenzen –, verstrickte sich als einer der ersten in die Schlingen der Zensurvorschriften. Er wurde der bevorzugte Prügelknabe von Groves, der ihn auf die verschiedensten Arten zu schikanieren verstand. Zwischen beiden Männern entbrannte ein Kleinkrieg, der mit dem Ende des Zweiten Weltkriegs noch lange nicht abgeschlossen war. »Sure, ohne Szilards Hartnäckigkeit während der ersten Kriegsjahre hätten wir nie eine Atombombe gehabt«, gibt Groves zu, »aber sobald die Sache lief, hätte er von mir aus ruhig in der Versenkung verschwinden können.«

Besonders schwer fiel es Niels Bohr, die Geheimhaltungsvorschriften zu befolgen. Seit seiner Flucht aus Dänemark wurde er weniger als Mensch denn als außerordentlich wertvolle Geheimwaffe behandelt, die dem Feind auf keinen Fall in die Hände fallen durfte. In der »Moskito«, die ihn über die

Nordsee flog, war daher die gefährlich intelligente »Fracht« direkt auf die Tür des Bombenschachtes gelegt worden, damit man sie im Falle eines deutschen Angriffs sofort mit einem Handgriff ins Wasser fallen lassen konnte. Bohr kam damals mehr tot als lebendig in London an, denn auf eine physikalische Überlegung völlig konzentriert, hatte er die Anweisung des Piloten, die Sauerstoffmaske anzulegen, überhört und war so in großer Höhe ohnmächtig geworden.

Als Bohr in Begleitung seines Sohnes Aage in New York landete, begleiteten ihn zwei Beamte des englischen Geheimdienstes. Ohne Wissen dieser Wächter übernahmen zudem noch zwei Spezialagenten des »Manhattan Project« die Überwachung Bohrs, und zu allem Überfluß folgten ihm außerdem noch zwei Detektive des amerikanischen FBI. Da diese Überwachung durch ein halbes Dutzend Zerberusse Niels Bohr, dem Freund von Freiheit und Offenheit, keineswegs behagte, versuchte er ihnen so oft wie möglich zu entkommen. Sie hatten es tatsächlich nicht leicht, ihn unauffällig im Auge zu behalten, denn er überquerte die New Yorker Straßen am liebsten dort, wo Fußgänger nicht gehen durften, und zwang so gleich sechs Hüter des Gesetzes, sich mit ihm gegen die Verkehrsregeln zu versündigen.

Bohr konnte sich nicht daran gewöhnen, daß er nun in den USA aus Geheimhaltungsgründen »Nicholaus Baker« hieß. Als ihn die Überwachungsbeamten gerade wieder einmal diesbezüglich ermahnt hatten, traf er im Fahrstuhl eines Wolkenkratzers die Frau seines alten Kollegen von Halban, die aber inzwischen ohne sein Wissen geschieden worden war. »Sind Sie nicht Frau von Halban?« fragte er höflich. Worauf sofort die spitze Antwort kam: »Sie irren sich, ich heiße jetzt Placzek.« Als die Dame sich nun umdrehte, rief sie überrascht aus: »Aber Sie sind doch Professor Bohr.« Worauf Bohr, den Finger auf den Mund legend, lächelnd antwortete: »Sie irren sich. Ich heiße jetzt Baker.«

Ehe Bohr zum ersten Mal nach Los Alamos kam, fuhr ihm Groves entgegen und instruierte ihn schon im Zug zwölf Stunden lang über alles, was er von nun an sagen dürfe und was nicht. Bohr nickte stets. Aber Groves wurde wieder einmal enttäuscht. »Fünf Minuten nach seiner Ankunft erzählte Bohr all das, was er gerade versprochen hatte, nicht zu sagen«, berichtete der General Jahre später über dieses Prunkstück seiner Sammlung von »crackpots«.

Das »enfant terrible« unter den Atomforschern war aber sicherlich der blutjunge und geniale Theoretiker Richard Feynman, dessen Sinn für Komik und lustige Streiche unter der besonderen Lage keineswegs litt, sondern von ihr eher noch angeregt worden war. Um die Zensoren ein wenig zu ärgern, ließ er sich von seiner Frau Briefe schreiben, die in Hunderte kleiner Schnipsel zerrissen waren. Die Beamten hatten dann die langwierige Aufgabe, diese Fetzen wie ein Puzzle erst wieder einmal richtig zusammenzufügen, um endlich den Inhalt kontrollieren zu können. Es spricht aber für ihren Humor, daß sie Feynman diese ungewöhnliche Art der Korrespondenz keineswegs verboten, sondern stets so taten, als hätten sie gar nichts Ungewöhnliches bemerkt.

Es machte Feynman besonderen Spaß, die streng geheimen Nummern der Safes, in denen die Akten mit den Versuchsergebnissen jeden Abend eingesperrt wurden, herauszufinden. Nach wochenlanger »Arbeit« gelang es ihm wirklich, während einer kurzen Abwesenheit des zuständigen Sicherheitsbeamten den Panzerschrank zu öffnen, in dem sich die allerwichtigsten Aufzeichnungen befanden. Er begnügte sich damit, in den Schrank ein Zettelchen mit der Frage »Guess who?« (»Rat mal, wer da war!«) zu legen und sich später an dem Entsetzen des Wächters zu weiden, der einfach nicht begreifen konnte, wie irgend jemand in dieses Allerheiligste von Los Alamos hatte eindringen können.

Groves konnte Bohr seine Übertretung der geheiligten »security regulations« (»Sicherheitsgebote«) und Feynman seine Lausbubenstreiche verzeihen. Seinen nie beschwichtigten Zorn erregte dagegen der angesehene amerikanische Forscher Edward U. Condon, einer der Pioniere der experimentellen Physik in den Vereinigten Staaten. Groves selbst hatte Condon im Sommer 1943 als stellvertretenden Direktor nach Los Alamos geholt, um ihn Robert Oppenheimer, dem gerade ernannten Chef des neuen Bombenlaboratoriums, an die Seite zu stellen. Condon besaß als Berater großer Industriefirmen praktische Erfahrung in Produktionsfragen, die der Akademiker Oppenheimer unmöglich haben konnte. Gerade aus seiner Erfahrung heraus sah Condon sofort, daß sich in Los Alamos die »compartmentalization« nicht ohne Schaden durchführen lassen werde. Er arbeitete dann sein eigenes Reglement aus, das die künstlich errichteten Mauern zwischen den einzelnen Abteilungen einriß. Das wurde von Groves als schwere Insubordination betrachtet, und er veranlaßte die Versetzung Condons an einen anderen Posten. Mit Oppenheimer allein glaubte er leichteres Spiel zu haben. Auf ihn hatte der General ungewöhnlich starken Einfluß, der den anderen Atomforschern damals ganz unverständlich war. Erst viel später sollten sie die Erklärung dafür erhalten.

Oppenheimers Aufstieg

1

Als Robert Oppenheimer im Juli 1943 endgültig zum Direktor des Laboratoriums von Los Alamos ernannt wurde, war er einige Monate vorher in sein vierzigstes Lebensjahr eingetreten. Dieses Jahr ist für viele Menschen von größerer Bedeutung als irgendein anderer Lebensabschnitt. Es ist die Zeit der ersten großen Bilanz. Dem Richter, den jeder in sich trägt, wird da vielleicht zum ersten Mal ganz ernst die Frage gestellt: Wieviel von dem, was ich als junger Mensch erstrebte, habe ich erreicht? Und wieviel schlug fehl durch meine eigene oder durch die Schuld anderer?

Oppenheimer hätte mit dem bis dahin Erreichten zufrieden sein dürfen. In der Welt der Atomforscher galt er als ernst zu nehmender Theoretiker, in den Hochschulen als ein besonders erfolgreicher und beliebter Lehrer. Der junge Mann, der 1927 bei Max Born in Göttingen mit Auszeichnung doktoriert hatte, fand, als er zwei Jahre später nach weiteren Studien in Leyden und Zürich endgültig in seine Heimat zurückkehrte, daß sein guter wissenschaftlicher Ruf ihm bereits vorausgeeilt war. Mehrere große Universitäten warben um ihn. Nach einigem Zögern entschloß sich Oppenheimer für die »University of California« in Berkeley bei San Francisco. Als ihn der Dekan seiner Fakultät fragte, was schließlich den Ausschlag bei seiner Entscheidung gegeben hätte, antwortete er sehr zur Überraschung des Fragestellers: »Ein paar alte Bücher. Die Sammlung französischer Dichter des sechzehnten und siebzehnten Jahrhunderts in der Universitätsbibliothek hat es mir angetan.«

Außer in Berkeley lehrte Oppenheimer auch noch an der Technischen Hochschule Kaliforniens, dem »California Institute of Technology« in Pasadena, unweit von Los Angeles. Sobald er seine Vorlesungen an der Universität abgeschlossen hatte, folgten ihm die meisten Schüler für das nächste Semester an die zweite Stätte seines Wirkens. Trotz seiner Jugend wurde »Oppie« oder »Opje«, wie sie ihn nannten, bald für die in Amerika heranwachsende Generation von Physikern Meister und Vorbild, wie es für ihn selbst, nur ein paar Jahre zuvor, die Großen der europäischen Atomforschung gewesen waren. Die Verehrung der Studenten für ihr Idol ging so weit, daß sie bewußt oder unbewußt viele seiner persönlichen Eigenschaften annahmen. Sie hielten den Kopf ein wenig schräg wie er, sie hüstelten, machten bedeutungsvolle Pausen zwischen einzelnen Sätzen und hielten beim Sprechen die Hand vor den Mund. Ihre Ausdrucksweise war oft schwer verständlich, sie bevorzugten dunkle Vergleiche, die bedeutend klangen und manchmal sogar waren. Oppenheimer, selbst ein leidenschaftlicher Raucher, hatte die Angewohnheit, sein Feuerzeug zu zücken und aufzuspringen, sobald jemand sich anschickte, eine Zigarette oder Pfeife anzuzünden. In den Campus-Cafeterias von Berkeley und Pasadena konnte man daher die Oppenheim-Schüler schon von weitem daran erkennen, daß sie, gleich Marionetten an unsichtbaren Schnüren, von Zeit zu Zeit mit kleinen Benzinflämmchen in der Hand herumhüpften.

Aber im Gegensatz zu Rutherford, Bohr und Born, die zugleich große Lehrer und große Entdecker waren, hatte Oppenheimer bisher keine bahnbrechenden neuen Gedanken hervorgebracht. Er scharte zwar einen neuen Arbeitskreis um sich, aber hatte keine eigene Schule physikalischen Denkens gegründet. Seine vielen, in den Zeitschriften verschiedener Länder veröffentlichten Arbeiten waren wohl wertvolle Steine im wachsenden Gebäude der modernen Physik, jedoch keine neuen Grundrisse.

Nach Ansicht seiner Freunde schmerzte es Oppenheimer, daß er nicht, wie seine Altersgenossen Heisenberg, Dirac, Joliot und Fermi, diese höchste Stufe physikalischen Schöpfertums erklommen hatte. In den Augen der akademischen Welt mochte er Außergewöhnliches erreicht haben, seinem eigenen, anspruchsvolleren Urteil aber genügte das nicht. Und da er wußte, daß erfahrungsgemäß in der Physik fast nur jungen Menschen, die noch die Fähigkeit besitzen, ganz radikal zu denken, neue Konzeptionen einfallen, mußte er mit dem

Nahen des vierzigsten Jahres sein höchstes Streben als gescheitert ansehen.

Da bot sich ihm plötzlich eine Chance, auf einem ganz anderen Weg etwas Außerordentliches zu erreichen: Es wurde ihm angetragen, den Bau der mächtigsten Waffe aller Zeiten zu leiten.

2

Oppenheimer dachte an die Atombombe seit dem Tag, als er zum ersten Mal von der Uranspaltung und den gewaltigen dabei freiwerdenden Energiemengen durch einen Vortrag Niels Bohrs erfuhr. Bei einer Sitzung in Washington im Jahre 1939 hatte der dänische Gelehrte über die Arbeiten Hahns, vor allem aber über die durch Frisch und Meitner daraus gezogenen physikalischen Folgerungen gesprochen und mit dieser Mitteilung eine solche Sensation entfesselt, daß einige Physiker nicht einmal das Ende seiner Ausführungen abwarteten, sondern gleich in ihre Laboratorien gingen, um die Experimente nachzumachen. Ein Telegramm, das Bohrs Erklärungen kurz resümierte, ging auch an die Physikalische Abteilung der Universität von Kalifornien. Der deutsche Physiker Wolfgang Gentner, der damals am Strahlungslaboratorium von Berkeley hospitierte, erinnert sich, wie »Oppie« noch am gleichen Tage in einer Überschlagsrechnung die »kritische Masse«, die zu einer Explosion führen konnte, zu schätzen versuchte.

Es dauerte aber fast zwei Jahre, ehe Oppenheimer zum ersten Mal zu den geheimen Vorarbeiten über das »Uranproblem« zugezogen wurde. Im Herbst 1941 nahm er auf Einladung von Nobelpreisträger A. H. Compton an der zweitägigen Sitzung einer Spezialkommission der »Nationalen Akademie der Wissenschaften« teil, die über die militärischen Anwendungen der Atomenergie beriet.

Nach diesem ersten Kontakt mit einem Fragenkreis, der ihn in seinen Schicksalsbann ziehen sollte, kehrte Oppenheimer zunächst wieder zu seiner Lehrtätigkeit zurück. Aber die Probleme der neuen Waffe ließen ihn schon jetzt nicht mehr los. Neben seinen akademischen Verpflichtungen widmete er sich in freien Stunden der Frage, wieviel Uranium 235 wohl notwendig sein werde, um eine Atomexplosion herbeizuführen. Es waren die gleichen Berechnungen, die etwa zur selben Zeit von Rudolf Peierls und seinem Assistenten Klaus Fuchs auf der anderen Seite des Atlantik in England ausgeführt wurden.

Ebenfalls aus eigener Initiative begann Oppenheimer mit der Gruppe des »Radiation Laboratory« (Strahlungslaboratorium) seiner Universität zusammenzuarbeiten, die unter Leitung von Ernest O. Lawrence, dem Erfinder des Zyklotrons, Versuche über die elektromagnetische Trennung des Uran 235 (in dem eine Kettenreaktion möglich ist) vom nicht spaltbaren Uran 238 machte. Mit Hilfe von zwei Studenten machte Oppenheimer damals eine Erfindung, welche die Kosten dieser Methode um fünfzig bis fünfundsiebzig Prozent verringerte.

A. H. Compton war von Oppenheimers freiwilligen und ohne besonderen Auftrag geleisteten Arbeiten so sehr beeindruckt, daß er ihn nun Anfang 1942, als die amerikanischen Bemühungen um eine Atombombe im großen Stil einsetzten, zu ständiger Mitarbeit heranzog. Im Juli 1942 – während seiner Universitätsferien – übernahm Oppenheimer die Leitung einer kleinen Gruppe, die im Verlauf einiger aufregender Wochen über das beste theoretische Modell einer »F.F.-Bombe« (»fast fission« = schnelle Spaltung) debattierte. Dabei wurde übrigens zum ersten Mal ausführlich über eine Wasserstoffbombe gesprochen, ihre Realisierung aber, da vorläufig noch zu ungewiß, auf die lange Bank geschoben.

Abermals zeigte sich Compton von den Arbeitsberichten, die Oppenheimer ihm gab, hoch befriedigt. Der frühere Leiter der theoretischen Gruppe war ein ausgezeichneter Gelehrter, aber ein schlechter Organisator gewesen. »Bei Oppenheimer dagegen«, erinnert sich Compton, »wurde wirklich etwas geschafft. Und zwar erstaunlich schnell.«

Im Laufe dieser Kontakte mit dem Atomprojekt kam Oppenheimer zu dem Schluß, daß die bisherigen, noch immer über das ganze riesige Territorium der USA, dazu noch über

England und Kanada verstreuten Bemühungen verschiedener Laboratorien um die Lösung des Atomproblems an irgendeiner Stelle konzentriert werden mußten, sonst waren Doppelspurigkeit und Konfusion gar nicht zu vermeiden. Er dachte an eine am gleichen Ort gelegene Gruppe von Laboratorien, in denen theoretische und experimentelle Physiker, Mathematiker und Waffentechniker, Radiomechaniker und Metallspezialisten, Fachleute für Explosivstoffe und Spezialisten für feinste Messungen alle unter einer Leitung zusammenarbeiten würden.

Diese Idee Oppenheimers machte ihren Weg, und da er nicht nur der geistige Vater des neuen »Über-Laboratoriums« war, sondern sich außerdem als ein so hervorragender Teamchef erwiesen hatte, schlug Compton ihn als Direktor dieser neuen, noch nicht vorhandenen Versuchsanstalt vor. General Groves trat im Herbst 1942 mit Oppenheimer zum ersten Male in Verbindung. Um dem vielbeschäftigten Befehlshaber des »Manhattan Project« Zeit zu sparen, wurde arrangiert, daß er und seine beiden engsten Mitarbeiter, die Obersten Nichols und Marshall, sich mit dem Gelehrten im Privatcoupé eines Luxuszuges, der von Chicago nach der amerikanischen Westküste fuhr, treffen sollten.

Und so wurden in einem engen, vom Lärm der Räder und der Schienenstränge erfüllten Abteil die ersten Pläne für das neue Laboratorium, die Wiege der noch ungeborenen Atombombe, besprochen.

3

Wo sollte das neue Laboratorium angelegt werden? Zuerst dachte man an Oak Ridge im Staate Tennessee, wo schon einige Monate zuvor mit dem Bau der Fabriken, die den Explosivstoff für die Bomben liefern sollten, begonnen worden war. Aber diese Geheimstadt lag gefährlich nahe an den Ufern des Atlantik, wo, wie man wußte, deutsche U-Boote kreuzten und gelegentlich Spione absetzten. Zwei deutsche Agenten waren bereits unweit von Oak Ridge aufgegriffen worden. Sie hatten übrigens gar nicht die im Entstehen befindlichen riesigen Atomanlagen ausspionieren wollen, sondern sich nur für die Aluminiumfabrik im nahegelegenen Knoxville interessiert, wo sie mit einem Deutschamerikaner Kontakt aufnehmen wollten.

Diese Affäre mag aber dazu beigetragen haben, daß man in Washington beschloß, aus Sicherheitsgründen die zweite geheime Fabrikstadt für spaltbare Stoffe, den Komplex der Plutoniumwerke, weit weg in die Nähe der pazifischen Küste nach Hanford zu verlegen. Aus dem gleichen Grund empfahl sich für »Site Y« (»Platz Y«), wie der Deckname des künftigen Geburtsorts der Atombombe vorläufig hieß, ein menschenfernes, nicht zu kostspieliges Terrain weit weg von der atlantischen Küste. Oppenheimer schlug zuerst einen Platz in Kalifornien vor. Aber Groves erschien dieser Ort, nachdem er ihn besichtigt hatte, unbrauchbar, weil er zu nahe bei einer bewohnten Gegend lag. Denn man mußte damit rechnen, daß bei den Vorversuchen für die Bombe durch eine verfrühte Explosion radioaktive Gifte frei werden und die Zivilbevölkerung gefährden konnten.

So dachte Oppenheimer an einen entlegenen Platz, wo er als Junge einmal zur Schule gegangen war: das Land-Internat Los Alamos im Staate New Mexico.

Die »Los Alamos Ranch School for Boys« war 1918 von einem pensionierten Offizier namens Alfred J. Connell gegründet worden. Sie lag 2194 Meter hoch auf einem flachen Tafelberg, einer sogenannten »Mesa«, die zum Pajarito-(Kleiner-Vogel-)Plateau des Jemez-Gebirges gehört. In den duftenden Pinienwäldern und den Canyons dieser Region wimmelte es auch noch nach dem Ersten Weltkrieg von geflügeltem und vierfüßigem Wild aller Art. Aber die Indianer, die einst hier gejagt hatten, lebten längst nicht mehr in ihren Höhlenstädten, deren Spuren noch in den rötlich-violetten Felsen zu sehen waren, sondern talabwärts in ihren Dörfern aus Lehmhäusern. Auf den »Mesas« waren nur ihre »heiligen Gründe« zurückgeblieben.

Auch auf der »Mesa« von Los Alamos gab es einen solchen geweihten Platz. Als der Leiter der Ranch-Schule das Land von den indianischen Besitzern pachtete, verpflichtete er sich, dieses kleine Stückchen Erde nicht zu bebauen und keine Straße hindurchzuführen. Ein niedriger Zaun hegte den Platz ein, auf dem vermutlich früher einmal eine Kiva, die Kultstätte der Indianer, gestanden hatte. Eines Nachts nun, im Herbst 1942, warfen ein paar Schüler aus Spaß alte Konservendosen über diesen Zaun. Als Major Connell das am nächsten Morgen bemerkte, kamen ihm böse Vorahnungen. Aber zunächst blieb alles beim alten. Zwei oder drei Wochen später jedoch kam über die steile Straße ein Auto auf die »Mesa« gefahren, an dessen Steuer ein uniformierter Fahrer saß. Gewöhnlich machten sich nur Verwandte der Schüler oder Lieferanten die Mühe, Los Alamos zu besuchen. Waren es Touristen, so stiegen sie gewöhnlich aus und schauten sich etwas um.

Dieser Wagen jedoch hielt nicht. Er fuhr langsam über das Plateau und kehrte dann wieder um. Seine Insassen waren Groves, Oppenheimer, der Physiker Edwin M. McMillan und ein Adjutant des Generals. »Wir wollten nicht aussteigen«, erzählt Groves, »um keine Erklärungen über die Motive unserer Erkundigungsfahrt abgeben zu müssen. Außerdem war es bitterkalt. Daran erinnere ich mich so genau, weil die Schüler fast alle kniefreie Hosen trugen, und ich dachte: Die müssen aber frieren. Auf der Rückfahrt ließ ich ein paarmal halten, um zu prüfen, ob die sehr scharfen Kurven für größeren Straßenverkehr passierbar seien. Dann fuhren wir nach Albuquerque zurück, von wo wir gekommen waren.«

Der Platz sagte Groves wegen seiner Weltverlorenheit zu. Er glaubte damals, es würden auf den »Hügel« nur ungefähr hundert Wissenschaftler mit ihren Familien ziehen, wozu dann noch einige Ingenieure und Mechaniker kommen mochten. Daher störte ihn weder das Nichtvorhandensein von Wohngelegenheiten – es gab dort nichts außer den paar Schulgebäuden – noch die schlechte Zufahrtsstraße und die spärliche Wasserzufuhr. Wie falsch diese Schätzung des unfehlbaren Generals war, geht daraus hervor, daß bereits im Jahre nach seinem ersten Rekognoszierungsbesuch dreitausendfünfhundert Menschen in Los Alamos arbeiten und leben mußten, zwei Jahre später sogar sechstausend.

Groves handelte nun sehr schnell. Unter den geltenden Ausnahmegesetzen des Krieges konnte der Direktor der »Ranch School« nichts gegen die Beschlagnahme der »Mesa« (und sämtlicher Gebäude) für Kriegszwecke unternehmen. Er räumte Los Alamos, schickte seine Schüler nach Hause und kassierte seinen Entschädigungsscheck. Bald darauf starb er. »An gebrochenem Herzen«, behauptete man in Santa Fé, der Los Alamos nächstgelegenen Stadt.

Am 25. November 1942 hatte der Unterstaatssekretär im Kriegsministerium, John McCloy, die Erwerbung von Los Alamos angeordnet, einige Tage später kamen schon die ersten Baumannschaften auf den »Hügel«, um den Grund für die »Technische Region« auszuheben, wo sich die Werkstätten befinden sollten. Im März 1943 trafen die ersten Atomforscher ein, und im Juni des gleichen Jahres waren schon so viele aus Universitätslaboratorien zusammengeholte Instrumente über die enge Straße herangeschleppt worden, daß in Los Alamos die ersten kernphysikalischen Entdeckungen jetzt schon gemacht werden konnten.

4

Sobald Groves sich für Oppenheimer entschieden hatte, stieß er auf Kritik. »Man hielt mir vor, nur ein Nobelpreisträger oder wenigstens ein etwas älterer Mann würde genügend Autorität über die vielen ›Primadonnen‹ besitzen«, reminisziert er. »Aber ich hielt an Oppenheimer fest, und der Erfolg hat mir recht gegeben. Kein anderer hätte leisten können, was dieser Mann fertigbrachte.«

Der General war gewohnt, von seinen Leuten viel zu verlangen. Aber Oppenheimer warf sich mit solcher Begeisterung in seine Aufgabe, daß Groves befürchtete, er könnte seine Kräfte überspannen. Er hatte sich von den Ärzten, die Oppenheimer gründlich untersucht hatten, die Befunde geben lassen und wußte daher, daß er jahrelang tuberkulös gewesen war.

Aber es war, als wüchsen Oppenheimer in diesen Wochen ungeahnte Kräfte zu. Seine erste Aufgabe bestand darin, per

Flugzeug oder Bahn kreuz und quer durch Amerika zu reisen und andere Physiker zu überreden, mit ihm nach dem neuen, am Rande der Wüste im Bau befindlichen Geheimlaboratorium zu kommen. Bei diesen Werbereisen mußte Oppenheimer zunächst einmal die bestehenden Vorurteile vieler seiner Kollegen gegen das »Uranprojekt« widerlegen. Denn es hatte sich in mehr als zwei Jahren, in denen man unschlüssig gewesen war und das Atomvorhaben in einem Wirrwarr von Kompetenzüberschneidungen steckenblieb, bei den Physikern herumgesprochen, aus der Sache könne nie etwas Richtiges werden. »Oppie« ging, um solche Zweifel zu beschwichtigen, oft über das hinaus, was er aus Sicherheitsgründen eigentlich über die neuesten Arbeiten und Pläne erzählen durfte.

Damals glaubte Oppenheimer – und mit ihm die tüchtigsten Spezialisten, wie zum Beispiel Hans Bethe –, daß die Bombe in etwa einem Jahr fertig werden könnte. Eine Garantie allerdings, daß die noch nie erprobte Waffe auch wirklich funktionieren würde, vermochte er nicht zu geben. Sie konnte sich sehr wohl als Blindgänger erweisen. Der Gelehrte verschwieg auch nicht, daß alle, die sich verpflichteten, nach Los Alamos zu kommen, aus Sicherheitsgründen mehr oder weniger einen Vertrag für die ganze Dauer des Krieges zu unterschreiben hätten. Sie und ihre Familien würden, von der Außenwelt abgeschnitten wie nie zuvor, unter wenig komfortablen Umständen leben müssen.

Trotz des offenen Eingeständnisses der vielen Schwierigkeiten hatten Oppenheimers Rekrutierungsbemühungen unerwartet großen Erfolg. Seine starke Einfühlungsgabe ließ ihn für jeden die richtige Antwort auf seine Zweifel finden. Den einen schreckte er mit der Perspektive einer deutschen Atombombe, den anderen lockte er mit seinen Beschreibungen der Schönheit New Mexicos, allen aber gab er das Gefühl, wie »aufregend« die wissenschaftliche Pionierarbeit in diesem noch ganz neuen Forschungsgebiet sein werde.

Vermutlich sagten viele der in Aussicht genommenen, meist noch sehr jungen Physiker zu, weil Oppenheimer es war, der das Laboratorium leiten sollte. Seine persönliche

Anziehungskraft, bisher nur an seinen Studenten und Studentinnen erprobt, erwies sich nun auch im größeren Rahmen als unwiderstehlich. Solch einen anregenden Menschen fand man sonst selten in der Gelehrtenwelt! Oppenheimer war nicht der Typ des trockenen Spezialisten. Er zitierte Dante und Proust, er konnte Einwände mit Zitaten aus den indischen Weisheitsbüchern widerlegen, die er im Urtext gelesen hatte. Und er schien vor innerer geistiger Leidenschaft zu brennen. Mit ihm und anderen großen Atomforschern so eng und intensiv zusammenzuarbeiten, wie das in Friedenszeiten niemals möglich wäre, mußte außerordentlich reizvoll sein. Oppenheimer hatte, wie eines seiner »Opfer« später respektlos, aber treffend meinte, »intellektuellen Sex-Appeal«.

5

Und so trafen im Frühjahr 1943 in der verträumten Stadt Santa Fé, dem ehemaligen Sitz der spanischen Vizekönige, die vor Jahrhunderten von hier aus über Mexiko regiert hatten, nach und nach recht ungewöhnliche »Touristen« ein. Sie interessierten sich nicht, wie andere Fremde, für historische Sehenswürdigkeiten oder Silberschmuck, sondern hatten es alle höchst eilig, denn sie waren meist auf ihrer Reise aus dem Osten oder Mittelwesten der Staaten durch plötzlich eingeschobene Truppentransporte, verfehlte Verbindungen oder durcheinandergeratene Flugzeiten aufgehalten worden und kamen daher später an, als ihre Marschorder befahl. Darin stand nur, daß sie sich in Santa Fé bei der Adresse »East Palace 109« melden sollten. Von dort werde man sie nach dem geheimen, sechsundfünfzig Kilometer entfernten »Platz Y« weiterbefördern.

Die Neuankömmlinge erwarteten, in eines jener prosaischen Bürogebäude zu kommen, in denen Behörden auf der ganzen Welt für gewöhnlich einquartiert sind. Statt dessen standen sie, wenn sie die angegebene Adresse gefunden hatten, vor einem schönen, jahrhundertealten schmiedeeisernen Tor, das sich auf einen romantischen kleinen Innenhof in spanischem Stil öffnete. Das war so unvermutet und so eigenartig, daß es auf beinahe jeden wie ein Zauber wirkte.

Am anderen Ende dieses »Patio«, von dem aus drei Jahrhunderte zuvor ein unterirdischer Gang in den Gouverneurspalast geführt hatte, öffnete sich eine ebenerdige Fenstertür in einen ziemlich kleinen Raum. Hier wurde der Ankömmling von einer mütterlichen Frau wie ein verlorener Sohn empfangen. Dorothy McKibben verstand es, die nervösen und übermüdeten Neulinge sofort zu beruhigen. Selbst die aufgeregtesten Ph.....r (die verräterische Berufsbezeichnung durfte aus Sicherheitsgründen eigentlich gar nicht ausgesprochen werden) begannen sich zu entspannen, während die geduldige, gütige »Dorothy« ihre Fragen lächelnd über sich ergehen ließ: »Sind meine Instrumente schon angekommen? ... Man hat uns gesagt, die Möbel würden schon vor uns da sein? ... Wo werde ich wohnen? ... Wie? Vor morgen früh geht kein Autobus mehr nach ›Site Y‹? Und ich habe ein Seminar mittendrin unterbrochen um früher hier zu sein!«

Mrs. McKibben wußte auf alles Antwort. Sie sorgte dafür, daß die Neuangekommenen zunächst auf sogenannten, bisher nur von Feriengästen benutzten »Guest Ranches« unweit von Santa Fé einquartiert wurden, weil oben »auf dem Hügel« zwar schon einige Unterkünfte für die empfindlichen Apparaturen, aber noch keine Wohnungen für die Forscher vorhanden waren. Sie kümmerte sich um verlorenes Gepäck und verlaufene Kinder. Von ihr erfuhren die »Neuen«, daß ihre Adresse für alle Welt von nun an nur mehr »Heerespost Fach 1663« laute und sie auf Ausweisen entweder Pseudonyme oder Nummern statt ihrer Namen tragen würden.

Vor allem wurde allen sofort eingeschärft, daß sie einander in Santa Fé nie mit Titeln wie »Doktor« und »Professor« ansprechen sollten, damit es den Bewohnern nicht auffalle, wieviel Akademiker da plötzlich zusammenströmten. Als Eduard Teller eintraf, fragte er seinen Kollegen Allison, der ihn empfing, wen die Statue vor der Kathedrale von Santa Fé darstelle. »Den Erzbischof Lamy!« flüsterte Allison. »Aber wenn Sie jemand fragen sollte, sagen Sie lieber ›Mister Lamy‹, sonst ist Dorothy gleich hinter Ihnen her.«

»Obwohl jeder unter Zeitdruck stand, weil kein Tag zu verlieren war, begann doch alles wie ein großes, schönes und aufregendes Abenteuer«, erzählte mir Dorothy McKibben, die nach fünfzehn Jahren und nach der Explosion einiger Dutzend Uran- und Wasserstoffbomben noch immer im gleichen Büro wie damals saß, umgeben von großen gerahmten Fotoporträts ihrer einstigen Schützlinge. »Jetzt sehen sie alle so ernst aus«, sagte sie. »Damals waren sie nicht nur jünger, sondern auch noch voller Hoffnung und Begeisterung. Der Ernst ihres Unternehmens ist ihnen wohl erst viel später zum Bewußtsein gekommen.«

Jeden Morgen fuhren die Busse an den verschiedenen Ranches vorbei, um die Atomforscher einzusammeln und zur Arbeit hinauf auf die »Mesa« von Los Alamos zu bringen. Manchmal ließen sie aus Versehen auch eine der Farmen aus. Dann läutete das Telefon in »East Palace 109«, und die Antwort hieß: »Sorry! Hoffentlich bekommen wir heute noch ein Transportmittel für Sie. Sonst müssen Sie sich eben ein bißchen im Reiten üben.« Selbst Männer, die ihr Leben lang auf keinem Pferd gesessen und nie Reithosen getragen hatten, begannen sich hier draußen im Lande der Sonne schnell dem Stil des Pionierlebens anzupassen. Solange das tägliche Leben auf dem »Hügel« noch nicht organisiert war, aß man oft wie bei einem Picknick im Freien. Die Erkundungstrips in die Canyons hinein, wo einige der geheimsten Testabteilungen installiert werden sollten, wurden mit Packpferden und Zelten durchgeführt. Das alles kam besonders den europäischen Forschern manchmal vor, als erlebten sie einen Wildwestroman. An Sonntagen machten sie ausgedehnte Wanderungen. Bethe und seine Frau bestiegen einige der Berggipfel um Los Alamos, die vor ihnen noch niemand erklettert hatte.

Oppenheimer aber schien besonders in seinem Element zu sein. Er hatte früher oft seine Ferien zusammen mit seinem Bruder Frank auf einer nicht weit von Los Alamos liegenden einsamen Farm verbracht. Dort führten sie dann beide ein richtiges Cowboyleben. Jetzt sah man »Oppie«, wenn er nicht gerade wieder auf einer seiner häufigen Reisen war, braungebrannt wie ein Eingeborener in blauen »Jeans« und buntem Hemd, auf den verschiedenen Baustellen herumklettern. Er kannte nicht nur alle Wissenschaftler, sondern auch die meisten Bauarbeiter beim Vornamen. Noch anderthalb Jahrzehnte später erkundigten sie sich bei Mrs. McKibben nach ihrem »Señor« Oppenheimer. »Fast jeder, der den Aufbau von Los Alamos mitmachte, wäre für ›Oppie‹ ins Wasser gesprungen«, erzählt sie.

Die Ferienstimmung, die in jenen ersten Wochen über Los Alamos lag, obwohl jedermann hart arbeiten mußte, war bis in die wissenschaftlichen »Kolloquien« hinein zu spüren, die meist unter Oppenheimers Leitung stattfanden. Noch war das Schema der »Divisionen« und »Gruppen«, das später vorherrschte, nicht eingerichtet. Es wuchs erst allmählich aus den Sitzungen der Spezialkommissionen heraus. In den ersten größeren Besprechungen konnte es vorkommen, daß Teller in der Diskussion über den innersten Mechanismus der Bombe (zwei Halbkugeln, die das Uranoxyd im gegebenen Augenblick zusammenführen, bis die Masse »kritisch« wird und explodiert) seinen Vorschlag in der Form eines »Limerick« vorbrachte, der sich nicht nur reimte, sondern auch recht gewagt war ... In diesem Geist der Sorglosigkeit begann die Arbeit an der schrecklichsten aller Waffen.

Ein Mensch wird gespalten

1

Bevor Oppenheimer 1942 durch den Eintritt ins »Metallurgical Lab« erstmals offizieller Mitarbeiter des geheimen Atomprojekts wurde, mußte er wie alle anderen einen langen Fragebogen ausfüllen. Darin hatte er seine Mitgliedschaft bei einer Reihe linker Organisationen angegeben. Sein politisches Interesse war zum ersten Male 1933 nach Hitlers Machtübernahme erwacht, da Mitglieder seiner Familie und enge wissenschaftliche Freunde Opfer der »deutschen Revolution« geworden waren. Bis dahin hatte er sich, wie die meisten seiner Berufskollegen, so wenig um das Leben außerhalb seines eigenen wissenschaftlichen, literarischen und philosophischen Interessenkreises gekümmert, daß er gewöhnlich nicht einmal Zeitung las oder Radio hörte.

Gewachsen war Oppenheimers Interesse an Politik durch den Bürgerkrieg in Spanien und eine persönliche Begegnung. 1936 begann er einer jungen Studentin der Psychiatrie namens Jean Tatlock den Hof zu machen, deren Vater Professor für englische Literatur in Berkeley war. Jean galt als leidenschaftliche Kommunistin. Durch sie kam er mit einigen der führenden Kommunisten Kaliforniens in Kontakt. Er fing an, Bücher über Sowjetrußland zu lesen und sich Gedanken darüber zu machen, welchen Einfluß politische und ökonomische Ereignisse, wie die große Wirtschaftskrise, die sich soeben ihrem Ende zuneigte, auf das Leben der Menschen haben könnten.

Da Oppenheimer 1937 durch den Tod seines Vaters recht vermögend geworden war, begann er regelmäßig größere Spenden für »linke Sachen« zu geben. Er schrieb auch gelegentlich zu aktuellen Ereignissen anonyme Broschüren von nur wenigen Seiten, die er auf eigene Kosten drucken und durch eine von Kommunisten infiltrierte Organisation für antifaschistische Intellektuelle verschicken ließ.

Über seine Beziehung zu Jean Tatlock erzählt Oppenheimer: »Wir standen zweimal so dicht vor der Heirat, daß wir uns als verlobt betrachteten.« Aber ehe es zu der mehrmals geplanten und wieder verschobenen Eheschließung kam, lernte der Gelehrte im Sommer 1939 in Pasadena eine zierliche, brünette Frau kennen, die als Pilzforscherin in dem dortigen berühmten »Pflanzen-Laboratorium« arbeitete. Sie hieß Katharina Puening, war bis zu ihrem vierzehnten Jahr in Deutschland aufgewachsen und hatte gerade erst in zweiter Ehe einen englischen Arzt namens Harrison geheiratet. Die beiden verliebten sich so leidenschaftlich ineinander, daß sie sich, so schnell es ging, von ihren bisherigen Bindungen lösten. Sie heirateten im November 1940, unbekümmert um den Skandal, den sie dadurch in Berkeley und Pasadena bei den Freunden und Verwandten ihrer verlassenen Partner erregten.

Fast gleichzeitig mit seinem Verhältnis zu Jean Tatlock löste Oppenheimer auch seine kommunistischen Verbindungen. Den größten Eindruck hatten ihm Ende 1938 die Berichte seiner Kollegen Placzek und Weißkopf über ihre Rußland-Erfahrungen während der dreißiger Jahre gemacht. Sowohl Oppenheimer wie seine Frau, die ebenfalls eine »linke Vergangenheit« hatte, versuchten, sich allmählich von ihren parteitreuen Bekannten zu lösen. Im August kauften sie sich ein Haus, im gleichen Jahr wurde auch ihr erstes Kind, ein Sohn namens Peter, geboren.

Aber es war schwer, mit der Vergangenheit radikal zu brechen. Unter den Menschen, die Oppenheimer nahestanden, gab es eine ganze Reihe, die entweder mit den Kommunisten sympathisierten oder vielleicht sogar der Partei angehörten. Mindestens einige von ihnen waren überhaupt erst durch Oppenheimer dazu gebracht worden, sich für linksradikale Ideen zu interessieren. Konnte er sie nun einfach fallenlassen?

In seinem Privatleben war es ähnlich. Jean Tatlock hatte nicht aufgehört, Oppenheimer zu lieben. Nach dem Bruch ihrer Beziehung hatte sie sich in seelenärztliche Behandlung begeben. Obwohl sie selbst Psychiaterin war, konnte sie sich innerlich nicht von Oppenheimer lösen. Auch nach seiner

Heirat schrieb sie ihm, besuchte ihn in seinem Heim, das nicht weit vom Hause ihres Vaters entfernt lag, versuchte, wenn sie in großer Erregung oder tiefer Depression war, ihn telefonisch zu erreichen. Einige Male folgte Oppenheimer ihrer Bitte, sie zu treffen, sei es aus Mitleid, Schuldgefühl oder weil er selbst noch nicht ganz über das Scheitern ihrer jahrelangen Beziehungen hinweggekommen war.

Auf einen solchen dringenden Anruf hin machte sich Oppenheimer im Juni 1943 von der Überfülle der Verpflichtungen frei, die im Zusammenhang mit dem Aufbau von Los Alamos auf ihm lasteten, und besuchte seine frühere Verlobte in ihrem Haus am Telegrafen-Hügel in San Francisco. Sie nahmen am späten Nachmittag Drinks in dem schönsten Restaurant der Welt, das im obersten Stockwerk des Hotels Mark liegt und einen unvergeßlichen Blick über die Buchten und Brücken der pazifischen Hafenstadt bietet.

Oppenheimer mußte Jean Tatlock sagen, daß er sie vermutlich während der nächsten Monate, vielleicht sogar Jahre, nicht mehr treffen könne, da er mit Frau und Kind vorübergehend von Berkeley wegziehen müsse. Doch dürfe er weder über die Art seines Regierungsauftrags noch über den Ort, wohin er versetzt werde, Auskunft geben.

Sieben Monate nach dieser letzten Begegnung nahm sich Jean Tatlock das Leben.

2

Jeder Schritt, den Oppenheimer und seine frühere Verlobte am 12. und 13. Juni in San Francisco machten, wurde von Agenten der Abteilung »G-2, Counter Intelligence Branch of the Army« (Spionageabwehr des Heeres) beobachtet. Sie sahen, daß Oppenheimer die junge Frau am Abend in ihr Haus zurückbegleitete, die Nacht dort verbrachte und am Morgen von ihr zum Flughafen gefahren wurde. All das wurde in genauestem Detail von den Schnüfflern zu Papier gebracht und als »Belastungsmaterial« einem umfangreichen Rapport einverleibt. Denn ohne daß der für die Leitung des Atombomben-Laboratoriums in Aussicht genommene Wissenschaftler es ahnte, war er seit Ende Mai 1943 zum Gegenstand einer besonderen behördlichen Untersuchung geworden. Die Sicherheitsbehörden mißtrauten ihm und wollten feststellen, ob er nicht seine früheren Verbindungen mit Kommunisten vielleicht auch jetzt immer noch aufrechterhalte. Dieser Besuch in San Francisco verschaffte nun Oberst Boris Pash, dem stellvertretenden Stabschef der Abteilung G-2 in Kalifornien, endgültig die »Munition«, die er brauchte.

Am 29. Juni 1943 ging ein Bericht von Pash, in dem die »Resultate der Überwachung seit der Ankunft in San Francisco« summiert waren, an das Kriegsministerium in Washington. Pash sprach darin die Vermutung aus, daß »das Subjekt«, wie er Oppenheimer im Polizeistil durchweg bezeichnete, vielleicht die wissenschaftlichen Resultate der Arbeit in Los Alamos den Kommunisten weitergeben werde, bevor er sie überhaupt der Regierung der Vereinigten Staaten bekanntmache. Dies könne sehr gut durch »Kontakte« wie Jean Tatlock geschehen, die dann ihrerseits das Material den Parteistellen weitergeben würden. Er schlug vor, man solle jede Anstrengung machen, das »Subjekt« schnellstens zu entlassen und durch jemand anderen zu ersetzen.

Als Groves Mitte Juli diesen Bericht zugestellt erhielt, zusammen mit der Entscheidung, daß Oppenheimer aus Sicherheitsgründen nicht als Direktor von Los Alamos bestätigt werden könne, traf es ihn wie ein Blitzschlag. Er selbst war alles andere als ein Kommunistenfreund, ja er tat, wie er später aussagte, schon damals alles, um eine kommunistische Infiltration des »Manhattan Project« zu verhindern, denn er vertrat die Ansicht, daß das Land und die Regierung zuviel Vertrauen zu dem russischen Verbündeten hätten.

Und nun stellte sich sein engster, sein unentbehrlichster Mitarbeiter als »Roter« heraus! Er ließ sich Oppenheimer kommen, der ihm sofort versicherte, daß er längst mit den Kommunisten gebrochen habe.

Konnte Groves an diesen Gesinnungswandel glauben? Er tat es, weil er mußte. Oppenheimer hatte sich gerade jetzt, als in Los Alamos materielle Schwierigkeiten die Flamme der Begeisterung zu ersticken drohten, einmal mehr als unentbehrlich erwiesen. Denn die von Pionierabteilungen der Armee auf der »Mesa« erstellten Wohnbaracken waren eng, unbequem und feuergefährlich, die Straßen bald staubig, bald ein einziger Morast. Wenn die Männer von der Arbeit heimkamen, klagten ihnen ihre Frauen, die meist auch berufstätig sein mußten, über Mangel an Dienstmädchen oder schlechte Lebensmittelversorgung. Aber Oppenheimer verstand es, die Stimmung zu heben. Er nahm sich der Probleme jedes einzelnen an, versprach Verbesserungen und wies vor allem darauf hin, daß solche kleinen Ärgernisse doch ganz unbedeutend wären, verglichen mit der Wichtigkeit des »Jobs«, der hier zu leisten sei.

Groves konnte diesen Mann keinesfalls entbehren. Weder als Wissenschaftler noch als Organisator. Er würde ihn schon unter seiner Kontrolle halten! Eine Direktive des Kriegsministers hatte Groves befohlen, auch nicht einen einzigen Tag bei der Herstellung der neuen Waffe zu verlieren. Deshalb waren ihm ungewöhnliche, alle anderen Entscheidungen oder Verfügungen aufhebende Vollmachten gegeben worden. Von ihnen beschloß er nun erstmals Gebrauch zu machen und telegrafierte am 20. Juli 1943 nach Washington: »Übereinstimmend mit meinen mündlich gegebenen Anweisungen vom 15. Juli wird der Wunsch ausgedrückt, daß eine Genehmigung für die Beschäftigung von Julius Robert Oppenheimer ohne Aufschub erteilt werde, ungeachtet der Informationen, die Sie bezüglich Mr. Oppenheimer haben. Er ist absolut unentbehrlich für das Projekt. L. R. Groves, Brigade-General.«

Damit schien die Angelegenheit der leidigen Vergangenheit Oppenheimers zunächst erledigt zu sein. Mit einem Schwertstreich hatte der General den Knoten durchschlagen. Die Dankbarkeit Oppenheimers kannte keine Grenzen. Er hatte sich sein Leben lang gescheut, voll und ganz für eine Sache einzustehen, weil seine außergewöhnliche Intelligenz und Klarsichtigkeit ihm zugleich das Gegenteil jeder Ansicht und die Schattenseiten jeder Unternehmung gezeigt hatten. Deshalb war er trotz seiner Sympathien auch nie Mitglied der Kommunistischen Partei geworden. Seine große Furcht war es seit jeher gewesen, er könne Komplize und Werkzeug einer einzigen einseitigen Idee, der Politik eines einzigen Landes werden. Denn das bedeutete stets Kompromiß, Unterstützung für etwas, das dann im Licht der absoluten Ehrlichkeit und intellektuellen Sauberkeit nicht bestehen konnte.

Nun aber hatte sich Robert Oppenheimer für den Dienst an seinem Vaterland entschieden. Zum ersten Mal glaubte er, mit beiden Füßen in der Wirklichkeit zu stehen, einer Wirklichkeit zwar, die aus grobem Stoff geschneidert war und in der Männer wie Leslie Groves in ihrer unkomplizierten Derbheit das große Wort führten, aber bereit waren, den Ratschlägen eines überlegenen Geistes zu folgen. Er war aus ätherischen Höhen herabgestiegen, war nicht mehr nur ein »unpraktischer« und »wurzelloser« Intellektueller. Nun gehörte er endlich, endlich dazu.

3

Es müssen solche neuentdeckten patriotischen Gefühle gewesen sein, die Oppenheimer schließlich bewogen, Ende August 1943 – ein paar Wochen nur, nachdem Groves sich so eindrucksvoll für ihn eingesetzt hatte – anläßlich eines Besuches in Berkeley das in einem Vorlesungszimmer der Universität untergebrachte Büro des Sicherheitsagenten Lyle Johnson aufzusuchen, um dort ein Geständnis über eine Begebenheit zu machen, die er seit Monaten verschwiegen hatte. Der unmittelbare Anlaß dieses Besuches war der Umstand, daß einer seiner ehemaligen Schüler namens Rossi Lomanitz in Schwierigkeiten geraten war. Oppenheimer hatte seinerzeit den mit Gewissenszweifeln ringenden jungen Mann überredet, an der Atombombe mitzuarbeiten. Nun sollte Lomanitz aber wegen pazifistischer und kommunistischer Agitation aus dem Projekt ausgestoßen werden. Oppenheimer fragte Johnson, ob er, ohne damit die Sicherheitsvorschriften zu verletzen, mit Lomanitz sprechen und ihm gut zureden dürfe. Doch war diese Anfrage wohl nur der Vorwand für seinen Besuch, denn im weiteren Verlauf der Unterhaltung rückte Oppenheimer plötzlich mit einigen erstaunlichen Erklärungen heraus. Er wisse, so sagte er, bereits seit einiger Zeit, daß die Russen versuchten, sich Informationen über das amerikanische Atomprojekt zu verschaffen. Ein Engländer namens George Eltenton, der vor dem Krieg fünf Jahre lang in der Sowjetunion gearbeitet habe, sei an eine Persönlichkeit herangetreten, deren Namen er nicht nennen könne, und habe sie gebeten, für ihn mit Physikern, die am »Manhattan Project« arbeiteten, in Kontakt zu treten.

Johnson horchte auf. Er hielt diese Mitteilung für um so wichtiger, als er selbst sowie seine unmittelbaren Vorgesetzten Oberst Pash und Oberst Lansdale seit Ende Februar einer kommunistischen Spionageorganisation auf die Spur gekommen waren, die, wie sie annahmen, laufend Berichte über den Fortgang der amerikanischen Atomrüstung nach Moskau übermittelte. Drei der in Verdacht stehenden Personen, darunter auch der umstrittene Lomanitz, waren Schüler Oppenheimers.

Die Spionageabwehr, noch erbost darüber, daß Groves ihre Warnung in bezug auf Oppenheimer einfach in den Wind geschlagen hatte, glaubte nicht einen Augenblick daran, daß der gegen ihren Willen ernannte Chef von Los Alamos sich aus Patriotismus zu dieser verspäteten Mitteilung über einen sowjetischen Spionageversuch entschlossen habe. Die Abwehragenten vermuteten, Oppenheimer, durch seine früheren Schüler von der gegen sie bereits laufenden Untersuchung informiert, habe nur »gestanden«, um damit einer Untersuchung zuvorzukommen, die früher oder später ja doch auf seinen Namen gestoßen wäre.

Obwohl die Gegenspionage von nun an so tat, als wäre Oppenheimer ein wertvoller Zeuge, betrachtete man ihn in Wahrheit als Angeklagten und bemühte sich ständig, ihn in Widersprüche zu verwickeln.

Johnson bat den Atomforscher zunächst sehr höflich, sich doch über die ganze Angelegenheit noch einmal ausführlich mit seinem Chef, Oberst Pash, zu unterhalten. Boris Pash, Sohn des Metropoliten der russisch-orthodoxen Kiche in den Vereinigten Staaten, ein Bär von einem Mann, galt erst seit kurzem als Spezialist für »kommunistische Infiltration«; vorher war er Sportlehrer an der höheren Schule von Hollywood gewesen. Aber seine russische Abstammung genügte, ihn für diesen Kriegsposten zu qualifizieren. Er besaß einen gehörigen Schuß Draufgängertum, das ihm kürzlich erst böse Ungelegenheiten gebracht hatte. Um gewisse Offiziere zu vorsichtigerem Umgang mit militärischen Dokumenten zu erziehen, ließ er seine Leute bei ihnen einbrechen und streng vertrauliche Schriftstücke entwenden. Das hatte aber ein »großes Tier« sehr übelgenommen und fast seine Entlassung durchgesetzt. Um so mehr wollte Boris Pash sich nun bewähren.

Als Oppenheimer diesen tapferen Spionenjäger zum ersten Mal von Angesicht zu Angesicht traf, kannte dieser ihn bereits aus den Berichten, heimlich aufgenommenen Fotos und Filmen seiner Agenten. Bevor die Unterredung begann, hatte Pash Mikrofone versteckt und im Nebenzimmer ein Tonbandgerät bereitgestellt. Ohne Wissen Oppenheimers wurde jedes Wort der langen Unterhaltung zwischen dem Inquisitor und seinem »Zeugen« aufgenommen.

Wenn solche Gespräche von Dostojewski erfunden werden, sind die voller Tiefe und brillanter Formulierungen. Wie anders hört sich so ein Dialog in Wirklichkeit an! Wie verschwommen sind diese Worte, die zwar etwas aussagen, aber es auch zugleich verschleiern wollen. Wieviel wird da geschwatzt, um nicht reden zu müssen, gestammelt, weil man auf beiden Seiten mit der Wahrheit nicht gerade heraus möchte!

Der Dialog begann mit allgemeinen Höflichkeiten:

Pash: Es ist mir ein Vergnügen. Denn ich interessiere mich in einem gewissen Ausmaß für gewisse Tätigkeiten. Ich fühle, daß ich eine gewisse Verantwortung für ein Kind habe, von dem ich eigentlich gar nichts weiß. General Groves hat mir mehr oder weniger eine gewisse Verantwortung gegeben, und es ist, wie wenn man ein Kind hätte, das man zwar nicht sehen kann, aber durch Fernsteuerung kontrolliert. – Ich möchte Ihnen nicht viel von Ihrer Zeit rauben.

Oppenheimer: Das geht in Ordnung. Soviel Zeit Sie brauchen.

Pash: Mister Johnson erzählte mir von dem kleinen Ereignis, der Unterhaltung vielmehr, die gestern stattfand. Ich interessiere mich sehr dafür, und die Sache hat mir den ganzen Tag Sorgen gemacht.

Oppenheimer tat nun so, als verstünde er nicht, worum es gehe. Er begann wieder von seinem Schüler Lomanitz und dessen Schwierigkeiten mit den Behörden zu sprechen, wurde aber sofort auf das von ihm vermiedene Thema seiner Enthüllungen über den angeblichen sowjetischen Spionageversuch gelenkt. Wer denn nun eigentlich der Mittelsmann sei, an den sich Eltenton gewandt habe, wollte Pash wissen. Darauf gab Oppenheimer keine Antwort; statt dessen erzählte er, nervös geworden und in der Hoffnung, Pash von dieser Frage abzulenken, daß dieser ungenannte Mittelsmann bereits mit drei Atomforschern gesprochen habe.

Pash: Die Sache ist die – wir nehmen natürlich an, daß die Leute, die Ihnen davon erzählten, hundertprozentig zu Ihnen stehen, und wir bezweifeln daher Ihre Absichten gar nicht. Trotzdem, wenn …

Oppenheimer: Schön, ich werde Ihnen eine Sache erzählen. Ich habe Kenntnis von zwei oder drei Fällen, und ich glaube, zwei von diesen Leuten waren mit mir in Los Alamos – es sind Leute, die eng mit mir zusammenarbeiteten.

Pash: Haben sie Ihnen erzählt, daß sie nur vermuteten, man habe sie zu diesem Zwecke angegangen, oder trat man tatsächlich zu diesem Zwecke mit ihnen in Verbindung?

Oppenheimer: Sie erzählten mir, daß sie zu diesem Zwecke angegangen wurden.

Pash: Also zu diesem Zweck …

Oppenheimer: Das ist … lassen Sie mich Ihnen von den Hintergründen erzählen. Der Hintergrund war – nun, Sie wissen, wie schwierig es mit den Beziehungen zwischen den beiden Verbündeten ist, und es gibt eine Menge Leute, die Rußland nicht sehr freundlich gesinnt sind. So erreicht sie (die Russen) eine Menge unseres geheimsten Wissens, wie unser Radar und so weiter, nicht. Und sie kämpfen um ihr Leben und würden gerne eine Ahnung davon haben, was eigentlich los ist, und so etwas soll in anderen Worten unsere bruchstückhaften offiziellen Mitteilungen ausgleichen. Das ist die Form, wie es vorgebracht wurde.

Pash: Aha, ich verstehe ...

Oppenheimers neue Mitteilungen erzielten aber nicht die Wirkung, die er wohl erhofft hatte. Sie vergrößerten nur noch das Interesse Pashs an dem unbekannten Mittelsmann. Immer wieder führte er das Gespräch auf dieses Thema.

Pash: Gut, jetzt etwas systematischer ... die Leute, die Sie erwähnt haben und jetzt mit Ihnen zusammenarbeiten – wurden die von Eltenton direkt angegangen?

Oppenheimer: Nein.

Pash: Durch jemand anderen?

Oppenheimer: Ja.

Pash: Nun ja, schön, könnten wir erfahren, durch wen dieser Kontakt zustande kam?

Oppenheimer: Ich glaube, das wäre ein Fehler. Das heißt, ich denke, ich habe Ihnen doch schon gesagt, von wem die Initiative ausgegangen war und daß alle die anderen Dinge fast rein zufällig waren und daß es Leute verwickeln würde, die nicht in diese Sache verwickelt werden sollten.

Mehr ließ sich Oppenheimer von Pash nicht herauslocken. Er weigerte sich standhaft, den verlangten Namen des Zwischenträgers zu nennen, versicherte aber dem Agenten, daß zumindest in Los Alamos, wo er, Oppenheimer, die Leitung in der Hand habe, keine kommunistische Wühl- oder Spionagetätigkeit zu befürchten sei. Mit einem Anflug von Pathos, das mehr zu seiner neuen offiziellen Rolle als seiner früheren Persönlichkeit paßte, versicherte der Direktor von Los Alamos:

»Wenn dort nicht alles getan würde und alles in Ordnung wäre, so hätte ich wohl nichts dagegen, wenn man mich erschießen würde ...«

Aber mit solchen deklamatorischen Loyalitätserklärungen gab sich die Gegenspionage nicht zufrieden. Oppenheimers Weigerung, einen Schritt weiter auf dem nun einmal von ihm eingeschlagenen Wege der Denunziation zu gehen, machte ihn noch verdächtiger. Zehn Tage nach seinem Gespräch mit ihm sandte Pash an seinen Vorgesetzten Oberst Lansdale im Pentagon folgendes Urteil über Oppenheimer:

»Die Dienststelle hier ist noch immer der Meinung, daß

Oppenheimer kein volles Vertrauen verdient und daß seine nationale Treue ungewiß ist. Wir glauben, daß die einzige ungeteilte Loyalität, die er zu geben imstande ist, der Wissenschaft gehört, und wir vermuten sehr stark, daß er, falls die Sowjetregierung ihm mehr für den Fortschritt seiner wissenschaftlichen Aufgaben bieten könnte, diese Regierung wählen und sie seiner Loyalität versichern würde.«

4

Die Vermutung der Nachrichtenagenten, daß Oppenheimer bisher nicht völlig offen zu ihnen gesprochen hatte, traf zu. Er log. Er verbarg ihnen etwas. Sie nahmen an, daß dieses »Etwas« seine auch jetzt noch andauernde Verbindung zur Kommunistischen Partei, ja sogar mit der sowjetischen Spionage betraf. Oppenheimer hatte aber seine sehr erratischen Beziehungen mit dem Kommunismus wirklich abgebrochen. Nun fürchtete er nichts so sehr wie die Möglichkeit, die Regierungsstellen könnten ihn doch noch ablehnen, wenn sie mehr und mehr über seine linke Vergangenheit erführen. Dann würde er seinen wichtigen neuen Posten verlieren und ins Niemandsland zurückgestoßen werden!

Diese Fanatiker der Gegenspionage gaben sich aber nicht mit Andeutungen zufrieden. Sie wollten die ganze Wahrheit erfahren. Die konnte Oppenheimer ihnen in seiner damaligen Geistesverfassung nicht verraten. Denn sie hätte vor allem ihn selbst belastet und damit seine Stellung als Leiter von Los Alamos abermals schwer gefährdet.

In Wirklichkeit waren nämlich nicht drei, sondern nur ein Wissenschaftler durch den unbekannten Zwischenträger angegangen worden. Und dieser eine Wissenschaftler hieß: Robert Oppenheimer. Was war tatsächlich geschehen? Gegen Ende des Jahres 1942 oder nicht lange nach Beginn von 1943 – das exakte Datum ist nie festgestellt worden – erhielten die Oppenheimers, die damals noch in ihrem Haus »Eagle Hill« in Berkeley lebten, den Besuch ihrer Nachbarn, des Ehepaars Chevalier.

Mit Haakon Chevalier, Dozent für romanische Sprachen

an der Universität von Kalifornien, war Oppenheimer seit 1938 bekannt. Sehr schnell hatte der Atomphysiker zu dem zwei Jahre älteren Kollegen von der anderen Fakultät eine echte freundschaftliche Zuneigung gefaßt, obwohl oder vielleicht gerade weil Chevalier so grundverschieden von ihm war. Dieser große, breitgebaute Mann mit dem norwegischen Vor- und dem französischen Familiennamen strahlte so viel einfache Wärme und Herzlichkeit aus, daß Oppenheimer, den die meisten Mitmenschen im privaten Verkehr als distanzierten und hochmütig wirkenden Intellektuellen kannten, sich ihm aufschloß wie sonst keinem anderen. Mit Physikern wie Robert Serber und Philip Morrison, die zu seinem Freundeskreis gehörten, konnte Oppenheimer stundenlang diskutieren und spekulieren. Mit Chevalier aber durfte er auch schweigen oder voll leichtem Heimweh über das ferne Europa und seine Dichter sprechen.

Chevalier selbst war zwar in dem Städtchen Lakewood im Staate New Jersey zur Welt gekommen und dadurch gebürtiger Amerikaner, aber schon zwei Jahre später mit seinen Eltern nach Frankreich, der Heimat des Vaters, und später nach Norwegen, dem Land seiner Mutter, zurückgekehrt. Dort lebte sein Großvater, ein mit Grieg und Ibsen eng befreundeter Getreidehändler, noch in der Erinnerung vieler Menschen. Der Kriegsausbruch in Europa hatte die Familie 1914 nach den USA zurückgebracht. Nach Kriegsende war der achtzehnjährige Haakon, Dichter, Träumer und ein wenig auch Landstreicher Hamsunscher Prägung, dann aus Lust am Abenteuer und der großen Weite zur See gegangen. Erst nach seinen zwei Jahren »vor dem Mast« hatte der erlebnishungrige junge Mann sich wieder auf die Schulbank gesetzt und sich bald schon als brillanter Kenner der französischen Literatur erwiesen.

Mit Haakon Chevalier konnte Oppenheimer der Physik entfliehen, sich stundenlang über Anatole France oder den von ihm verehrten Proust unterhalten oder auch einfach die Rezepte exotischer, scharf gewürzter Gerichte ausprobieren, die sie gemeinsam bei ihren Zusammenkünften in Oppenheimers Küche zubereiteten.

Oft gehen solche Freundschaften in die Brüche, wenn einer der Freunde heiratet. In diesem Falle wurde die Beziehung aber eher noch enger. Denn Chevalier und seine Frau Barbara gehörten zu den wenigen, die zu Robert und Katie Oppenheimer hielten, als deren Eheschließung im November 1940 so viel Staub aufwirbelte.

Als Junggeselle hatte Oppenheimer in zwei auf eine große Terrasse gehenden Zimmern gelebt, wo es meist recht kalt und ungemütlich war, da er wegen der Tuberkulose, an der er seit Jahren litt, Tag und Nacht die Fenster offenstehen ließ. Nun begann sich der Gelehrte nach einem eigenen Heim umzusehen. Dabei war ihm Chevalier behilflich. Er wohnte selbst in einem alten englischen Landhaus, das 1915 anläßlich der Weltausstellung in San Francisco, Stein um Stein und Balken um Balken, an die ferne kalifornische Küste verfrachtet worden war. Die gleiche Dame nun, die jenes Museumsstück nach dem Ende der Ausstellung gekauft und unter unsäglichen Mühen auf eine Höhe über Berkeley hatte transportieren lassen, besaß unweit davon noch ein zweites Haus in europäischem Stil. Es war ein langgestrecktes weißes Stuckgebäude spanischer Art mit einem gemütlichen großen Wohnraum, bemalten hölzernen Decken, gekacheltem Boden aus braunroter Tonerde und einem großen Kamin. Eine steile Straße führte zu diesem über einem Abgrund hängenden »Adlernest«.

In dem von hohen Zypressen umstandenen Haus auf dem »Eagle Hill« spielte sich nun zwischen Robert Oppenheimer und Haakon Chevalier jene Szene ab, die für das spätere Leben beider Männer von so schicksalhafter Bedeutung sein sollte. Damals jedoch schien sie ihnen so unwichtig, daß keiner sich später an den genauen Wortlaut dieses Gesprächs erinnern konnte. Während ihre beiden Frauen sich im Wohnzimmer unterhielten, war Chevalier seinem Gastgeber in die kleine danebenliegende Küche gefolgt. »Oppie« mixte Martinis, als der Freund ihm erzählte, er habe sich kürzlich mit dem ihnen beiden bekannten George Eltenton unterhalten; der habe sich ihm gegenüber darüber beklagt, daß zwischen amerikanischen und sowjetischen Wissenschaftlern, ungeachtet der Tatsache, daß ihre Regierungen doch Verbündete seien, kein Austausch neuer wissenschaftlicher Informationen stattfinde. Eltenton habe Chevalier dann gefragt, ob nicht Oppenheimer vielleicht für eine private Übermittlung wissenschaftlicher Resultate zu gewinnen sei. Auf diese Anregung Eltentons reagierte Oppenheimer, wie Chevalier es vorausgesagt hatte.

»So geht das nicht!« rief er nach Chevaliers Erinnerung aus. Laut Oppenheimers eigener späterer Aussage war die Antwort sogar noch schärfer. »Es wäre schrecklich, so etwas zu tun!« und: »Aber das ist ja Hochverrat!« soll sie geheißen haben.

Damit war die ganze Unterhaltung vorbei! Es wurde zwischen den beiden Männern, da sie sich völlig einig waren, auch später nicht mehr über die Angelegenheit gesprochen. Man ging in das große Zimmer zurück und trank seine Cocktails.

Als die Chevaliers an jenem Abend nach Hause kamen, sagte Haakons Frau: »Ich weiß nicht, was es ist, aber ich habe kein Vertrauen zu Oppie.«

Es war ein Vorgefühl, nicht mehr. Und Chevalier schenkte dieser Warnung damals durchaus keine Beachtung.

5

Die Gegenspionage ließ den Atomforscher nicht mehr in Ruhe. Nachdem es Boris Pash nicht gelungen war, Genaueres über den unbekannten Zwischenträger oder über die drei Atomforscher zu erfahren, die er angeblich um Informationen angegangen hatte, rief man Oppenheimer nach Washington, in der Hoffnung, daß ein geschickterer Inquisitor als der etwas plumpe Pash ihm das Geheimnis des Mittelsmannes doch noch entlocken werde. Am 12. September 1943 begann in einem Büro des Pentagons ein neuerliches Verhör Oppenheimers. Es wurde diesmal durch Oberst Lansdale selbst, den tüchtigen, erst einunddreißigjährigen »Chief Security Officer« für das gesamte Atomprojekt, geführt. Wieder war vorher dafür gesorgt worden, daß ein verstecktes Mikrofon und ein angeschlossenes Tonbandgerät den Dialog aufnahmen, in dem Lansdale sich nun mit beträchtlicher Geschicklichkeit bemühte, Oppenheimers Geheimnis zu »knacken«.

Lansdale mußte aus einer anderen, genau einen Monat zurückliegenden Begegnung mit Oppenheimer in Los Alamos den Eindruck erhalten haben, daß sein Gegenüber durch Schmeicheleien sturmreif gemacht werden konnte. Er attakkierte daher sofort diese »schwache Stelle«.

Lansdale: Sie sind wahrscheinlich der intelligenteste Mann, dem ich jemals begegnet bin, und ich bin gar nicht überzeugt, daß ich Sie an der Nase herumführen kann, sehen Sie? Und ich gebe von selbst zu, daß ich damals, als wir uns in Los Alamos unterhielten, nicht völlig offen mit Ihnen war. Meine Gründe dafür sind jetzt unwichtig. Seit Sie sich mit Oberst Pash unterhalten haben, halte ich es für das richtige, so offen mit Ihnen zu sein, wie ich nur kann. Ich werde zwar gewisse Namen nicht nennen, aber ich glaube, Sie könnten uns enorm viel helfen, und wenn Sie mir zuhören, wird Ihnen klarwerden, mit welchen Schwierigkeiten wir zu tun haben.

Oppenheimer: Von einigen weiß ich wohl schon.

Lansdale: Das stimmt. Nun, ich kann sagen, daß wir nicht in allzu sträflicher Weise geschlafen haben. Es sind uns zwar ein paar Dinge entgangen, aber wir wissen dennoch seit Februar, daß mehrere Leute der Sowjetregierung Informationen über dieses Projekt übermittelt haben.

Oppenheimer: Wenn ich so sagen darf, das wußte ich nicht. Ich weiß nur von einem Versuch, Informationen zu bekommen …

Lansdale: Wir haben nichts unternommen, außer im Falle Lomanitz.

Oppenheimer: Handelt es sich um Leute, die in der Lage wären, wichtige Informationen zu übermitteln?

Lansdale: Ja, so sagt man mir, aber ich kann es natürlich nicht selbst beurteilen.

Oppenheimer: Nun, Lomanitz könnte durch die Tatsache, daß er theoretischer Physiker ist, eine weitgehende Kenntnis von den Dingen haben, an denen er arbeitet.

Das Verhör begann also günstig für den Ausfrager. Während Oppenheimer vier Wochen zuvor seinen Schüler Lomanitz noch zu schützen und zu verteidigen gesucht hatte, stellte er sich nun nicht mehr vor ihn, ja schien sogar bereit, Belastendes gegen ihn auszusagen. Aber diese verheißungsvollen Vorzeichen täuschten. Sobald Lansdale der Affäre Eltenton näherkam, stieß er auf die gleiche Mauer, die schon Pash nicht hatte überwinden können. Nun warf Lansdale Ballast ab. Er sei bereit, auf die namentliche Bezeichnung der »drei Wissenschaftler« zu verzichten, sagte er, aber den Namen des Zwischenträgers müßte er unbedingt erfahren, um weitere ähnliche Kontaktversuche in Zukunft zu verhindern. Oppenheimer war jedoch nicht zu überzeugen.

Oppenheimer: Ich habe eine Menge darüber nachgedacht, weil schon Pash und Groves mich beide um den Namen baten. Ich habe das Gefühl, daß ich ihn nicht verraten sollte. Ich will damit nicht sagen, daß ich nicht hoffe, Sie würden ihn selbst finden, falls er noch arbeitet. Im Gegenteil, ich tue das sogar sehr. Aber ich würde Dollars gegen Pfannkuchen wetten, daß er nicht mehr am Werk ist.

Lansdale: Ich kann nicht einsehen, wie Sie überhaupt zögern können, den Namen eines Mannes zu nennen, der tatsächlich in Kriegszeiten in einen Spionageversuch zugunsten einer fremden Macht verwickelt ist. Ich meine, mein Gehirn funktioniert nicht auf diese Weise und …

Oppenheimer: Oh, ich weiß, es ist ein hartes Problem, und ich habe mir deswegen eine Menge Sorgen gemacht.

Lansdale: Ich könnte persönliche Treue verstehen, aber Sie sagen doch, er sei kein enger Freund von Ihnen. Darf ich fragen, wissen Sie, daß er Kommunist ist?

Oppenheimer: Ich weiß, daß er Fellow-traveller ist.

Zweimal noch wiederholte Lansdale seine Aufforderung, ihm den Namen des mysteriösen Unbekannten zu verraten, zweimal wurde er zurückgewiesen. Das war um so erstaunlicher, als der Verhörte in bezug auf andere Personen, nach denen ihn Lansdale fragte, sich durchaus »kooperativ« verhielt. Weder verschwieg er die kommunistischen Sympathien der Gattin seines Freundes Robert Serber, noch lehnte er rundweg einen anderen Antrag des Abwehragenten ab, der folgendermaßen präsentiert wurde:

Lansdale: Könnten Sie sich darüber informieren, wer Mitglied der Partei ist und wer nicht?

Oppenheimer: Ich weiß nicht, ob ich das heute noch kann. Zu einer gewissen Zeit hätte ich das gekonnt. Ich versuchte es nie.

Lansdale: Wären Sie bereit dazu?

Oppenheimer: Nicht schriftlich. Ich denke, das würde einen sehr schlechten Eindruck machen.

Lansdale: Nein, nicht schriftlich.

Oppenheimer: Ich kenne niemanden in Los Alamos, der Informationen dieser Art geben könnte. Aber ich könnte Teilinformationen bekommen.

Noch einen letzten Trick versuchte Lansdale:

Nun, ich möchte Ihnen sagen, daß ich Sie persönlich sehr gern habe und wünschte, Sie wären weniger förmlich mit mir und würden mich nicht »Oberst« nennen, denn ich bin's noch nicht lange genug, um mich daran gewöhnt zu haben.

Oppenheimer: Ich erinnere mich, zuerst waren Sie Hauptmann.

Lansdale: Und es ist noch nicht lange her, daß ich Leutnant war. Ich wünschte, ich könnte aus der Armee raus und wieder zurück zu meiner Rechtsanwaltspraxis, wo ich nicht diese Art von Sorgen hätte …

Oppenheimer: Sie haben einen sehr unangenehmen Job und …

Lansdale: Ich möchte, daß Sie wissen, wie gern ich Sie persönlich habe, und glauben Sie mir, es ist wirklich so. Ich habe keinerlei Verdacht, und ich möchte auch nicht, daß Sie denken, ich hätte und …

Oppenheimer: Nun, ich weiß jetzt, wo ich stehe. Oder ich bin wenigstens nicht besorgt deswegen. Es handelt sich aber doch um eine Frage von Treue gegenüber etwas Vergangenem … Ich würde es als einen niedrigen Streich ansehen, wenn ich jemanden in die Sache verwickeln würde, der, ich wette, nicht in sie verwickelt ist.

Lansdale: O.K., Sir.

Bei diesem O.K. blieb es nicht. Lansdale drückte in seinem Memorandum an Groves, das er nach dem Verhör verfaßte, durchaus nicht jene persönliche Zuneigung und jenes Vertrauen zu Oppenheimer aus, das er so wortreich geäußert hatte, sondern drang darauf, man möge den Atomforscher unter stärksten Druck setzen und ihn so doch noch zur Preisgabe des Namens zwingen.

6

In dem Dossier, das auf dem Schreibtisch von General Groves lag, befand sich auch eine ausführliche kritische Charakterstudie des Abwehragenten Peer de Silva über Oppenheimer, die in einer denkwürdigen Empfehlung gipfelte. Im September 1943 hatte dieser Berufsoffizier geschrieben:

»Es besteht die Meinung, daß Oppenheimer sich sehr darum bemüht, mit Hilfe des DSM-Projekts eine weltweite Reputation als Wissenschaftler und einen Platz in der Geschichte zu erlangen. Ich glaube ferner, daß die Armee in der Lage ist, ihm dies zu gestatten oder seinen Namen, seinen Ruf und seine Karriere zu zerstören, falls sie dies will. Sollte aber diese Alternative ihm mit aller Entschiedenheit vor Augen geführt werden, so könnte dies ihm eine ganz andere Ansicht bezüglich seiner Stellung zur Armee eröffnen ...«

Genau diesen Vorschlag befolgte der Chef des »Manhattan Project«, als er sich Oppenheimer schließlich einige Wochen später, im Dezember 1943, allein vornahm und dem Leiter von Los Alamos eröffnete, er werde ihm jetzt befehlen müssen, den verheimlichten Namen zu nennen, wenn er es nicht endlich von selbst tue. Schon zwei Monate zuvor hatte Oppenheimer dem General gesagt: »General, wenn Sie mir befehlen, Ihnen das zu erzählen, so werde ich es tun.« Damals hatte Groves darauf verzichtet. Nun wollte er nicht mehr länger warten.

Oppenheimer hätte sich in dieser Situation auf den Standpunkt stellen können, daß er nur als Wissenschaftler nach Los Alamos verpflichtet worden war, nicht aber als Zuträger der

Gegenspionage, ja nicht einmal als zum Gehorsam verpflichteter Soldat. Wäre er damit nicht durchgedrungen, hätte er immer noch seine Demission anbieten können. Da man in den USA glücklicherweise keine Tortur und Sippenhaftung kennt, wie sie in den totalitären Staaten gegenüber widerspenstigen Personen angewandt wird, wäre es Oppenheimer, wenn er es nur wirklich gewollt hätte, damals durchaus möglich gewesen, jede Auskunft über Chevalier, von dessen Unschuld er überzeugt war, auch weiterhin zu verweigern. Er tat es nicht; gespalten zwischen Freundestreue und einem Ehrgeiz, der sich so leicht als »Vaterlandstreue« entschuldigen ließ, gab er nun doch den Namen des Mannes preis, den er durch seine erst später von ihm selbst zugegebene Aufbauschung der wirklichen Begebenheit so schwer belastet hatte. So rettete Oppenheimer sich und seine Karriere. Sie führte ihn nunmehr tatsächlich innerhalb kürzester Zeit auf die Höhen von Ruhm und Macht.

Niemand bis auf Oppenheimer und die Beamten, die den »Fall« bearbeitet hatten, ahnte damals mitten im Krieg etwas von der persönlichen Prüfung, die dem Leiter von Los Alamos auferlegt worden war. Auch Chevalier nicht, der, ohne vom Verrat seines Freundes zu wissen, aus einem ihm unbekannten Grund bald danach seinen Lehrstuhl verlor. Erst über zehn Jahre später, ins Exil getrieben und ohne Anstellung, sollte er schließlich erfahren, wer ihn zu Unrecht denunziert und damit das Ende seiner akademischen Karriere verursacht hatte.[1] Die »Affäre« war mit Oppenheimers Geständnis vorläufig beigelegt, aber noch lange nicht abgeschlossen.

[1] Im Jahre 1954 hat Oppenheimer in einem offiziellen Verhör zugegeben, daß seine Erzählungen über den geheimnisvollen Zwischenträger, den er Groves gegenüber dann als Chevalier identifiziert hatte, »idiotic« (»idiotisch«) und »a tissue of lies« (»ein Lügengewebe«) gewesen seien.

Jagd auf Gehirne

1

Im Dezember des Jahres 1942 verbreitete sich unter den Atomforschern, die im »Metallurgical Laboratory« an der University of Chicago arbeiteten, das Gerücht, Hitler werde am Weihnachtstag seinen ersten Fliegerangriff auf die Vereinigten Staaten wagen und gerade die Millionenstadt am Michigansee, die damals noch das Zentrum der amerikanischen Atomforschung war, als Ziel bestimmen. Man flüsterte sich zu, die Deutschen würden wahrscheinlich statt gewöhnlicher Bomben große Mengen von radioaktivem Staub abwerfen, um die Luft und das Wasser Chicagos zu vergiften. Diese (in den Aufzeichnungen von S. Goudsmit berichtete) Story fand so viel Glauben, daß einige Physiker ihre Familien aufs Land schickten und die militärischen Stellen Geigerzähler verteilten.

Es ist kein Zufall, daß solche Erzählungen gerade in der Woche aufkamen, nachdem der erste von Fermi entworfene primitive Uranbrenner in den fensterlosen Kellern unter den Tribünen des Universitäts-Sportplatzes angelaufen war. Das praktische Zustandekommen einer kontrollierten Kettenreaktion in der »uranium pile« war ein leuchtender wissenschaftlicher Erfolg; die Gerüchte über den radioaktiven »Todesstaub« waren der dunkle Schatten, den das Ereignis warf. In Zukunft würde man (in den nun als technisch ausführbar erprobten Atomöfen) Tonnen von radioaktiven, alle lebendigen Gewebe gefährdenden Stoffe, die in der Natur nur in winzigen Mengen vorkamen, künstlich herstellen können.

Wenn aber ein solcher Uranofen nach dem so langsamen Anlaufen des amerikanischen Atomprojekts nun endlich in Chicago fertiggestellt worden war, dann müsse es ihn schon längst irgendwo in Deutschland geben, dachten die stets in der Angst vor Hitlers Vorsprung im Atomwettlauf lebenden alliierten Kernphysiker. Es war daher auch anzunehmen, daß die Deutschen in ihren »piles« bereits genügend radioaktive

Substanzen hergestellt hatten, um alle großen Städte des Feindes damit zu verseuchen. War das vielleicht die »Wunderwaffe«, mit der Goebbels zu drohen begonnen hatte?

Um für diese und andere Überraschungen aus deutschen Waffenlaboratorien gerüstet zu sein, wurde vom amerikanischen Oberkommando bereits im Herbst 1943 eine spezielle Nachrichteneinheit geschaffen, die mit den ersten Truppen in Europa landen und speziell Informationen über den Stand der deutschen Atomrüstung sammeln sollte. Die ultrageheime Spezialabteilung erhielt den nicht schwer zu durchschauenden Decknamen »Alsos«. Das war nämlich die wörtliche griechische Übersetzung von »Groves« (»Haine«). Ihre Mitglieder wurden, allen Gesetzen der Spionage entgegen, sogar durch ein besonderes Wappen kenntlich gemacht: ein weißes Alphazeichen, durchschossen von einem roten Blitz, der die Atomkraft symbolisieren sollte.

Zum Befehlshaber von »Alsos« wurde im November 1943 Oberst Boris Pash ernannt, der damit endlich die Bearbeitung der unbefriedigenden und undurchsichtigen »Affäre Oppenheimer« anderen überlassen und sich interessanteren Aufgaben widmen durfte. Allerdings waren die ersten Funde, die Pash in Europa beim Durchwühlen des Aktenmaterials der Universität von Neapel machte, so mager, daß man ihn zurückberief und beschloß, ihm bei seiner nächsten Mission als Mitbefehlshaber einen Atomforscher beizugeben, der wahrscheinlich durch seine Sachkenntnis interessantere Informationen entdecken würde. Die Wahl fiel auf den gebürtigen Holländer Samuel A. Goudsmit, einen bekannten Experimentalphysiker, dessen Steckenpferd schon lange die Beschäftigung mit den neuesten kriminalistischen Untersuchungsmethoden war.

Goudsmit arbeitete damals am Radarprojekt des »Massachusetts Institute of Technology«. Weshalb man gerade ihn für diese Mission auserwählt hatte, verstand er nicht. Später einmal fiel ihm aus einem Dossier über Stellenanwärter für die »Alsos«-Mission eine aus Versehen dorthin geratene Beurteilung seiner Person entgegen. Darin hieß es nur, er bringe für die Aufgabe »einige wertvolle Vorteile und einige Nachteile«

mit. Die Nachteile seien ihm sofort eingefallen, meint Goudsmit, die Vorteile waren wahrscheinlich die folgenden: Obwohl Kernphysiker, war er bisher nicht am »Manhattan Project« beschäftigt worden. Fiel er daher beim Kampf um Deutschland in die Hände des Feindes, so konnte man keine wichtigen Atomgeheimnisse aus ihm herausholen. Zweitens aber sprach Goudsmit fließend Französisch und Deutsch. Er hatte in Leyden unter dem Bohr-Schüler Ehrenfest gearbeitet, war während der zwanziger Jahre eine Zeitlang an Bohrs Institut in Kopenhagen gewesen und hatte damals als blutjunger Mensch noch vor der Erlangung seiner Doktorwürde eine der wichtigsten Entdeckungen der modernen Physik gemacht: das sogenannte »Spin« (Drehbewegung) der Elektronen.

»Onkel Sam«, wie man den zwar seit 1927 in den USA lebenden, aber so gar nicht amerikanisierten Goudsmit in der Familie der Atomforscher nannte, war heiterer und vielseitiger als die anderen Physiker. Neben seiner Leidenschaft für die Kriminalistik war er ein ausgezeichneter Ägyptologe, ein Sammler von Skarabäen, ein glänzender Geschichtenerzähler, vor allem aber ein warmherziger, bescheidener Mensch, den seine Schüler verehrten und seine Freunde liebten.

»In den Adern vieler Physiker fließt hochvoltiger Strom, in Sams Adern aber fließt Blut«, meinte jemand, der ihn seit langem kennt. »Er weiß, daß es auf der Welt nicht nur Gleichungen und Zyklotrone, sondern auch andere interessante Dinge gibt.«

Typisch für Goudsmit ist, daß er einem jungen Kernphysiker, der zu einem Atombombentest fahren wollte, riet: »Wenn Sie sich unbedingt ein Spektakel ansehen wollen, gehen Sie doch lieber ins Theater. Das wäre für Ihre Arbeit vermutlich besser. Pauli ist sein Exklusionsprinzip, für das er den Nobelpreis erhielt, während einer Revuevorstellung in Kopenhagen eingefallen.«[1]

[1] Professor Pauli selbst bestreitet übrigens die Exaktheit dieser von Goudsmit über ihn verbreiteten Anekdote. Das Exklusionsprinzip sei ihm bei einem Spaziergang eingefallen.

2

Oberst Pash, der militärische Chef der »Alsos«-Mission, war bei den allerersten alliierten Truppen, die Ende August 1944 in Paris einmarschierten. Zwei Tage später schon folgten Goudsmit und das ihm beigeordnete »wissenschaftliche Personal«. Sie mußten sich als »Zivilisten« etwas hinter den Fronttruppen halten. Ihr erstes Ziel war die Besetzung des »Collège de France«, wo sich das Laboratorium Joliot-Curies befand, der Frankreich seit der deutschen Besetzung nicht verlassen hatte. In den Augen vieler Franzosen galt Joliot damals als »Kollaborateur«. Sie hielten ihn für einen »Verräter«, weil er 1940 sein Laboratorium unbeschädigt den Deutschen übergeben hatte. In Wahrheit jedoch tarnte der Gelehrte durch diese scheinbare Kapitulation nur seine höchst aktive Teilnahme am Kampf der französischen Widerstandsbewegung. Sein Laboratorium wurde nach dem Weggang Wolfgang Gentners zum Arsenal des Pariser »Maquis«, obwohl (oder vielleicht gerade weil) sich im gleichen Gebäudekomplex des »Collège de France« Büros der deutschen Militärverwaltung befanden. Niemand machte bei Joliot eine Haussuchung, da man dem Gelehrten so viel dreiste Tollkühnheit einfach nicht zutraute. An den letzten Straßenschlachten um die Befreiung von Paris hatte der Atomforscher selbst teilgenommen. Der Mann, der durch seine Arbeiten über die Neutronenemission und die Kettenreaktion die wichtigsten Voraussetzungen zum Bau der Atombombe entdeckt hatte, bediente sich dabei von den Barrikaden herab der denkbar primitivsten Form von Bombe: gewöhnlichen, mit Benzin gefüllten und mit Zündern versehenen Bierflaschen. Joliot konnte keine interessanten Informationen in bezug auf die deutsche Atombombe geben. Zudem empfahlen die Stellen in Washington ihm gegenüber größte Vorsicht, weil er eine Woche nach der Befreiung von Paris erklärt hatte, er sei während des Krieges von den Sozialdemokraten zu den Kommunisten übergegangen.

Die allierten Armeen rückten weiter gegen Deutschland vor, und man hoffte, schon sehr bald in Straßburg zu stehen, an dessen Universität, wie man von Elsässern gehört hatte, mehrere Laboratorien an Aufgaben der Atomforschung arbeiteten. Als der Vormarsch gegen die Münsterstadt ins Stokken kam, blieb die »Alsos«-Mission keinesfalls untätig. Eines ihrer Mitglieder, Hauptmann Robert Blake, war dabei, als eine kühne Vorausabteilung zum ersten Mal in Holland an den Rhein vorstieß. Unter schwerem Beschuß wagte er sich bis in die Mitte des Flusses und füllte dort einige Behälter mit dem graugrünen Wasser. Ein Spezialkurier brachte die Flaschen ins Pariser Hauptquartier der »Alsos«-Leute, von wo sie auf schnellstem Wege nach Washington weiterexpediert wurden. Man sagte sich nämlich, daß die Deutschen, falls sie einen Uranbrenner besaßen, ihn vermutlich durch das Wasser eines zum Teil durch die »pile« geleiteten Flusses kühlen mußten, so wie die Amerikaner selbst im Hanford-Projekt den Columbia-Fluß für ihre »Plutonium-Pile« verwendeten. War dies aber der Fall, dann konnte eine chemische Analyse Spuren von Radioaktivität in dem Flußwasser finden und so die »Alsos«-Leute auf die Spur des deutschen Projekts führen. Nun hatte der Major, dem die Weitersendung der Rheinprobe anvertraut war, die Idee, eine Flasche feinsten Rotweines aus dem Roussillon zum Zwecke einer ganz unoffiziellen Gaumenprobe beizufügen. Auf das Etikett schrieb er im Scherz: »Untersucht das ebenfalls auf Aktivität.«

Noch in der gleichen Woche kam ein chiffriertes Kabel aus dem Büro von General Groves an die »Alsos«-Mission, das nach seiner Entzifferung lautete: »Wasser negativ. Wein zeigt Aktivität. Schickt mehr. Handelt schnell!« In Paris lachte man und sagte sich: »Denen muß es aber geschmeckt haben.« Niemand dachte, daß es sich um etwas anderes als das freundliche Eingehen auf den kleinen Scherz des Majors handle. Aber bald jagte ein Kabel das andere. »Wo bleiben die Weinflaschen?« fragten sie bitterernst. Vermutlich befinde sich in der Nähe des Weinberges ein Geheimlaboratorium der Deutschen. Man müsse der Sache sofort nachgehen. Also hatte man in Washington den Spaß augenscheinlich gar nicht verstanden, den guten Roussillon in Reagenzgläser gegossen und mit Chemikalien versetzt, statt ihn zu trinken.

Alle Versuche von Goudsmit, der in diesem Augenblick keinen seiner Mitarbeiter auf eine zeitraubende Patrouille in die südfranzösischen Weinberge schicken wollte, Washington davon zu überzeugen, daß man eine harmlos-lustige Geste mißverstanden habe, fruchteten aber nichts. Die Leute im Pentagon bestanden auf ihrem Befehl. So wurden Major Russel A. Fisher und Hauptmann Walter Ryan in Sondermission nach dem Roussillon geschickt. Bevor sie abreisten, ermahnte sie Goudsmit grimmig: »Macht eure Arbeit so gründlich, wie ihr könnt. Zeigt euch nicht geizig. Und vor allem, bringt von jeder Flasche ein Doppel nach Paris mit für – – – unsere Akten.«

Die beiden Nachrichtenagenten, von den französischen Weinbauern für Vorläufer amerikanischer Exportvertreter gehalten, wurden überall, wo sie nach dem radioaktiven Roussillon verlangten, begeistert aufgenommen und verlebten zehn fröhliche trunkene Tage. Mit einem Kater sowie mit mehreren Körben voll von Rotwein, Trauben und Erdproben kehrten sie nach Paris zurück.

3

Die wenigsten Erlebnisse des durch den Krieg zum wissenschaftlichen Nachrichtenagenten gemachten Physikers Sam Goudsmit waren heiter, obwohl er rückblickend vor allem die komischen Aspekte hervorzuheben pflegt. Wo immer er hinkam, hatten auch in der Welt der Wissenschaft Not und Tod ihre Spuren hinterlassen. Zahlreiche angesehene Gelehrte waren eingekerkert oder deportiert worden. Typisch dafür war der Fall des französischen Physikers Georges Bruhat. Sein Schüler Claude Roussel hatte unweit der »École Normale Supérieure« abgeschossene amerikanische Piloten versteckt. Als die Gestapo auf seine Spur kam, weigerte sich Bruhat, ihn zu verraten, und wurde zur Strafe nach Buchenwald geschafft. Dort hielt er noch für seine Mithäftlinge Vorlesungen über Astronomie, bis er schließlich an Entkräftung starb.

Anders lag der Fall zweier holländischer Physiker, der

Goudsmit vor ein schweres Gewissensproblem stellte. Sie waren beide während des Krieges nach England entkommen und hatten der holländischen Exilregierung wertvolle Dienste geleistet. Nun fand der Chef der »Alsos«-Mission aber in den Akten der Deutschen Beweise dafür, daß beide, um ihre Familien durchzubringen, vor ihrer Flucht für die deutsche Kriegsrüstung gearbeitet hatten. Sollte er, durfte er über diesen politischen Fehltritt dieser führenden Landsleute berichten? Er tat es nicht.

Und da war schließlich ein Erlebnis, das Goudsmit ganz persönlich traf. Er war sofort nach der Befreiung Hollands nach Den Haag geeilt, in der Hoffnung, dort eine Spur seiner Eltern zu finden. Im März 1943 hatte er zum letzten Mal von ihnen gehört.

Welch traurige Heimkehr war das! »Das Haus stand noch«, erinnert er sich, »aber als ich näher heranfuhr, bemerkte ich, daß alle Fenster fehlten. Ich parkte meinen Jeep um die Ecke, um die Aufmerksamkeit nicht auf mich zu ziehen, und kletterte in eines der kahlen Fenster ... Als ich in das kleine Zimmer stieg, in dem ich so viele Stunden meines Lebens verbracht hatte, fand ich ein paar verstreute Papiere, darunter meine Schulzeugnisse, die meine Eltern sorgfältig durch alle diese Jahre hindurch aufbewahrt hatten. Ich schloß meine Augen und konnte das Haus sehen, wie es vor dreißig Jahren ausgesehen hatte. Hier war die verglaste Loggia, wo meine Mutter am liebsten beim Frühstück saß. Da war die Ecke, wo das Piano gestanden hatte. Dort drüben war mein Bücherregal. Was war mit den vielen Büchern geschehen, die ich zurückgelassen hatte? Der kleine Garten auf der Rückseite des Hauses sah traurig vernachlässigt aus. Nur der Fliederbusch war unverändert.

Als ich in dieser Ruine stand, die einmal mein Heim gewesen war, würgte mich das erschütternde Gefühl, das alle von uns erfahren haben, die Familie, Verwandte und Freunde durch die Morde der Nazis verloren haben – ein furchtbares Schuldgefühl. Vielleicht hätte ich sie retten können. Schließlich hatten meine Eltern bereits ihre amerikanischen Visen besessen ... Wenn ich mich nur ein wenig mehr beeilt hätte, wenn ich nur einen der Besuche bei unserer Einwanderungsbehörde nicht um eine Woche verschoben und die notwendigen Briefe nur etwas schneller geschrieben hätte, bestimmt hätte ich sie noch rechtzeitig vor den Nazis retten können.«

Nicht lange danach machte Goudsmit eine zweite erschütternde Entdeckung. Er stieß im Laufe seiner Suche nach Dokumenten über das deutsche Uranprojekt auf eine Todesliste der SS, die auch die Namen seiner Eltern enthielt. »Und das ist der Grund«, so schreibt er, »weshalb ich das genaue Datum kenne, an dem mein Vater und meine blinde Mutter in der Gaskammer umgebracht wurden. Es geschah am siebzigsten Geburtstag meines Vaters.«

4

Am 15. November 1944 kapitulierte Straßburg vor General Patton, und wieder war Oberst Pash bei den ersten Truppen, die in die Stadt einmarschierten. Mit seiner Spezialabteilung besetzte er das zur medizinischen Fakultät gehörige Physikalische Institut der Universität. Man fand zahlreiche Dokumente und konnte vier deutsche Physiker gefangennehmen. Als Goudsmit ihnen gegenüberstand, um sie auszufragen, fühlte er sich nach seinem eigenen Bericht etwas geniert. Schließlich handelte es sich um Kollegen, die Pash, um jede Kollusion zu verhindern, einzeln in den Zellen des Stadtgefängnisses untergebracht hatte. »Haben sie das verdient?« fragte sich Goudsmit. »Oder ist das im Kriegsfall normal?« Die Situation war ihm so peinlich, daß er sich den deutschen Wissenschaftlern nicht gleich als Physiker zu erkennen gab. Die Gefangenen ihrerseits verweigerten jegliche Aussage, weil sie dem Feind nichts über ihre Arbeit verraten wollten. Nie zuvor war es Goudsmit so deutlich geworden wie hier im Straßburger Gefängnis, was der Krieg der Wissenschaft und den Wissenschaftlern angetan hatte, wie grundverschieden, ja ganz entgegengesetzt die Regeln waren, die wissenschaftliches Leben und Kriegführung regierten. Auf der einen Seite Offenheit und internationale Freundschaft, auf der anderen Geheimhaltung und Zwang.

Von Weizsäcker, seit kurzer Zeit Extraordinarius für theoretische Physik, den Goudsmit zu fangen gehofft hatte, war zwar schon seit einem Vierteljahr abwesend, aber er hatte viele seiner Akten zurückgelassen. Bis tief in die Nacht saßen Goudsmit und einer seiner Assistenten bei Kerzenlicht über diesen Briefen und Papieren. Der dumpfe Lärm des Artilleriebeschusses von der anderen Rheinseite her und die halblauten Ausrufe der GIs, die im gleichen Raum Karten spielten, klangen aus dem Hintergrund, während die beiden wissenschaftlichen Detektive versuchten, aus Andeutungen und Bemerkungen der Korrespondenz von Weizsäckers Anhaltspunkte über den Stand der deutschen Atomforschung zu finden. Plötzlich und fast zu gleicher Zeit stießen sie beide einen Triumphschrei aus. Da ... da war es, wonach sie seit Monaten gesucht hatten. Ein ganzes Aktenbündel über das deutsche Uranprojekt!

»Haben Sie einen Haupttreffer gemacht, Doc?« rief ein Soldat schläfrig vom Tisch herüber.

»Sieht so aus«, hieß die bewegte Antwort. »Jetzt haben wir bald den Krieg gewonnen.«

»Wußt ich sowieso schon«, antwortete der andere in seiner Ahnungslosigkeit und spielte die nächste Karte aus.

5

Aus den Papieren, die Goudsmit in Weizsäckers Straßburger Büro gefunden hatte, ging einwandfrei hervor, daß die Deutschen, die man stets im Vorsprung geglaubt hatte, mindestens zwei Jahre hinter den Atomarbeiten der Alliierten zurücklagen. Sie besaßen bisher weder Fabriken zur Herstellung des für eine Kettenreaktion in der Bombe notwendigen U 235 oder U 239 (Plutonium) noch einen Uranbrenner, der mit den amerikanischen Anlagen zu vergleichen gewesen wäre.

Der Wendepunkt für die deutsche Atomforschung war der 6. Juni 1942 gewesen. Damals trug Heisenberg Minister Speer und dem Rüstungsstab über den bisherigen Stand seiner Arbeiten vor. Er berichtet selbst darüber: »Es war der sichere Nachweis vorhanden, daß die technische Ausnützung der Atomenergie in einem Uranbrenner möglich ist. Ferner war zu erwarten, daß man in einem Uranbrenner Sprengstoff für Atombomben herstellen kann. Jedoch waren noch keine Untersuchungen über die technische Seite des Atombombenproblems, zum Beispiel über die Mindestgröße einer Bombe, angestellt worden. Es wurde mehr Wert auf die Feststellung gelegt, daß man die im Uranbrenner entwickelte Energie zum Betrieb von Maschinen benutzen kann, da dieses Ziel leichter und mit geringeren Mitteln erreichbar schien ... Nach dieser Sitzung, die für den ganzen weiteren Verlauf bestimmend war, wurde von Speer entschieden, daß das Vorhaben im bisherigen kleinen Stil weiterbetrieben werden sollte. Damit konnte das einzig erreichbare Ziel nur noch sein, einen energieerzeugenden Uranbrenner zum Betrieb der Maschinen zu bauen.«

Mit der Entscheidung Speers war von Heisenberg und seiner Gruppe ein Alpdruck genommen worden. Bisher hatten sie stets befürchten müssen, daß ein anderes Forscherteam (zum Beispiel die Gruppe um Diebner, die in Thüringen arbeitete) Hitler doch noch zum Bau von Atombomben überreden konnte. Vermutlich wären aber selbst solche Advokaten eines Atombombenbaus dann doch an Hitlers Kurzsichtigkeit gescheitert. Er hatte nämlich in baldiger Erwartung des »Endsieges« 1942 den Befehl ausgegeben, daß nur noch Rüstungsprojekte begonnen werden dürften, die in sechs Wochen einsatzfertige Waffen hervorbrächten. Weizsäcker berichtet über die unwissenschaftliche, aber willkommene Unterstützung, die er und andere »Passivisten« vom Chef des Heereswaffenamtes erhielten: »Ich erinnere mich, daß Schumann, der zwar ein schlechter Physiker, aber ein sehr gewandter Taktiker war, einmal dringend riet, an höchsten Stellen von Atombomben möglichst nichts zu sagen. Er sagte: ›Wenn der Führer davon hört, fragt er: ›Wie lange braucht ihr? Ein halbes Jahr?‹ Und wenn wir dann die Atombombe in einem halben Jahr nicht haben, ist der Teufel los.‹«

Einen internen Erfolg erzielten Werner Heisenberg und seine Freunde im Jahre 1942. Im Städtchen Seefeld in Tirol fanden Streitgespräche zwischen Anhängern der »Deutschen

Physik« und der modernen Physik statt, die von den Teilnehmern mit den religiösen Disputationen vergangener Jahrhunderte verglichen wurden. Sie endeten mit dem Sieg der »Modernen«, die vom Dritten Reich nicht anerkannt worden waren.

Goudsmit fand unter anderem in Weizsäckers Papieren das handschriftliche Konzept der für die Behörden bestimmten Zusammenfassung der Gespräche. Es ist ein Dokument der Kompromisse, über die selbst ein großer Geist wie Weizsäkker sich nicht erheben konnte. Zuerst hatte der Forscher ganz im Stil der offiziellen Propagandasprache geschrieben: »Bei der Seefelder Tagung kam jedoch zum Ausdruck, daß die vor allem von der jüdischen Pressepropaganda der Systemzeit und dem jüdischen Anhang Einsteins durchgeführte Übertragung der physikalischen Relativitätstheorie auf weltanschauliche Fragen abzulehnen ist ...« Bei der Niederschrift dieses Satzes muß Weizsäcker sich aber angewidert gefühlt haben, denn er strich die Bemerkungen über die »jüdische Pressepropaganda« und den »jüdischen Anhang Einsteins«. Beim nochmaligen Durchlesen war ihm das aber wohl doch zu gewagt erschienen, denn er setzte wenigstens unter das eine der beiden Eigenschaftswörter »jüdisch« Pünktchen, um die Streichung nun wieder rückgängig zu machen.

Solche Zaunreiterei ließ Goudsmit an der Ehrlichkeit der hitlerfeindlichen Einstellung Weizsäckers zweifeln. Gleich ihm haben noch andere Physiker in und außerhalb Deutschlands Weizsäcker seine aus Tarnungsgründen angeblich notwendige diplomatische Klugheit bis heute nicht verziehen und darüber sogar seine Taten im Kampf gegen Hitler vergessen.

6

Die »Alsos«-Mission konnte sich nicht mit der Auffindung der Papiere Weizsäckers zufriedengeben. Denn in Washington dachte man, die Zurücklassung dieser Akten sei vielleicht eine deutsche Kriegslist gewesen. Zweifel, ob nicht vielleicht doch irgendwo in Deutschland an der Fertigstellung einer

Atombombe gearbeitet würde, mußten bestehen bleiben, solange nicht alle wichtigen Physiker verhaftet und alle Laboratorien besetzt waren. Goudsmit bestand stets darauf, daß nur Heisenberg das »Gehirn« des deutschen Uranvorhabens sein könne. Die Skepsis der amerikanischen Militärbehörden, die meinten, es könnten doch vielleicht andere deutsche Physiker, von denen Goudsmit noch nie etwas gehört habe, heimlich an einer solchen Waffe arbeiten, wies er spöttisch zurück: »Vielleicht kann ein Tapezierer sich einbilden, über Nacht ein militärisches Genie geworden zu sein, und ein Sektreisender sich als Diplomat verkleiden, aber solche Außenseiter könnten niemals rasch genug wissenschaftliche Kenntnisse erworben haben, um eine Atombombe zu bauen.«

Daher war und blieb Heisenberg stets das wichtigste »militärische Ziel« seines alten Freundes Goudsmit. Wo Heisenberg war, mußte sich auch das Hauptlaboratorium des deutschen Atomprojektes befinden. Wo aber war er?

Im Winter 1943 auf 1944 hatte Heisenberg mit einigen seiner Mitarbeiter in einem Bunker seines Dahlemer Instituts einen kleinen Modellreaktor gebaut, der mit anderthalb Tonnen Uran und dem gleichen Gewicht von »schwerem Wasser« arbeitete. Messungen an diesem »Brenner« mußten zum Teil während schwerer Luftangriffe durchgeführt werden. Da ein zuverlässiges Arbeiten unter diesen Umständen nahezu unmöglich war, wurde das ganze Institut allmählich nach dem als luftsicher geltenden Städtchen Hechingen, unweit der Schwäbischen Alb im Schatten des Stammsitzes der Hohenzollern, verlegt. Das hohe »Sudhaus« einer Stuttgarter Brauerei, in dem bisher gewaltige Bierkessel gestanden hatten, wurde bis zur Decke mit Silberfolien austapeziert und nahm eine Hochspannungsanlage auf. Im Flügel einer Weberei richtete man Büros und Werkstätten ein.

Dann mußte noch ein sicherer Platz für den Bau eines neuen Uranbrenners gefunden werden. Der Münchner Professor Walther Gerlach, der trotz seiner Feindschaft gegen das Regime nicht lange vor Kriegsschluß die Leitung der »Abteilung Kernphysik« im Reichsforschungsrat übernommen hatte, erinnerte sich aus seinen Tübinger Dozentenjahren an das romantische, auf zwei steilen Felsen über der Eyach liegende Städtchen Haigerloch, wohin er wie zahlreiche seiner Kollegen zur Zeit der Fliederblüte oft Ausflüge gemacht hatte. Ohne Schwierigkeiten vermietete ihm der »Schwanenwirt« einen im Fels des steilen Schloßberges gelegenen Vorratskeller, und im Februar 1945 begann hier der Bau einer neuen deutschen »pile«.

Man hätte in ganz Deutschland nur wenige so opernhaft malerische Plätze finden können wie Haigerloch. Der Sagendichter Gustav Schwab urteilte nach einem Besuch dieser wildzerklüfteten Szenerie: »Dies ist wahrhaft eine toll gewordene Stadt«, und der Heimatdichter Pfeiffer reimte:

> Er winkt herbei den Teufel noch
> Und sprach: es werde Haigerloch.

In diesem seit dem Mittelalter kaum wesentlich veränderten Ort wurde nun die modernste deutsche Kraftanlage gebaut, ein Atombrenner aus Uranwürfeln und schwerem Wasser mit einem Graphitmantel. Jeden Morgen kamen aus dem fünfzehn Kilometer weit entfernten Hechingen die Physiker hierher geradelt, um in dem elektrisch ausgeleuchteten Felsenkeller zu arbeiten. Während man darauf wartete, daß der Augenblick eintrat, in dem der Reaktor zu arbeiten und Energie zu liefern begann, spielte Heisenberg auf der Orgel der darübergelegenen gotisch-barocken Schloßkirche Bachsche Fugen.

»Es waren die unwirklichsten Augenblicke meines Lebens. Nie habe ich so oft an ›Faust‹ und den ›Freischütz‹ denken müssen wie damals in dieser Kulisse«, erinnert sich einer der Teilnehmer an jenen Versuchen. Sie führten schließlich nur zu Teilresultaten, denn es war nicht genug Uran da, um den sogenannten »Labilitätspunkt« zu erreichen, in dem die Kettenreaktion zu »laufen« beginnt. Transporte mit Uranwürfeln aus Berlin und Stadtilm in Thüringen, wo unter Leitung Diebners ein anderer Uranbrenner gebaut worden war, kamen schon nicht mehr durch.

Sobald die »Alsos«-Leute erfahren hatten, wo sich Heisenbergs Ausweichquartier befand, wollte Oberst Pash, den alliierten Heeren zuvorkommend, ein Fallschirmkommando in Hechingen und Haigerloch abspringen lassen, um die dort arbeitenden Atomforscher und ihre Aufzeichnungen »sicherzustellen«. Goudsmit aber war inzwischen auf Grund der aufgefundenen Papiere und Verhöre zu dem Schluß gekommen, eine solche Aktion sei gar nicht notwendig. »In Hechingen und Haigerloch geschieht so wenig Gefährliches, daß es sich nicht lohnt, auch nur einen verstauchten Knöchel zu riskieren«, prophezeite er ganz richtig.

Pash fürchtete nach dem Zusammenbruch der Front weniger die Deutschen als die Franzosen, zu deren Besatzungszone Hechingen eigentlich gehörte. Ihnen wollte er unbedingt zuvorkommen. Er brachte schnell einen kleinen Stoßtrupp zusammen und »eroberte« mit zwei Tanks nebst einigen Jeeps und Lastautos Hechingen am 22. April 1945 um acht Uhr dreißig, achtzehn Stunden bevor die Truppen des Generals de Lattre einmarschierten. Die gleiche T-Gruppe (Technische Gruppe) besetzte am selben Tag noch Haigerloch. Die Uranwürfel der »pile« hatte man auf einem Ochsengespann noch schnell in Sicherheit zu bringen versucht und in einer Scheune unter dem Heu versteckt. Aber einer der deutschen Atomforscher, und zwar derjenige, der seine Gespräche stets mit patriotischen Kernsprüchen zu würzen liebte, wollte sich gleich bei den neuen Herren einschmeicheln und verriet das Versteck. Die Reste des Uranbrenners im Felsenkeller wurden ein paar Tage später ohne Anweisung und zum Ärger Goudsmits von einem alliierten Sprengkommando zerstört.

Die »Alsos«-Mission nahm im Laufe ihrer Aktion acht Mitglieder der beiden Kaiser-Wilhelm-Institute für Physik und Chemie gefangen. Unter ihnen waren auch Otto Hahn, der Entdecker der Kernspaltung, Nobelpreisträger Max von Laue sowie C. F. von Weizsäcker. Aber Heisenberg fand man nicht mehr. Er hatte sich um drei Uhr nachts auf ein Fahrrad geschwungen und in Richtung Oberbayern »abgesetzt«, wo seine Familie war, der er in diesen Tagen der letzten Kämpfe beistehen wollte. Dabei wäre er fast noch von einem fanatischen SS-Mann verhaftet worden, der sich aber mit einem Päckchen »Pall Mall«-Zigaretten bestechen ließ, das auf irgendwelchen Umwegen aus den Beständen des unweit von Hechingen auf Schloß Sigmaringen internierten Marschalls Pétain in Heisenbergs Besitz gekommen war.

Das eigentliche »Preiswild« hatten Oberst Pash und Goudsmit also wieder nicht erjagt. Dafür fanden sie im Büro des Entwischten ein Foto, das Heisenberg und – Goudsmit zeigte, wie sie einander herzlich die Hände schüttelten. Es war im Jahre 1939 anläßlich des letzten Amerikabesuches von Heisenberg im Hause des jetzigen Chefs der »Alsos«-Mission in Ann Arbor aufgenommen worden.

Außer Pash nahm an dieser »Eroberung« von Hechingen auch noch ein hoher Offizier des Nachrichtendienstes der Armee, General Harrison, teil. Seine Reaktion, als er dieses »merkwürdige Foto« sah, war höchst gemischt. »Der General war ganz verblüfft, ja fast betreten«, erzählt Sam Goudsmit. »Er begann beinahe zu glauben, man könne mir doch nicht ganz trauen und ich müßte in Verbindung mit dem Feinde stehen. Gewiß hätte ich das Mißverständnis leicht aufklären können, aber dies war kaum der richtige Augenblick, ihm von der internationalen ›Familie der Physiker‹ zu erzählen.«

ATOMFORSCHER GEGEN ATOMBOMBE

1

Kurz nachdem Goudsmit in Straßburg die Akten Weizsäkkers über das deutsche Atomprojekt gefunden hatte, ging er mit einem Major spazieren, der den »Alsos«-Leuten als Verbindungsmann zum Kriegsministerium beigegeben war.

»Ist es nicht wunderbar, daß die Deutschen keine Atombombe haben?« sagte er. »Jetzt brauchen wir unsere nicht.« Die Antwort des Berufssoldaten an seiner Seite erschreckte ihn. Denn der prophezeite aus seiner langjährigen Kenntnis der militärischen Mentalität:

»Wenn wir so eine Waffe erst einmal haben, dann werden wir sie jedenfalls einsetzen. Ich hoffe, du verstehst das, Sam.«

Ähnliche Gedanken wie Sam Goudsmit bewegten die Atomforscher, die als Sachverständige im Hauptbüro von General Groves seine ausführlichen Berichte vom Kriegsschauplatz lasen. Mit jedem Rapport der »Alsos«-Agenten, die nun in Heidelberg, Celle, Hamburg und in Stadtilm in Thüringen alle Mitglieder des »Uran-Vereins« gefangennahmen und schließlich auch Heisenberg selbst in seinem Haus bei Urfeld in Oberbayern fanden, wurde es klar, daß die Deutschen wirklich keine Atombombe besaßen, ja nicht einmal die Voraussetzungen für den Bau einer solchen Waffe geschaffen hatten. Die Berichte der »Alsos«-Mission über das Nichtvorhandensein einer deutschen Atombombe waren selbstverständlich »Top Secret«, aber keine noch so strenge Geheimhaltungsmaßnahme konnte verhindern, daß die erstaunliche Botschaft in allen alliierten Atomlaboratorien zirkulierte und eifrig debattiert wurde.

Diese Nachrichten stellten die Atomforscher geistig und seelisch vor eine ganz neue Situation. Die Voraussetzungen, unter denen sie ihre Arbeit begonnen hatten, stimmten nun nicht mehr. War jetzt die Weiterarbeit an der Bombe politisch und moralisch überhaupt noch zu rechtfertigen? Gewiß nicht! Denn die Japaner, die nun die einzigen noch ernst zu nehmenden Gegner der alliierten Nationen waren, konnten, wie man mit Sicherheit wußte, keine solche Waffe entwikkeln.

Andererseits hätte es dem Geist der modernen Wissenschaft und Technik widersprochen, aus freien Stücken die weitere Entwicklung eines neuen Forschungsgebietes, sei es auch voller Gefahren für die Zukunft, auf halbem Wege abzubrechen. Es mußten also neue Beweggründe gefunden werden, um die Arbeit in den Atomlaboratorien auch unter den veränderten Bedingungen politisch und sittlich zu rechtfertigen. Sie wurden bald gefunden, weil man sie unbedingt finden wollte, und lauteten etwa so:

»Wenn wir diese Waffe nicht jetzt fertigstellen und in einem öffentlichen Versuch der Welt zeigen, wie furchtbar sie ist, dann wird früher oder später doch irgendeine andere skrupellose Macht in aller Stille und Heimlichkeit eine solche Bombe zu bauen versuchen. Es ist für den künftigen Frieden besser, wenn die Menschheit wenigstens weiß, woran sie ist.« Eine noch stärkere Rechtfertigung hieß: »Die Menschheit braucht die neue Energiequelle, die wir entdeckt und entwickelt haben. Wir müssen nur dafür wirken, daß diese Kraft in Zukunft zu friedlichen Zwecken anstatt zur Zerstörung verwendet wird.«

Am intensivsten beschäftigte man sich mit diesen Fragen am »Metallurgical Laboratory« der Universität von Chicago. Da ab 1944 die Hauptlast der Entwicklung auf Oak Ridge, Hanford und Los Alamos übergegangen war, fand man hier, wo das Atomprojekt seine ersten wichtigen Erfolge erzielt hatte, Zeit, sich nun auch mit den Konsequenzen der neuen Erfindung zu beschäftigen. In diesem Kreis wurden später auch die ersten Stimmen laut, die sich gegen den Kampfeinsatz der Bombe gegen Japan erhoben, von ihm wurden erstmals die Möglichkeiten einer internationalen Kontrolle und friedlichen Entwicklung der Atomenergie genau durchdacht.

Bereits im Sommer und Herbst 1944 ist daher in Chicago, angeregt durch Zay Jeffries, der zu Friedenszeiten in führender Stellung bei dem Großkonzern »General Electric« tätig gewesen war, von sechs Atomforschern (Fermi, Franck, Hogness, Stone, Thomas, Mulliken) unter dem Arbeitstitel »Prospectus on Nucleonics« die erste größere Studie über die vermutlichen politischen, sozialen und wirtschaftlichen Konsequenzen der »neuen Kraft« verfaßt worden. Dr. Jeffries meinte, als er dieses Geheimdokument am 18. November 1944 dem Direktor des »Met Lab«, Nobelpreisträger A. H. Compton, überreichte, daß die darin gemachten Voraussagen in zehn Jahren »amateurhaft« erscheinen müßten. Tatsächlich aber erwiesen sie sich als erstaunlich genau.

Besonders der »Absatz VI« (»The Impact of Nucleonics on International Relations and the Social Order«) liest sich wie eine in der nüchternen Sprache der Wissenschaft abgefaßte prophetische Darstellung der Nachkriegsprobleme, die durch die Atombombe aufgeworfen werden sollten. Alice Kimball Smith[1], die Einsicht in dieses Dokument nehmen konnte, resümiert den Inhalt wie folgt:

»Atomwaffen würden die Gefahr von plötzlichen Überfällen enorm vergrößern und dem Angreifer erhöhte Vorteile gewähren. Es müßte eine zentrale Stelle geschaffen werden, um die Verwendung der Atomkraft zu überwachen. Solange eine solche Behörde nicht vorhanden wäre, könnten die Vereinigten Staaten sich nur an die vielleicht trügerische Hoffnung halten, daß die Furcht vor Revanche die möglichen Angreifer vielleicht abschrecken werde. Die wachsende Kluft zwischen dem technischen Fortschritt und den statisch gebliebenen politischen Einrichtungen werfe ein Problem auf, für das sich zwei Lösungen aufdrängten: Man müsse entweder einen Schritt zurückgehen, indem man die im Gange befindliche

[1] Alice Kimball Smith, langjährige Mitherausgeberin des »Bulletin of the Atomic Scientists« und Frau von Professor Cyril Smith, einem der Abteilungsleiter in Los Alamos während des Krieges, hat im »Bulletin« (Oktober 1958) unter dem Titel »Behind the Decision to Use the Atomic Bomb: Chicago 1944–45« den bisher bestdokumentierten und ausführlichsten Bericht über diese ersten Bemühungen der Wissenschaftler, das von ihnen geschaffene Monstrum in Schach zu halten, veröffentlicht.

Atomentwicklung aufgebe (dies könnte jedoch ›nationalen Selbstmord‹ bedeuten), oder aber die intensive Entwicklung der Kerntechnik und ihrer möglichen Segnungen mit dem Bemühen um die Lösung der großen weltpolitischen Probleme kombinieren.«

Unabhängig davon hatte sich Niels Bohr schon seit Anfang 1944 mit den politischen Fragen befaßt, die durch die Entdekkung der »neuen Kraft« aufgeworfen wurden. Im Gegensatz zu dem damals vorherrschenden Optimismus über die künftigen Beziehungen zwischen den Hauptpartnern des Bündnisses gegen die Achsenmächte, sah der große dänische Gelehrte voraus, daß Ost und West nach Kriegsschluß in Reibungen und Konflikte geraten mochten. Eine Einigung der drei Großmächte, der USA, Großbritannien und Sowjetrußland, über die gemeinsame Kontrolle aller Anwendungen der Atomenergie schien ihm leichter erreichbar, solange die Atombombe noch nicht fertig oder gar im Krieg eingesetzt worden war.

Am 26. August 1944, um vier Uhr nachmittags, wurde Bohr im Weißen Haus empfangen, um mit Roosevelt auf Grund eines ausführlichen Memorandums, das er ihm und Churchill schon am 3. Juli geschickt hatte, über diese für die nächste Zukunft so lebenswichtigen Fragen zu sprechen.[1] Bohr wollte zeigen, daß die »neue Kraft« ein wichtiges Element zur Überbrückung der Gegensätze zwischen dem bolschewistischen Rußland und seinen sowohl politisch wie wirtschaftlich so anders organisierten Partnern sein könne. Zur Aufnahme der ersten, vorläufig inoffiziellen Kontakte schlug er vor, die nur vorübergehend unterbrochenen internationalen Verbindungen der Wissenschaftler zu nutzen. Bohr hoffte auf die Geburt der Völkerfamilie aus dem Geist der wiedervereinten »Familie der Atomforscher«

Wir wissen nicht, wie diese Audienz verlaufen ist, denn Roosevelt machte es sich zur Regel, über solche Privatunterredungen kein Protokoll zu führen. Bohr selbst aber fühlte sich stets an seine Schweigepflicht gebunden. Es steht jedoch fest, daß der amerikanische Staatschef auf Bohrs Vorschläge

[1] Text siehe Seite 381.

nicht einging. Lag es daran, daß er den Zeitpunkt noch für verfrüht hielt? Oder war es einfach so, daß Bohr, der in langen Unterhaltungen so außerordentlich überzeugend wirkt, sich bei diesem zeitlich begrenzten Treffen nicht klar genug verständlich zu machen gewußt hatte?

Daß es so gewesen sein könnte, läßt der Bericht vermuten, den der Physiker Lord Cherwell, der wissenschaftliche Berater Churchills, über eine ähnliche Audienz Niels Bohrs bei seinem Chef gegeben hat. Demnach soll der englische Premierminister dem Gelehrten eine halbe Stunde lang schweigend zugehört haben. Dann aber erhob er sich plötzlich und brach die Unterredung ab, ehe Bohr seine leise und umständlich vorgetragenen Ausführungen beendet hatte. Zu Cherwell gewendet, soll Churchill dann kopfschüttelnd bemerkt haben: »Wovon hat er nun eigentlich gesprochen? Von Politik oder von Physik?«

Nach Niels Bohr bemühte sich Alexander Sachs, der sich gleich ihm für die Entwicklung der Atombombe mitverantwortlich fühlte, den amerikanischen Staatschef zu einer frühzeitigen Stellungnahme über die neue Waffe zu bewegen. Dieser »anonyme Ratgeber« des Präsidenten, der ihn fünf Jahre zuvor überredet hatte, das Startzeichen für den Bau der Atombombe zu geben, arbeitete ein Memorandum über ihre erste Verwendung aus, das er im Dezember 1944 Roosevelt vorlas. Nach längerem Gespräch kamen beide Männer zu folgendem Schluß (laut einer Version, die Sachs etwa ein Jahr nach der Unterredung Minister Robert P. Patterson unterbreitete):

»Nach einem erfolgreichen Test der ersten Atombombe soll folgendes vorbereitet werden:

a) eine Probedemonstration vor einer Vertretung von international anerkannten Wissenschaftler der alliierten und neutralen Länder, dazu noch Vertretern aller großen Religionen (darunter auch Mohammedaner und Buddhisten);
b) Vorbereitung eines Berichtes über die Natur und Bedeutung der Atomwaffe durch Wissenschaftler und andere repräsentative Persönlichkeiten;

c) Veröffentlichung einer Warnung durch die Vereinigten Staaten und deren Verbündete, die am Atomprojekt beteiligt waren, an die Hauptgegner im Krieg, Deutschland und Japan, daß ein bestimmtes Areal dem Atombombardement ausgesetzt würde, jedoch nur innerhalb einer ganz begrenzten Zeitspanne, damit Menschen und Tiere rechtzeitig evakuiert werden könnten;
d) folgend einer solchen Demonstration der tatsächlichen Wirkung des Atombombardements, der Erlaß eines Ultimatums, das die sofortige Kapitulation des Feindes verlangt.«

Bestand Roosevelts Zustimmung zu diesem Plan vom Dezember 1944 nur in der Einbildung von Alexander Sachs? Seinem damaligen Kriegsminister Stimson gegenüber scheint der Präsident diesen Entwurf zu einer Direktive über den Gebrauch der Atombombe jedenfalls nie erwähnt zu haben, obwohl er später mit ihm diese Probleme ausführlich erörterte. Stimson, einer der wenigen Politiker, die von den Arbeiten an der Bombe wußten, sah Roosevelt zum letztenmal am 15. März 1945. Dabei wurde vor allem über »X« gesprochen (so pflegte Stimson die neue Waffe sicherheitshalber gelegentlich in Schriftstücken zu bezeichnen), und er notierte in sein Tagebuch:

»Ich überprüfte mit ihm die beiden Richtungen, die in bezug auf die künftige Nachkriegsrolle dieses Projektes, falls es erfolgreich ist, existieren: Versuch der Geheimhaltung des Projektes durch diejenigen, die es jetzt kontrollieren, oder aber internationale Kontrolle, basierend auf der Freiheit der Wissenschaft. Ich sagte ihm, diese Sachen müßten in Ordnung gebracht werden, bevor das Geschoß benutzt werde. Er müsse eine Erklärung für die Öffentlichkeit vorbereiten ...«

2

Keinerlei Zweifel daran, daß die Bombe, sobald sie fertig war, im Kriege eingesetzt werden würde, hatte General Groves. Zu Beginn des Jahres 1945, als die Fertigstellung mehrerer Atombomben innerhalb einiger Monate zu erwarten war, erstattete der Chef des »Manhattan Project« seinem Vorgesetzten, dem Generalstabschef George Marshall, Meldung vom Stand der Arbeiten. Er schlug vor, nunmehr detaillierte Pläne über den Einsatz der Bombe auszuarbeiten und hohe Offiziere mit der Leitung dieser Vorhaben zu betrauen. Marshall aber war so zufrieden mit der bisherigen Leistung von Groves, daß er ihn, wie der General erzählt, fragte: »Können Sie das nicht alles selbst in die Hand nehmen?«

Das war mehr als eine Frage. Es war ein Befehl, den »Gee-Gee« nur zu gerne befolgte. Er war schon längst über seine Rolle eines, vor allem im Baufach versierten, militärischen Managers hinausgewachsen. Er betrachtete sich nun als »praktischen Kernphysiker« (der wissenschaftliche Entscheidungen treffen konnte), als Diplomaten (der entgegen der von seiner Regierung geplanten Politik die Zusammenarbeit mit den Engländern in Atomfragen sabotierte); nun würde er auch noch die Rollen eines Strategen und – da der Einsatz der Atombombe Fragen von höchster politischer Bedeutung aufwerfen mußte – eines Staatsmannes spielen.

Gewiß – Groves hatte ein gewisses Recht auf gesteigertes Selbstbewußtsein. In Oak Ridge waren unter seiner Regie Fabrikhallen von einer Länge entstanden wie nirgends in den USA (die Kontrollbeamten mußten sich auf Fahrrädern von einem Ende zum anderen bewegen), in Hanford hatten 60000 Bauarbeiter eine der größten chemischen Anlagen des Landes geschaffen, und in Los Alamos arbeiteten sechs Abteilungen[1] an dem geheimnisvollen »Endprodukt«. Buchstäblich Tausende neuer Erfindungen und Patente waren bei diesen Arbeiten entwickelt worden. Allein die Beschreibung

[1] Im Frühling 1945 gab es in Los Alamos folgende »divisions«: Abteilung für theoretische Physik (Leitung: H. Bethe), Abteilung für experimentelle Physik (Leitung: J. W. Kennedy und C. S. Smith), Abteilung für Armeematerial (Leitung: Hauptmann W. S. Parsons), Abteilung für Sprengstoffe (Leitung: G. B. Kistiakowsky), Abteilung für Physik der Bombe (R. F. Bacher), Abteilung für fortgeschrittene Entwicklungsarbeit (Leitung: Enrico Fermi). Jede der »divisions« war in »groups« eingeteilt, die eigenen Leitern unterstanden.

der wichtigsten neuen Prozesse, die in Hanford erprobt worden waren, hätten dreißig volle Bände gefüllt. Sollte man auf die praktische Anwendung des Produkts der angestrengten, jahrelangen Arbeit von 150 000 Menschen, auf eine Waffe, die Ausgaben von zwei Milliarden Dollar verursacht hatte, nun freiwillig verzichten? Diese in seinen Augen geradezu wahnsinnige Idee diskutierte General Groves nicht einmal. Er war, so behauptete ein Atomforscher, der damals in seiner Nähe arbeitete, ab 1945 von einer einzigen großen Furcht besessen: daß der Krieg früher fertig sein könnte als »seine« Bombe. Deshalb trieb er auch nach der Kapitulation Deutschlands seine Mitarbeiter unaufhörlich an.

Schon im Frühjahr 1945 wurde eine Studiengruppe innerhalb des »Manhattan Project« gebildet, die sich mit der Auswahl des Ziels für den Abwurf der Bombe zu beschäftigen hatte. Ihr gehörten an: Mathematiker, theoretische Physiker, Spezialisten für Explosivwirkungen und Wettersachverständige. Dieses hauptsächlich aus Wissenschaftlern bestehende Team, dem auch Robert Oppenheimer angehörte, kam – laut einem in beschränkter Auflage veröffentlichten Bericht des »Manhattan Engineer District« – zu dem Schluß, daß Zielobjekte für den Abwurf dieser besonderen Bombe folgende Eigenschaften haben müßten:

a) Da zu erwarten ist, daß die Bombe den größten Schaden durch Explosion und danach durch Feuer anrichten wird, sollen die Ziele einen großen Prozentsatz von eng aneinandergebauten Holzgebäuden und anderen Bauten einschließen, bei denen durch Luftdruck und Feuer der meiste Schaden angerichtet werden kann.
b) Die hauptsächliche Explosionswirkung der Bombe wird sich, laut Berechnungen, über eine Region von ungefähr einer Meile Radius ausdehnen. Daher sollen die ausgewählten Ziele eine dichtbebaute Gegend von mindestens dieser Größe enthalten.
c) Die ausgewählten Ziele sollen einen hohen militärischstrategischen Wert besitzen.
d) Das erste Ziel soll möglichst unberührt von früheren

Bombardements sein, damit die Wirkung einer einzelnen Atombombe festgestellt werden kann.

Daraufhin wurden vier japanische Städte während der kommenden Monate ausdrücklich von den amerikanischen Bomberformationen, die ab 1945 schon jedes gewünschte Ziel in Japan fast ohne Widerstand anfliegen konnten, verschont. Man gewährte ihnen eine trügerische Gnadenfrist, um sie dann mit der neuen Bombe einem um so schrecklicheren Untergang weihen zu können.

Auf der engeren Zielliste für die Atombombe befand sich außer Hiroshima, Kokura und Nigata auch Japans Tempelstadt Kyoto. Als der Japan-Sachverständige, Professor Reischauer, der damals in einer Abteilung des Nachrichtendienstes der Armee diente, davon erfuhr, stürzte er ins Büro seines Chefs, Major Alfred MacCormack, wo er vor Erschütterung in Tränen ausbrach. MacCormack, ein gebildeter und humaner New Yorker Anwalt, erreichte daraufhin vom Kriegsminister Stimson, daß Kyoto begnadigt und von der »schwarzen Liste« gestrichen wurde.

3

Während schon auf dem Wendover-Air-Field im Staate Utah die Piloten für den kommenden ersten Atomangriff ausgebildet wurden, machte Leo Szilard, der eigentliche Initiator des Baus der amerikanischen Atombombe, im Frühjahr 1945 einen letzten Versuch, den unheimlichen »Dschinn«, den er, wie der Fischer in Tausendundeiner Nacht, aus der Flasche herausgelassen hatte, wieder einzufangen und einzusperren, ehe er Unheil anrichten konnte. Seine Stimmung in jenen Monaten hat er später mit bemerkenswerter Offenheit folgendermaßen geschildert:

»Während des ganzen Jahres 1943 und eines Teils von 1944 war es unsere größte Sorge, daß die Deutschen eine Atombombe vor der Landung in Europa fertigstellen könnten ... 1945 aber, als wir aufhörten, uns Sorgen darüber zu machen, was die Deutschen uns antun könnten, begannen wir uns besorgt zu fragen, was die Regierung der Vereinigten Staaten wohl anderen Ländern antun könnte.«

Schicksalhafte Umkehrung der Ereignisse! Im Sommer 1939 war Szilard zu Albert Einstein gekommen, um mit Hilfe seines Einflusses die Regierung zum präventiven Bau einer Atombombe zu überreden. Nun wandte er sich, über fünf Jahre später, wieder an Einstein, legte ihm die völlig veränderte Weltsituation dar und deutete ihm in großen Zügen – denn eine detaillierte Schilderung wäre ein Bruch der Geheimhaltungspflicht gewesen – die Möglichkeit eines von den Vereinigten Staaten begonnenen Atom-Wettrüstens an. Abermals unterzeichnete Einstein nun einen Brief, der zusammen mit einem ausführlichen Memorandum Szilards für Präsident Roosevelt bestimmt war.

Aber dieser letzte Brief Einsteins nebst Szilards beredter Warnung vor dem Einsatz der Bombe, der seiner Ansicht nach den USA zwar vielleicht einen momentanen militärischen Vorteil, in der Folgezeit aber schwere politisch-strategische Nachteile bringen mußte, erreichten Roosevelt nicht mehr. Beide Schriftstücke lagen noch unerledigt auf seinem Schreibtisch, als er am 12. April 1945 plötzlich starb.

Szilard sah zuerst keinerlei Möglichkeit, wie er sein ebenso dringendes und in Anbetracht der fortschreitenden Vorbereitungen für das Atombombardement eiliges Anliegen dem Nachfolger Roosevelts, Harry S. Truman, vorbringen könnte. Es hieß in jenen ersten Wochen, daß der ehemalige Senator am ehesten noch für seine Landsleute aus seiner engeren Heimat, dem Staate Missouri, zugänglich sei. Glücklicherweise gab es unter den Mitarbeitern Szilards in Chicago einen Wissenschaftler aus Kansas City (Missouri). Er kannte Trumans Sekretär, Matt Conelly (Bürger Missouris), und brachte Szilard zu ihm.

Der neue Staatschef war selbst erst am 25. April durch Stimson und Groves in das »streng geheime« Bombenprojekt voll eingeweiht worden. Überlastet durch die Fülle neuer und unerwarteter Aufgaben, hatte er verständlicherweise in diesem Augenblick keine Zeit, selbst mit Szilard zu sprechen. Conelly schickte den Gelehrten daher zu Richter James

Byrnes, einem einflußreichen Politiker der demokratischen Regierungspartei, der aber zu jener Zeit noch ohne offizielle Stellung war.

Byrnes besaß damals zwar so gut wie keine internationale Erfahrung, doch bereits beträchtlichen innenpolitischen Einfluß. Der neue Mann im Weißen Haus fühlte sich ihm besonders verpflichtet, weil der Einfluß von Byrnes wesentlich dazu beigetragen hatte, daß ihn Roosevelt ein Jahr zuvor als Kandidaten für die Vizepräsidentschaft akzeptierte.

Szilard mußte also mit seiner Denkschrift und dem Einstein-Brief hinunter in den Süden, nach Spartansburg im Staate South Carolina, der politischen Hochburg von »Jimmy« Byrnes, fahren. Dort saßen einander nun gegenüber: der vom Schicksal zum Weltbürger gemachte, um die ganze Menschheit besorgte Atomforscher und der erfolgreiche Provinzpolitiker, der sich am Vorabend eines großen Aufstieges wußte. Die Überlegungen, die Szilard in seinem Memorandum angestellt hatte, waren Spekulationen über eine Zukunft, die seinem Gesprächspartner vermutlich noch viel zu fern lag. Aufgabe eines Teils der nationalen Souveränität? Sowjetische Polizei auf amerikanischem und amerikanische auf sowjetischem Boden, um eine internationale Kontrolle der Uranschürfung und Atomproduktion durchzuführen? All das klang im stillen Spartansburg wie müßige oder gar hysterische Phantasterei.

Szilard spürte, daß Byrnes nicht mitging, obwohl er sein mangelndes Interesse hinter einer Routinefreundlichkeit, wie sie Berufspolitiker an sich haben, verbarg. »Machen Sie sich nicht zu große und ganz unnötige Sorgen?« fragte er seinen Gast mit dem schwer aussprechbaren ausländischen Namen. »Soviel ich weiß, gibt es in Rußland doch überhaupt kein Uran!«

Nur einige Wochen darauf wurde James Byrnes von Präsident Truman zum Außenminister der Vereinigten Staaten ernannt.

4

Da ihm Präsident Roosevelt vor seinem Tode nicht mehr die erbetenen Direktiven über den Einsatz der ersten Atombomben und die Zukunft des Atomprojekts gegeben hatte, drang Kriegsminister Stimson schon bei seiner ersten Besprechung mit Präsident Truman Ende April 1945 nun mit Nachdruck darauf, daß möglichst umgehend eine Sachverständigen-Kommision zusammengerufen werde, die dem Staatschef Empfehlungen über diese Fragen vorlegen könne. Als diese Nachricht in den Laboratorien des »Manhattan Project« bekannt wurde, fühlten sich alle diejenigen Wissenschaftler, die den Einsatz befürchteten und für eine baldige internationale Kontrolle eintraten, erleichtert. Doch war die Enttäuschung groß, als die Zusammensetzung der Kommission bekannt wurde. Sie bestand aus fünf Persönlichkeiten des politischen Lebens, nämlich Kriegsminister Henry L. Stimson, seinem Stellvertreter, George L. Harrison, James Byrnes als persönlichem Vertreter Trumans, Ralph A. Bard als Vertreter der Flotte und William Clayton als Vertreter des Außenministeriums sowie drei Wissenschaftlern, denen seit 1940 die Organisation der gesamten Forschung für militärische Zwecke unterstellt war: Vannevar Bush, Karl T. Compton und James B. Conant. Dieser Hauptkommission war außerdem eine besondere Fachkommission von Atomforschern zugeteilt, das sogenannte »scientific panel«. Ihm gehörten an: J. Robert Oppenheimer, Enrico Fermi, Arthur H. Compton und Ernest O. Lawrence. Diese sieben Wissenschaftler waren (vielleicht mit der einzigen Ausnahme von Fermi) bei ihren Kollegen dafür bekannt, daß sie »mit den Politikern und Militärs Ball spielten«. Man traute ihnen nicht zu, daß sie den Standpunkt vieler, wenn nicht sogar der Mehrheit der Mitarbeiter des »Manhattan Project« vertreten würden. Aber ein Vorschlag, den Nobelpreisträger Harold C. Urey, der das Vertrauen zahlreicher, besonders der jüngeren Atomforscher besaß, in den »wissenschaftlichen Beirat« aufzunehmen, drang nicht durch.

So tagte denn am 9., 14., 18., 31. Mai und 1. Juni diese absichtlich unauffällig »Interim Committee« betitelte Kommission mit der von Generalstabschef Marshall gestellten Aufgabe, die »Atomenergie nicht einfach unter dem Aspekt der militärischen Waffen, sondern unter Berücksichtigung der neuen Beziehung des Menschen zum Universum« zu betrachten. Arthur H. Compton erinnert sich, daß dem »scientific panel«, dem er selbst angehörte, damals gar nicht die Frage vorgelegt wurde, *ob* die neue Bombe benutzt, sondern ausschließlich, *wie* sie benutzt werden sollte. Die vier Atomforscher hielten sich leider bei dieser ersten Beratung strikt an ihre begrenzte Instruktion, statt von sich aus oder als Sprachrohr vieler Berufskollegen den Verzicht auf den Einsatz der Bombe anzuregen.

Daß in der Hauptkommission selbst keinen Augenblick Zweifel am Einsatz der Waffe aufkam, geschah unter dem Einfluß eines Mannes, dessen Name in der Liste der Mitglieder nicht auftaucht und auch von Kriegsminister Stimson in seinen späteren Darstellungen nicht erwähnt wird: Leslie R. Groves.

»Es hätte nicht gut ausgesehen, wenn man mich offiziell zum Mitglied dieser Kommission von Zivilisten ernannt hätte«, erklärt Groves, »aber ich war bei allen Sitzungen dabei, und ich hielt es stets für meine Pflicht, den Abwurf der Bombe zu empfehlen. Schließlich starben damals noch jeden Tag zahlreiche unserer Jungens im Kampf gegen die Japaner. Soviel ich weiß, hatte keiner der Wissenschaftler, die gegen den Abwurf der Bombe waren, nahe Verwandte im Feld. Darum konnten sie es sich auch erlauben ›weich‹ zu sein.«

Das Resultat dieser Beratungen war jedenfalls ein voller Sieg der Auffassung von Groves. Bei Abschluß der Tagung wurde an Präsident Truman folgende Empfehlung weitergeleitet:

1. Die Bombe solle gegen Japan so bald wie möglich eingesetzt werden.
2. Sie solle gegen ein Ziel mit doppelten Eigenschaften verwendet werden – das heißt, eine militärische Anlage oder eine Rüstungsanlage, die aber entweder von Wohnhäu-

sern und anderen leicht zu beschädigenden Gebäuden umgeben ist oder in der Nähe davon liegt.
3. Sie solle benutzt werden, ohne vorher auf die besondere Natur dieser Waffe warnend hinzuweisen.

Diese dritte Empfehlung erschien Ralph A. Bard, der die Flotte bei diesen Beratungen vertrat, militärisch so unfair, daß er später seine Zustimmung zu diesem letzten Punkt zurückzog.

Erst 1963 wurde bekannt, daß auch General Marshall sich am 19. Mai dem Vorbehalt von Bard voll angeschlossen hatte! Vergeblich ...

Es ist vermutlich kein Zufall, daß gerade der Vertreter der amerikanischen Flotte am ehesten humanen Überlegungen zugänglich war. Die US-Flotte hat stets einen größeren Respekt für die Regeln ritterlicher Kriegführung gezeigt als die anderen Gattungen der amerikanischen Streitkräfte. Bezeichnend dafür ist, daß die oberste juristische Autorität des Flottenministeriums kurz vor der Entscheidung über den Abwurf der Atombombe ein Rechtsurteil über die Verwendung einer »biologischen Waffe« abzugeben hatte, die in einem Forschungslaboratorium der »Navy« entwickelt worden war. Es handelte sich dabei um ein biochemisches Präparat, dessen Abwurf den Ruin der gesamten japanischen Reisernte – und damit schwere Hungersnot – verursacht hätte. Eine so unmenschliche Waffe verstoße gegen das Kriegsrecht und sei daher der »Navy« unwürdig, hatte der Richter entschieden.

Ein ähnliches Rechtsgutachten wurde vor dem Einsatz der Atombombe jedoch bei keiner Stelle eingeholt.

5

Diese Empfehlung des »Interim Committee« war streng geheim, aber sie sickerte doch wieder nach Chicago, Oak Ridge und Los Alamos durch, wo besonders die jüngeren Wissenschaftler sich immer deutlicher gegen den Gebrauch der Bombe aussprachen. In Chicago wurde von der Universität aus eine Kommission von sieben Forschern[1] bestellt, die einen ausführlichen Bericht über die »sozialen und politischen Konsequenzen der Atomenergie« debattieren und formulieren sollte. Ihre Leitung hatte Nobelpreisträger James Franck, der einstige Göttinger Professor. Außer ihm haben wohl Szilard und der Biochemiker Eugene Rabinowitch die meisten Ideen zu dem später unter dem Namen »Franck Report« berühmt gewordenen Memorandum beigesteuert.

»Es war unerträglich heiß damals in Chicago«, erinnert sich Rabinowitch. »Durch die Straßen der Stadt gehend, überfiel mich die Vision stürzender Wolkenkratzer unter flammendem Himmel. Es mußte etwas getan werden, um die Menschheit zu warnen. Ich fand, sei es vor Hitze, sei es vor innerer Erregung, keinen Schlaf und begann mitten in der Nacht an unserem Rapport zu schreiben. James Franck hatte mir einen Entwurf von anderthalb Seiten für den Bericht gegeben, aber meine Ausarbeitung wurde viel ausführlicher.«

Zu Beginn ihres Berichtes[2], den sie am 11. Juni 1945 als feierliche Eingabe an den Kriegsminister sandten, betonten die sieben Forscher aus Chicago, sie behaupteten keineswegs, Autoritäten auf politischem Gebiet zu sein. Nur deshalb, weil sie zusammen mit einer kleinen Gruppe von Staatsbürgern die einzigen seien, die um eine Gefahr wüßten, von der die übrige Menschheit noch nicht einmal etwas ahne, hätten sie sich zu einem solchen Schritt entschlossen. Dies um so mehr, weil sie als Männer der Wissenschaft im Gegensatz zu Forschern früherer Zeiten keinen wirksamen Schutz gegen die über alle bisherige Zerstörungsgewalt hinausgehenden neuen Waffen in Aussicht zu stellen wüßten. Ein solcher Schutz könne diesmal nicht von einer politischen Neuorganisation der Welt erwartet werden.

Es folgte eine, wie sich später erweisen sollte, erstaunlich genaue Voraussage des zu erwartenden Rüstungswettren-

[1] Die Kommission bestand aus drei Physikern (J. Franck, D. Hughes, L. Szilard), drei Chemikern (T. Hogness, E. Rabinowitch, G. Seaborg) und einem Biologen (C. J. Nickson).

[2] Vollständiger Text siehe Seite 384 ff.

nens. Um dieses zu vermeiden, müsse sofort eine auf gegenseitigem Vertrauen gegründete Rüstungskontrolle angestrebt werden. Gerade dieses so notwendige Vertrauen werde aber von Anfang an erschüttert, wenn die Vereinigten Staaten überraschend gegen Japan eine Bombe einsetzen würden, die ebenso wie die deutschen Raketenwaffen unterschiedslos Soldaten und Zivilisten töten müsse. Die sieben Forscher warnten: »Die militärischen Vorteile und die Rettung amerikanischer Leben, die durch eine plötzliche Anwendung von Atombomben erreicht werden könnten, werden womöglich übertroffen durch den damit entstehenden Verlust an Vertrauen, durch die Welle des Grauens und der Ablehnung, die über den Rest der Welt gehen und vielleicht sogar unsere eigene öffentliche Meinung tief spalten wird.«

Als Ersatz für den geplanten Abwurf der Atombomben über Japan schlug der »Franck Report« vor, die Demonstration der neuen Waffe könne am besten vor den Augen der Vertreter aller Vereinigten Nationen in einer Wüste oder auf einer unfruchtbaren Insel erfolgen. Die bestmögliche Atmosphäre für den Abschluß einer internationalen Vereinbarung würde geschaffen werden, wenn Amerika der Welt sagen könnte: »Ihr seht, was für eine Art von Waffe wir besaßen und doch nicht benützten. Wir sind bereit, in Zukunft auf die Anwendung zu verzichten, wenn andere Nationen sich mit uns über diesen Verzicht einigen und übereinstimmend eine wirksame internationale Kontrolle einrichten.«

Arthur H. Compton glaubt sich zu erinnern, daß James Franck selbst nach Washington kam und ihm den Report überreichte, den er dann sofort an George L. Harrison, Stimsons Vertreter, weiterleitete. Die Dringlichkeit dieses neuerlichen Appells und das hohe Ansehen, das die sieben Mitglieder der Franck-Kommission besaßen, veranlaßten Kriegsminister Stimson, dieses Dokument sofort dem »scientific panel«, der bereits vierzehn Tage zuvor konsultierten Fachkommission von Atomforschern, vorzulegen.

Es stand also in diesem Augenblick durchaus in der Macht dieser vier Männer – Compton, Fermi, Oppenheimer und Lawrence –, durch ihre Zustimmung zu dem Vorschlag ihrer

Kollegen in Chicago den Abwurf der Bombe auf ein japanisches Kriegsziel, auf Häuser und Menschen, in Frage zu stellen, ja vielleicht sogar zu verhindern. Sie trafen sich am 16. und 21. Juni 1945 in Los Alamos. Über ihre Beratungen hat Oppenheimer später folgendes berichtet:

»Von den anderen zwei dem Rat zugewiesenen Aufgaben war die eine ganz geringfügig. Wir wurden aufgefordert, uns darüber zu äußern, ob die Bombe angewendet werden solle. Ich glaube, der Grund, warum wir um diese Stellungnahme gebeten wurden, war der, daß von einer sehr berühmten und ernsthaften Gruppe von Wissenschaftlern ein Antrag des Inhaltes eingereicht worden war: ›Nein, sie solle nicht angewendet werden.‹ Es würde in jeder Hinsicht besser sein, wenn man es nicht täte. Wir wußten so gut wie nichts von der militärischen Lage der Japaner. Wir wußten nicht, ob sie durch andere Mittel zur Kapitulation veranlaßt werden konnten oder ob die Invasion wirklich unvermeidlich war. Aber in unserem Unterbewußtsein hatten wir die Vorstellung, die Invasion Japans sei unvermeidlich, weil man es uns so dargestellt hatte …

Wir sagten, wir glaubten nicht, daß unsere Eigenschaft als Wissenschaftler uns speziell dazu befähige, die Frage zu beantworten, ob die Bomben angewendet werden sollten oder nicht; die Meinung zwischen uns sei geteilt[1], wie sie es auch zwischen anderen Menschen sein würde, wenn sie wüßten, worum es ginge. Wir meinten, die zwei herrschenden Erwägungen seien die Schonung von Menschenleben im Krieg und die Wirkung unseres Vorgehens auf unsere eigene Lage sowie auf die Stabilität der Nachkriegswelt. Wir sagten auch, wir glaubten nicht, daß die Explosion eines dieser Dinger als Knallfrosch [›Firecracker‹] über einer Wüste Aussicht hätte, sehr eindrucksvoll zu sein.«

Die Initiative der »Sieben von Chicago« war damit abgelehnt und die Hoffnung, den Abwurf der Bombe über Japan zu verhindern, verschwindend klein geworden.

[1] Der stärkste Widerstand gegen den Abwurf der Bombe kam von E. O. Lawrence. Nach Ansicht Comptons, weil er unter seinen Schülern Japaner gehabt hatte.

6

Gegen diesen Hintergrund resultatloser Eingaben und wachsender Enttäuschung im Kreis der alliierten Atomforscher müssen die Überlegungen und Taten eines damals vierunddreißigjährigen theoretischen Physikers gesehen werden, dessen Name viereinhalb Jahre später, Ende Januar 1950, im Mittelpunkt einer großen Spionageaffäre stehen sollte: Klaus Fuchs.

Der Sohn eines evangelischen deutschen Pastors, der sich zu den Quäkern und religiösen Sozialisten bekannte, war als eines der wichtigsten Mitglieder des englischen Forscherteams Ende 1943 nach den USA und im Dezember 1944 nach Los Alamos gekommen. Hier in der engen Gemeinschaft mit anderen Wissenschaftlern aller Nationen war Fuchs, der sich in Edinburgh als Schüler von Max Born und in Birmingham als Assistent von Rudolf Peierls eher wortkarg und menschenscheu gegeben hatte, aufgelebt wie nie zuvor. Er hatte viele Freundschaften geschlossen und auf allerlei schüchterne Art seinen Kollegen persönliche Dienste erwiesen. Er war derjenige, der immer bereit war, als »Babysitter« auszuhelfen, Besorgungen in Santa Fé zu machen und auf jede nur erdenkliche Weise die Gebote der christlichen Nächstenliebe zu befolgen. »Er war einer der liebsten, besten Menschen, denen ich begegnet bin«, erklärt Dorothy McKibben noch heute.

Seine Kollegen erinnern sich, mit welcher Intensität Fuchs den seit Anfang 1945 immer häufiger stattfindenden Diskussionen über die politischen und sozialen Konsequenzen der Bombe zuhörte. Er sagte selten etwas. Nur einmal, als jemand meinte: »Wir sollten alle die Weiterarbeit verweigern, weil die Regierung ihren stillschweigenden Kontrakt mit uns bricht, wenn sie die Bombe zu Angriffszwecken verwendet«, mischte er sich ein und sagte mit vernichtend trockener Sachlichkeit: »Dazu ist es jetzt wohl zu spät. Die Sache ist ja nun schon in den Händen der Techniker.«

Weniger hochmütiges Selbstgefühl, als Mitgefühl mit seinen enttäuschten Kameraden muß Fuchs bewegt haben, als er im Februar und Juni 1945 in Cambridge und in Santa Fé dem Sowjetagenten »Raymond«, alias Harry Gold, alles mitteilte, was er über die Atombombe wußte. Er sagte sich wohl: »Die reden, hoffen, warten und werden immer wieder enttäuscht, weil sie die wahre Natur der politischen Macht nicht kennen. Ich aber handle. Vielleicht verhindere ich den nächsten Krieg.«

Später, nach seiner Verhaftung, hat Fuchs erklärt, er bedaure, seinen Freunden gegenüber ein Doppelspiel getrieben zu haben. Falls ihm solche Zweifel schon im Frühjahr 1945 gekommen sind, so muß er sich damals damit beruhigt haben, daß in jenen Tagen alle diese Freunde in ihren Debatten immer wieder betonten, die neue Waffe zwinge die Menschheit zu überstaatlichem Denken und ganz ungewöhnlichen, den bisherigen Begriffen von Patriotismus entgegengesetzten Handlungen.

Gewiß, die anderen Atomforscher wollten diesen »Verrat« an Konzeptionen, die ihnen historisch überholt erschienen, später mit Erlaubnis des Staates und der Öffentlichkeit begehen. Das muß Fuchs aber hoffnungslos erschienen sein. Was hat er wohl damals wirklich gedacht? Seine eigene Aussage, er habe wie ein »Schizophrener« gehandelt, die er nach seiner Verhaftung machte, klingt wenig überzeugend. Vermutlich wollte der Angeklagte, der befürchten mußte, zum Tode verurteilt zu werden, damit erreichen, daß er als »vorübergehend unzurechnungsfähig« ein milderes Urteil bekomme.

Vielleicht kommt man dem, was tatsächlich in Klaus Fuchs vorging, als er sich zum Hochverrat entschloß, näher, wenn man die Meinung seines Vaters und naher Freunde hört, mit denen er weder vor noch nach seiner Gefangennahme den Kontakt verlor. Professor Emil Fuchs, der seinen Sohn nach dem Kriege in England unter vier Augen sprach, versucht heute dessen Handlungsweise folgendermaßen zu erklären:

»Ich als Vater sehe seine große innere Not in dem Augenblick, wo er entdeckte, daß er für die Bombe arbeitete. Sagte er: Ich tue es nicht, so ging es eben doch weiter in der vollen Gefahr für die Menschheit. So fand er den Ausweg aus einer ausweglosen Lage. Weder er noch ich haben es dem englischen Volke verdacht, daß man ihn verurteilte. Er trägt sein Los tapfer und entschlossen und klar. Nach englischem Gesetz ist er zu Recht verurteilt. Aber es muß ja immer wieder Menschen geben, die solche Schuld auf sich nehmen (Yorck bei Tauroggen) und die Folgen starken Willens tragen, weil sie meinen, daß sie klarer sehen als die Machthaber, die in diesem Augenblick entscheiden. Sollte nicht schon klar sein, daß er auch im Interesse des englischen Volkes klarer handelte als seine Regierung? Dabei riskierte er eine glänzende, hochbezahlte Stellung und eine noch glänzendere Zukunft. Ich kann nur in Ehrfurcht mich seiner Entscheidung beugen. Wer kann wissen, wie er entschieden hätte in solcher Lage?«

Eine viele Seiten lange Studie über Klaus Fuchs hat Margaret Hager, eine enge Freundin seiner Familie, verfaßt und an einige Bekannte geschickt. Sie schreibt darin:

»Wenn man einmal so an diesen ›Fall‹ herantritt, zeigt sich, daß die sittlichen Begriffe, die wir mehr oder weniger selbstverständlich in bedenklich mechanischem Sinn anwenden, sofort da nicht ausreichen und zutreffen, wo der Mensch den Begriff der Treue nicht einseitig sieht, sondern als dem Ganzen verbindlich. Treu ist dann nicht, was dem einen für sich und gegen den anderen dient, sondern was dem Menschen schlechthin und grundsätzlich dient. Die Frage ist so nicht: ›Wie konnte denn Dr. Fuchs?‹, sondern: ›Wie konnte eine Gesellschaft, und so auch – notgedrungen – ein Mann, dem die Umstände wider und ohne Willen die Frage nach der besten Machtverteilung jetzt und hier in dieser Welt vor die Füße legte?‹ Fuchs ›mußte‹ da zum Verräter werden.

Aber wenn er umgekehrt handelte, wie er anscheinend tat? Dann wurde er nach der anderen Seite schuldig. Das Atomgeheimnis blieb gewahrt, dieser Mann hielt seinen Eid. Menschlich gesehen wurde der Krieg unvermeidbar. Dr. Fuchs wäre dann einen ›glatten‹ Weg gegangen. Kein Mensch, auch der strengste Moralist, hätte ihm wahrscheinlich etwas anhaben können. Denn niemand erfuhr, welchen schicksalsschweren Moment lang – menschlich gesprochen – Leben und Tod der Völker in seiner Hand gelegen hatten. Fuchs mußte subjektiv völlig schuldlos ausgehen. Aber … am

Ende hätte das englische Volk ja auch das Grauen eines dritten Weltkrieges miterlitten ... Und er wäre zwar ›schuldlos‹ geblieben, aber auf Kosten der Völker.

Das soll nicht heißen, Dr. Fuchs sei zu Unrecht verurteilt. Nach den heute geltenden sittlichen Begriffen von Treue wurde Fuchs schuldig. Aber im Grunde, damit die Völker, die einzelnen und die Menschheit an seinem Fall grundsätzlich erkennen lernen, wohin wir treiben bei dieser Art von Zusammenleben ... Das soll Dr. Fuchs nicht zum Helden machen. So wenig er aber Verbrecher oder Märtyrer ist, so deutlich ist er – verstehen wir die Dinge vom Letzten her – ›Lükkenbüßer‹ in der inneren Fortentwicklung und Wandlung des Menschengeschlechtes auf seinem Wege zu echter, zu wirklich schöpferischer Menschlichkeit ... Sichtliche Untreue kann tiefere Treue sein.«

Fuchs selbst hat nach seiner Verhaftung folgende aufschlußreiche Mitteilung gemacht: »Es erschien mir damals, daß ich ein ›freier Mann‹ geworden war, weil ich in einer Abteilung (meines Geistes) mich völlig unabhängig von den mich umgebenden Kräften der Gesellschaft gemacht hatte.«

Indem er seine Informationen den Agenten einer anderen Macht übergab, verlor er selbstverständlich diese Freiheit sofort wieder. Er hatte nur eine Unfreiheit mit der anderen vertauscht.

Denn sie wissen nicht, was sie tun

1

Nie war das Tempo in Los Alamos schärfer als nach der Kapitulation des Dritten Reiches. »Unsere Männer arbeiteten fast ohne Pause«, erinnert sich Eleanor Jette, die Gattin eines führenden amerikanischen Atomforschers. Als Verfasserin der alljährlichen Silvesterrevuen, in denen die Schwierigkeiten des Lebens auf der »Mesa« und die Eigenarten einiger prominenter Mitbürger gutmütig verspottet wurden, war sie eine Art von Lokalberühmtheit.

Aber im Juni und Juli 1945 verließ auch sie der Humor. Es war, als hätte sich das Wetter gegen die Bombenbauer verschworen. Wochenlang regnete es nicht. Ein trockener heißer Wind wehte von der Wüste her. Das Gras verbrannte, die Blätter und Piniennadeln der Bäume verdorrten. Ab und zu verdunkelte sich der Himmel, und es blitzte in der Ferne über dem »Sangre de Christo«(»Blut Christi«)-Gebirge, aber die Wolken öffneten sich nicht. Mehrmals entstanden unweit der Laboratoriumsstadt Waldbrände, und man befürchtete, daß verwehte Funken die Wohnhäuser, Bürobaracken und die Werkstätten, die alle noch immer aus Holz waren, leicht in Brand stecken könnten. Für den Fall eines Feuers aber war nur im »Achley Pond«, einem kleinen Teich, der sich in der Mitte des Ortes befand, Löschwasser vorhanden, da die Leitungen jetzt nicht einmal genug für den notwendigsten persönlichen Gebrauch von dem kostbaren Naß heranbrachten. »Wir putzten uns die Zähne mit Coca-Cola«, erzählt eine der damaligen Krankenschwestern. »Zu allem Überfluß traten gerade jetzt bei den Schulkindern einige Fälle von Windpokken auf. Es war wichtiger denn je, daß sich alle Kinder so oft wie möglich waschen konnten, und ausgerechnet jetzt fehlte das Wasser.«

Eine Direktive von Groves verlangte, daß die erste Bombe bis Mitte Juli zum Test und die zweite im August zum Kriegseinsatz bereitgemacht werden solle. Philip Morrison stellt fest: »Ich kann persönlich bezeugen, daß ein Tag in der Nähe des 10. August das mysteriöse Enddatum war, das wir, die wir täglich den Job hatten, die Bombe fertigzumachen, um jeden Preis, unbekümmert um das Risiko von Geld oder solide Entwicklungsarbeit, einhalten mußten.«

Die Hetze, die Hitze und die Wasserknappheit wirkten zusammen, um jedermann gereizt zu machen. Mrs. Jette erzählt: »Eines Tages sagte ich im Vorbeigehen zu einem alten Bekanten ganz harmlos ›Guten Morgen‹, da sprang er mich sofort an: ›Was ist denn eigentlich *gut* an diesem Morgen?‹«

In diesem Endstadium des Baus der Atombombe spielten zwei junge Physiker, übrigens beide Altersgenossen von Klaus Fuchs, besonders wichtige Rollen: der hochaufgeschossene Kalifornier Luis W. Alvarez und der hagere, als Sohn russischer Pogromflüchtlinge in Kanada geborene Louis Slotin. Sie gehörten beide zu den »War Babies«, jener Gruppe junger Wissenschaftler, die erst in der Kriegsarbeit ihr Handwerk richtig erlernt und ihre ersten Erfolge in den Rüstungswerkstätten erzielt hatten. Für sie war die »neue Kraft« weder so wunderbar noch so furchtbar wie für die »älteren Semester«, mit denen sie zusammenarbeiteten. Sie hatten daher auch nicht viel Verständnis für die Zweifel, die ihre Meister in den letzten Monaten bewegten.

Alvarez, der Sohn eines berühmten Internisten der Mayo-Klinik, war erst ziemlich spät nach Los Alamos gekommen. Vorher hatte er sich an der Ostküste Amerikas im geheimen Radarlaboratorium des »Massachusetts Institute of Technology« durch einige wichtige Erfindungen (darunter ein Bombenzielgerät und das heute auf fast allen Flugplätzen installierte System der drahtlosen Landungskontrolle) ausgezeichnet. Auf dem »Hügel« war es ihm und seinem »Team« von noch jüngeren Forschern gelungen, den komplizierten, auf den millionsten Bruchteil einer Sekunde genauen Auslösungsmechanismus der Bombe zu konstruieren.

Das Ausprobieren dieser Vorrichtung, soweit das überhaupt im Laboratorium möglich war, galt als einer der gefährlichsten »Jobs« in Los Alamos. Es wurde weitab von der

»Mesa«, auf der sich die Wohnstadt und die meisten Werkstätten befanden, in engen, isolierten Canyons vorgenommen. Als Alvarez im Frühjahr 1945 das erste Entwicklungsmodell der Bombenauslösung zu seiner Zufriedenheit fertiggestellt und erprobt hatte, überließ er die Herstellung des endgültigen Modells Dr. Bainbridge, dem technischen Leiter, und bat Oppenheimer, ihm eine neue Aufgabe, wenn möglich in Frontnähe, zu geben.

Alvarez und sein Team wurden Ende Mai 1945 nach dem pazifischen Flugstützpunkt Tinian geschickt, von dem aus fast täglich Angriffe mit »gewöhnlichen« Spreng- und Brandbomben gegen Japan geflogen wurden. Er entwickelte dort in Erwartung seines endgültigen Atomeinsatzes ein Meßinstrument, das gleichzeitig mit der Bombe abgeworfen werden sollte. Es hatte die Aufgabe, durch Radiosignale dem Bombenflugzeug Mitteilungen über die Stärke der durch die neue Waffe ausgelösten Schockwelle zu geben.

Inzwischen war Slotin damit beschäftigt, das Innerste der Versuchsbombe zu erproben. Es bestand aus zwei Halbkugeln, die erst im Augenblick des Abwurfes zusammenkommen sollten, wodurch sich dann das in ihnen enthaltene Uran zu einer »kritischen Masse« vereinigen würde. Die Bestimmung dieser »kritischen Größe« (im Jargon von Los Alamos einfach »crit« genannt) war eines der Hauptprobleme, an denen die theoretische Abteilung arbeitete. Aber die Menge des Urans, der Streuwinkel und die Weglänge der Neutronen, welche die Kettenreaktion auszulösen hatten, die Geschwindigkeit, mit der die beiden Sphären zusammengebracht wurden, und noch eine ganze Reihe anderer Daten konnten nur ungefähr errechnet werden. Wollte man ganz genau sein und sichergehen, so mußte all das erst noch bei jeder Bombe experimentell erprobt werden. Dies war die Aufgabe der unter der Leitung des nach Los Alamos gebrachten Entdeckers der »Spaltung«, O. R. Frisch, stehenden »Gruppe«. Ihr gehörte auch Slotin an.

Slotin pflegte dieses Experiment ohne besonderen Schutz auszuführen. Seine einzigen Instrumente waren zwei Schraubenzieher, mit denen er die beiden Sphären unendlich behutsam auf einer Schiene gegeneinander losschob. Er durfte nur gerade den »kritischen Punkt« erreichen, den allerersten Beginn einer Kettenreaktion, die aber unmittelbar abbrach, sobald er die Sphären wieder auseinanderschob. Überschritt er diesen Punkt oder war er nicht ganz schnell genug, so konnte die Masse »überkritisch« werden und die Folge eine Kernexplosion sein. O. R. Frisch selbst wäre bei einem ähnlichen Versuch in Los Alamos schon einmal fast ums Leben gekommen. Slotin wußte natürlich, wie knapp der Tod seinen Chef gestreift hatte. Aber dieser lebensgefährliche Test – er nannte ihn »den Drachen am Schwanz kitzeln« – war ganz nach dem Geschmack dieses tollkühnen jungen Mannes. Seit seiner frühesten Jugend suchte Slotin Kampf, Aufregung und Abenteuer. Mehr um des »thrill« willen als aus politischen Gründen hatte er sich freiwillig zum spanischen Bürgerkrieg gemeldet und war dort als Flakschütze oft in höchster Gefahr gewesen. Bei Ausbruch des Zweiten Weltkriegs meldete sich Slotin sofort zur »Royal Air Force«, wurde aber nach einiger Zeit trotz hoher Bewährung im Kampf entlassen, als es sich herausstellte, daß er der ärztlichen Prüfungskommission seine Kurzsichtigkeit verheimlicht hatte.

Auf dem Rückweg von Europa in seine kanadische Heimatstadt Winnipeg hatte Slotin in Chicago einen Bekannten getroffen, der ihm klarmachte, daß er mit seinen hohen wissenschaftlichen Qualifikationen – er war Preisstudent der Biophysik am Londoner King's College gewesen – in einem Laboratorium mehr für die Kriegsanstrengung leisten könne als in einem Kampfanzug. So war er zuerst als Biochemiker, dann als einer der Mitkonstrukteure des großen Zyklotrons im »Metallurgical Lab« des »Manhattan Project« beschäftigt worden. Jeder hatte den jungen Mann gern. Er schien sich für nichts im Leben so leidenschaftlich zu interessieren wie für seine Arbeit, der er Tag und Nacht opferte.

Über Oak Ridge war Slotin schließlich nach Los Alamos gekommen. Er hatte gehofft, man werde ihn mit Alvarez Anfang 1945 nach Tinian versetzen, damit er dort die Montage des explosiven »Herzens« der ersten für den Kriegseinsatz verwendeten Bombe vornehmen könne. Da er aber kanadischer Bürger war, mußten ihm die Sicherheitsbehörden diesen Wunsch versagen. Als »Trost« wurde Louis Slotin die Mission übertragen, das Innerste der Testbombe von Alamogordo vorzubereiten und im Namen des Laboratoriums offiziell der Armee zu übergeben. Eine Kopie des Dokuments, auf dem ihm die Ablieferung des Kernstückes der ersten fertigen Atombombe an die Armee bescheinigt wurde, war von da an das Preisstück seiner Sammlung von Studienzertifikaten, Boxtrophäen und Anerkennungsschreiben.

Als Slotin am 21. Mai 1946, nicht einmal ein ganzes Jahr später, in Vorbereitung des zweiten, in den Gewässern des Südsee-Atolls Bikini geplanten Bombentests das gleiche Experiment ausführte, das ihm so oft vorher gelungen war, rutschte sein Schraubenzieher plötzlich ab. Dadurch kamen die beiden mit dem kritischen Material gefüllten Halbkugeln zu schnell zusammen, und sofort erfüllte ein grellblendender bläulicher Schein den ganzen Raum. Statt sich zu ducken und sich dadurch vielleicht in Sicherheit zu bringen, riß Slotin die zwei Hälften mit beiden Händen auseinander und unterbrach damit die Kettenreaktion. Dadurch rettete er das Leben der sieben anderen Menschen, die sich im gleichen Raum befanden. Daß er nun selbst an den Folgen der übergroßen radioaktiven Dosis würde sterben müssen, war Slotin von Anfang an ganz klar. Er verlor jedoch keinen Augenblick den Kopf, bat die Kollegen, sich genau an die Plätze zurückzubegeben, wo sie im Augenblick des Unglücks gestanden hatten, und fertigte dann selbst noch an der Wandtafel eine genaue Lageskizze an, die es den Ärzten ermöglichen sollte, festzustellen, welcher Strahlungsdosis jeder der Anwesenden ausgesetzt gewesen war.

Als er mit Al Graves, dem Forscher, der außer ihm am stärksten von der Strahlung getroffen worden war, am Wegrand sitzend auf den Wagen wartete, der sie zum Spital bringen sollte, sagte Slotin ganz ruhig zu ihm: »Sie werden durchkommen. Aber ich habe nicht die leiseste Chance.« So war es. Neun Tage später verschied der Mann, der die »kritische Masse« für die erste Atombombe experimentell bestimmt hatte, unter furchtbaren Qualen.

In Slotins Laboratorium war das Meßblatt des Neutronenzählers zurückgeblieben. Es zeigte eine dünne rote Linie, die stetig anstieg und im Augenblick des Unglücks brüsk abbrach, weil die Strahlung so stark geworden war, daß das feine Instrument sie nicht mehr registrieren konnte. Der Wissenschaftler, der beauftragt wurde, mittels der vorhandenen Daten festzustellen, was sich nach dem Ausgleiten von Slotins Hand physikalisch ereignet hatte, war Klaus Fuchs.

Merkwürdigerweise traf auch die Mannschaft des Kreuzers »Indianapolis«, in dessen Bauch der größere Teil des »explosiven Herzens« der ersten, für den Abwurf auf Japan bestimmten Atombombe nach Tinian gebracht wurde, ein furchtbares Schicksal. Bloß drei Menschen auf dem ganzen Schiff, dem schnellsten der amerikanischen Flotte, ahnten, was sie da transportierten. Die übrigen wußten nur, daß in der großen Holzkiste, die man am Morgen des 16. Juli kurz vor der Abfahrt unter Bewachung eingeladen hatte, etwas sehr Wichtiges sein mußte. Auf der Fahrt von San Francisco nach Tinian wurden ganz besondere Sicherungen zur Abwehr feindlicher Unterseeboote getroffen. Daher atmeten alle auf, als die »Indianapolis« nach dem Ausladen ihrer geheimnisvollen Fracht in Tinian wieder in See stach. Aber bevor der Kreuzer noch einen anderen Hafen erreicht hatte, wurde er am 30. Juli, fünf Minuten nach Mitternacht, torpediert. Eine Verkettung unglücklicher Zufälle war schuld daran, daß das Flottenkommando von dieser Versenkung erst vier Tage später erfuhr (Signale eines anderen Schiffes waren fälschlich für die regelmäßige Positionsübermittlung der »Indianapolis« gehalten und ihr Ausbleiben im Hafen von Leyte infolge eines weiteren Mißverständnisses nicht gemeldet worden). So erreichten die Rettungsmannschaften den Unglücksort zu spät, und von insgesamt 1196 an Bord Befindlichen wurden nur 316 Überlebende geborgen.

2

Einige Tage vor dem ersten Bombentest blieb es in Alamogordo auch den Ehefrauen und Kindern der Atomforscher in

Los Alamos nicht verborgen, daß sich etwas besonders Wichtiges und Aufregendes vorbereitete. Das Deckwort, unter dem der Test lief, hieß »Trinity«. Weshalb man die Blasphemie beging, gerade in diesem Zusammenhang den Namen der Dreifaltigkeit zu wählen, ist bis heute nicht bekannt. Die eine Vermutung ist, »Trinity« sei der Name einer bei Los Alamos gelegenen verfluchten und daher von den abergläubischen Indianern aufgegebenen Türkismine gewesen. Eine andere behauptet, man habe ihn gewählt, weil damals die ersten drei Atombomben kurz vor der Fertigstellung waren. Auf diese höllische Dreiheit und nichts anderes habe sich der Codename bezogen.

Unter den in Los Alamos arbeitenden Atomwissenschaftlern drehte sich das Hauptgespräch natürlich um die Frage: Wird das »gadget« – man vermied scheu das Word »Bombe« – funktionieren oder nicht? Die Mehrheit zeigte Vertrauen in die theoretischen Voraussagen. Ein Versagen mußte jedoch immer in Rechnung gestellt werden. Alvarez, der Konstrukteur des »trigger« der Bombe, hatte allzu siegesgewissen Kollegen oft genug erzählt, wie 1943 seine Anlage für Blindlandung gerade bei der Vorführung vor den Militärbehörden nicht weniger als viermal versagt habe, ehe sie schließlich doch funktionierte.

Die Frage, ob die erste fertige Bombe ein Versager oder ein »Erfolg« sein würde, oder, wie man in Los Alamos zu sagen pflegte, ein »Mädchen« oder ein »Junge«, war so spannend, daß sie zum Vorwand für ein nettes kleines Spiel mit dem Entsetzen wurde. Lothar W. Nordheim, ein Atomphysiker, der noch zur alten »Göttinger Garde« gehört hatte, erzählt: »Die Wissenschaftler in Los Alamos richteten vor dem ersten Test am 16. Juli 1945 eine Wettkasse ein. Es ging um die Größe der Explosion, aber die meisten Schätzungen waren viel, viel zu niedrig mit Ausnahme von ein oder zwei wilden Vermutungen.«

Die einzige fast richtige Schätzung machte Oppenheimers Freund Robert Serber, der eine Zeitlang nicht in Los Alamos gewesen war. Als man ihn später fragte, warum gerade er annähernd korrekt getippt habe, anwortete er: »Eigentlich nur aus Höflichkeit. Ich wollte als Gast eine schmeichelhaft hohe Zahl nennen.«

In einem Memorandum, das General Groves am 30. Dezember 1944 an Generalstabschef Marshall geschickt hatte, war diese Unsicherheit über die wirkliche Zerstörungskraft der neuen Bombe greifbar deutlich hervorgetreten. Im ersten Absatz seiner Mitteilung hatte Groves zwar angegeben, daß man hoffe, eine Bombe herzustellen, deren Wirkung der von 10000 Tonnen »gewöhnlichen« Sprengstoffs entsprechen werde. Aber schon im folgenden Absatz hatte er diese Voraussage dahingehend eingeschränkt, daß die voraussichtlich im Juli 1945 fertige Bombe wohl nur fünfundfünfzig Tonnen Sprengkraft entwickeln werde.

Oppenheimer hat am 4. Dezember 1959 in der Zeitschrift »Science« erstmals ausführlich zu dieser Frage Stellung genommen. Er schreibt: »Anfang Juli waren wir bereit, die erste Bombe auszuprobieren. Aber selbst zu diesem Zeitpunkt waren unsere Schätzungen über ihre Stärke ziemlich ungewiß und meist ziemlich niedrig. Die überwältigende Mehrheit machte Schätzungen von unter einigen tausend Tonnen; besonders Zahlen von Hunderten Tonnen waren verbreitet.«

In Wahrheit aber entwickelte dann die erste erprobte Bombe eine Sprengkraft zwischen 17000 und 20000 Tonnen Dynamit, zehn-, zwanzig-, dreißig-, ja bis zu hundertmal mehr, als die meisten »Väter« dieser unheimlichen Waffe angenommen hatten!

3

Donnerstag, den 12., und Freitag, den 13. Juli 1945, verließen auf einer während des Krieges gebauten geheimen Straße die Teile, die den innersten Explosionsmechanismus der Testbombe ausmachten, durch die »Hintertür« Los Alamos. Sie wurden nach dem »Jornada del Muerto« (Reise des Todes) genannten Versuchsgelände unweit des Dorfes Oscuro (Dunkel) und der kleinen Stadt Alamogordo gebracht. Dort erhob sich, mitten in der Wüste, bereits ein hohes Eisengerüst, auf dem die Atombombe montiert werden sollte. Wegen der ungewöhnlich vielen Gewitter in diesem Juli entschloß man sich, sie erst so spät wie möglich auf den Turm zu schaffen. Eine etwa gleich große, mit gewöhnlichem Sprengstoff gefüllte Bombe, die man einige Tage zuvor zur Probe dort oben aufgehängt hatte, war von einem Blitz getroffen worden und mit einem lauten Knall explodiert.

Unter Leitung von Dr. Robert Bacher, dem Chef der Division für Bombenphysik in Los Alamos, wurde in einem alten Ranchhaus das Herzstück der Bombe montiert. »Dabei entstanden«, wie General Farrell, der Stellvertreter von General Groves, berichtet, »einige schlimme Minuten, als sich die Montage eines wichtigen Teils der Bombe verzögerte. Das ganze Stück war Maschinenarbeit mit genauesten Maßen. Das Einpassen dieses Teils war erst halb gelungen, als es sich scheinbar festklemmte und nicht weitergehen wollte. Dr. Bacher behielt seine Ruhe. Er versicherte den anderen, daß die Schwierigkeit sich beheben lassen werde. Drei Minuten später bewahrheitete sich Bachers Feststellung, und die Montage wurde ohne weiteren Zwischenfall beendet.«

Wer von den Atomforschern nicht schon in der Woche zuvor für die letzten Vorbereitungsarbeiten aus Los Alamos abgereist war, hielt sich nun, ausgerüstet mit Proviant und auf ausdrücklichen Befehl der Versuchsleitung sogar mit einem »snake bite kit« (Säckchen mit Mitteln gegen Schlangenbisse), jeden Augenblick zur Abfahrt bereit. Am 14. und 15. Juli gingen schwere Gewitter und starke Hagelschläge über Los Alamos nieder. In der größten Gemeinschaftsbaracke, die sonst als Filmtheater diente, sprach Hans Bethe, der Chef der »Theoretical Division«, zu den Teilnehmern am Test, von denen viele jetzt zum ersten Mal Genaueres über Zweck und Ziel ihrer Arbeit erfuhren. Er schloß mit den Worten: »Nach menschlicher Berechnung müßte der Versuch gelingen. Wird aber die Natur mit unseren Berechnungen konform gehen?« Dann begaben sich alle in mit Tarnfarben bemalte Autobusse und begannen die Reise nach dem vier Stunden entfernten Versuchsgelände.

Um zwei Uhr morgens hatten alle Versuchsteilnehmer ihre

Plätze eingenommen. Sie befanden sich im »Base Camp« (Hauptlager), 17000 Yards (15,5 Kilometer) vom »Punkt Null« entfernt, dem Turm mit der neuen, noch unerprobten Waffe, an deren Zustandekommen sie seit zwei Jahren gearbeitet hatten. Sie probierten die dunklen Brillen aus, die man ihnen mitgegeben hatte, und schmierten ihre Gesichter bei künstlichem Licht mit Sonnenschutzcreme ein. Aus den Lautsprechern, die über das ganze Gelände verteilt waren, erklang Tanzmusik. Ab und zu kamen Mitteilungen über den Stand der Vorbereitungen. Das schlechte Wetter machte eine Verschiebung der auf vier Uhr früh angesetzten Zeit für den »shot« notwendig.

Am Kontrollstand, der sich nur 10000 Yards (9,14 Kilometer) vom Turm entfernt befand, berieten Oppenheimer und Groves, ob der Test ganz verschoben werden sollte. »Während der längsten Zeit dieser Stunden wanderten wir beide vom Kommandohaus in die Dunkelheit, um nach den Sternen zu sehen«, berichtet General Groves. »Wir versicherten uns dann gegenseitig, daß der eine oder gar die zwei sichtbaren Sterne heller geworden seien.« Nach Befragung der Wettersachverständigen wurde endlich beschlossen, die Versuchsbombe um fünf Uhr dreißig früh explodieren zu lassen.

Um fünf Uhr zehn begann Oppenheimers Stellvertreter, der Atomphysiker Saul K. Allison, einer der zwanzig Menschen im »control room«, die Zeitsignale zu geben. Etwa gleichzeitig erteilte General Groves, der den Kontrollstand verlassen und sich nach dem etwas mehr als sechs Kilometer weiter rückwärts gelegenen »Base Camp« begeben hatte, dem dort wartenden »wissenschaftlichen Personal« die letzten Anweisungen. Sie sollten ihre Brillen aufsetzen und sich mit abgewandten Köpfen auf den Bauch legen, weil man befürchten müsse, daß jeder, der es wagte, ohne Schutz in die Flamme zu schauen, erblinden würde.

In der verbleibenden Wartezeit, die allen endlos vorkam, wurde kaum gesprochen. Alle hingen ihren Gedanken nach, aber es waren, soweit sich die Befragten erinnern können, keine apokalyptischen Gedanken. Die meisten schienen sich ausgerechnet zu haben, wie bald sie sich aus ihrer unbequemen Lage umdrehen und doch noch etwas von dem erwarteten Schauspiel sehen könnten. Fermi, Experimentator wie immer, hielt Papierschnitzel in der Hand, mit denen er den Luftdruck messen und sofort die Explosionsstärke schätzen wollte. Frisch nahm sich vor, das Phänomen so genau wie möglich in seiner Erinnerung zu registrieren und seine Eindrucksfähigkeit weder durch Gefühl noch Vorurteil beeinflussen zu lassen. Groves überdachte zum hundertstenmal, ob bestimmt alle Maßnahmen für eine schnelle Evakuierung im Falle einer Katastrophe getroffen seien; Oppenheimer schwankte zwischen der Furcht, der Test werde mißlingen oder gelingen.

Und dann ging alles unbegreiflich schnell. Keiner erblickte das erste Aufblitzen des Atomfeuers selbst. Nur den blendendweißen Widerschein am Himmel und auf den Bergen durften sie sehen. Wer es dann wagte, sich umzudrehen, nahm den hellen Feuerball wahr, der immer noch größer und größer wurde. »Mein Gott, ich glaube, die ›Langhaarigen‹ haben die Kontrolle verloren!« rief ein hoher Offizier aus. Carson Mark, einer der hervorragendsten Köpfe der therorethischen Abteilung, aber dachte – obwohl er verstandesmäßig wußte, es könne nicht so sein –, der Feuerball werde so lange nicht aufhören zu wachsen, bis er Himmel und Erde ganz in sich aufgenommen hätte.

In diesem Augenblick vergaß jeder, was er sich vorgenommen hatte. Man war starr vor Erschütterung über die Gewalt der Explosion. Oppenheimer hatte sich an einen Pfosten im Kontrollstand geklammert, und durch den Kopf schoß ihm eine Stelle aus der Bhagavadgita, dem heiligen Gesang der Hindus:

> Wenn das Licht von tausend Sonnen
> am Himmel plötzlich bräch' hervor,
> Zu gleicher Zeit – das wäre
> gleich dem Glanze dieses Herrlichen …

Doch wie jetzt die unheimliche Riesenwolke in der Ferne über »Punkt Null« aufstieg, kam ihm eine andere Zeile aus dem indischen Epos in den Sinn:

Ich bin der Tod, der alles raubt,
Erschütterer der Welten.

Sri Krishna, der Erhabene, Herr über das Schicksal der Sterblichen, hatte so gesprochen. Robert Oppenheimer aber war nur ein Mensch, dem eine gewaltige, eine viel zu gewaltige Macht zuteil geworden war.

Es ist auffallend, daß kein Anwesender so sachlich reagierte, wie er es sich gedacht hatte. Alle, auch diejenigen – und das war die Mehrzahl –, die sich sonst frei von religiösen Bindungen oder auch nur Neigungen fühlten, berichteten über dieses Erlebnis in Worten, die aus dem Sprachbereich von Mythos und Theologie stammen. General Farrell zum Beispiel: »Das ganze Land war erhellt von einem versengenden Licht, dessen Stärke viele Male größer war als das der Mittagssonne ... Dreißig Sekunden später kam zuerst die Explosion, der Luftdruck prallte hart gegen die Leute und Dinge, und dann folgte fast unmittelbar ein lautes, anhaltendes, schauerliches Donnern, wie eine Warnung vor dem Jüngsten Tag, das uns spüren ließ, daß wir winzige Wesen in blasphemischer Weise wagten, an die Kräfte zu rühren, die bis dahin dem Allmächtigen vorbehalten waren. Worte reichen nicht aus, um denen, die nicht dabei waren, den Eindruck wiederzugeben, den wir körperlich, geistig und seelisch erfuhren. Man muß Zeuge gewesen sein, um es sich vorzustellen.«

Selbst ein so kühler Verstandesmensch wie Enrico Fermi, der in den Diskussionen der vergangenen Wochen auf alle Einwände seiner Kollegen gegen die Bombe geantwortet hatte: »Laßt mich in Ruhe mit euren Gewissensbissen, das ist doch so schöne Physik!«, war nun tief erschüttert. Er, der sonst niemals jemand anderen an den Volant seines Wagens ließ, bekannte, er sei unfähig, selbst nach Los Alamos zurückzufahren, und nahm neben dem Chauffeur Platz. »Es schien mir, als springe der Wagen von Kurve zu Kurve, die Gerade dazwischen überfliegend«, erklärte er seiner Frau am Morgen nach seiner Rückkehr.

Am schnellsten gewann wohl General Groves seine Fassung zurück. Einen der Wissenschaftler, der, fast in Tränen aufgelöst, gelaufen kam, weil ihm die unerwartet starke Explosion alle seine Beobachtungs- und Meßinstrumente in der Nähe von »Punkt Null« zerstört hatte, tröstete er: »Na, wenn's die Instrumente nicht ausgehalten haben, dann muß der Knall ja ziemlich groß gewesen sein. Und das war's schließlich, was wir vor allem wissen wollten.« Zu General Farrell aber sagte er: »Der Krieg ist aus. Eine oder zwei von diesen Dingern, und Japan ist erledigt.«

4

Die Öffentlichkeit erfuhr von dieser welterschütternden ersten Atomexplosion vorläufig nichts. Bewohner in der Nähe des Versuchsplatzes und im Umkreis von etwa zweihundert Kilometern, die um fünf Uhr dreißig früh einen ungewöhnlich hellen Schein am Himmel gesehen hatten, wurden durch eine vom Pressechef des »Manhattan District«, Moynahan, lancierte Falschnachricht irregeführt, wonach unweit von Alamogordo ein Munitionslager explodiert sei. Menschenleben seien nicht zu beklagen.

Wieder einmal versagten dagegen die Sicherheitsbehörden, als sie versuchten, die Nachricht von dem gelungenen Test auf die Teilnehmer zu beschränken. Innerhalb weniger Tage hatte die Flüsterpropaganda der Wissenschaftler die Nachricht in alle Laboratorien des »Manhattan Project« getragen. Harrison Brown, einer der jungen Forscher, die in Oak Ridge arbeiteten, erinnert sich: »Wir wußten von dem Feuerball, der pilzförmigen Wolke und der intensiven Hitze ... Nach Alamogordo unterschrieben viele von uns eine Petition, die darauf drang, daß die Atombombe nicht gegen Japan eingesetzt würde, ohne vorherige Demonstration und eine Gelegenheit zur Kapitulation. Und wir baten weiterhin dringendst, daß die Regierung sofort die Möglichkeit untersuchen solle, wie eine wirksame internationale Kontrolle der neuen Waffe erreicht werden könne.« Die Petition, von der Brown spricht, war von Szilard entworfen worden, der nach dem Scheitern seiner Bemühungen im Weißen Haus und dem

Mißerfolg des Franck-Reports »in extremis« doch noch eine Initiative unternahm. Er hoffte, möglichst viele Unterschriften gegen den Abwurf der Bombe unter den Teilnehmern des »Manhattan Project« zu sammeln. Als ein Exemplar des Bittschreibens in Oak Ridge auftauchte, verständigte der Direktor des Laboratoriums sofort General Groves davon. Der General konnte den Forschern das Unterzeichnen des Dokumentes schwerlich verbieten. Daher verfiel er auf eine andere Methode, um die weitere Zirkulation zu stoppen. Er ließ Szilards Petition für »geheim« erklären. Das Gesetz besagte nun, daß geheime Papiere nur unter militärischer Bewachung von einem Platz zum anderen gebracht werden dürfen. Jetzt brauchte Groves nur noch zu erklären: »Wir können leider keine Wachmannschaften für den Schutz dieses Dokumentes stellen. Bis wir genügend überflüssiges Personal haben, bleibt es im Safe liegen.«

In Chicago war die Unruhe der Mitarbeiter des »Metallurgical Laboratory« immer größer geworden. John A. Simpson, ein junger Physiker, der besonders tätigen Anteil an den Bemühungen zur Verhinderung des Bombenabwurfes nahm, erzählt:

»Im Juni wurde von mehreren jungen Wissenschaftlern im Laboratorium eine ausführliche Diskussionssitzung abgehalten ... Nach diesen Debatten weigerten sich die Militärbeamten, im Laboratorium mehr als drei Leuten auf einmal Unterhaltungen über diese Frage zu gestatten. Die Wissenschaftler nahmen Zuflucht zu einer phantastischen Technik. Wir hielten Versammlungen in einem kleinen Raum ab. Nacheinander kamen zwanzig Leute in den Raum, aber immer nur einer auf einmal, um diese Frage mit einer Gruppe von zwei bis drei für diesen Abend ausgesuchten Forschern zu besprechen.«

Die Agitation in Chicago war so stark, daß schließlich der Leiter des Laboratoriums, A. H. Compton, durch seinen Stellvertreter Farrington Daniels eine Abstimmung durchführen ließ, bei der diese Fragen gestellt wurden:

»Welches der folgenden fünf Verfahren kommt Ihrer Vorstellung davon am nächsten, wie eine neue Waffe, die wir vielleicht entwickeln könnten, im Krieg gegen Japan benutzt werden sollte:

Erstens: Einsatz, der vom militärischen Standpunkt aus am wirksamsten ist und prompt die Kapitulation Japans bei minimalen Verlusten für unsere eigenen Streitkräfte herbeiführt?

Zweitens: Eine militärische Demonstration in Japan, der eine neuerliche Gelegenheit zur Kapitulation folgen soll, bevor die Waffe in vollem Maße angewandt wird?

Drittens: Eine experimentelle Demonstration in unserem Land in Anwesenheit von Repräsentanten Japans, der erneut eine Gelegenheit zur Kapitulation folgen soll, ehe die Waffe voll eingesetzt wird?

Viertens: Aufschiebung des militärischen Gebrauchs der Waffe, aber Veranstaltung einer öffentlichen experimentellen Demonstration?

Fünftens: Möglichste Geheimhaltung der Entwicklung unserer neuen Waffe und Nichtbenutzung in diesem Krieg?«

Leider fand diese Abstimmung, an der einhundertfünfzig Personen teilnahmen, ohne vorherige Debatte statt. So kam es, daß die größte Stimmenzahl von neunundsechzig Teilnehmern für den zweiten Vorschlag abgegeben wurde, der von einer »militärischen Demonstration in Japan« sprach. Später, nach dem Abwurf auf das Zentrum der Stadt Hiroshima und die Großstadt Nagasaki, erklärten die meisten der neunundsechzig, sie hätten unter einer »militärischen Demonstration in Japan« nur den Abwurf auf rein militärische Objekte verstanden, nicht aber auf Ziele, die hauptsächlich von Zivilisten bewohnt waren.

Neununddreißig Wissenschaftler (sechsundzwanzig Prozent der Befragten) stimmten für Frage drei (»experimentelle Demonstration« im eigenen Lande).

Sechzehn Befragte (elf Prozent) waren für Punkt vier (öffentliche Demonstration, keine militärische Anwendung).

Dreiundzwanzig Wissenschaftler (fünfzehn Prozent) nur traten für die Möglichkeit eins ein, die den Militärbehörden völlig freie Hand lassen wollte.

Szilard hatte, ehe General Groves die weitere Verbreitung

seiner Petition verhindern konnte, doch schon siebenundsechzig Namen angesehener Wissenschaftler gesammelt. Nun ließ er diesen Appell an Präsident Truman gehen. Damit aber war die Sache wieder dort angelangt, wo sie schon zweimal steckengeblieben war, bei der »Interim-Kommission« nämlich, die den Präsidenten der USA in dieser schicksalsträchtigen Angelegenheit zu beraten hatte, und vor allem bei jenen vier Atomphysikern, die als Fachleute der Kommission die Formulierung eines Ratschlages erleichtern sollten: Oppenheimer, Fermi, A. H. Compton und E. O. Lawrence. Zum dritten Mal innerhalb von zwei Monaten hatten sie Gelegenheit, ihr Urteil in die Waagschale zu werfen. Die Gegner des Bombenabwurfs über Japan hatten guten Grund anzunehmen, daß die vier Atomforscher nun nach dem Test von Alamogordo ihr früheres Urteil geändert haben würden. Vor dem 16. Juli hatte noch niemand gewußt, ob und wie die neue Waffe explodieren würde. Jetzt aber waren alle Berechnungen um das Zehn- und Zwanzigfache übertroffen worden. Die Teilnehmer am Versuch sprachen davon als von einem »erschütternden Erlebnis«. Mußte diese Erschütterung sie nicht bewegen, das Todesurteil für die Opfer des geplanten ersten Atombombardements aufzuhcben?

5

Ein Argument, das bei den internen Besprechungen über den bevorstehenden Einsatz der Atombombe die wichtigste Rolle spielte, war die Behauptung, daß die neue Waffe zwar sicherlich zahlreiche Menschenleben vernichten würde, in Wahrheit aber noch größere Opfer an Leben und Gut auf beiden Seiten verhindern könnte, falls sie tatsächlich eine sofortige Beendigung des Krieges herbeiführte. Die amerikanische Öffentlichkeit stand seit Mai unter dem Eindruck der Berichte über die ungewöhnlich blutigen Kämpfe um die Insel Okinawa. Obwohl die Japaner wußten, daß Deutschland geschlagen und ihre Position hoffnungslos geworden war, wehrten sie sich weiter mit unglaublicher Hartnäckigkeit und Todesverachtung. Auf Okinawa allein waren mehr Amerikaner gefallen oder schwer verwundet worden als während des ganzen Feldzuges zur Wiedereroberung der Philippinen. Dies ließ befürchten, daß eine Invasion Japans auf beiden Seiten Hunderttausende von Menschenleben kosten würde.

Bevor die vier Atomforscher des »scientific panel« sich nochmals über die schicksalsschwere Frage des Einsatzes der Atombombe beugten, wurde ihnen, wie A. H. Compton sich erinnert, folgende Frage vorgelegt: »Können wir irgendein anderes Mittel vorschlagen, das den Krieg zu einem schnellen Ende bringen kann?«

Die Alternative »Entweder wird die Atombombe abgeworfen oder der Krieg muß endlos weitergehen« entsprach aber, wie wir heute wissen, nicht der wirklichen Lage. Sie fußte, genau wie die frühere Alternative »Entweder wir bauen eine Atombombe oder Hitler kommt uns zuvor«, auf falschen Vermutungen über die Pläne und Möglichkeiten des Gegners.

Die Nachrichtendienste des amerikanischen Heeres und der Flotte waren sich zu diesem Zeitpunkt schon darüber klar, daß die endgültige Niederlage Japans nur noch eine Angelegenheit weniger Wochen sein konnte. »Wir kontrollierten den Luftraum über Japan so vollständig, daß wir wußten, wo und wann jedes Schiff auslief«, erinnert sich Alfred MacCormack, der Chef der »Military Intelligence« für den pazifischen Kriegsschauplatz. »Die Japaner hatten nicht mehr genügend Lebensmittelvorräte, ihre Treibstoffreserven waren fast erschöpft. Wir hatten eine Geheimaktion zur Verminung aller Häfen begonnen, die sie immer mehr von der übrigen Welt isolierte. Hätten wir diese Operation konsequent durchgeführt, wäre die Zerstörung der Städte Japans mit Napalm-(Brandgelee) und anderen Bomben unnötig gewesen. Aber Fliegergeneral Norstad erklärte, diese Aktion sei unheroisch und der Air Force nicht würdig. So wurde sie abgebrochen.«

Die Übergabe Japans hätte nicht nur durch eine verschärfte Blockade, sondern, mit noch mehr Erfolgschancen, durch geschickte Diplomatie erreicht werden können. Denn Japan war damals nicht nur kapitulationsreif, sondern auch schon kapitulationsbereit. Ende April hatte der aus dem zusammenbrechenden Dritten Reich nach Bern übersiedelte japanische Flottenattaché Fujimura durch Vermittlung eines antinazistischen Deutschen namens Dr. Friedrich Hack mit drei engen Mitarbeitern von Allen Dulles, der in der Schweizer Bundeshauptstadt als Chef der amerikanischen Nachrichtenorganisation O. S. S. residierte, Verbindung aufgenommen und sich bereit erklärt, bei seiner Regierung auf eine Annahme amerikanischer Kapitulationsbewegungen hinzuwirken. Fast gleichzeitig war unabhänig davon auch der Militärattaché General Okamoto über die Bank für Internationale Zahlungen in Basel mit einem ähnlichen Vorschlag an die Dulles-Organisation herangetreten. Beide Initiativen führten aber zu nichts, da Washington seine Kapitulationsbedingungen nicht präzisieren wollte und Tokio die Versuche der beiden Landsleute in der Schweiz nicht entschieden genug unterstützte.

Ein anderer Versuch Japans, möglichst schnell den Frieden herbeizuführen, war ernster zu nehmen. Auf Veranlassung des japanischen Kaisers bemühte man sich seit dem 12. Juli (dem Tag, an dem zum ersten Mal Bestandteile der für den Alamogordo-Test bestimmten Atombombe Los Alamos verließen), durch die Vermittlung der damals noch nicht im Kriege mit Japan befindlichen Sowjetunion zu einem Frieden mit den USA zu kommen. Die Russen hatten allerdings wenig Interesse, vor ihrem eigenen, seit Februar in Jalta beschlossenen Kriegseintritt gegen Japan den Krieg zu beenden. Sie taten daher alles, um den japanischen Unterhändlern auszuweichen und gaben, als sie Botschafter Sato schließlich doch angehört hatten, den Schritt Tokios mit absichtlicher Verspätung und seine Bedeutung verkleinernd an die Amerikaner weiter.

In Washington jedoch wußte man ohnehin längst von diesen Bemühungen, weil die Amerikaner den japanischen Geheimcode entschlüsselt und daher seit Mitte Juli die dringenden, auf dem Funkweg übermittelten Instruktionen des Ministerpräsidenten Tojo an seinen Botschafter Sato in Moskau sowie dessen Antworten entziffert hatten. Darin hieß es nämlich unter anderem: »Japan ist geschlagen. Wir müssen dieser Tatsache ins Gesicht sehen und dementsprechend handeln.«

Anstatt nun diese tiefen Zerfallserscheinungen diplomatisch auszunützen, erließ Truman am 26. Juli (schon in Kenntnis des gelungenen Atombombentests) auf der Potsdamer Konferenz eine Proklamation, die es den Japanern schwermachen mußte zu kapitulieren, ohne ihr »Gesicht zu verlieren«. Der amerikanische Historiker Robert I. C. Butow, der die Vorgeschichte des japanischen Zusammenbruchs auf Grund amerikanischer und japanischer Quellen studiert hat, vertritt die Ansicht, daß es zu diesem Zeitpunkt sehr wohl mit diplomatischen Mitteln zu einem schnellen Kriegsende hätte kommen können, wenn man die in der Potsdamer Proklamation enthaltenen Bedingungen, statt sie aller Welt über das Radio zu verkünden, durch politische Kanäle dem vom Mikado bereits mit weitestgehenden Verhandlungsvollmachten ausgestatteten Prinzen Konoje diskret hätte zukommen lassen. Butow schreibt: »Hätten die Alliierten dem Prinzen eine Woche Gnadenfrist gewährt, während der er die Unterstützung seiner Regierung für eine Zusage erreichte, so hätte der Krieg in den letzten Julitagen oder ganz zu Beginn des Monats August ohne Atombombe und ohne sowjetische Teilnahme beendet werden können.«[1]

Gegenüber solchen Möglichkeiten zeigte sich die amerikanische Regierung vor allem deshalb blind, weil sie sich im Besitz der Atombombe wußte. Statt geduldig den Knoten zu

[1] Robert I. C. Butow: Japan's Decision to Surrender (Hoover Library Publication No. 24, Stanford University Press 1954, S. 133–135). Der englische Nobelpreisträger P. M. S. Blackett hat 1948 in seinem Buch »Military and Political Consequences of Atomic Energy« nachzuweisen versucht, daß Truman den Abwurf der Bomben anordnete, um dem Kriegseintritt der Russen gegen Japan zuvorzukommen. Da Blackett als »fellow traveller« gilt, wurde dieser Ansicht kein großer Kredit eingeräumt. Sie ist von Norman Cousins, dem als Gegner des Kommunismus bekannten Herausgeber der amerikanischen »Saturday Review of Literature« am 6. August 1955 (S. 32) auf Grund seiner Gespräche mit japanischen Freunden wiederholt worden: »Wenn man es so hinstellt, heißt das, daß der ›kalte Krieg‹ begonnen hatte, bevor der ›heiße Krieg‹ endete. Und die Menschen von Hiroshima waren daher nicht die letzten Opfer des Zweiten Weltkriegs, sondern die ersten Opfer des Machtkampfes zwischen den USA und der UdSSR.«

entwirren, fand man es bequemer, ihn mit der glänzenden neuen Waffe mit Hieben zu durchtrennen. Allerdings hatte der vorläufige Verzicht auf den Abwurf der Bombe von seiten der verantwortlichen Politiker und Strategen beträchtliche Zivilcourage verlangt. Denn sie mußten befürchten, daß das ganze »Manhattan Project«, das bis dahin schon fast zwei Milliarden Dollar verschlungen hatte, dann nach Kriegsende als sinnlose Geldverschwendung bezeichnet werden würde. Statt Ruhm erwartete sie dann womöglich Tadel.

Präsident Truman hat in seinen Memoiren selbst angegeben, daß der Befehl zum Einsatz der Atombombe bereits am 24. April 1945 – also schon zwei Tage vor der Potsdamer Kapitulationsaufforderung an die Japaner! – für die Zeit nach dem 3. August gegeben worden war. Er hat in diesen seinen Erinnerungen und noch deutlicher in nachträglichen Erklärungen ausdrücklich bekannt, sein »Ja« habe schließlich den Abwurf der schrecklichen neuen Bombe entschieden. General Groves hat dem Verfasser gegenüber diese erste und vielleicht schicksalsträchtigste Entscheidung Trumans mit folgenden Worten zu verkleinern versucht: »In Wahrheit riskierte er es nur nicht, ›Nein‹ zu sagen. Es hätten wirklich starke Nerven dazu gehört, damals ein solches ›Nein‹ auszusprechen.«

Wenn schon der Präsident der Vereinigten Staaten es nicht wagte, den Lauf des Räderwerks anzuhalten, wieviel weniger war das von den vier Atomforschern des »scientific panel« zu erwarten, die bisher den Plänen ihrer Vorgesetzten noch nie ernsthaften Widerstand entgegengesetzt hatten. Sie fühlten sich »gefangen in der riesigen Maschinerie«, und sie waren zudem ungenügend über die wirkliche politische und strategische Lage informiert. Hätten sie aber, selbst ohne etwas von der Kapitulationswilligkeit Japans zu wissen, sich aus rein menschlichen Erwägungen gegen den Abwurf entschieden, so wäre das nicht ohne tiefen Eindruck auf den Präsidenten, die Minister und die Generale geblieben. So aber taten die Atomforscher auch diesmal »nur ihre Pflicht«. Und die Summe Tausender Einzelhandlungen von höchster Gewissenhaftigkeit führte schließlich zu einem Akt kollektiver Gewissenlosigkeit von schauerlicher Größe.

Die Geschlagenen

1

Am 7. August um neun Uhr morgens erschien in dem von einem früheren Luftangriff schwer mitgenommenen Laboratorium des bekanntesten japanischen Atomforschers Yoshio Nishina ein Offizier der japanischen Heeresluftwaffe und bat ihn, sofort mit ihm ins Hauptquartier des Generalstabs zu kommen.

Als der Gelehrte fragte, was man von ihm wolle, bekam er als Antwort nur ein Lächeln. Während Nishina seinen Mitarbeitern noch Anweisungen für die Zeit seiner Abwesenheit gab, meldete sich ein Reporter der offiziellen Nachrichtenagentur Domei und fragte den Professor, ob er die von den Amerikanern verbreitete Meldung glaube, daß über Hiroshima eine »atomische Bombe« abgeworfen worden sei.

Nishina erschrak zutiefst. Er hatte bisher, wie die überwiegende Mehrzahl seiner Landsleute, noch nichts vom Abwurf der ersten Atombombe erfahren. An die Möglichkeit, daß eine solche Waffe gebaut und im Kriege verwendet werden würde, hatte er allerdings seit 1939 öfter gedacht, ja sogar schon für sich Berechnungen über die Zerstörungskraft eines solchen Geschosses angestellt.

Anstatt dem Journalisten, der annahm, es handle sich um eine Propagandameldung, das erhoffte Dementi zu geben, nickte Nishina und stammelte mit bleichen Lippen: »Doch ja, das ist durchaus möglich ...« Dann folgte er dem Offizier, der zu ihm gekommen war.

Nishina, ein untersetzter, selbst für einen Japaner kleiner Mann, dessen freundliches, fast viereckig wirkendes und mit kleinen Warzen besetztes Gesicht den Atomforschern der ganzen Welt bekannt und lieb war, hatte in den zwanziger Jahren bei Niels Bohr studiert. Er war nach seiner Rückkehr aus Kopenhagen, wo er zusammen mit einem anderen Schüler Bohrs den sogenannten »Klein-Nishina-Effekt« entdeckt hatte, der Begründer der Atomforschung in seiner Heimat geworden. Es war selbstverständlich, daß man ihn über die Natur der neuen Waffe zuerst konsultierte.

In den ersten Stunden nach der Katastrophe von Hiroshima wußte niemand in Tokio, was sich dort ereignet hatte. Der früheste offizielle Bescheid war in einem Telegramm enthalten, in dem der höchste Beamte des Distrikts Schugoku berichtete, Hiroshima sei von »einer kleinen Zahl von Flugzeugen« angegriffen worden, die eine »völlig neue Bombe« verwendet hätten. Im Morgengrauen des 7. August hatte der stellvertretende Chef des Generalstabs, Kawabe, einen weiteren Bericht erhalten, der den zunächst unfaßbaren Satz enthielt: »Die ganze Stadt Hiroshima wurde augenblicklich durch nur eine einzige Bombe zerstört.«

Kawabe erinnerte sich sofort, daß ihm Nishina früher einmal auf Grund von Informationen der Spionageabteilung der japanischen Flotte von der Möglichkeit einer Atombombe berichtet hatte. Als Nishina nun vor dem Generalstab erschien, legte ihm der Vizechef sofort die Frage vor: »Wären Sie imstande, innerhalb von sechs Monaten eine Atombombe zu bauen? So lange können wir unter Umständen noch durchhalten.«

Darauf antwortete Nishina: »Unter den jetzigen Umständen würden nicht einmal sechs Jahre genügen, eine solche Bombe in Japan herzustellen. Außerdem haben wir kein Uran.«

Darauf wurde der Atomforscher gefragt, ob er irgendeine wirksame Abwehr gegen die neuen Bomben vorschlagen könne. Er wußte nur einen Rat zu geben: »Schießt alle feindlichen Flugzeuge ab, die über Japan auftauchen.«

Nishinas Aussage war zu vernichtend, als daß man in militärischen Kreisen Tokios sofort an ihre Richtigkeit glauben wollte. Eine noch am 7. August in aller Eile zusammengetrommelte »Kommission für Gegenmaßnahmen gegen die neue Bombe« stellte sich auf Grund der Behauptungen eines anderen Wissenschaftlers auf den Standpunkt, daß selbst die technische Meisterschaft der Amerikaner nicht groß genug sei, eine »so unsichere Apparatur« über den ganzen Pazifik hinweg, von den USA bis nach Japan, zu schaffen.

Nishina hatte sich erboten, selbst nach Hiroshima zu fliegen und seine Vermutungen an Ort und Stelle zu überprüfen. In zwei Flugzeugen sollte eine hauptsächlich aus militärischen Experten bestehende Kommission noch am 7. August vom Flugplatz Tokorazawa nach der unglücklichen Stadt fliegen. Die Maschine, in der sich Nishina befand, mußte wegen Motorschadens auf halbem Weg wieder nach Tokio umkehren. Es waren damals bereits so wenig Flugzeuge in Japan verfügbar, daß der Wissenschaftler einen vollen Tag warten mußte, bis er die Reise nach Hiroshima erneut antreten konnte.

Während dieses Wartetages nun hatte der Gelehrte ein Erlebnis, das ihn tief beeindruckte. Als er sich in Begleitung seines Schülers Fukuda in Tokio mitten auf der Straße befand, tauchte am Himmel eine einzige B-29 auf. Die an Massenangriffe gewöhnten Einwohner von Tokio, denen ihre Zeitungen noch nichts über die neue Bombe hatten erzählen dürfen, beachteten diese einzelne, augenscheinlich von ihrer Formation abgesprengte feindliche Maschine kaum.

Die beiden Atomforscher aber kamen sich wie Feiglinge vor, da sie sofort zu laufen begannen, um einen Luftschutzkeller zu erreichen. »In diesem Augenblick«, so erzählt Fukuda, »ging in unser beider Seelen ein furchtbarer Gewissenskampf vor sich. Wir, die wir im Gegensatz zu den meisten Menschen um uns herum wußten, daß schon ein einziges Flugzeug mit einer einzigen Bombe schrecklicheres Unheil anrichten konnte als alle früheren Geschwader zusammen, wollten am liebsten den anderen in ihrer Sorglosigkeit zurufen: ›Bringt euch in Sicherheit. Das ist vielleicht kein Flugzeug mit gewöhnlichen Bomben.‹ Aber wir waren vom Generalstab zu strengem Stillschweigen allen Nichteingeweihten, sogar unseren eigenen Familien, gegenüber verpflichtet worden. Und dieser Befehl versiegelte unsere Lippen. Voller Wut und Scham darüber, daß wir unsere Mitmenschen nicht warnen durften, warteten wir im Luftschutzkeller Minute um Minute. Erst als Entwarnung gegeben wurde, atmeten wir auf. Es war diesmal zum Glück keine Atombombe geworfen worden. Doch der vorläufig glückliche Ausgang dieses Alarms änderte nichts an unserer Niedergeschlagenheit. Als wir nicht wagten, sie zu warnen, hatten wir unsere Mitmenschen verraten. Dieses Schuldgefühl ist mein verehrter Lehrer Professor Nishina nie mehr losgeworden.«

2

Als Nishina am nächsten Tage zum zweiten Mal nach Hiroshima startete, tat er es in der Hoffnung, sich vielleicht doch geirrt zu haben. Bei ihm kam zum Gefühl nationaler Trauer auch noch die Furcht, daß, falls wirklich eine solche wissenschaftliche »Überwaffe« gebaut und verwendet worden war, die westlichen Forscher, seine langjährigen Freunde, in den Augen des japanischen Volkes nun als Unmenschen dastehen würden. Als seine Maschine am Nachmittag des 8. August in Sichtnähe des gewaltigen rauchenden Trümmerhaufens gelangte, der einstmals eine blühende Stadt gewesen war, bestätigten sich seine Befürchtungen. »Schon als ich die Schäden aus der Luft sah«, erzählte er später amerikanischen Verhöroffizieren, »wußte ich, daß nur eine Atombombe solche Verwüstungen angerichtet haben konnte.«

Die Offiziere, die tags zuvor unter Führung des Chefs vom Zweiten Büro (Nachrichtenabteilung) der Armee, Seizo Arisue, in Hiroshima gelandet waren, hofften aber immer noch, daß es sich vielleicht doch nur um eine »gewöhnliche Waffe« handle. Bei ihrer Ankunft war der Militärkommandant des Flugplatzes ihnen entgegengelaufen. Die eine Hälfte seines Gesichtes war schwer versengt, die andere ganz geblieben. Er zeigte auf seine Brandwunden und machte Meldung: »Alles, was ungeschützt ist, wird verbrannt, aber eine leichte Bedeckung genügt als Schutz. Daher kann man nicht behaupten, es gebe keine Gegenmaßnahmen.«

Andere Augenzeugen des schrecklichen Unglücks, das die Stadt Hiroshima getroffen hatte, haben später von den Szenen menschlichen Elends berichtet. Auch Nishina war von der Größe und Schrecklichkeit des Schauspiels ergriffen, aber während seiner Arbeit ließ er sich davon nichts anmerken. Er blieb der sachliche, genau rechnende, äußerlich kühle Forscher, der nicht die Leiden der Hölle, sondern ihre exakten Maße aufzuzeichnen hatte. Aus der Tatsache, daß die Dachziegel aller Häuser im Umkreis von sechshundert Metern vom Explosionszentrum an ihrer Oberfläche bis zu einer gewissen Tiefe geschmolzen waren, errechnete er die enormen Temperaturen, die sich entwickelt hatten. Aus den im Holz einiger Wände fixierten Schatten von Menschen und Dingen (um sie herum war alles vom überhellen Licht gebleicht und versengt) kalkulierte er fast exakt (mit einem Fehler von nicht einmal ganz drei Prozent) die Höhe, in der die Bombe explodiert war. Nishina wühlte sogar in den Trümmern, die genau unter dem »Punkt Null« lagen, um sie auf ihre Radioaktivität zu untersuchen. Vier Monate später, im Dezember 1945, bedeckte sich sein ganzer Körper mit Blasen – wie er vermutete, eine späte Folge jener Überprüfung der noch auf dem Boden zurückgebliebenen Strahlung.

Der unermüdliche kleine Mann umfuhr die Stadt in einem großen Umkreis, um festzustellen, bis zu welcher Distanz Fensterscheiben unter dem Druck der Bombe zerbrochen waren; er besuchte eine Flakstellung auf der nahe bei Hiroshima gelegenen Insel Mukai-Shima, um sich von den Kanonieren eine Beschreibung des Angriffes geben zu lassen. Sie berichteten: »Es waren wirklich nur zwei B-29. Wir können einfach nicht glauben, daß sie die ganze Stadt zerstört haben.«

Am 10. August trafen sich die verschiedenen japanischen Untersuchungskommissionen, die während der letzten drei Tage den Verlauf der Katastrophe zu rekonstruieren versucht hatten, in einem der wenigen noch intakten Gebäude unweit von Hiroshima. Die meisten Teilnehmer an der Sitzung waren nun davon überzeugt, daß die Amerikaner wirklich eine Atombombe abgeworfen hätten. Nur ein Instrukteur der Flottenakademie hielt weiter an der Auffassung fest, es handle sich um eine »andere Bombe«, vermutlich mit »flüssiger Luft« geladen.

Aber Nishina wies diese Behauptung in der Diskussion entschieden zurück, indem er einen kurzen Vortrag über die Vorkriegsentwicklung der Atomforschung hielt. »Daran habe ich selbst teilgenommen ...«, schloß er seine Ausführungen, und es klang wie eine Selbstanklage, gegen die er keine Verteidigung gelten lassen wollte. Dann verfiel der Gelehrte in ein brütendes Schweigen der Verzweiflung, in dem er noch lange nachher verharrte.

3

Tief erschüttert von der Mitteilung, daß eine Atombombe abgeworfen worden war, wurde der Entdecker der Uranspaltung, Otto Hahn. Es war ihm unerträglich, sich vorzustellen, daß seine ohne jeden Gedanken an praktische Auswertung unternommenen Forschungen nun zum Tode Zehntausender Männer, Frauen und Kinder geführt haben sollten. Hahn erfuhr von den furchtbaren Konsequenzen seiner nunmehr fast sieben Jahre zurückliegenden Arbeiten in englischer Haft. Nach seiner Gefangennahme durch die »Alsos«-Mission war er über Heidelberg und das amerikanische Spezial-Auffanglager »Dustbin« (»Staubbehälter«) bei Paris auf einen englischen Landsitz in Godmanchester, nicht weit von Cambridge, gebracht worden. Mit Hahn waren noch neun deutsche Physiker in Godmanchester interniert. Heisenberg und Weizsäcker mit einem Teil ihrer Arbeitsgruppe; Harteck und Bagge, die in Hamburg und am Uranprojekt von Diebner gearbeitet hatten; Gerlach, der mit Hilfe von Rüstungsminister Speer im letzten Kriegsjahr gegen die Opposition der Parteistellen zum »Bevollmächtigten für kernphysikalische Forschung« ernannt worden war; und auch Max von Laue, obwohl Goudsmit ihm versichert hatte, die Alliierten wüßten ganz genau, er sei stets ein ausgesprochener Gegner des nationalsozialistischen Regimes gewesen.

Es ging diesen zehn Männern materiell viel besser als irgend jemandem, der damals in den Monaten nach dem Zusammenbruch in Deutschland leben mußte. Sie wurden äußerst freundlich, ja ausgesprochen zuvorkommend behandelt. Selbst die amerikanischen Soldaten, die sie auf den verschiedenen Stationen ihrer Reise bewacht hatten, merkten, daß es sich um »very important persons« handeln mußte, und stellten Vermutungen über diese Persönlichkeiten an. »Ich habe herausgefunden, wer Sie sind«, vertraute ein uniformierter Wärter seinem »Schützling« Max von Laue an. »Sie sind der Marschall Pétain!«

Aber die ausgezeichnete Kost und gute Unterbringung konnten die Sorgen der Gefangenen über das Schicksal ihrer im chaotischen Deutschland zurückgebliebenen Familien nicht beschwichtigen. Es war ihnen zunächst verboten, mit irgendwelchen Personen in der Heimat, einschließlich ihrer nächsten Verwandten, direkte briefliche Verbindung aufzunehmen. Sie waren für alle Welt so verschollen, daß die Schwedische Akademie, als sie mit Hahn, der zum Nobelpreis vorgeschlagen war, in Kontakt treten wollte, ihn zunächst nicht auffinden konnte. Ungewisse Gerüchte behaupteten, er sei »irgendwo in den USA«.

»Weshalb diese besten deutschen Physiker gerade in England interniert wurden, habe ich nie verstanden«, erzählt Goudsmit, der sie vorher je eine Stunde interviewt hatte. »Vielleicht wußten unsere Militärsachverständigen einfach nicht, was sie mit diesen Wissenschaftlern anfangen sollten, nachdem wir sie nun einmal gefunden hatten, und waren den Engländern, als diese sich anboten, sie zu übernehmen, ganz dankbar.« Für die Geheimnistuerei um den Aufenthaltsort der Forscher hat der wissenschaftliche Chef der »Alsos«-Mission eine plausible Erklärung: »All dieses ›Husch-Husch‹ war notwendig, weil wir ursprünglich angenommen hatten, die Deutschen hätten eine Atombombe oder müßten ihrem Geheimnis schon ganz nahegekommen sein. Es stellte sich zwar heraus, daß sie praktisch nichts wirklich Wichtiges wußten, aber dadurch, daß wir zuerst so eifrig nach ihnen Jagd machten und sie dann so genau ausfragten, hatten wir uns vielleicht ein wenig verraten ... Solange diese Männer frei herumliefen, mußte unsere Gegenspionage befürchten, daß die Vermutung, wir hätten vielleicht ein gigantisches Uranprojekt, sich allgemein und überall herumsprechen würde. So ein Risiko war zu groß. Es gab nur eines: Diese Leute mußten abgesondert, ihre Kollegen aber und der Rest der Welt im unklaren über ihr Schicksal gelassen werden.«

»Farm Hall«, der streng geheime Internierungsplatz für die deutschen Atomforscher, war im Jahre 1728 gebaut worden. Sein erster Besitzer, ein Richter namens Clark, war nach einem der Kerkerbesuche, die er gelegentlich machen mußte, um Verhöre abzuhalten, vom sogenannten »jail fever« (»Gefängnisfieber«) befallen worden und daran gestorben. Hätte er 1945 einmal vom Himmel auf sein idyllisches Landschlößchen heruntergeschaut, in dessen Garten er zum Zeitvertreib nach römischen Münzen und Tonscherben zu graben pflegte, so hätte er gewiß erstaunt festgestellt, daß nun gerade sein »Tuskulum« vorübergehend ein Gefängnis geworden war.[1]

Es war alles in allem ein höchst angenehmes und freundliches Arrestlokal, dieses große, nach der Straßenseite durch Mauern abgeschirmte Backsteinhaus, das auf grüne Wiesen und hohe Bäume schaute. Zwei englische Offiziere trugen die Verantwortung für diese zehn »wertvollen Gefangenen«. Weizsäcker bestätigte ihnen später: »Diese beiden Offiziere haben die schwierige Aufgabe, zehn mißvergnügte Physiker zu überwachen, so taktvoll gelöst, wie man es sich nur denken kann, und wir sind ihnen dafür dauernd dankbar geblieben.« Nicht selten erschien den »Mißvergnügten« ihre Internierung aber auch als »Geschenk des Schicksals«, weil sie nun vorübergehend aus dem Netz der Verpflichtungen befreit waren, in das der Wissenschaftler, wie jeder moderne Mensch, eingespannt ist. »Wäre nicht die Sorge um meine Familie gewesen, so könnte ich sagen, daß es mir vielleicht nie besser ging als damals«, erinnert sich Weizsäcker an diese Zeit im militärisch bewachten »Elfenbeinturm«.

Weizsäcker konnte wie die meisten seiner Mitgefangenen in einer Ruhe, wie er sie seit Jahren nicht gefunden hatte, nachdenken und schreiben. Einige der wichtigsten und

[1] Bevor die deutschen Atomforscher auf »Farm Hall« interniert wurden, waren dort englische, holländische, belgische und französische Geheimagenten für ihre Landung und ihre Geheimmissionen auf dem von der deutschen Wehrmacht besetzten Kontinent vorbereitet worden.

schönsten seiner Ideen über die Entstehung des Kosmos hat er in »Farm Hall« entwickelt. Ein anderer Internierter, Max von Laue, verfaßte eine Arbeit über Röntgenstrahlen. Um körperlich in Form zu bleiben, machte der fünfundsechzigjährige Nobelpreisträger jeden Tag einen Dauermarsch von zehn Kilometern. »Das bedeutete etwa fünfzig Runden in dem uns zugewiesenen Garten, wobei jede Runde durch einen Kreidestrich an der Mauer angezeigt wurde«, berichtet Otto Hahn.

Mit Handballspiel, Lösung von Denksportaufgaben, Stöbern in der mit alten Büchern wohlausgestatteten Schloßbibliothek (Heisenberg las damals fast alle Werke des englischen Romanciers Anthony Trollope) und dem Anhören von Konzerten aus dem englischen Rundfunk wurden manche Stunden ganz im Stil der »Freizeitgestaltung« für Kriegsgefangene verbracht; außerdem hielt man aber in »Farm Hall« täglich »Seminare« ab, in denen jeweils einer der zehn Forscher über seine letzten Arbeiten berichtete. Ein lebhafter Gedankenaustausch schloß sich den Vorträgen gewöhnlich an. Alle diese Debatten, aber auch die meisten Privatgespräche und die Unterhaltungen bei Tisch wurden durch versteckte Mikrofone belauscht und auf Tonband aufgenommen. Diese Tatsache erfuhren die Gefangenen erst ziemlich spät durch einen Zufall.

Eines Abends, nicht lange vor Weihnachten 1945, wurden sie plötzlich aufgefordert, ihren Aufenthaltsraum zu verlassen. Ein Soldat hatte, wie sich herausstellte, aus Versehen die Mikrofonleitung durchschnitten, als er dabei war, einen Lautsprecher für die Weihnachtsfeier der Wachmannschaft zu installieren.

5

Es wäre höchst interessant, diese heute in den Geheimarchiven des englischen »Intelligence Service« liegenden Tonbänder zu hören und auf diese Weise die Dabatten mitzuerleben, die am Abend des 6. August 1945 durch die Ankündigung des Abwurfs der Hiroshima-Bombe unter den in »Farm Hall« Internierten ausgelöst wurden. Goudsmit hat darüber einen längeren Bericht verfaßt, der von den Teilnehmern an diesen Gesprächen allerdings als nicht exakt bezeichnet wird. Er schreibt, die erste Reaktion der deutschen Forscher sei völlige Ungläubigkeit gewesen. »Es kann keine Atombombe sein«, soll einer von den zehn gesagt haben, »das ist wahrscheinlich Propaganda, so wie man's in Deutschland gemacht hat. Sie haben irgendeinen neuen Sprengstoff oder eine besonders große Bombe, die sie ›atomisch‹ nennen, aber es ist sicher nicht das, was wir eine Atombombe genannt hätten. Das hat nichts mit dem Uranproblem zu tun ... Nachdem das erledigt war«, erzählt Goudsmit weiter, »waren die deutschen Wissenschaftler imstande, ihr Abendessen in Frieden zu beendigen ... Aber um neun Uhr kam die detaillierte Rundfunksendung ... Der Eindruck auf die zehn Forscher war erschütternd. Sie verbrachten Stunden damit, die wissenschaftliche Theorie der Bombe zu diskutieren und sich auszurechnen, wie ihr Mechanismus funktionierte. Aber das Radio hatte trotz aller Einzelheiten nicht genug gesagt, und die deutschen Forscher glaubten, wir hätten einen ganzen Pile [Brenner] auf Hiroshima abgeworfen ...«

Walther Gerlach, der Tagebuch führte, bestätigt zumindest eine von Goudsmits Feststellungen. Auch er notierte damals sofort, daß Heisenberg an das Vorhandensein einer amerikanischen Bombe zunächst nicht geglaubt habe. Weizsäcker präzisiert Goudsmits Darstellungen folgendermaßen:

»Bei den von Goudsmit so lebendig geschilderten Vorgängen in unserer Internierung an dem Abend, an dem wir erfuhren, daß die Atombombe auf Hiroshima gefallen war, ist er selbst nicht anwesend gewesen. Er kann sich dabei nur stützen auf die Berichte der beiden englischen Offiziere, die uns beigegeben waren ... Sie waren aber keine Physiker und konnten daher die Gespräche über das Physikalische der Atombombe, die sie mitangehört hatten, sicher nicht präzise wiedergeben. So enthält die Schilderung eine Reihe von Ungenauigkeiten. Insbesondere haben wir uns nicht eingebildet, die Amerikaner müßten einen Pile abgeworfen haben. Natürlich weiß ich nicht, ob nicht im Laufe der Gespräche über den uns zunächst unbekannten Sachverhalt auch diese Möglichkeit einmal von irgend jemand genannt worden ist, aber wenn es so wäre, dann hätten wir jedenfalls keine Mühe gehabt, uns auf Grund unserer eigenen Kenntnis zu überzeugen, daß dies eine höchst unwahrscheinliche Deutung der vorhandenen Zeitungsmeldung sei ...

Ferner trifft es nicht zu, daß bei der ersten Mitteilung der gesamte Kreis sich dabei beruhigte, dies könne keine Atombombe sein. Freilich kann ein Zuhörer bei einem bewegten Gespräch von zehn Personen nicht alles hören. Richtig ist, daß wir die Schwierigkeiten bei der Herstellung einer Bombe so genau gekannt und für so groß gehalten haben, daß wir nicht vermutet hatten, Amerika würde während des Krieges imstande sein, Atombomben herzustellen ... In unserem engeren Kreis hielten wir es für wahrscheinlich, daß Amerika auch in der Uransache weiterkommen würde als wir, wenn es seine ganze Kraft darauf verwenden würde. Wir hielten es aber für unwahrscheinlich, daß die amerikanischen Arbeiten während des Krieges in dieser Weise gefördert werden würden, weil wir in der Tat die amerikanischen Möglichkeiten darin unterschätzten, daß wir die wirkliche Herstellung einer Atombombe auch in den USA für so gut wie ausgeschlossen hielten. Wir nahmen an, daß die amerikanische Führung angesichts dieser Sachlage von vornherein dieses Unternehmen auf die Zeit nach dem Kriege vertagen würde. Im übrigen war unsere Schätzung, obwohl quantitativ falsch, qualitativ nicht ganz unzutreffend, denn die Atombombe ist ja in der Tat erst nach dem Abschluß des Krieges mit Deutschland fertig geworden.«

Es entwickelte sich, wie Gerlach in seinem Tagebuch erwähnt, »eine sehr schwierige Lage« innerhalb dieses kleinen, in den Monaten der Internierung freundschaftlich zusammengewachsenen Kreises. Vor allem die Jüngeren machten den Älteren Vorwürfe. War es richtig gewesen, die Bombe nicht zu bauen? fragten sie. Hätte man vielleicht günstigere Friedensbedingungen für Deutschland aushandeln können, wenn man sie gehabt hätte? Ihnen wurde geantwortet, es sei ein Glück für die deutsche Atomphysik, daß sie von jener schweren Schuld frei bleiben durfte, die nun wohl auf den Kernforschern der Alliierten laste.

Otto Hahn nahm an diesen heftigen, oft unerfreulichen Debatten kaum teil. Seine Bewegung war so groß, daß seine Kollegen zeitweise befürchteten, er könne sich aus Verzweiflung das Leben nehmen. »Auf Hahn aufpassen!« flüsterte einer dem anderen zu. Unter dem Datum vom 7. August 1945 notierte Dr. Bagge in seinem Tagebuch:

»Der beklagenswerte Professor Hahn! Er erzählte uns, daß er schon damals, als er zum ersten Mal erkannte, welche furchtbaren Wirkungen die Uranspaltung haben könne, mehrere Nächte lang nicht geschlafen und erwogen habe, sich das Leben zu nehmen. Eine Zeitlang sei sogar der Plan aufgetaucht, ob man zur Verhütung dieser Katastrophe nicht alles Uran ins Meer versenken solle ... Um zwei Uhr nachts pochte es an unsere Tür, und herein trat Herr von Laue: ›Wir müssen etwas unternehmen, ich habe große Sorgen um Otto Hahn. Diese Nachrichten haben ihn entsetzlich erschüttert, und ich befürchte das Schlimmste.‹ Wir waren noch lange wach, und erst als wir feststellten, daß Herr Hahn schließlich doch eingeschlafen war, gingen alle zu Bett.«

Die Nachricht vom Abwurf der Bombe war Hahn zuerst von einem der beiden Überwachungsoffiziere mitgeteilt worden. Beinahe so sehr wie die Mitteilung selbst hatte ihn der »Trost« erschüttert, den ihm sein Gesprächspartner zu spenden versuchte. Als nämlich Hahn, der den Rassenwahn Hitlers stets verurteilt hatte, fassungslos ausrief: »Wirklich, hunderttausend Opfer? Das ist ja schrecklich!« erhielt er zur Antwort: »Regen Sie sich doch nicht so auf. Besser, ein paar Tausend Japs sind draufgegangen als ein einziger unserer Boys.«[1]

[1] Das Argument, es seien durch die Atombombardements von Hiroshima und Nagasaki die Leben zahlreicher Amerikaner, Australier, Engländer und sogar Japaner gerettet worden, die sonst bei einer Landungsoperation vernichtet worden wären, hat später den bekannten amerikanischen Priester Monsignore Sheen zu der Gegenbemerkung veranlaßt: »Mit genau den gleichen Argumenten hat Hitler das Bombardement von Holland zu rechtfertigen versucht.«

Der Kreuzzug der Wissenschaftler

1

In den Gemütern der Atomforscher von Los Alamos hatte die Bombe, die auf Hiroshima gefallen war, Erregung und Verwirrung gestiftet. O. R. Frisch erinnert sich, wie er plötzlich eines Tages im Gang vor seinem Arbeitszimmer laute Freudenschreie vernahm. Als er die Tür öffnete, sah er einige jüngere Kollegen mit dem Indianerruf »Whoppee!« (klingt wie »Huupii«) vorbeilaufen. Sie hatten soeben am Radio die von Präsident Truman verlesene (und von General Groves verfaßte) Mitteilung über den erfolgreichen Einsatz der ersten Atombombe gehört. »Mir schienen Begeisterungsrufe nicht recht am Platz«, bemerkt der Mann ganz trocken, der 1939 als erster die gewaltige Energie geschätzt hatte, die bei der Spaltung des Atomkerns frei werden mußte. Nun hatten diese Kräfte das Leben von Zehntausenden zerstört.

Für Persönlichkeiten wie Einstein, Franck, Szilard und Rabinowitch, die ihr Bestes getan hatten, um die Anwendung der Bombe zu verhindern, war der 6. August 1945 ein schwarzer Tag. Wie aber stand es mit den Männern und Frauen oben auf der »Mesa«? Sie hatten schließlich Tag und Nacht auf dieses Ziel hingearbeitet. Sollten sie nun stolz auf ihre Leistung sein, wie es die öffentliche Meinung ihnen in ihren ersten überraschten Ausrufen zubilligte, oder mußten sie sich ihrer Arbeit schämen, wenn sie an das Leid dachten, das sie über so viele wehrlose Menschen gebracht hatten? Oder aber – seltsamste aller Feststellungen und eigentlich nur mit den widerspruchsvollen Beobachtungen der Mikrophysik vergleichbar – konnte ein und derselbe Mensch Stolz und Scham zu gleicher Zeit empfinden?

Noch verwirrender wurde das alles, wenn man das Unfaßbare dieses Ereignisses mit den Menschen selbst verglich, die es durch ihre Intelligenz und zielbewußte Anstrengung herbeigeführt hatten. In den Augen der Welt gewannen sie jetzt eine Gestalt, die ihrem wirklichen Wesen nicht mehr entsprach, ja widersprach. Durch die gottgleiche Größe ihrer Handlungen waren sie in der Vorstellung der Laien zu mythischen, überlebensgroßen Figuren geworden. Man nannte sie »Titanen«, verglich sie mit Prometheus, der Zeus, den Lenker der Geschicke, herausgefordert hatte, nannte sie »Teufelsgötter«. Aber sich selbst und ihren Nachbarn erschienen sie nach wie vor als Menschen, die sich weder durch besondere Tugend noch besondere Bosheit auszeichneten, widerspruchsvolle Menschen, die in ihrer Arbeitszeit ohne »ablenkende Nebengedanken« den vermutlichen Zerstörungsradius ihrer Bombe ausrechneten und am Feierabend – wie zum Beispiel Alvin Graves – die behutsamsten Gärtner sein konnten, sich das Wasser vom Munde absparend, um eine von der Trockenheit bedrohte Pflanze zu retten.

Robert Brode, einer der amerikanischen Physiker, die zwanzig Jahre zuvor in Göttingen studiert hatten, versuchte seine damalige Stimmung und die einiger seiner Kameraden in Los Alamos folgendermaßen zu beschreiben:

»Gewiß, wir waren sehr erschrocken über die Wirkung unserer Waffe. Vor allem deshalb, weil sie nicht, wie wir angenommen hatten, speziell auf die militärischen Anlagen von Hiroshima gezielt worden war, sondern mitten hinein ins Stadtzentrum und Zivilisten tötete. Aber wenn ich die ganze Wahrheit sagen soll, so war unsere Erleichterung eigentlich noch größer. Endlich wußten unsere Familien und Freunde in anderen Städten und Ländern, warum wir seit Jahren verschwunden waren. Nun war es ihnen klar, daß auch wir unsere Pflicht getan hatten. Endlich wußten wir auch selbst, daß unsere Arbeit nicht vergeblich gewesen war. Ich persönlich hatte jedenfalls keine Schuldgefühle.«

»Willie« Higinbotham, ein vierunddreißigjähriger Elektroniker, Sohn eines protestantischen Pfarrers, der bald darauf zu einem Führer der sich politisch und moralisch für ihre Arbeit verantwortlich fühlenden Atomforscher werden sollte, schrieb damals aus Los Alamos an seine Mutter: »Ich bin nicht ein bißchen stolz auf den ›Job‹, den wir geleistet haben

... Vielleicht ist dieses Ding so zerstörerisch, daß der Mensch gezwungen sein wird, sich friedlich zu verhalten ... Ich begreife jetzt aber, was man unter gemischten Gefühlen versteht ...«

Einige der in Los Alamos arbeitenden Atomforscher wußten, daß noch die letzte der insgesamt drei fertiggestellten Atombomben sich einsatzbereit auf Tinian befand. Sie hieß im Gegensatz zu der in Hiroshima verwendeten Bombe, die den Spitznamen »Thin Man« (Anspielung auf Roosevelt) erhalten hatte, »Fat Man« (Churchill), weil sie bei geringerem Materialverbrauch durch die neuartige, in Los Alamos entwickelte »Implosions«-Technik noch verheerendere Wirkungen erzielen würde. Einer der Konstrukteure dieser Bombe (er möchte aus verständlichen Gründen nicht genannt werden) gesteht:

»Ich fürchtete den Einsatz dieser dritten Bombe. Ich hoffte, man würde sie nicht verwenden, und zitterte bei dem Gedanken, was sie anrichten könnte. Und doch, wenn ich ganz aufrichtig sein soll, reizte es mich zu erfahren, ob diese Bombe die in sie gesetzten Erwartungen rechtfertigen kann, kurz, ob sie ›funktionieren‹ würde. Schreckliche Gedanken, darüber bin ich mir klar, und doch waren sie unabweisbar.«

2

Fünfundzwanzig Atomforscher und ihre Gehilfen aus Los Alamos bereiteten inzwischen unter Leitung von Norman Ramsay auf der Insel Tinian »Fat Man« für den Abwurf vor.

Solange niemand auf Tinian gewußt hatte, was die »Langhaarigen« in ihren von Spezialwachen umstellten Gebäuden eigentlich trieben, waren sie bei dem Militärpersonal Gegenstand gutmütigen Spottes gewesen. Ja sogar in den Propagandasendungen des japanischen Rundfunks hatte man sich damals über sie und ihre angebliche »Wunderwaffe« lustig gemacht. Sobald die Nachricht vom Abwurf der ersten Atombombe bekanntgeworden war, feierte man sie als Helden. Es trafen jetzt zahlreiche Journalisten auf dem Luftstützpunkt ein und hohe Offiziere, die Auszeichnungen an die Besatzung der »Enola Gay« verteilten, des ersten, nach dem Vornamen der Mutter des Piloten Paul Tibbetts benannten Atombomben-Flugzeuges.

Unter diesen »very important persons«, die Tinian ihren Besuch abstatteten, befand sich auch General »Tooey« Spaatz, der Oberbefehlshaber aller Luftstreitkräfte an dieser Front. »Wir führten ihn natürlich auch in den Hangar, wo wir die erste Bombe vor dem Abwurf bereitgemacht hatten«, erzählt Herbert Agnew, einer der Atomforscher auf Tinian. »Einer meiner Kameraden zeigte ihm den kleinen Kasten, in dem sich das Herzstück der Bombe befunden hatte, bevor wir es einmontierten. Da wurde der General geradezu ärgerlich: Zu seinem Adjutanten gewandt, sagte er: ›Vielleicht glauben Sie das, was dieser Junge Ihnen vorflunkert. Mich legt er jedenfalls nicht rein.‹[1]

Der General wollte einfach nicht wahrhaben, daß solch ein kleines Ding so gewaltige Verwüstungen hatte anrichten können.«

Bei diesem zweiten Atomangriff sollten einige Atomforscher, darunter Alvarez, Agnew und der englische Bombenexperte Penney, in einer Begleitmaschine mitfliegen. Als Alvarez und seine Freunde Philip Morrison und Robert Serber kurz vor dem Einsatz bei einem Glas – genauer gesagt, einer Konservenbüchse – Bier saßen, kam ihnen ein Einfall. Sie beschlossen, mit der Bombe einen Brief an ihren japanischen Studienfreund Sagane abzuwerfen, mit dem sie im »Strahlungslaboratorium« von Berkeley vor dem Kriege zusammengearbeitet hatten. Das Schreiben wurde in aller Eile entworfen, dreimal mit der Hand abgeschrieben und jedes Exemplar an einem der drei Meßgeräte festgemacht, die Alvarez über dem Ziel loslassen wollte.

Es lautete:

[1] 1962 wurden endlich die äußeren Ausmaße der beiden bei Hiroshima und Nagasaki eingesetzten Bomben veröffentlicht: »Thin Man« (oder auch »Little Boy« genannt): 28 Zoll Durchmesser, 120 Zoll Länge, 9000 Pfund schwer. »Fat Man«: 60 Zoll Durchmesser, 128 Zoll Länge, 10000 Pfund schwer.

Hauptquartier Atombomben-Kommando
9. August 1945

An Prof. R. Sagane!
Von: Drei Ihrer früheren wissenschaftlichen Kollegen während Ihres Aufenthaltes in den Vereinigten Staaten.
Wir schicken Ihnen dies als persönliche Botschaft, damit sie Ihren Einfluß als angesehener Kernphysiker dazu verwenden, den japanischen Generalstab zu überzeugen, daß Ihr Volk furchtbar leiden wird, wenn es diesen Krieg fortsetzt. Sie haben seit mehreren Jahren gewußt, daß eine Atombombe gebaut werden könnte, falls eine Nation gewillt wäre, die enormen Kosten für das notwendige Material aufzuwenden. Jetzt, nachdem Sie sicher eingesehen haben, daß wir die erforderlichen Fabriken gebaut haben, kann bei Ihnen kein Zweifel darüber bestehen, daß die Produktion dieser Fabriken, die vierundzwanzig Stunden pro Tag arbeiten, auf Ihrem Heimatland zur Explosion gebracht werden wird.
Innerhalb von drei Wochen haben wir eine Bombe in der amerikanischen Wüste erprobt, eine in Hiroshima explodieren lassen und die dritte heute früh abgeworfen.
Wir beschwören Sie, diese Tatsache Ihren Führern klarzumachen und Ihr Äußerstes zu tun, die Zerstörung und den Verlust von Menschenleben aufzuhalten, die, falls fortgesetzt, nur zur Vernichtung aller Ihrer Städte führen können. Als Wissenschaftler bedauern wir den Gebrauch, der von einer herrlichen Erfindung gemacht worden ist, aber wir können Ihnen versichern, daß dieser Regen von Atombomben sich in seiner Schrecklichkeit noch vervielfachen wird, falls sich Japan nicht sofort ergibt.

Eine dieser Botschaften wurde nach dem Bombardement von Nagasaki aufgefunden und der Nachrichtenabteilung der japanischen Flotte übergeben. Erst viel später erreichte sie den Adressaten selbst.

Inwieweit diese Botschaft mit dazu beigetragen hat, Japans Kapitulation herbeizuführen, ist unbekannt. In Wirklichkeit hielten die Vereinigten Staaten im Augenblick, als die Botschaft abging, keine einzige fertige Atombombe mehr in Reserve, und es konnten auch vor Ablauf mehrerer Wochen, vielleicht sogar Monate, keine neuen Bomben hergestellt werden.

Der amerikanische Generalstab verfolgte mit dem Abwurf auf Nagasaki vor allem ein Ziel. Er wollte beim Gegner den Eindruck erwecken, als besäßen die USA bereits ein ganzes Arsenal von Atombomben, und ihn dadurch zu sofortiger Waffenstreckung veranlassen. Dieser Bluff wurde durch die in humanitärer Absicht verfaßte Botschaft der drei Physiker unwissentlich unterstützt, und so war nun auch die Freundschaft unter den Forschern verschiedener Nationen als Waffe mißbraucht worden.

3

Spätabends am 11. August 1945 verkündete das amerikanische Radio: »Soeben meldet United Press aus Bern in der Schweiz, daß die japanische Regierung bedingungslose Kapitulation angeboten habe ...«

Auf Los Alamos bewirkte diese Nachricht einen wahren Freudentaumel. Alle Widersprüche und Zweifel lösten sich augenblicklich auf: Das weitere Blutvergießen war durch die beiden auf dem »Hügel« geborenen »Boys« verhindert worden. Der Krieg war zu Ende! Schnell wurden die (für diese Stunde nach der unter strengem Trinkverbot stehenden Laboratoriumsstadt seit langem eingeschmuggelten) Vorräte an Whisky, Gin, Wodka und anderen alkoholischen Getränken aus ihren Verstecken geholt, und man stieß überglücklich auf den Frieden an.

Auf dem Höhepunkt einer der vielen improvisierten Sieges-»Partys« erhob sich Doktor X, einer der führenden Spezialisten der Sprengstoffabteilung, und lief, leicht torkelnd, ehe man ihn noch zurückhalten konnte, in die Nacht hinaus. Er hatte seit dem 6. August nur mit Wissen der Sicherheitsbehörde an einer Privatüberraschung für den Tag des Kriegsendes gearbeitet: zwei oder drei Dutzend versteckten kleinen Munitionslagern, die durch ein Leitungsnetz miteinander verbunden waren und mit einem Knopfdruck zur Explosion gebracht werden konnten.

Einen Augenblick später blitzte und grollte es von allen Seiten. Den Menschen, die aus ihren Häusern hinausgelaufen waren, bot sich ein großartiges Spektakel. Die Felsenstadt Los Alamos war ganz eingehüllt in grelles, zuckendes Licht. Flammen und Feuerschein erleuchteten die roten Bergwände, Funkengarben schossen aus den Canyons hervor, das Knallen, Schießen und Gewittern wollte kein Ende nehmen.

Als das Siegesfeuerwerk abgebrannt war und nur noch einige verspätete Explosionen als Nachzügler zu hören waren, ging man in die Häuser zurück und wieder ans Radio, in der Hoffnung, nun mehr Einzelheiten zu erfahren. Und vernahm, daß die Nachricht von der Kapitulation Japans leider verfrüht gewesen sei.

Vier Tage später, als die Nachricht von dem tatsächlichen Kapitulationsangebot bekannt wurde, löste sie in Los Alamos zuerst keine wirkliche Begeisterung mehr aus. Allmählich kam aber trotz der späten Stunde eine Siegesparade zustande. Sie wurde angeführt von einem Jeep, an den sich über ein Dutzend von den jüngeren Wissenschaftlern klammerten. Auf den Schultern des Fahrers thronte der schmächtige »Willie« Higinbotham und versuchte bald durch schmissige Melodien, die er seiner Ziehharmonika entlockte, bald durch die lauten Paukenschläge zweier Mülleimerdeckel die Schlafenden davon zu verständigen, daß der Frieden ausgebrochen sei.

In den meisten Häusern gingen die Lichter wieder an, und in den Schlafsälen, wo die Unverheirateten untergebracht waren, begannen »Dorm Parties« (»Schlafsaal-Partys«). Man tanzte bis zum hellen Morgen und brauchte am nächsten Tag nicht zur Arbeit zu kommen. So ging es zwei Tage und zwei Nächte lang.

Als aber das Siegesfest vorbei war, zeigte es sich, daß vorläufig alles beim alten blieb. Die Welt mochte sich einbilden, der Friede sei da – aber für die Forscher in Los Alamos, Oak Ridge, Hanford und Chicago galten weiterhin die gleichen scharfen Geheimhaltungsvorschriften wie im Krieg.

Das schien besonders den jüngeren unter den Mitarbeitern des »Manhattan Project« unerträglich. Sie begannen aufzumucken. Typisch dafür ist, was Herbert Anderson, ein junger amerikanischer Physiker, der schon an Fermis ersten Uranversuchen an der Columbia-Universität teilgenommen hatte (und sich dabei eine lebenslängliche Beryllvergiftung zugezogen hatte), bald nach Kriegsende an einen Freund schrieb: »Wehren wir uns gegen jede Verletzung unserer Menschen- und Bürgerrechte. Der Krieg ist gewonnen. Wir wollen wieder frei sein.«

Es ging diesen Atomforschern nicht nur um persönliche Freiheit, sondern vor allem um die Freiheit, ihre Mitmenschen über die Schrecken der »neuen Waffe« aufzuklären. Wenn sie jetzt in den Zeitungen lasen, daß Abgeordnete des Kongresses dafür eintraten, die Vereinigten Staaten sollten das »Geheimnis« der Atombombe für sich behalten, dann hätten sie gerne geantwortet, daß es keine »Atomgeheimnisse« gebe, die nicht jede wissenschaftlich erstrangige Nation in kürzester Zeit selbst herausfinden würde. Sie hätten gern im Sinne von Bohr, Bush, Szilard und der Verfasser des Franck-Reports für die sofortige Einberufung einer internationalen Atomkontroll-Konferenz durch amerikanische Initiative geworben.

Besonders brachte die Wissenschaftler in Los Alamos das Versteckspiel auf, das die Armee mit dem Problem der Radioaktivität trieb. Schon vor dem Einsatz der Atomwaffe hatten einige von ihnen General Groves gebeten, zugleich mit der Bombe Flugblätter abzuwerfen, die auf die ungewohnte, bei dieser neuen Waffe auftretende und auch noch lange nach dem Abwurf anhaltende Gefahr der Radioaktivität hinwiesen. Das hatten die Armeestellen abgelehnt, weil sie befürchteten, solche Warnungen könnten als Eingeständnis dafür ausgelegt werden, daß sie eine dem Giftgas ähnliche Waffenart verwendet hätten.

Nun versuchte man immer noch, vermutlich aus den gleichen Motiven, die radioaktiven Wirkungen des Atombombardements zu verschleiern. Es wurde erklärt, in den Trümmern Hiroshimas sei keine gefährliche Radioaktivität mehr zu finden, und man verschwieg, wie viele Opfer im Augenblick der Explosion eine tödliche oder jahrelanges Siechtum verursachende Strahlendosis erhalten hatten. Groves wagte sogar öffentlich vor einer Kommission des Kongresses zu erklären, er habe gehört, der Tod durch Strahlung sei eigentlich »ganz angenehm«.

Solche Behauptungen brachten das Blut der Atomforscher in Los Alamos in Wallung. Denn in ihrer Mitte kämpfte damals ihr sechsundzwanzigjähriger Kollege Henry Dagnian gegen den unheimlichen Strahlentod.

Am 21. August 1945 hatte Dagnian bei Versuchen mit einer kleinen Menge von spaltbarem Material für den Bruchteil einer Sekunde eine Kettenreaktion erzeugt und auf der rechten Hand eine vielfache Überdosis von Radioaktivität empfangen. Knapp eine halbe Stunde nach dem Unfall eingeliefert, merkte der Patient zuerst nichts außer einer gewissen Gefühllosigkeit in den Fingern, die gelegentlich von leichtem Prickeln abgelöst wurde. Aber bald begannen die Hände mehr und mehr anzuschwellen, während der Gesamtzustand sich rapide verschlechterte.

Der junge Physiker fing zu halluzinieren an und klagte über starke innere Schmerzen, denn nun erst zeigte sich auch die Wirkung der tief durch die Haut ins Körperinnere eingedrungenen Gammastrahlen. Seine Haare fielen aus, und in seinem Blut nahmen die weißen Blutkörperchen überhand. Nach vierundzwanzig Tagen verschied er.[1]

Zum ersten Mal hatte der Strahlentod, den die Männer von Los Alamos durch den Bau ihrer Waffe über Tausende von Japanern gebracht hatten, einen von ihnen getroffen, zum er-

[1] Genau acht Monate nach diesem ersten Unfall ereignete sich der weiter oben (im zwölften Kapitel) geschilderte Unfall von Louis Slotin. Da diese Angelegenheit unbedingt vertuscht werden sollte, wurde den Bewohnern von Los Alamos verboten, einen bereits angesetzten Empfang für die auf den »Hügel« geladenen Honoratioren aus Santa Fé abzusagen. Sogar einige der engsten Freunde von Slotin mußten, da ihr Fernbleiben aufgefallen wäre, zwischen Besuchen an seinem Sterbelager, auf der »Cocktail-Party« erscheinen und versuchen, sich recht sorglos und unbekümmert zu geben.

sten Male erlebten sie die gefährlichen Wirkungen der neuen Kraft nicht nur als ferne, unpersönliche Statistik, sondern als Leiden, Schmerz und Untergang eines nahen Menschen.

Der Unfall des Henry Dagnian spornte in allen Atomlaboratorien die bereits begonnene Aktion jener Wissenschaftler an, die der Welt die volle Wahrheit über die neuen Waffen sagen und die Menschheit beschwören wollten, auf jeden kriegerischen Gebrauch der Atomenergie zu verzichten. Neun Tage nachdem Dagnian in das Barackenhospital auf dem »Hügel« eingeliefert worden war, wurde in Los Alamos unter Leitung von Higinbotham die »Vereinigung der Atomforscher« gebildet, der sofort etwa hundert Wissenschaftler beitraten. Ähnliche Gruppen waren in den Wochen vorher schon in Chicago, Oak Ridge und New York entstanden. Die traten miteinander in Verbindung und beschlossen gemeinsam, durch Aufklärung des Publikums starken Druck auf die Staatsmänner ihres Landes auszuüben, obwohl ein solcher Schritt an die Öffentlichkeit eine Herausforderung der Armeebestimmungen bedeutete, denen sie immer noch unterstanden. Das war der Beginn der Bewegung, die später (etwas übertrieben) als die »Revolte der Atomwissenschaftler« bezeichnet wurde.

4

Selten mag einen Menschen Jubel so traurig, Lob so skeptisch gestimmt haben wie Robert Oppenheimer, als er die frenetische Begeisterung erlebte, mit der seine Landsleute das Ende des Zweiten Weltkriegs begrüßten. Er selbst, bisher nur einem kleinen Kreis von wissenschaftlichen Kollegen und einigen wenigen Politikern bekannt, war nun plötzlich Gegenstand der Massenbewunderung. Als angeblicher »Vater der Atombombe« – eine allzu vereinfachende Bezeichnung, die er selbst stets ablehnte – wurde der Gelehrte gefeiert wie ein siegreicher Feldherr. Er galt nicht nur als der Mann, dessen Wunderwaffe dem Land die befürchteten großen Blutopfer einer Invasion Japans und einen weiteren Kriegswinter erspart hatte, sondern auch als ein neuartiger Friedensbringer, dessen erstaunliche Waffe in Zukunft alle Heere und alle Kriege überflüssig machen würde.

Oppenheimer wußte aber zuviel, als daß er diesem überschäumenden Zukunftsoptimismus hätte beistimmen können. Er muß damals die vielen, die nicht im Bilde waren und begeistert vom kommenden Friedensparadies schwärmten, mit ähnlicher Wehmut betrachtet haben, wie sie Erwachsene manchmal packt, wenn sie Kinder bei ihrem ahnungslos fröhlichen Spiel beobachten.

Zwei Tatsachenkomplexe überschatteten Oppenheimers Denken, wenn er sich die Zukunft vorstellte. Erstens war es ihm klar, daß die beiden Atombomben, die über Hiroshima und Nagasaki abgeworfen worden waren, nicht einen Höhe- oder gar Endpunkt bedeuteten, sondern nur den Beginn einer neuen Waffentechnik, deren Grenzen noch nicht abzusehen waren. Er selbst hatte noch vor der Fertigstellung der Uranbombe am 20. September 1944 und am 4. Oktober 1944 in zwei Briefen an seinen Freund Professor Tolman, den Vorsitzenden einer im Herbst 1944 eingesetzten Studienkommission über Atom-Zukunftsfragen, darauf hingewiesen, daß die Kriegsbedingungen nur die Herstellung verhältnismäßig primitiver Atomwaffen ermöglicht hätten. Oppenheimer hatte damals geschrieben: »Die technische Hegemonie, die dieses Land jetzt in den wissenschaftlichen und technischen Aspekten des Problems, wie man nukleare Reaktionen für Explosivwaffen benützt, besitzen mag, ist das Resultat weniger Jahre zwar intensiver, aber unvermeidlich schlecht geplanter Arbeit. Diese Hegemonie kann vermutlich nur aufrechterhalten werden durch fortgesetzte Weiterentwicklung sowohl der technischen wie der grundlegenden wissenschaftlichen Aspekte des Problems. Dafür ist das Vorhandensein der radioaktiven Materialien und die Teilnahme von qualifizierten Ingenieuren und Wissenschaftlern gleicherweise unentbehrlich. Keine Regierung kann ihre Verantwortung als Hüter adäquat erfüllen, wenn sie sich auf den Kriegserfolgen dieses Projektes ausruht.«

Zweitens wußte Oppenheimer aus seinen persönlichen Erfahrungen, jenen entwürdigenden Verhören des Jahres 1943, die er durchgemacht hatte, daß die Atomrivalität zwischen den beiden vorläufig noch verbündeten Supergroßmächten, USA und UdSSR, im Keim schon bestand. Im Gegensatz zu seinem militärischen Chef, General Groves, der meinte, es werde zehn, zwanzig oder gar bis sechzig Jahre dauern, ehe die Sowjetrussen eine eigene Atombombe entwickeln könnten, hatte Oppenheimer eine hohe Meinung vom Stand der sowjetischen Forschung. Diese Auffassung war erst kürzlich von Irving Langmuir, einem amerikanischen Nobelpreisträger für Chemie, bestätigt worden, der gerade als Gast der Akademie der Wissenschaften in Moskau gewesen war. Langmuir zweifelte nicht daran, daß die Russen, falls sie es wollten, in verhältnismäßig kurzer Zeit Atombomben bauen könnten, soweit sie es nicht schon getan hatten, ja, daß die Sowjetunion als totalitär geführter Staat leicht ein größeres Atom-Rüstungsprogramm beginnen könnte als die Vereinigten Staaten.

Aus solchen realpolitischen Erwägungen war die Stimme Oppenheimers, des Atomforschers, der in diesen ersten Wochen nach Kriegsende bei der Öffentlichkeit wohl das größte Prestige besaß, in dem immer lauter werdenden Chor der Warnungen zunächst nicht zu hören. Während Männer wie Einstein, Szilard, Franck und Harold C. Urey von der Notwendigkeit einer Verständigung mit Rußland sprachen, sorgte Oppenheimer gerade damals dafür, daß Flugzeuge mit empfindlichen Meßgeräten Patrouillen flogen, um eine Atomexplosion in Sowjetrußland oder irgendeinem anderen Land der Welt sofort melden zu können. Oppenheimer legte schon in der Woche der beiden ersten Atombombenabwürfe zusammen mit Compton, Fermi und Lawrence die Grundzüge der weiteren Atomaufrüstung fest. Er kämpfte gegen die wachsende Tendenz der Forscher, aber auch mancher Regierungsstellen, Los Alamos den »Wüstenfüchsen wiederzugeben«. In Aussprachen unter vier Augen und in öffentlichen Ansprachen versuchte er – meist mit Erfolg –, seine Mitarbeiter wenigstens noch einige Zeit zum Bleiben in Los Alamos zu überreden. Mehr denn je fühlte er sich verantwortlich für diese merkwürdige Siedlung »am Rande der Welt«. Seiner

Überredungskunst und Diplomatie wegen gewann Oppenheimer neue Freunde bei den Soldaten, die in Los Alamos stationiert waren. Sie hatten erwartet, nach Kriegsende vom Präsidenten durch eine besondere öffentliche Erwähnung belohnt zu werden. Da aber diese Ehrung nicht kam, murrten und protestierten sie. Als Oppenheimer davon erfuhr, ließ er jedem der Leute einen persönlichen, handschriftlich signierten Dankbrief überreichen und machte sich damit bei den GIs sehr populär.

Dagegen begann Oppenheimer mehr und mehr Freunde unter seinen nächsten Kollegen zu verlieren, die ihn, wenige ausgenommen, seit Jahren vergöttert hatten. Sie waren überzeugt gewesen, er werde nun der Welt gegenüber als ihr Sprecher auftreten, da sie selbst, zur Geheimhaltung verpflichtet, immer noch schweigen mußten. Aber wenn sie zu ihm kamen, hieß es jedesmal wieder: »Geduld! Geduld! Es sind zur Zeit delikate Beratungen über die künftige Kontrolle der Atomenergie im Gange. Wir Wissenschaftler dürfen das Boot nicht ins Schwanken bringen, wir sollten nicht stören.«

5

Ähnlich wie die hinhaltenden Antworten, die Oppenheimer den beunruhigten jungen Atomforschern in Los Alamos und anläßlich eines Besuches auch in Oak Ridge gab, waren die Ratschläge, die A. H. Compton, der Chef des »Metallurgical Laboratory« in Chicago, den dortigen Wissenschaftlern erteilte: »Halten Sie sich zurück, Sie gefährden sonst wichtige politische Entwicklungen ...« hieß es immer wieder. Das konnte sich nur auf Geheimverhandlungen mit Moskau beziehen, und man schwieg eben, wie Compton es befohlen hatte.

Gegen Ende September sickerte aber durch, daß man Gespräche mit den Russen über Atomfragen von amerikanischer Seite bisher überhaupt noch nicht aufgenommen hatte. In einer Kabinettssitzung vom 21. September war von der amerikanischen Regierung, mit Ausnahme des ehemaligen Vizepräsidenten und jetzigen Handelsministers Wallace, vorläufig gegen eine Bekanntgabe der als »heiliges Vertrauenspfand« (»sacred trust«) betrachteten »Atomgeheimnisse« entschieden worden. Was konnte Compton also gemeint haben? Szilard beschloß, es herauszufinden. Und seiner Hartnäckigkeit verdankten es die Atomforscher, daß sie endlich erfuhren, worauf Oppenheimer und Compton nur angespielt hatten. Es wurden tatsächlich Gespräche über eine Kontrolle der Atomenergie in Washington geführt. Aber nicht über die internationale Kontrolle, wie man geglaubt hatte, sondern über die künftige Form der Staatskontrolle, der die »neue Kraft« in den USA unterworfen werden sollte.

Nun war fast jeder Wissenschaftler damals der Ansicht, daß die Atomenergie in irgendeiner Form von der Öffentlichkeit überwacht werden müsse. Denn zum ersten Mal in der Geschichte war hier eine Entdeckung gemacht worden, die in verantwortungslosen Händen das Leben aller Staatsbürger, vielleicht sogar aller Menschen auf dem Erdball gefährden konnte. Es kam aber darauf an, wer im Auftrag des Volkes diese Kontrolle ausüben würde. Sollte, wie bisher im Krieg, die Leitung der neuen Atomindustrie in militärischen Händen liegen?

Daß so etwas geplant sei, entnahm Szilard den Worten Comptons, der ihm auf sein Drängen auch verriet, dem Kriegsministerium, wo das neue Atom-Kontrollgesetz vorbereitet worden war, liege viel daran, daß die Vorlage »ohne Schwierigkeiten« – also möglichst ohne Debatte – in beiden Häusern des Kongresses verabschiedet werde.

Da riß Szilard die Geduld. Er fuhr sofort nach Washington, um herauszubekommen, was in dieser vor aller Welt bis jetzt so ängstlich geheimgehaltenen »Bill« (Gesetzentwurf) drinstehe. Bob Lame, der in Washington den CIO-Gewerkschaftsbund vertrat, verschaffte ihm ein Exemplar des Entwurfs. Was er dort las, erregte den Gelehrten in höchstem Maße. Sein negatives Urteil wurde ihm bestätigt, nachdem er das Gesetz der Rechtsabteilung seiner Universität in Chicago vorgelegt hatte. Wenn diese »Bill« von den Vertretern des amerikanischen Volkes angenommen wurde, dann mußte die ganze weitere Atomentwicklung, statt sich endlich nach der friedlichen Ausnutzung dieser reichen Energiequelle zu orientieren, in Zukunft vor allem zu Rüstungszwecken mißbraucht werden. Die Atomforscher aber sollten sich unter Androhung hoher Gefängnisstrafen weiterhin schärfsten Geheimhaltungsvorschriften beugen. Wurde diese »Bill« Gesetz, so würde bald zutreffen, was Chester Barnard, ein Direktor der Rockefeller-Stiftung, ahnungsvoll ausgerufen hatte, als er zum ersten Mal von der Atombombe erfuhr: »Das ist das Ende der Demokratie.«

Der Plan war geschickt eingefädelt worden. Das »War Department« hatte unter Leitung des stellvertretenden Ministers Kenneth Royall das neue Atom-Kontrollgesetz mit Hilfe von General Groves entworfen und wollte es so unauffällig wie möglich in eine mit eiligen Gesetzesvorlagen überlastete Volksvertretung einbringen lassen. Nach der amerikanischen Verfassung müssen aber noch vor der parlamentarischen Lesung und der Debatte eines neuen Gesetzes öffentliche »Hearings« stattfinden, in denen qualifizierte Befürworter und Gegner der »Bill« aus der Öffentlichkeit ihre Meinungen bekunden. Kongreßmann Andrew May, einem kleinen Provinzanwalt aus Kentucky, der sich durch seine langjährige Zugehörigkeit zum Repräsentantenhaus die Leitung der Kommission für militärische Angelegenheiten ersessen hatte, war es gelungen, die »Hearings« zu der durch ihn und Senator Johnson von Colorado eingebrachten Gesetzesvorlage praktisch unter Ausschluß der Öffentlichkeit abzuhalten. Nur vier Persönlichkeiten waren angehört worden: Kriegsminister Patterson und General Groves, die selbstverständlich beide für die »May-Johnson-Bill« waren, sowie die Wissenschaftler Vannevar Bush und James Conant, die als Berater an ihrer Vorbereitung mitgewirkt hatten.

Nachdem Szilard in letzter Minute seine Kollegen alarmiert hatte, wurde May nun durch den Druck der von den Atomforschern informierten öffentlichen Meinung gezwungen, zusätzliche »Hearings« anzusetzen, in denen auch prominente Gegner seines Gesetzentwurfs zu Wort kommen sollten. Man kann sich denken, wie erbittert er gegen Szilard war, der gleich als erster »Zeuge« gegen das Gesetz auftrat.

Erst sechs Jahre waren es jetzt her, seit Leo Szilard auf dem Weg zum Sommerhaus Einsteins noch einmal gezögert hatte, ob er seinen schicksalsträchtigen Weg fortsetzen sollte. Was er damals vorausgesehen hatte, war Wirklichkeit geworden: Die Militärs wollten die Kontrolle über die neue Energiequelle nicht hergeben, und er, der es wagte, ihnen entgegenzutreten, wurde ungeachtet seiner Verdienste um die Entwicklung der »neuen Kraft« nun schlimmer als ein Angeklagter behandelt. Der Abgeordnete May, der selbst das »Hearing« leitete, versuchte den Gelehrten auf jede nur mögliche Weise zu irritieren und zu beschämen. Er tat, als könne er sich Szilards Namen nicht merken oder ihn nicht aussprechen, und nannte ihn »Mister Sighland« (wörtlich übersetzt »Seufzerland«). Während seiner Aussage, die eine Stunde und vierzig Minuten dauerte, wurde Szilard immer wieder unterbrochen, absichtlich mißverstanden, barsch zurechtgewiesen, er habe auf komplizierte Fragen nur mit »Ja« oder »Nein« zu antworten, und außerdem beschuldigt, er nehme zuviel kostbare Zeit in Anspruch.

Szilard, von Natur aus ein temperamentvoller Mann, zügelte jedoch seinen Ärger mit bemerkenswerter Selbstbeherrschung. Er durchschaute die Fangfragen, ließ sich weder durch Sticheleien noch durch Verdächtigungen außer Fassung bringen und überzeugte mit seiner Stellungnahme gegen die Fortdauer der militärischen Kontrolle über die Entwicklung der Atomenergie wohl die meisten Kommissionsmitglieder, vor denen er sprach. So gewann er das erste Scharmützel im monatelangen Kampf der Atomwissenschaftler um die Zivilkontrolle. Sein Gegner aber, der den militärischen Behörden so devote Abgeordnete May, mußte bald danach wegen seiner »Gefälligkeiten« für einen Industriellen, der sich auf korrupte Weise Heeresaufträge verschafft hatte, aus dem öffentlichen Leben ausscheiden und eine Gefängnisstrafe antreten.

6

Sobald Exemplare der »May-Johnson-Bill« in den Atomlaboratorien und an den Universitäten auftauchten, beschlossen die Mitglieder der neuen Forschervereinigungen, denen vor allem die jüngeren Wissenschaftler beigetreten waren, nunmehr Delegierte nach New York und Washington zu schicken, die sich auf politischem Boden für ein besseres Atomkontrollgesetz einsetzen könnten. Mitte November schlossen sich die lokalen Organisationen zu einem Bund zusammen. So entstand die »Federation of Atomic Scientists«. Später ersetzten sie das Wort »Atomic« durch »American«, da zahlreiche Mitglieder gar nicht mit Kernforschung zu tun hatten. Aber damals, im Herbst 1945, war das ominöse Adjektiv noch unentbehrlich, hatte es noch geradezu magischen Klang. Vor ihm öffneten sich alle Türen. »Atomisch« war der neue Superlativ; ein Atomforscher, so erklärte zum Beispiel Senator Tydings, gehöre zu »den wenigen Menschen, deren geistige Entwicklung sich in vieler Hinsicht – und besonders in wissenschaftlicher – wie ein Gebirge zu einem Maulwurfshügel verhält, wenn man sie mit dem Rest von uns vergleicht«.

Sie waren prominent geworden – das war das erste, was die Atomforscher entdeckten, als sie aus den Laboratorien in die große Welt zurückkehrten. »Vor dem Krieg hielt man uns für völlig weltfremd und unerfahren. Jetzt werden wir als Orakel in allen möglichen Fragen von Nylonstrümpfen bis zur besten internationalen Organisationsform betrachtet«, erklärte einer der Forscher in milder Selbstironie, sobald er sich einigermaßen an das Blitzen der »flashlights«, an die Mikrofone und die Wochenschaukameras gewöhnt hatte.

Daß die Atomforscher dieses Prestige vor allem deshalb erworben hatten, weil sie, wie der Biologe Dr. Theodor Hauschka sich in einem bitteren offenen Brief an Oppenheimer ausdrückte, »brillante Mitarbeiter des Todes« gewesen waren, vergrößerte die Gewissensbisse der Empfindlichsten unter ihnen. Begannnen sie aber ihre »Sünden« zu bekennen, so steigerte das abermals das allgemeine Interesse an ihnen. Wer öffentlich sein Herz ausschüttet und bekennt, kann fast immer auf eine gerührte Zuhörerschaft rechnen, die nicht nur verzeiht, sondern sogar bewundert. Dieses Kapital an Aufmerksamkeit und Achtung konnte, wie eine Anzahl von Atomforschern sehr bald erkannte, vielleicht in echten politischen Einfluß umgemünzt werden. So begannen sie »den letzten Kreuzzug« – wie Michael Amrine, ein idealistischer junger Schriftsteller, es genannt hat, der sich damals den Atomforschern zur Verfügung stellte. Es war ein Kreuzzug von Männern, die in politischen Dingen Kinder waren und trotzdem – oder vielleicht gerade deshalb – sich nach und nach in Washington gegen gerissene Politiker und übermächtig scheinende Interessengruppen durchsetzten.

Folgendermaßen schildert Amrine, der getreue Chronist jener ungewöhnlichen Bewegung, die Stimmung dieser Tage:

»Diese Menschen hatten ihr persönliches menschliches Gewissen wiedergefunden und waren entschlossen, gegen alle Widerstände zu kämpfen, damit die Gesellschaft auf den Weg des Fortschrittes zurückkehre und sich vom Weg der Vernichtung abwende. Das Manifest, in dem sie das ankündigten, war ein kleines Blatt Papier, auf beiden Seiten engzeilig beschrieben ... Ein Radioreporter sagte später, es sei scheinbar mit einem nassen Handtuch vervielfältigt worden. Er konnte natürlich nicht wissen, daß die Wissenschaftler nur über ein geliehenes Büro im vierten Stock eines Hauses ohne Fahrstuhl verfügten, über ein Zimmer ohne genügend Stühle und Tische, so daß weltberühmte Nobelpreisträger und Studenten am Boden hocken mußten und sich untereinander die Erklärungen und Petitionen weiterreichten, die später auf der ganzen Welt vernommen wurden.«

Das war der Beginn einer erstaunlichen Kampagne – gegen die Gleichgültigkeit des Weißen Hauses, des Außenministeriums, des Kongresses und gegen mächtige, gutorganisierte Gegner. Die erfahrenen Leute in Washington schüttelten alle den Kopf. Sie warnten diese »League of Frightened Men« (»Liga der Erschrockenen«), daß sie sich keine Hoffnung machen sollten.

Doch die Atomforscher, die im Winter 1945 ihre Vision einer neuen Welt ohne Hunger und Kälte in einem ungeheizten Büro in der L-Street (gleich über Larry's Coffee Shop) in dicken Wintermänteln niederschrieben, lernten die Sprache der Politiker überraschend schnell. Anfangs formulierten sie etwa: »Die Umwandlung von Masse in Energie, wie wir sie verstehen, hat die Natur der Welt, wie wir sie bis heute kennen, zutiefst verändert.« Das war aber viel zu abstrakt und zu vorsichtig formuliert, um Eindruck zu machen. Bald darauf redeten sie auf die Politiker aber so ein: »Herr Senator, wenn eine einzige neue Bombe über Washingtons Bahnhof platzte, dann würde der Marmor hier oben auf dem Kapitol zu Pulver zermahlen werden. Sie selbst und die meisten Ihrer Kollegen würden vermutlich innerhalb der ersten Minute tot sein.« Das wirkte.

Was diesen jungen Forschern an politischer Erfahrung fehlte, ersetzten sie durch eine Begeisterung und Aufrichtigkeit, die auf die Politiker, vor allem auf die Pressevertreter in Washington, tiefen Eindruck machte. Man wußte, daß diese ungewöhnlichste aller »Lobbies« nur aus freiwilligen Beiträgen der Wissenschaftler finanziert wurde, daß viele von ihnen seit Jahren keinen Urlaub gekannt hatten und nun ihre ersten freien Tage dieser öffentlichen Sache widmeten. Sie waren damals, wie ein längliches graues »Logbuch« bezeugt, in das jeder für die Ziele der »Federation« agitierende Wissenschaftler am Tagesende eintrug, was er alles unternommen hatte, wirklich unermüdlich.

Am frühen Morgen waren die Atomforscher die ersten in den Vorzimmern der Kongreßmänner, am Vormittag besuchten sie die Redaktionen, um die von ihnen verfaßten und selbst vervielfältigten Erklärungen zu verteilen, mittags hielten sie Lunchvorträge vor allen möglichen Vereinen (und beantworteten dabei Fragen wie »Welche Farbe hat das Plutonium?«), nachmittags wagten sie sich manchmal sogar in die Höhle des Löwen, das Spital der Armee, oder gingen zu den Tees, die Mrs. Pinchot, eine politisch einflußreiche Dame der Washingtoner Gesellschaft, für sie gab. Am Spätnachmittag tauchten sie auf Cocktail-Partys auf, wo sie hoffen konnten, gewichtige Persönlichkeiten zu treffen. Einige von ihnen hielten noch am Abend Kurse über Atomphysik für Kongreßmänner und Regierungsbeamte ab, andere diskutierten mit Ärzten, Soziologen, Kirchenmännern, Presse- und Filmleuten bis spät in die Nacht über ihre Mission.

Und so erreichten sie zuerst, daß statt der May-Johnson-

Bill ein anderes, unter ihrer Mitwirkung von Senator MacMahon verfaßtes Gesetz dem Kongreß vorgelegt wurde. Sie brachten es dann fertig, daß ein Zusatzparagraph von Senator Vandenberg, der die Militärkontrolle auf indirekte Weise doch wieder eingeschmuggelt hätte, unter einer Lawine von 750000 empörten Wählerbriefen begraben wurde, und konnten schließlich im Juli 1946 mit der Annahme der MacMahon-Bill, welche die Kontrolle über die Atomentwicklung der USA in die Hände einer Zivilkommission legte, den Sieg ihrer Sache erleben.

Sehr bald aber schon zeigte sich, daß es ein Pyrrhussieg gewesen war.

Die bitteren Jahre

1

Im Oktober 1945 gab Robert Oppenheimer seinen Rücktritt als Direktor von Los Alamos bekannt. Es war eine Entscheidung, die unter den zahlreichen, noch auf dem »Hügel« gebliebenen Atomforschern große Überraschung auslöste, denn bisher war »Oppie« sowohl in öffentlichen Ansprachen wie privaten Unterhaltungen gegen die bei den meisten Wissenschaftlern zu Ende des Krieges vorherrschende Auffassung eingetreten, man müsse so schnell wie möglich von der Rüstungsforschung (die trotz ihrer großen praktischen Leistungen keine wesentlichen neuen Erkenntnisse auf dem Gebiete der Kernphysik gebracht hatte) wieder zur friedlichen Grundlagenforschung zurückkehren. Eduard Teller, der Oppenheimer zwar bewunderte, aber persönlich mit ihm nie gut gestanden hatte,ließ sich die Gelegenheit nicht entgehen, ihn auf seine widerspruchsvolle Haltung hinzuweisen. »Vor drei Monaten haben Sie mir noch gesagt, ich sollte unbedingt weiter in Los Alamos arbeiten, und jetzt raten Sie mir zu gehen!« warf er ihm vor.

Oppenheimer hatte erklärt, er werde sich nun wieder vor allem seiner Lehrtätigkeit in Berkeley und Pasadena widmen. Das mag ursprünglich auch seine Absicht gewesen sein. Aber die Kriegsjahre hatten ihn gewandelt. Er war ein höchst erfolgreicher Organisator geworden, ein Planer und Politiker von hohen Graden. Für die Außenwelt symbolisierte er den neuen weltnahen Mann der Wissenschaft, der hinter sich die gewaltige Macht der Naturkräfte hatte, so wie die Generale ihre Divisionen und die Politiker ihre Wählermassen. Immer häufiger tauchte Oppenheimer in den Beratungszimmern der Ministerien auf, immer seltener sah man ihn im Hörsaal. Er war das »Orakel« der Diplomaten und Strategen geworden. Eine neue Etappe in der Karriere dieses außergewöhnlichen Mannes hatte begonnen. Sie kam sogar in seinem veränderten Auftreten zum Ausdruck. Sein ergrauendes Haar trug er nun ganz kurzgeschoren (als wollte er schon dadurch zeigen, daß er nicht zu den »long-hairs« gehörte), seine Bewegungen waren militärisch knapp, seine Stimme konnte das ganze Register von der bewußt gehandhabten Arroganz über die berechnete Nachdenklichkeit bis zur unwiderstehlichen Demonstration großer Wärme spielen. Er galt als »wissenschaftlicher Staatsmann«, der die Entscheidungen der großen Politik wesentlich beeinflußte, als »graue Eminenz« des State Department und des Pentagons, zugleich Präzeptor der Mächtigen, denen er in ihre schnell zu Seminarräumen verwandelten Büros vor der schwarzen Tafel die Anfangsgründe der Kernphysik beizubringen versuchte. Oppenheimer mochte annehmen, daß er nicht nur ihr Lehrer, sondern auch ihr geistiger Lenker sei.

Die Freunde Oppenheimers glaubten allerdings festzustellen, daß der Einfluß Washingtons auf ihn größer war als sein Einfluß auf Washington. Sie nahmen ihm übel, daß er die May-Johnson-Bill zwar genau wie sie kritisierte, aber aus taktischen Gründen doch für sie eintrat (»Besser ein schlechtes Gesetz als gar kein Gesetz!« war sein Argument), daß er zwar davon sprach, die Physiker hätten die »Sünde« kennengelernt, aber keinerlei Anstalten machte, tätige Reue zu zeigen. Wohl arbeitete Oppenheimer führend an dem von den Wissenschaftlern unterstützten Atomkontrollplan mit, den die Amerikaner in den Vereinten Nationen vorbringen wollten, gleichzeitig aber ließ er Generale und Politiker wissen, die Vorschläge seien zu radikal, als daß die Russen sie wirklich annehmen könnten. Man brauche sich also in dieser Hinsicht keine zu großen Sorgen zu machen.

Wenn »Oppie« sich jetzt mit Physikern unterhielt, hatten sie den Eindruck, als gehöre er nicht mehr ganz zu ihnen. Einige waren wohl beeindruckt von dem »glamour« (»weltlichen Glanz«), der ihn umgab, aber gerade seine besten Freunde entfernten sich von ihm. Ein früherer Lieblingsschüler Oppenheimers erzählt: »Als ›Oppie‹ von Unterstaatssekretär Dean Acheson nur noch per ›Dean‹ sprach und sogar von Generalstabschef Marshall nur noch per ›George‹, da wußte ich, daß wir nicht mehr zu dem gleichen Kreis gehörten und unsere Wege sich trennen mußten. Ich glaube, sein Ruhm und seine neue Stellung stiegen ihm so sehr zu Kopf, daß er begann, sich für den lieben Gott zu halten, der alles auf der Welt in Ordnung bringen könnte.«

2

Mit Oppenheimers Weggang setzte der große Exodus aus Los Alamos ein. Riesige Lastautos rollten über die breite neugebaute Straße hinunter ins Tal. Sie führten mit sich Möbel, Koffer und das »Bric-à-Brac« angesammelter lokaler »Souvenirs« von indianischen Armbändern bis zu einem ausgewachsenen Reitpferd, das Herbert Anderson mit nach Chicago nahm. General Groves, der, solange der Kongreß noch kein neues Atomgesetz angenommen hatte, weiter der »Boß« der Atomlaboratorien blieb, klagte: »Meine erste Mannschaft ist fortgegangen, die zweite spielt nicht mehr, und nun wollen mich sogar das dritte und vierte Team im Stich lassen ...«

Als David Lilienthal, der spätere Vorsitzende der Atomenergie-Kommission, damals noch in seiner Eigenschaft als Berater des Außenministeriums, bei der Ausarbeitung des amerikanischen Plans für die internationale Atomkontrolle im Februar 1946 Los Alamos besuchte, fand er die Stadt in ziemlich verwahrlostem Zustand. »Wir stellten eine Menge gesundheits- und feuergefährlicher Installationen fest«, berichtete er. »Es gab kein genaues Inventar, keine Buchführung. Die Hast war zu groß gewesen, um sich um so etwas zu kümmern. Diese Dinge machten es den jetzigen Leitern schwierig, ein klares Bild über ihre eigentliche Tätigkeit zu gewinnen. Die deutliche Wirkung war eine allgemein gedrückte Stimmung.«

Um die Laune etwas zu heben, ließ der Nachfolger Oppenheimers, ein ehemaliger Physikprofessor und Reserveoffizier der Flotte namens Norris Bradbury, unter anderem ein berühmtes Jazzorchester und eine Catchergruppe auf den Hügel kommen. Besonders die Catcher waren höchst erfolgreich. Die seit Kriegsende erscheinende »Los Alamos Times« berichtete, die Kämpfer seien mit Zurufen wie »Beiß ihn, beiß ihn! Reiß ihm die Haare aus!« und »Denkt nicht an eure Kinder ...« laut angefeuert worden. Da diese Befreiung der aufgestauten Aggressivität nicht genügte, wurde der Psychiater Dr. John Warkentin nach Los Alamos gerufen, um sich mit den Neurosen der »Hügel«-Bewohner zu beschäftigen.

Zur üblichen Wassernot, zur Vernachlässigung von Wegen, Zäunen, Anlagen und dem Verfall der Häuser, die einst in der Eile aus grünem Holz gebaut worden waren, kam vor allem der bis hier herauf spürbare Umschlag der wetterwendischen öffentlichen Meinung. Unter dem Einfluß des »Kreuzzuges der Wissenschaftler«, entsetzter Augenzeugenberichte aus Hiroshima und von Aufsätzen wie dem berühmt gewordenen (später zu einem kleinen Buch erweiterten) Leitartikel von Norman Cousins »Modern Man Is Obsolete« (»Der moderne Mensch ist zurückgeblieben«) hatte sich die Einstellung des Publikums gewandelt. Es galt nun als anachronistisch oder sogar anrüchig, noch an Atombomben zu arbeiten.

»The Bomb that Fell on America« war der Titel eines Versepos, das der Dichter Hermann Hagedorn damals veröffentlichte. Es spiegelte die Gefühle so vieler Amerikaner so klar wider, daß es in wenigen Monaten ein Dutzend Auflagen erlebte. Darin hieß es:

»Als die Bombe auf Amerika fiel, fiel sie auf Menschen. Sie zerstückelte sie nicht wie die Menschen in Hiroshima ... Sie löste ihre Körper nicht auf. Aber sie löste etwas auf, das den Größten und Kleinsten lebenswichtig war: ihre Verbindung mit Vergangenheit und Zukunft. Es gab etwas Neues in der Welt, das sie für immer von allem schied, was gewesen war. Es verwandelte die Erde, die so fest, die Hauptstraße, die so gut gepflastert zu sein schien, in eine glibbrige Masse, die unter ihren Füßen zitterte und sich teilte ... Das Gewissen Amerikas spricht: Was haben wir getan, mein Land, was haben wir getan?«

Aber unbekümmert um diesen Meinungsumschwung arbeiteten die »Realisten«, wie sich alle jene nannten, die dafür eintraten, daß die USA das »Geheimnis« der Atombombe für sich allein behalten sollten, und der neuen Waffe bereits einen beherrschenden Platz im Arsenal der amerikanischen Streitkräfte einräumten, weiter an ihren Rüstungsprojekten. Noch nicht einmal vier Wochen nach Kriegsende, im September 1945, begann man unweit von Los Alamos am Fuße des Sandia-Gebirges bei Albuquerque den Grund für eine neue Atombombenfabrik auszuheben. Hier sollten die Bomben künftig nicht mehr so umständlich und sozusagen handwerklich hergestellt werden wie die ersten Modelle, sondern nach modernen Methoden der Massenproduktion.

Die Abwanderung der Atomforscher aus den Rüstungslaboratorien beeindruckte General Groves, nachdem er die erste Enttäuschung verwunden hatte, nicht mehr so sehr. Er war sicher, seine »Schäflein« würden wieder zurückfinden. Inzwischen wurden, ungeachtet der Proteste amerikanischer Wissenschaftler, deutsche Rüstungsfachleute nach den USA »importiert«. Von dieser unter dem militärischen Decknamen »Operation Paperclip« (»Operation Papierklammer«) laufenden Aktion wurden vor allem die Mitarbeiter der Forschungsabteilungen des Luftfahrtministeriums und die Erbauer der »Vergeltungswaffen« erfaßt. Ihre frühere politische Gesinnung spielte keine Rolle. Zu einer Zeit, da Amerikaner im besetzten Deutschland Menschen, die Hitlers Feinde oder widerwillige Mitläufer gewesen waren, nicht einmal die Hand geben durften, wurden Deutsche, die an der »V2« und anderen Instrumenten der Vernichtung gearbeitet hatten, als Helfer der amerikanischen Rüstung nach den USA eingeladen.

Aber Proteste, wie sie zum Beispiel Hans Bethe gegen diese seltsame Auswahl einreichte, wurden von den Streitkräften nicht beachtet. Ihr Standpunkt war, daß sich sonst die Russen diese »wissenschaftlichen Gehirne« holen würden. Tatsächlich hatte die Rote Armee ja mit der gleichen ideologischen Unbefangenheit wie ihre westlichen Verbündeten diese wertvollen »Spezialisten« als Kriegsbeute mit sich genommen.

Bei ihrer Jagd nach deutschen Forschern wendeten auch die Amerikaner, die später allen ordentliche Verträge gaben, zuerst etwas rauhe Methoden an. So griff die Militärpolizei noch Monate nach dem Waffenstillstand in Bremen einen »Atomforscher« auf und brachte ihn trotz seiner verzweifelten Beteuerungen nach den Vereinigten Staaten. Dort begann man ihn Tag für Tag nach seinen kernphysikalischen Kenntnissen auszufragen. Aber im Gegensatz zu den meisten anderen deutschen Forschern, die bereitwillig Berichte über ihre Kriegsarbeit verfaßt hatten, zeigte sich dieser Mann widerspenstig. Er bestand hartnäckig darauf, er sei Herrenschneider. Man glaubte ihm so lange nicht, bis jemand auf die Idee kam, ihm Nadel und Zwirn in die Hand zu drücken. Seine ausgezeichnete Arbeit an den Hemden und Hosen seiner Gefangenenwärter machte sie schließlich doch stutzig. Und so stellte es sich heraus, daß der Mann nur deshalb über den Ozean entführt worden war, weil er zufällig Jordan hieß. Man hatte ihn nämlich mit Pascual Jordan, dem berühmten theoretischen Kernphysiker und einstigen Schüler von Max Born, verwechselt.

Nicht mehr gutzumachen war dagegen ein anderer Fehler der Armeebehörden. Auf Grund eines, wie man vermutete, im Büro von General Groves erlassenen Befehls zerstörte eine Abteilung der amerikanischen Besatzungsarmee in Japan unter dem Befehl eines Majors O'Hearn die beiden Zyklotrone Professor Nishinas, in der irrigen Auffassung, sie könnten vielleicht zur Herstellung von Atombomben dienen. Bevor die nachdrücklichen Beschwerden des japanischen Atomforschers bei seinen Kollegen in den USA angelangt waren, hatten die Zerstörungskommandos der achten Armee in fünf Tagen und Nächten bereits volle Arbeit geleistet, und alle Eingaben amerikanischer Physiker, die diesen Akt des Vandalismus mit den Bücherverbrennungen Hitlers verglichen, kamen zu spät.

3

Die stärksten Proteste der amerikanischen Wissenschaftler richteten sich jedoch gegen die geplante Durchführung von Atomtests im Sommer 1946. Sie vertraten die Ansicht, daß solch ein Versuch von der Weltöffentlichkeit als das moderne Äquivalent des »Säbelrasselns« angesehen werden würde und die Atmosphäre der internationalen Kontrollverhandlungen stören müsse. Vorbereitet wurde dieses Atommanöver von der Flotte, die behauptete, sie brauche es, um ihr neues Bauprogramm, ihre künftige Strategie und ihre Sicherheitsmaßnahmen gegen die neue Waffe vorbereiten zu können. Die »Federation of Atomic Scientists« und zahlreiche andere wissenschaftliche Sprecher wiesen darauf hin, daß dem neuen Test, der in der Nähe des Bikini-Atolls stattfinden sollte, weder wissenschaftliche noch strategische Bedeutung zuzumessen sei. Denn im Kriegsfall würde ein Feind die teuren und vorläufig seltenen neuen Geschosse kaum gegen so schwer zu treffende Ziele wie Schlachtschiffe einsetzen, sondern gegen Großstädte, in denen sie ein Maximum von Verwüstung anstiften müßten. Die Öffentlichkeit, so sagte man voraus, werde durch diese Versuche ein ganz falsches Bild von der Gewalt der neuen Waffe erhalten.

Zwar wurden die Bikini-Tests etwas verschoben, da ihre unharmonische Begleitmusik zur bevorstehenden Präsentierung des amerikanischen Kontrollplans in der UNO nicht gepaßt hätte, aber dann doch im Juli 1946 abgehalten. Ihre materielle Wirkung war, wie von den Fachleuten prophezeit, überraschend gering, ihre geistige Wirkung groß. Denn sie beruhigten die amerikanische Öffentlichkeit fast ebensosehr, wie die über Japan abgeworfenen Bomben sie beunruhigt hatten. William L. Laurence, der vorher als einziger amerikanischer Journalist den Alamogordo-Test und das Atombombardement von Nagasaki hatte mit ansehen dürfen, schrieb damals: »Man staunt nach der Rückkehr aus Bikini, eine tiefe Wandlung in der Haltung der Öffentlichkeit gegenüber dem Problem der Atombombe zu finden. Vor Bikini stand die Welt in erschrecktem Respekt dieser neuen kosmischen Kraft gegenüber ... Seit Bikini ist der Respekt zum größten Teil geschwunden und an seine Stelle ein Gefühl der Erleichterung getreten, das zur grimmigen Wirklichkeit der Situation in gar keiner Beziehung steht. Nachdem der durchschnittliche Bürger beinahe ein Jahr lang mit einem Alpdruck gelebt hat, ist er jetzt nur zu froh, sich an diesen trügerischen Vorwand zu klammern, der ihm helfen könnte, seinen Seelenfrieden wiederzugewinnen.«

Es ist behauptet worden, diese psychologische Wirkung sei von den Veranstaltern des Bikini-Tests von Anfang an beabsichtigt gewesen. Das setzt bei den Veranstaltern eine machiavellistische Intelligenz voraus. In Wirklichkeit wollte wohl die amerikanische Flotte in ihren Bemühungen um die Aufmerksamkeit des Publikums nun einen eigenen Test abhalten, nachdem sie den Kampf, im Kriege die Bombe mitentwickeln zu dürfen, gegen die Armee verloren hatte.[1]

In Wirklichkeit konnte und wollte die amerikanische Öffentlichkeit nach dreizehn Jahren Unruhe und Krieg einfach nicht mehr auf neue Schreckensprophezeiungen oder Warnungen reagieren. Die wachsende Apathie wurde ebensosehr durch bewußt lancierte Beruhigungsartikel (zum Beispiel einen im optimistischen »Reader's Digest« veröffentlichten Hiroshima-Bericht von Major de Seversky, der das Schreckliche verschleierte) wie durch die Kassandrarufe der Forscher gefördert. Wenn die Bürger einer Stadt in North Carolina, Kansas oder Texas nämlich aus dem Munde eines Aufklärungsvorträge haltenden Atomphysikers gehört hatten, daß es eigentlich keine Verteidigung gegen die neuen Bomben gebe, reagierten sie typischerweise so (wie es die Meinungsforscher der Cornell-Universität bei einer Rundfrage notierten): »Ich bin nur einer von vielen Leuten, welche die Umstände hinnehmen, wie sie sind. Wenn ich in einem Lande leben müßte, wo es Erdbeben gibt, hätte es ja auch keinen Zweck, wenn ich jede Nacht mit der Furcht vor einem Erdbeben zu Bett ginge.«

Dieses neue Gefühl der Hilflosigkeit gegenüber den von Menschenhand zu entfesselnden Naturgewalten brachte auch eine Abwertung staatsbürgerlichen Verantwortungsgefühls mit sich. »Ich mache mir keine Sorgen«, sagte einer der

[1] Obwohl die ersten 6000 Dollar, die für die Atomforschung in den USA aus staatlichen Mitteln ausgegeben worden waren, von der Flotte stammten, gestattete General Groves ihr nicht einmal, Uran für ihre eigenen Experimente zu beziehen. George Gamow, der für die »Navy« eine frühe Lösung des Atombombenproblems ausgearbeitet hatte, konnte diese Arbeiten nicht fortsetzen, weil er sich den falschen Waffenzweig als Protektor ausgesucht hatte.

im August 1946 von den Cornell-Interviewern befragten Durchschnittsbürger. »Die Regierung wird schon Vorsorge tragen. Weshalb soll ich mir das Herz über etwas schwer machen, worüber ich doch nicht die geringste Kontrolle besitze?«

Selbst die amerikanischen Gewerkschaften, die sich anfänglich bemüht hatten, ihre Mitglieder gegen die Atomrüstung zu mobilisieren, zeigten nun wachsende Gleichgültigkeit, wie aus folgender Episode hervorgeht:

Die Mitglieder einer pazifistischen Arbeiterorganisation wollten im Sommer 1946 unter Leitung ihres Vorsitzenden James Peck und des protestantischen Pfarrers A. S. Gilmartin vor den Fabriken von Oak Ridge, wo immer noch Tag und Nacht Explosionsmaterial für Atombomben hergestellt wurde, gegen die Verwendung der Atomenergie zu Kriegszwecken demonstrieren. Sie wurden daran durch die für diese Fabriken verantwortlichen CIO-Gewerkschaftsführer gehindert, die der Ansicht waren, durch eine solche Aktion würden nicht nur die Arbeitsplätze ihrer Genossen, sondern auch ihre Chancen gefährdet, alle Beschäftigten gewerkschaftlich zu organisieren.

Albert Einstein, der Vorsitzende des »Emergency Committee of the Atomic Scientists«, einer kleinen Organisation prominenter Forscher, die es sich zur Aufgabe gemacht hatte, das große Publikum durch Informationen über die kriegerischen und friedlichen Möglichkeiten der Atomenergie zu größerem Verständnis des wichtigsten Zeitproblems zu erziehen, mußte 1947 in einer Rede vor der Auslandspresse entmutigt konstatieren: »Die Öffentlichkeit wurde über die Gefahren des Atomkrieges aufgeklärt, aber sie hat nichts dagegen unternommen, ja sogar die Warnung so weit wie möglich aus ihrem Gewissen verdrängt.«

Immerhin, das Wort »atomisch« blieb populär. Im Telefonbuch von Chicago gab es zwanzig Firmen, von Bars bis zu Wäschereien, die sich »atomisch« nannten. Bei den Patentämtern aller Welt wurden Hunderte von Artikeln (darunter sowohl Parfums wie Mittel zur Vertilgung von Ungeziefer) unter der Markenbezeichnung »Atom« oder »atomisch« geschützt. Den größten Erfolg aber hatte wohl der französische Fabrikant Louis Réard. Er lancierte einen zweiteiligen Badeanzug unter dem Namen »Bikini«. Und es ging nun vom Namen dieser radioaktiv verseuchten Lagune im Pazifik kein Schrecken mehr aus, sondern »Sex-Appeal«.

4

Weder das Unverständnis vieler Politiker noch die Gegenoffensive der Militärs, ja nicht einmal die Apathie des Publikums brachten schließlich den »Kreuzzug der Atomforscher« zum Stillstand, sondern vor allem anderen die Haltung der sowjetischen Politiker. Daß die Russen, sei es absichtlich, sei es, weil sie es damals nicht besser wußten, die Bedeutung der Atombombe geringer einschätzten als der Westen, ging schon aus der Behandlung des Themas in ihrer Presse hervor. Die Nachricht von der Hiroshima-Bombe wurde nur ganz klein in den sowjetischen Zeitungen gebracht, nichts von einer Aufklärung der russischen Bevölkerung über Atomfragen.

Der Feldzug der Atomforscher in den westlichen Demokratien für eine internationale Kontrolle der Atomenergie fand scheinbar kein Echo bei ihren sowjetischen Kollegen. Die amerikanischen »Atomic Scientists« bemühten sich, im Weißen Haus und im State Department die Teilnahme eines prominenten Wissenschaftlers bei der für Ende 1945 geplanten Viererkonferenz in Moskau durchzusetzen, und triumphierten schon, als ihnen das nach anfänglichem Widerstand der Staatsmänner wirklich gelang. Aber in Moskau kam James Conant, der Sprecher der Wissenschaft, dann überhaupt nicht dazu, seine wohlvorbereiteten Memoranden über einen Austausch von Wissenschaftlern und internationale Atomkontrollen vorzubringen. Molotow ging einer Diskussion über diese Fragen aus dem Wege und verschob sie auf die nächste Tagung der Vereinten Nationen. Ohne ein Wort in der Debatte gesagt zu haben, kehrte Conant in die Heimat zurück und teilte den Kollegen seine berechtigte Enttäuschung mit. Immerhin hofften die Atomforscher des Westens fast ohne Ausnahme, daß die Russen den unter Oppenheimers

Mitwirkung ausgearbeiteten amerikanischen Atomkontrollplan, der viele ihrer Ideen enthielt, wenigstens ernsthaft in Betracht ziehen würden. Die eindeutige Ablehnung, die der sowjetische Vertreter Andrej Gromyko am 24. Juli 1946 vorbrachte, war für viele von ihnen ein schwerer Schlag.

Als sechs Tage nach dieser Rede des Sowjetvertreters vor dem Gremium der Vereinten Nationen Präsident Truman die »MacMahon-Bill« unterzeichnete (das Gesetz, das die von den »Atomic Scientists« in hartem Kampf erfochtene Autorität der zivilen Behörden über die »neue Kraft« festlegte), erweckte dieser nur innenpolitische Erfolg kaum mehr die Begeisterung der Sieger. Sie ahnten bereits, daß infolge der gespannten internationalen Lage nun doch die Militärs den Rhythmus der Atomentwicklung bestimmen müßten. Denn sie würden die wichtigsten und bevorzugten »Kunden« der von Zivilisten geleiteten Atomenergie-Kommission bleiben.

Als die Debatten über die Atomkontrolle in den Vereinten Nationen sich immer mehr festfuhren, versuchte das »Emergency Committee of the Atomic Scientists« ein Gespräch zwischen Atomforschern des Westens und des Ostens zustande zu bringen, in der Hoffnung, die Wissenschaftler könnten den Politikern ihrer Länder einen Weg aus der Sackgasse zeigen. Harrison Brown hatte durch Vermittlung eines polnischen Delegierten bei den Vereinten Nationen dem russischen Vertreter Andrej Gromyko den Plan einer internationalen Konferenz von Wissenschaftlern über Fragen der Atomkontrolle zukommen lassen. Als Tagungsplatz wurde Jamaika vorgeschlagen. »Die Geheimpolizisten beider Machtblöcke, so dachten wir, sollten vor der Tagung in aller Ruhe ihre Abhöranlagen in dem großen Hotel anbringen, wo wir uns dann treffen wollten. Vielleicht würden sie einander bei dieser Gelegenheit ebenfalls ein wenig kennenlernen«, erzählt Brown. »Als überraschend schnell eine Antwort aus Moskau kam und wir eingeladen wurden, sie in der Park Avenue, dem New Yorker Sitz der Sowjetdelegation bei den Vereinten Nationen, entgegenzunehmen, schlugen unsere Herzen höher. Aber als wir eintraten, fanden wir Gromyko in ganz anderer Stimmung als bei der ersten Begegnung. Er beschränkte sich darauf, uns – und den vermutlich versteckten Mikrofonen – eine höchst formelle Absage vorzulesen.«

Ein einziges Mal drang aus dem großen Gefängnis im Osten eine befreundete Stimme zu den Atomforschern des Westens herüber. Anläßlich der Explosion der Testbomben in Bikini erließ Kapitza an seine westlichen Kollegen einen Aufruf, sie möchten weiter gegen die Verwendung der Atomenergie im Kriege kämpfen: »Wenn man stets in einem Atemzug von Atomenergie und Atombombe spricht, so ist das so unsinnig, wie wenn man die Elektrizität hauptsächlich mit ihrer Verwendung beim elektrischen Stuhl in Verbindung brächte«, erklärte der frühere Assistent und Freund Rutherfords.

Es war vorläufig das letzte Mal, daß der Westen von Kapitza hörte. Erst zehn Jahre später erfuhren amerikanische Atomforscher, die zu einer großen Physikertagung nach der Sowjetunion eingeladen waren, was mit ihm geschehen war. Gleich nach seiner Erklärung im Juli 1946, die, wie sich jetzt herausstellte, nicht nur an die ausländischen, sondern auch an die sowjetischen Atomforscher gerichtet war, hatte ihn Stalin wegen seiner Weigerung, an der Entwicklung sowjetischer Atomwaffen zu arbeiten, unter Hausarrest gestellt und gleichzeitig seines Postens als Leiter des für ihn erbauten »Instituts für Physikalische Probleme« enthoben. Sieben Jahre lang blieb Kapitza fast ganz auf sein Heim in Zwenigorod beschränkt, während in der Presse des Westens immmer wieder Behauptungen auftauchten, er sei der Konstrukteur der sowjetischen Atombomben. Gleich ihm, so erfuhren die amerikanischen Physiker im Sommer 1956 in Moskau, war unter Stalin noch eine Anzahl anderer russischer Kernforscher wegen ihrer Weigerung, an Atombomben zu arbeiten, zu Deportation und Zwangsarbeit verurteilt worden. Aber nur eine kleine Minderheit wagte solchen Widerstand.

5

Im Frühjahr 1947 war es jedermann klar, daß der »Kreuzzug der Atomforscher« gescheitert war. Das Atom-Rüstungswettrennen war in vollem Gange, die neuen Organisationen der Wissenschaftler ganz in die Defensive gedrängt, die Rückkehr in die Waffenlaboratorien hatte eingesetzt.[1]

General Groves hatte recht behalten. Er konnte später über die »Rebellen« spotten: »Es geschah, was ich erwartet hatte. Nachdem sie ungefähr sechs Monate lang diese extreme Freiheit genossen hatten, fingen beinahe allen die Füße zu jucken an, und wie man weiß, ist fast jeder von ihnen zur staatlich gelenkten Forschung zurückgekehrt, weil es dort einfach zu aufregend zuging ...«

Tatsächlich vereinfacht General Groves die wirkliche Situation. Nur eine Anzahl amerikanischer Atomforscher nahm wirklich aus ganz freiem Entschluß wieder an den staatlich geförderten Forschungsarbeiten teil. Die meisten mußten es einfach tun, wenn sie nicht zu einem anderen Beruf überwechseln wollten. Denn während die »Atomic Scientists« versuchten, in der Volksvertretung die Zivilkontrolle der Atomenergie durchzusetzen, mußten sie bemerken, daß die militärischen Stellen sich mit einem geschickten Umgehungsmanöver in der Heimat der Wissenschaftler, den Universitäten, eingenistet hatten.

Während des Krieges war den amerikanischen Hochschulen, die weitgehend von privaten Stiftungen abhängig sind, in den Streitkräften ein neuer finanzkräftiger Mäzen erstanden. Obgleich sie diese Mittel für Rüstungsforschung nur als vorübergehende Geldquelle betrachten mußten, die nach dem Kriege mit dem Ende der militärischen Aufträge nicht mehr fließen würde, hatten sie doch ihre Abteilungen für Physik, Chemie, Technik und Biologie gewaltig erweitert. Nun erschienen Unterhändler des »Office of Naval Research« (For-

[1] Eine nicht zur Veröffentlichung bestimmte Umfrage der »Federation of American Scientists«, die in der vordersten Reihe im Kampf gegen die Verwendung der Atomenergie zu Kriegszwecken gestanden hatte, brachte im Frühjahr 1947 auf die Frage »Denken Sie, daß die Vereinigten Staaten die Herstellung von Atombomben einstellen sollten?« unter der Rubrik »Sollten nicht« 243 Stimmen und unter »Sollen« nur 174 Stimmen. In Los Alamos waren sogar 137 Stimmen gegen die Unterbrechung der Bombenproduktion und nur 31 dafür.

schungsabteilung der Flotte) oder der Abteilung G 6 (Forschung) im Kriegsministerium und erklärten den um ihr Friedensbudget besorgten Universitätspräsidenten: »Wir sind bereit, euch weiter zu finanzieren. Ihr braucht kein einziges eurer Laboratorien zu schließen und kein Personal zu entlassen. Wir verlangen nicht einmal, daß ihr an Erfindungen arbeitet, die wir sofort verwenden können. Ihr dürft Grundlagenforschung treiben. Wir sind an einem blühenden Forschungsbetrieb interessiert. In diesem Jahrhundert wird die Stärke einer Nation nicht nur an ihren Arsenalen, sondern auch an ihren Laboratorien gemessen. Geht ruhig euren Friedensaufgaben nach.«[1]

So hatten die Streitkräfte bereits Ende 1946 viele Millionen Dollar nicht nur zur Finanzierung ihrer eigenen Forschungsstätten, sondern auch der Universitätslaboratorien ausgegeben. Besorgt erklärte Philip Morrison schon Ende Oktober 1946 vor dem jährlichen Diskussionsforum der »New York Herald Tribune«: »Bei dem letzten Treffen der Amerikanischen Physikalischen Gesellschaft in Berkeley war die Hälfte der Forschungsberichte ... ganz oder teilweise von den Streitkräften subventioniert ... Einige Schulen erhalten neunzig Prozent ihrer Forschungssubvention aus Flottengeldern. Die Flottenkontrakte sind elastisch. Sie sind ausgestellt auf alle Arten von Arbeiten. Die wissenschaftlichen Arbeiter ... fürchten folgendes: Die Mäzene – Armee und Flotte – werden eine Zeitlang mitmachen. Aber die Resultate werden die Ausgaben nicht in der Form von neuen und furchtbaren Waffen rechtfertigen ... Dann werden die jetzt so freundlichen Kontakte strenger werden, und man wird anfangen, Resultate zu verlangen und spezifische Waffenprobleme anzugehen.« Prophetisch rief der Atomforscher aus: »Früher oder

[1] Um dieser Entwicklung vorzubeugen, hatten die Wissenschaftler die Gründung einer vom Staat finanzierten »National Science Foundation« angeregt, die den Universitäten Mittel für zivile Grundlagenforschung geben sollte. Aber diese Stiftung kam – nicht zuletzt durch die Uneinigkeit der Wissenschaftler – erst einige Jahre später zustande, und ihr jährliches Budget erreichte nur einen ganz kleinen Prozentsatz der militärischen Forschungsausgaben.

später sind die Streitkräfte immer um Geheimhaltung besorgt. Das führt zur Einschränkung der Reisefreiheit, der Publikationsfreiheit, sogar zur Überprüfung des Charakters und der Vergangenheit der vertraglich verpflichteten Forscher. Solche Einschränkungen werden unserer Wissenschaft sehr schaden ... Der Physiker weiß, daß diese Situation falsch und gefährlich ist. Aber er ist gezwungen mitzumachen, weil er die Mittel wirklich braucht. Denn es besteht, wenn zukunftsträchtige Arbeit geleistet werden soll, ein echter Bedarf an großen Forschungsmaschinen – wie Kernreaktoren und den vielen Zyklo-Synchro-Betatrons –, deren Anschaffung die Mittel einer einzigen Universität übersteigt. Wenn nun das ›ONR‹ oder sein Gegenstück bei der Armee, ›G 6‹, mit einem netten Vertrag in der Hand daherkommt, so wäre es von einem Menschen mehr als zuviel verlangt, hier abzulehnen.«

6

Der Zustand, den Morrison vorausgesagt hatte, trat schneller ein, als die schlimmsten Pessimisten annehmen konnten. In die Universitäten, einst in der ganzen Welt Orte der freien Aussprache, zog der Geist der Geheimhaltung ein. Teile ihrer Forschungsarbeiten standen unter militärischem Schutz und Gesetz. Unsichtbare Gitter und Gräben wurden gezogen. Aus Professoren wurden »Geheimnisträger«. Da nur ein paar Menschen wußten, was sie eigentlich taten, blieben selbst diejenigen, die an etwas arbeiteten, das sie vor ihrem Gewissen nur schwer verantworten konnten, bei ihrer Aufgabe. Denn dort, wo das Rüstungsgeheimnis vorherrscht, braucht niemand anderen Tadel als den der militärischen Vorgesetzten zu fürchten.

Am 21. März 1947 erließ Präsident Truman den sogenannten »Loyalitäts-Befehl«, der eine genaue polizeiliche Untersuchung aller Regierungsbeamten auf ihre politische und moralische Zuverlässigkeit verlangte. Da der allergrößte Teil der Kernforschung innerhalb und außerhalb der Laboratorien direkt oder indirekt von Regierungsgeldern finanziert wurde, waren die Atomphysiker von der Verordnung besonders betroffen. Von der Atmosphäre, die von nun an in den »Atomstädten« herrschte, gibt folgende Begebenheit eine Vorstellung, die Dr. Swartout, Direktor der radiochemischen Abteilung des Atomlaboratoriums Oak Ridge, einem wissenschaftlichen Kongreß vortrug:

»An einem Sommerabend des Jahres 1947 wurde der Wissenschaftler X beim Abendessen durch ein Klopfen an der Tür gestört. Auf der Schwelle stand ein uniformierter Wächter. Er verlangte, daß der Mann ihm sein ›badge‹ aushändigte, das Ansteckzeichen, das allein ihm Zutritt zu der Stadt, in der er lebte, und dem Platz, wo er arbeitete, ermöglichte. Da der Wächter keinen Grund für diese Handlung angeben konnte, telefonierte der Mann mit dem Oberaufseher, um Aufklärung zu erhalten. Es stellte sich heraus, daß auch der keine Ahnung hatte. Der Mann rief nacheinander die nächsthöheren Instanzen an. Schließlich sagte man ihm nur: ›Fügen Sie sich den Befehlen des Wächters und erscheinen Sie morgen im Büro des Direktors.‹ Am nächsten Tag saß er einigen Beamten gegenüber. Sie erklärten ihm, daß eine Untersuchung der Geheimpolizei (FBI) Informationen zutage gefördert habe, welche die Kommission zwängen, ihn von nun an als fragwürdigen Sicherheitsfaktor anzusehen. Er dürfe zu seiner Verteidigung eine Erklärung vorlegen, in der er sich über seinen Charakter, seine Loyalität und seine Bekannten äußern könne. Diese Mitteilung würde von einem Gremium der Atomenergie-Kommission in Washington überprüft werden. In der Zwischenzeit könne er einen provisorischen Ausweis erhalten, der ihm Zutritt zu seinem Heim, jedoch nicht zu seinem Arbeitsplatz gestatte. – Stellen sie sich vor, Sie wären in seiner Lage ...«, bat Dr. Swartout, als er den Fall vortrug, seine Zuhörer. »Wenn man Sie plötzlich aufforderte, Sie sollten zu Ihrer Verteidigung über ihren Charakter, Ihre Loyalität und ihre Bekannten Zeugnis ablegen, was würden Sie tun? Wogegen sich verteidigen, wenn Sie weder Anklage noch Ankläger kennen?«

Die Geschichte hatte ein – weit weniger typisches – »happy end«. Der Angeklagte wurde freigesprochen und in seine

Stelle wieder eingesetzt. »Aber«, so erzählte Dr. Swartout weiter, »all das braucht Zeit. Mehrere Monate voller Spannung und Unsicherheit. Würde es mit seinem Job und seiner wissenschaftlichen Karriere einfach zu Ende sein? Während dieser Zeit durfte er nicht arbeiten, und das bedeutete für ihn wie im Falle aller direkten Angestellten der Atomenergie-Kommission eine Periode ohne Einkommen ...«

Hunderte solcher Fälle gab es in den »bitteren Jahren«. Es genügt nicht, Statistiken zu zitieren, denn keine Zahl enthält die ganze Last von Sorge, Angst und Kränkung, die jeder der Betroffenen auf Grund irgendeiner haltlosen Denunziation oder einer längst vergessenen Episode aus der Vergangenheit ertragen mußte. Keine spätere Revision, die den gesichtslosen Anklägern und den ihnen meist unwillig dienenden Richtern die Verletzung grundlegender Bürger- und Menschenrechte nachwies, konnte wiedergutmachen, was die Opfer dieser plumpen Methoden bis dahin erlitten hatten. Obwohl sie nie vor ein ordentliches Gericht gestellt worden waren, hing ihnen von nun an das Omen an, Verräter zu sein. Der Staat bespitzelte sie, die Nachbarn mißtrauten ihnen und gingen ihnen aus dem Weg. Die Kollegen wagten nicht mehr, mit ihnen zu sprechen. Es war eine Zeit der Verbannungsurteile, des Exils inmitten der eigenen Heimat, es war eine Zeit der Selbstmorde aus Gram und Schande.

So wurde von 1947 an die Atmosphäre, in der die westlichen Wissenschaftler lebten, mit jedem Jahr beklemmender. Was sich in Washington, dem politischen Machtzentrum der westlichen Welt, zusammenbraute, beeinflußte auch das geistige Klima in London und Paris. Bald gab es auch in England und Frankreich für mißliebige Forscher Loyalitätskommissionen, Paßverweigerungen und Entlassungen. Freundschaften unter Wissenschaftlern zerbrachen, weil sie der Belastung des Mißtrauens und der Furcht nicht gewachsen waren. Jahrzehntealte eifrige Briefwechsel wurden eingestellt. Man begann auch in den Laboratorien der westlichen Welt miteinander zu flüstern und sich ängstlich nach staatlichen Langohren umzudrehen wie bisher nur in totalitären Staaten.

Und doch war selbst diese hundertfach eingeschränkte

Freiheit, dieses ungesunde Klima von Verdächtigungen, Anklagen und zeitraubender Verteidigung gegen falsche Beschuldigung noch immer der totalen Versklavung vorzuziehen, die laut Berichten, wie sie aus den Ländern hinter dem Eisernen Vorhang kamen, das Schicksal der Forscher in den kommunistischen Staaten geworden war. Besonders die Verfolgung der sowjetischen Erbbiologen, die wegen ihrer »Abweichungen« von den Theorien Lysenkos gemaßregelt oder wie der berühmte Genetiker Wawilow sogar umgebracht wurden, erweckte tiefe Anteilnahme im Westen.

7

In den »schönsten Jahren« hatten die Atomforscher über ungenügende Mittel für ihre Forschungen verfügt, dafür aber in einer freien und glücklichen Atmosphäre arbeiten dürfen. Man hatte ihnen kaum Beachtung geschenkt, aber um so mehr Achtung gezollt. Sie waren nur wenige gewesen und kannten einander über alle Länder und Ozeane hinweg. Nun gab es vielleicht hundertmal so viele Atomforscher, ihre Wissenschaft war »Mode« geworden, ihre Kongresse glichen Massenveranstaltungen, sie waren bei zahlreichen gefürchtet und von vielen sogar gehaßt, sie wurden als wichtige Persönlichkeiten angesehen – so wichtig, daß man sie unter Umständen nicht einmal mehr allein sterben ließ.

Da wurde im Lettermann-Hospital in San Francisco in bewußtlosem Zustand ein Schwerkranker unter schärfster militärischer Bewachung eingeliefert und in einem Isolierzimmer untergebracht. Zunächst hielt ein bewaffneter Soldat vor der Tür des Krankenzimmers Wache, später zog man ihn zurück, weil seine Anwesenheit im Krankenhaus Aufsehen erregt hatte. Alle Ärzte und Schwestern, die sich um den Patienten kümmerten, waren vorher auf ihre politische Zuverlässigkeit geprüft worden. Es war ihnen eingeschärft worden, sie müßten alles, was der Mann in seinen Fieberphantasien stammelte, sofort vergessen.

William G. Twitchell, so hieß der Patient, war ein sechsunddreißigjähriger Kernchemiker aus Minnesota. Er hatte seit einigen Jahren im Strahlungslaboratorium der Universität in Kalifornien in leitender Stellung gearbeitet. Da eine Abteilung dieser weltberühmten Forschungsstätte sich um diese Zeit ausschließlich mit Arbeiten zur Verbesserung der Atomwaffen beschäftigte, kannte Twitchell vermutlich wichtige Atomgeheimnisse. Unter welchen Umständen der junge Mann erkrankte, ist der Öffentlichkeit nie bekanntgegeben worden. Jedenfalls versuchte Fiedler, der Leiter der Sicherheitsabteilung in Berkeley (es war die gleiche Stelle, bei der Oppenheimer 1943 sein erstes Geständnis abgelegt hatte), die Angelegenheit zu vertuschen. Deshalb hatte er die Armee gebeten, den Kranken in eines ihrer Hospitäler zu überführen, weil dort strengere Sicherheitsmaßnahmen angewendet werden könnten als in einem zivilen Krankenhaus.

Durch einen Zufall erfuhr ein Korrespondent der »New York Times« ein halbes Jahr später von diesem Fall. Aber die genaue Natur der Krankheit Twitchells bekam auch er nicht heraus. Vielleicht war der Wissenschaftler einfach unter der Last der Schweigepflicht zusammengebrochen wie jener Flottenoffizier während des Krieges, der im Atomlaboratorium von Oak Ridge Dienst tat. Er wurde von Beamten der »Security« erwischt, wie er gerade dabei war, einem ganzen Eisenbahnwagen voll von Leuten zu erzählen, woran man in der Atomstadt arbeitete. Für diesen einzigen geisteskrank Gewordenen war während des Krieges eine eigene kleine Klinik mit Ärzten und Personal unterhalten worden, da man es nicht wagte, ihn einer bestehenden privaten oder gar öffentlichen Irrenanstalt zu übergeben.

Bei Twitchell waren solche Umstände nicht notwendig, denn er starb schon einige Tage nach seiner Einlieferung. Selbst in seiner letzten Stunde durfte keiner seiner Freunde und Verwandten zu ihm kommen.

»JOE I« UND »SUPER«

1

Ende August 1949 machte ein in großer Höhe »fliegendes Laboratorium« der US Air-Force, das in einer B-29 installiert war und Studienmaterial für Bombenmannschaften sammeln sollte, eine beunruhigende Entdeckung: Die von dem letzten Flug irgendwo im Fernen Osten zurückgebrachten Fotos zeigten Spuren unerklärlich starker radioaktiver Strahlung. Außer den üblichen haardünnen weißen Bahnen, welche die aus dem Weltraum kommenden Partikelchen auf dem Negativ zu hinterlassen pflegten, sah man dort zahlreiche andere, bisher nie beobachtete Linien. Die Angelegenheit schien so ungewöhnlich, daß sie sofort chiffriert nach Washington gemeldet wurde. Dort ordnete man unverzüglich die Entsendung von RD-Flugzeugen an, dic ganz besonders für »Radiation-Detection« (»Strahlungsentdeckung«) ausgerüstet waren. Sie holten vom Himmel Regenproben aus hoch ziehenden Wolken und zudem aus den höchsten Schichten der Atmosphäre mit Hilfe einer Art Fliegenpapier zahlrciche winzig kleine Aschenteilchen, die später einer genauen radiochemischen Analyse unterworfen wurden. Erst jetzt wagten die Wissenschaftler der amerikanischen Luftwaffe und der Atomenergie-Kommission zu behaupten, was sie von Anfang an vermutet hatten: Die Radioaktivität mußte von einer Atomexplosion stammen, die »irgendwo« in Sowjetasien stattgefunden hatte.

Bei den wenigen Sachverständigen, die zunächst ganz allein Kenntnis von diesen Feststellungen erhielten, war die Überraschung ungeheuer. Man hatte sich allmählich daran gewöhnt, an jene Prognosen zu glauben, die behaupteten, die Russen würden, wenn überhaupt, kaum vor 1956 oder 1960 Atombomben besitzen. Die Experten der Air-Force, die auf ein früheres Datum, nämlich 1952, tippten, galten bei der Armee und der Flotte als »Übertreiber«. Nun aber schien es sich herauszustellen, daß selbst sie noch zu optimistisch gewesen waren.

Nachdem sie ihren ersten Schrecken überwunden hatten, begannen die Strategen im »Pentagon« sich nun mit Vermutungen zu trösten. Wahrscheinlich stammte die erhöhte Radioaktivität nicht vom Test einer kampffertigen Bombe, sondern womöglich nur von einem durch Fahrlässigkeit oder Ungeschicklichkeit verursachten Explosionsunglück in einem der russischen Atomlaboratorien. Aber um eine so große Explosion auszulösen, mußten in der Sowjetunion bereits beträchtliche Mengen von »spaltbarem Material« vorhanden gewesen sein. Wie hatten die Russen es fertiggebracht, so viel U 235 oder U 239 (Plutonium) zu erzeugen? War es möglich, daß sie die umfangreichen, zu diesem Zwecke notwendigen Fabrikanlagen in den vier Jahren seit 1945 gebaut hatten? Auch auf diese Schicksalsfrage fand sich eine den Ernst des Ereignisses verkleinernde Erkläung: Das »spaltbare Material« war gar nicht hinter dem »Eisernen Vorhang« hergestellt, sondern durch Spionage-Agenten heimlich nach der Sowjetunion gebracht worden.

Sehr glaubhaft klang diese letzte Vermutung allerdings nicht. Denn gerade während der vorhergehenden Monate hatte Senator Hickenlooper alle Operationen der Atomenergie-Kommission einer peinlich genauen öffentlichen Prüfung unterzogen. Dabei waren aber, alles in allem, nur ganze vier Gramm U 235 als »vermißt« gemeldet worden.

2

Die in den ersten Jahren nach dem Krieg im Westen weitverbreitete Unterschätzung der Fähigkeit Rußlands, in absehbarer Zeit Atombomben zu bauen, ist fast noch erstaunlicher als die frühere Überschätzung der Möglichkeiten Deutschlands. Denn die Russen hatten in ihren Fachzeitschriften und sogar in der Tagespresse bis Ende 1945 ganz offen von ihrem großen Interesse an Kernphysik und ihren Arbeiten auf diesem Gebiete gesprochen.

Je zwei Institute in Leningrad (das Radium-Institut und das Physikalisch-Technische Institut) und in Moskau (das Lebedew-Institut und das »Institut für Physikalische Probleme«) sowie ein Institut in Charkow beschäftigten sich zum Teil schon seit Beginn der zwanziger Jahre mit Kernforschung. Daß die Russen große Uranlager besaßen (und es wußten), ging aus den Veröffentlichungen des bekannten Geologen Vernadskij hervor, der noch auf Lenins Anordnung mit seinen Schülern seit 1921 die Erforschung und Aufzeichnung aller Rohstofflager auf dem gesamten Territorium der Sowjetunion begonnen hatte.

Sobald die Nachricht von der Entdeckung Otto Hahns veröffentlicht worden war, begannen sowjetische Wissenschaftler mit gleicher Intensität an der Deutung und Auswertung dieses Problems zu arbeiten wie ihre Kollegen im Westen.[1] Im Jahre 1939 fand in Moskau ein offizieller und öffentlicher Kongreß über kernphysikalische Fragen statt, und im April 1940 verkündete die sowjetische Akademie der Wissenschaften in ihrem monatlichen Mitteilungsblatt die Bildung einer besonderen »Kommission für das Uranproblem«. Diesem sowjetischen »Uran-Verein« gehörten alle führenden russischen Physiker an, darunter auch Flerow und Petrschak, die 1940 als erste auf Grund ihrer in einem Schacht der Moskauer Untergrundbahn ausgeführten Experimente die spontane Spaltung des Urans entdeckt hatten.

A. I. Brodski publizierte bereits 1939 eine Arbeit über die Trennung der Uran-Isotope, Kurschatow und Frenkel etwa gleichzeitig mit Frisch, Bohr und Wheeler eine theoretische Erklärung der Spaltungsvorgänge im Uran. In der Silvesterausgabe des Jahres 1940 erschien in der Zeitung »Iswestija« unter dem Titel »Uranium 235« ein Artikel, in dem es hieß: »Die Menschheit wird eine neue Energiequelle erschließen, die alles bisher Bekannte millionenfach übertreffen wird ... Die Macht des Menschen tritt in eine neue Ära ein ... er wird jede beliebige Energiemenge erzeugen und sie zu jedem

[1] Die Uranspaltung interessierte von Anfang an nicht nur die russischen Forscher, sondern auch die Regierungsstellen. Als der sowjetische Minister für Erziehung, Kaftanow, 1939 nach Berlin kam, legte er besonderen Wert darauf, das Laboratorium Hahns zu sehen und über seine Versuche persönlich informiert zu werden. Dieser Wunsch wurde ihm gewährt.

Zweck, den er wählt, anwenden können.« Im Oktober 1941 erklärte Kapitza in einer Rede, die in zahlreichen sowjetischen Zeitungen veröffentlicht wurde: »Theoretische Berechnungen zeigen, daß ... eine Atombombe ... leicht eine Großstadt mit mehreren Millionen Einwohnern zerstören kann.«

Die Russen scheinen 1941 nach dem deutschen Einmarsch ihr Atomforschungsprogramm vorübergehend eingestellt zu haben. Ein 1956 erschienener Bericht der amerikanischen »RAND-Corporation« (die im Auftrage der US Air-Force unter anderem auch Rapporte über den technischen Fortschritt in der Sowjetunion abfaßt) erklärt: »Aber die Russen waren anscheinend der Ansicht, daß sie (die Bombe) nicht hergestellt werden könne, solange der Krieg wüte ... Sie machten keine Anstrengungen, die Tatsche zu verbergen, daß sie die Atomforschung eingestellt hatten, und behandelten allem Anschein nach in ihrer Spionage die Atomenergie nicht besonders vordringlich ... Aber 1943 hatten die Russen ihr Atom-Entwicklungsprogramm wieder begonnen, mit der Absicht, Kernwaffen zu bauen.«

Mitschuld an der Unterschätzung der russischen Atomforschung und des Atomfortschritts im totalitären Sowjetstaat trugen auch die falschen Rückschlüsse, die man in Amerika aus der Entwicklung des Atomprojekts im Dritten Reich gemacht hatte. Gewiß, auch unter Stalin war die moderne Physik von den offiziellen Stellen aus ideologischen Gründen angegriffen worden. Quantenlehre, Relativitätstheorie und »Einsteinismus« (wie es in russischen Fachorganen hieß) wurden als »idealistisch« und »reaktionär« verurteilt. Damit aber hörte die Ähnlichkeit zwischen den beiden Diktaturen auf. Im nationalsozialistischen Dritten Reich war die Naturwissenschaft nicht gefördert worden, im stalinistischen Rußland dagegen erhielt sie materiell jede nur mögliche Unterstützung. Nicht nur gehörten die Physiker nach Bezahlung und Lebensstandard zu den am besten gestellten Berufen, sondern sie erhielten auch für ihre Arbeiten außerordentlich große Mittel zur Verfügung gestellt. So konnten die russischen Kernforscher vor 1939 das erste Zyklotron auf dem europäischen Kontinent bauen und hatten 1941 noch zwei weitere dieser riesigen Atomzertrümmerungsmaschinen im Bau, von denen eine dreimal so hohe Strahlungsstärken erreichen sollte wie das damals größte in den USA betriebene Instrument.

Ruggles und Kramish, zwei Spezialisten der US Air-Force für sowjetische Atomfragen, kommen zu dem Schluß: »1945 dürften die Russen weder an Wissen noch an Können allzuweit hinter dem, was in den Vereingten Staaten erreicht worden war, zurück gewesen sein. Auf Grund dieser Feststellung mag es eher überraschen, daß die sowjetische Industrie dann noch vier Jahre brauchte, um die Atombombe hervorzubringen, die 1949 explodierte.«

Diese realistische Beurteilung der sowjetischen Atomentwicklung stammt aber erst aus dem Jahre 1956. In den ersten Jahren nach dem Kriege hätte man sie in den USA, wie die Erklärung Molotows aus dem Jahre 1947, daß das Atom für die sowjetischen Wissenschaftler keine Geheimnisse mehr enthalte, als »Übertreibung« abgetan.

3

Glücklicherweise begnügte man sich in Washington in jenen sorgenvollen Tagen, die der Entdeckung der ersten sowjetischen Atomexplosion im August 1949 folgten, nicht mit trügerischem Trost, sondern berief eine Spezialistenkommission ein, welche auf Grund aller vorhandenen Indizien sich nochmals über die Wahrscheinlichkeit und die vermutliche Natur des Ereignisses aussprechen sollte. Sie tagte, geleitet von Vannevar Bush (unter Mitwirkung von Oppenheimer und Bacher), mehrere Sitzungen lang und kam nach Prüfung aller vorliegenden Informationen nicht nur zu dem Schluß, es müsse sich um eine Atombombe gehandelt haben, sondern konnte sogar Angaben über ihre wahrscheinliche Zusammensetzung sowie ihre Explosionsstärke machen. Die sowjetische Atombombe war nun in den Vorstellungen der amerikanischen Wissenschaftler schon so sehr zur Gewißheit geworden, daß man ihr sogar einen Namen gab: »Joe I«, zu Ehren von Josef Stalin ...

Jetzt mußten Präsident Truman und die Vereinigte Atomkommission des Kongresses über die Existenz von »Joe I« verständigt werden. Sowohl der Staatschef wie der führende republikanische Senator Vandenberg stellten nach der Mitteilung die gleiche, tiefe Bestürzung verratende Frage: »Where do we go from here?« Zunächst mußte nun darüber entschieden werden, ob diese bisher streng geheimgehaltenen Informationen der Weltöffentlichkeit bekanntgegeben werden sollten. Verteidigungsminister Johnson war dafür, die Nachricht nicht an die Öffentlichkeit dringen zu lassen. Er befürchtete, sie könne im amerikanischen Publikum Panik auslösen. Johnson wurde überstimmt, und Präsident Truman verlas am 23. September 1949 seine kurze und sehr vorsichtig formulierte Botschaft, daß in der Sowjetunion eine Atombombenexplosion stattgefunden habe.

Selbst diese Mitteilung brachte es nicht fertig, die große Masse aus ihrer hilflosen Gleichgültigkeit gegenüber der Atomgefahr aufzuscheuchen. Um so größer war die Erregung unter den amerikanischen Atomforschern. Sie hatten fast ohne Ausnahme seit 1945 darauf hingewiesen, daß das Monopol der USA auf diese Waffe nur von kurzer Dauer sein könne. Nun schien ihnen eine Beendigung des Atomwettrüstens fast aussichtslos, seine Verschärfung dagegen wahrscheinlich. Die Sorge der Atomforscher fand sichtbaren Ausdruck in einem symbolischen Akt: auf dem Umschlag des »Bulletin of the Atomic Scientists« wurde der dort jeden Monat abgebildete Uhrenzeiger von acht Minuten auf drei Minuten vor Mitternacht vorgeschoben. Das Ende der Zeiten war bedenklich näher gerückt.

Bei den durch die Nachricht über die Sowjetexplosion ausgelösten Diskussionen im Kreis der »Wissenden« kehrte vor allen Dingen ein Wort immer wieder, das Außenstehende damals kaum verstanden hätten. Es hieß »Super«. Das »Bulletin«, das sich seit seinem Beginn im Jahre 1946 (als es noch im Lohndruck bei einer tschechischen Einwandererzeitung Chicagos hatte gedruckt werden müssen) unter der Leitung von Eugene Rabinowitch zum international angesehenen Sprachorgan und Diskussionsforum der Atomforscher entwickelt hatte, unterdrückte seit Jahren freiwillig jede Erwähnung des Themas, in der Überzeugung, daß man am besten keines Menschen Aufmerksamkeit auf die in diesem Wort angedeutete monströse Weiterentwicklung der Waffentechnik lenken dürfe.

Denn »Super« war eine Bombe, die noch tausendmal stärker sein konnte als die Bombe, die Hiroshima dem Erdboden gleichgemacht hatte. »Super« war im Gegensatz zur »gewöhnlichen Atombombe eine »open ended weapon«, eine Waffe ohne Grenzen.

Eine solche Bombe konnte nur konstruiert werden, wenn es gelang, die gewaltigen Naturvorgänge, die sich im Inneren der Sonne abspielen, auf der Erde nachzuahmen. Dort oben, in dem flammenden Himmelskörper, wurden durch die Verschmelzung (»Fusion«) von Wasserstoffatomen ständig Energiemengen freigesetzt, die noch ungleich größer waren als die bei der Spaltung des Urans ausgelösten Kräfte.

Die ersten Überlegungen über die »Super« gingen bis in den Sommer 1942 zurück. Damals hatte Oppenheimer in Berkeley eine kleine Gruppe von theoretischen Physikern um sich gesammelt, um mit ihnen über das beste Modell der geplanten Atombombe zu beraten. Dabei wurde besonders von Eduard Teller, der sich auf Anregung von George Gamow seit einigen Jahren mit diesen in den Sternen stattfindenden »thermonuklearen Reaktionen« beschäftigt hatte, auf die Möglichkeit einer solchen »Fusion« hingewiesen, welche die logische Weiterentwicklung der »Fission«-Bombe sei.

Diese Seminarien, deren Teilnehmerzahl selten sieben Personen überschritt, fanden in Berkeley in einem Gebäude der Universität von Kalifornien statt. Die meisten Studenten waren gerade in den Ferien oder bereits im Militärdienst, und die Gelehrten hatten praktisch den ganzen »Campus« für sich. Hier, unter hohen Zedern, auf grünem Rasen oder in einem hellen Vorlesungsraum, begleitet von der sphärengleichen Musik des Glockenspiels, das in regelmäßigen Abständen von einem »Campanile« im Zentrum des Universitätsgeländes herüberschallte, stieg im Gespräch erstmals die Vorstellung menschengeschaffener Sonnen auf. Es waren, wie sich Teller später erinnerte, Tage, erfüllt von »einem Geist der spontanen Äußerung, des Abenteuers und der Überraschung«. Die glückhafte Erregung über die neuen Dimensionen menschlichen Wissens und Könnens, die sich da auftaten, ließ diese Männer meist ganz vergessen, daß sie ja eigentlich hier zusammengekommen waren, um ein Todesinstrument zu entwerfen.

4

Das Ergebnis dieser Besprechungen in Berkeley war, daß man sich entschied, zunächst zwar die Hauptaufmerksamkeit dem Bau der Uranbombe zu widmen, nebenbei aber auch die Probleme der »Super«-Bombe weiterhin mit Nachdruck zu bearbeiten. Eine der Aufgaben, die sich in diesem Zusammenhang ergaben, war von besonders unheimlicher Natur. Könnte nicht der Fall eintreten, so hatte man sich bei den Erörterungen in Berkeley gefragt, daß die thermonuklearen Vorgänge, wenn sie erst einmal durch eine Bombe in Gang gesetzt worden waren, dann auf die Lufthülle und die Wasserflächen der Erde übergriffen? Könnte es nicht geschehen, daß die »Super« eine unaufhaltsame globale Kettenreaktion auslösen würde, die in kurzer Zeit den ganzen Planeten Erde in einen flammenden kurzlebigen Stern verwandeln müßte? Das Studium dieser ungeheuerlichen Frage wurde zuerst den beiden Theoretikern Emil Konopinski und Cloyd Marvin junior anvertraut. Sie gaben eine beruhigende Antwort, die aber doch nicht jedermann überzeugte. So war in letzter Instanz das Urteil dem für Scharfsinn und Genauigkeit bekannten Physiker Gregory Breit übertragen worden.

Gregory Breit, als Fünfzehnjähriger vor den Pogromen des zaristischen Rußlands in Sicherheit gebracht, hatte in den USA jenen stillen Hafen gefunden, der seiner zurückgezogenen Natur entsprach. Er konnte hier lesen und meditieren und lehren, ohne sich viel um seine Umwelt kümmern zu müssen. All das änderte sich eines schönen Tages im Jahre 1940. Professor Breit war, wie es seiner Gewohnheit entsprach, in einem Park Washingtons spazierengegangen, als ein vorbeifahrendes Auto neben ihm hielt und er gefragt wurde, ob er nicht mitfahren wolle. Unter gewöhnlichen Umständen hätte Breit vermutlich abgelehnt. Aber an diesem Tag fühlte er sich etwas müde und nahm daher die Einladung dankend an. Es stellte sich schnell heraus, daß der freundliche Autofahrer zur wissenschaftlichen Forschungsabteilung der Flotte gehörte. Der schüchterne Gelehrte gefiel ihm. Er lud ihn ein, doch bald in seinem Büro vorbeizukommen. Die »Navy« habe da nämlich gerade ein besonders interessantes physikalisches Problem zu lösen.

Breit folgte der Einladung. Er hatte wenig Neigung, für Krieg und Zerstörung zu arbeiten. Aber das verlangten die Offiziere ja auch gar nicht von ihm. Sie suchten einen Mann, der ihnen eine Methode zum Schutz ihrer Schlachtschiffe gegen die neuen, von den Deutschen entwickelten magnetischen Minen empfehlen könne. Es ging also nur darum, Leben und Gut vor Zerstörung zu retten. Breit sagte zu, begann für die Flotte zu arbeiten, und seine Ideen führten die Physiker der Flottenforschungsabteilung bald auf den rechten Weg.

Nicht lange darauf wurde Breit abermals in ein Regierungsbüro gerufen. Man eröffnete ihm, er sei der einzige Mann, der die Arbeit an einer neuen Bombe koordinieren und leiten könne. »Ich interessiere mich nicht für Bomben«, versuchte der kleine Professor abzulehnen. Aber man machte ihm klar, daß diese neue Bombe nicht zum wirklichen Gebrauch bestimmt sei, sondern nur als Abschreckmittel dienen solle, falls auch die Deutschen eine solche Waffe entwickelten. Durch seine Arbeit könne er diesmal dazu beitragen, die ganze Nation vor einer Katastrophe zu retten »Ich bin ein schlechter Verwalter. Sie können sich niemand Ungeeigneteren als Koordinator ausdenken ...«, wandte Breit ein. »Wir haben aber niemand anderen, der für diese Arbeit frei und zugleich amerikanischer Bürger wäre!« hielt man ihm entgegen. »Die anderen Physiker, die an dieser Sache arbeiten, sind meist Ausländer.«

So wurde der friedliebende Professor Breit zum Vorsitzenden der ersten Kommission, die in Washington an der »fast fission«, der »schnellen Spaltung«, arbeitete. Das war eine Umschreibung für die unkontrollierte Kettenreaktion, die in der Atombombe stattfindet. Als er diesen verantwortungsvollen Posten nach einigen Monaten wieder aufgeben durfte, war der Gelehrte hoch zufrieden. Nun konnte er wohl wieder zu seiner wissenschaftlichen Arbeit zurückkehren.

Doch dann kamen sie mit dem Problem der »globalen Kettenreaktion«. Erst hatte Gregory Breit nur helfen sollen, den Untergang von Schlachtschiffen zu verhindern, dann den Untergang der Vereinigten Staaten und nun womöglich den Untergang der Welt!

Diesmal aber trug er ganz allein die Verantwortung, denn sein Urteil würde als endgültig angenommen werden. Da die Sache »streng geheim« war, konnte er nicht damit rechnen, daß außer ihm gleichzeitig noch andere Physiker mit dem Problem bekannt gemacht worden seien. Wenn er nun diese gewichtige Frage – eine Frage, wie sie in keinem Mythos, keinem Märchen je einem Menschen gestellt worden war – falsch beantwortete? Wenn er irgendeinen Faktor übersah? Wenn er sagte: »O. K. Das Risiko, von dem ihr sprecht, ist nach menschlicher Vermutung nicht vorhanden«, und dann stellte es sich heraus, daß er sich doch geirrt hatte? War nicht auch die Erschließung der im Atom schlummernden Kräfte von den namhaften Gelehrten lange Zeit für unmöglich gehalten worden? Lag ein Fehlurteil nicht immer im Bereich des Möglichen?

Es wäre verständlich gewesen, wenn Breit diese Aufgabe und die mit ihr verbundene übermenschliche Verantwortung abgelehnt hätte. Aber er mußte sich sagen, daß man sie dann sicher einem anderen, vielleicht weniger exakten Forscher vorlegen werde. Auf seine Gewissenhaftigkeit aber konnte er sich voll und ganz verlassen.

In Arbeiten von vielen Wochen, in denen die ganze Last der Erde und das Schicksal ihrer Bewohner auf seinen schmalen Schultern ruhte, rechnete und grübelte der Gelehrte Tag und Nacht. Schließlich mußte er seine Berechnungen abschließen und das Resultat seinen Auftraggebern vorlegen. Er glaubte, nach menschlichem Ermessen einwandfrei bewiesen zu haben, daß ein unvorhergesehenes Übergreifen der in einer thermonuklearen Bombe ausgelösten Reaktionen auf die leichten Elemente der Erde unter keinen Umständen stattfinden könne, weil ein solcher Vorgang im Widerspruch zu fundamentalen Naturgesetzen stehe.

Und doch müssen den Professor nun andere Zweifel geplagt haben. Durch sein Urteil hatte er nämlich dem künftigen Bau der »Super«-Bomben ein großes, vermutlich das allergrößte Hemmnis aus dem Weg geräumt. War er nun mitverantwortlich, wenn diese Bomben auf andere Weise, nämlich mutwillig und absichtlich, doch noch Zerstörungen von planetarem Ausmaß über die Welt bringen würden?

So weit zu denken war dem liebenswerten kleinen Mann sicherlich furchtbare Qual. Er hatte in diesem ganzen schrecklichen Krieg immer nur mitgeholfen, Schlimmeres zu verhüten. Was konnte man denn tun, um nicht schuldig zu werden?

5

Bei den Besprechungen in Berkeley war die »Super«-Bombe noch als ein nicht allzu fernliegendes Ziel erschienen. Aber in der Laboratoriumspraxis von 1943 bis 1945 rückte ihre Verwirklichung in immer größere Fernen. Zuerst einmal mußte die »gewöhnliche« Atombombe entwickelt werden. Sie war die unentbehrliche Vorstufe für die »Super«, denn nur durch eine solche als »Zünder« in die Wasserstoffbombe eingebaute Uranspaltungsbombe konnten die gewaltigen Hitzegrade erzielt werden, die zur Hervorrufung der thermonuklearen Reaktionen notwendig waren. Diese Aufgabe war, wie sich herausstellte, schwerer und langwieriger als erwartet.

Daher wurde, sehr zu Eduard Tellers Mißvergnügen, das »Super«-Projekt immer mehr beiseite geschoben. Nicht einmal er selbst sollte zunächst daran arbeiten. Es gab Dringenderes für ihn zu tun. Aber Teller war nicht dafür gemacht, in »Reih und Glied zu marschieren«. Ihm lag systematische Arbeit einfach nicht, und es kam zu ernsthaften Reibereien. »Ich hoffte, mich ganz auf ihn verlassen zu können ...«, erklärte sein Chef Hans Bethe später. »Es zeigte sich aber, daß er nicht kooperativ sein wollte. Er wollte nicht in der gleichen Richtung forschen, der jeder andere im Laboratorium als nutzbringend zugestimmt hatte. Er schlug immer neue Dinge vor, neue Abwege ... So daß schließlich keine Wahl blieb, als ihn von jeder Arbeit zu entlasten, die in der großen Linie der Entwicklung von Los Alamos lag, und ihm zu erlauben, außerhalb der theoretischen Abteilung mit seiner eigenen Gruppe Ideen nachzugehen, die keinerlei Beziehung zum Zweiten Weltkrieg hatten. Das war ein Schlag für uns ...«

In die Lücke, die Teller hinterließ, sprangen Rudolf Peierls und Klaus Fuchs, während nun Teller mit einer kleinen Gruppe weiter an dem Problem der »Super« arbeitete, die er »mein Baby« zu nennen pflegte.

In einer so eng beieinander lebenden Gemeinschaft wie im Los Alamos der Kriegsjahre mußte ein Außenseiter, wie Teller es war, sofort besonders bemerkt werden und bald Neid, Ärger, ja sogar Haß hervorrufen. Während andere Wissenschaftler, ganz entgegen ihren früheren Gewohnheiten, sich der militärischen Disziplin beugten und pünktlich jeden Morgen zu früher Stunde hinter den Stacheldrahtgittern der »Technischen Region« verschwanden, stand Teller spät auf, arbeitete zu Hause und ging dann auf lange, einsame Spaziergänge. In einer Universitätsstadt wäre das kaum aufgefallen, auf dem »Hügel« aber fragte man sich: »Was tut er eigentlich hier? Weshalb ist er nicht den gleichen Regeln unterworfen wie alle anderen?«

Klagen über Teller wurden an Oppenheimer, den Direktor des Laboratoriums, herangetragen. Es waren oft kleinlich zänkische Beschwerden, die da auftauchten. Hatten die Tellers als Ein-Kind-Familie nicht ein Zimmer zuviel? War es richtig, daß sie den Spielstall ihres kleinen Sohnes gerade dort vor dem Mehrfamilienhaus aufstellten, wo der Fahrradständer hingehörte? Durfte Teller bis in die späte Nacht Klavier spielen und seine Nachbarn stören?

Oppenheimer ließ sich durch solche Zuträgereien nicht beeinflussen. Man hatte ihm erzählt, daß Teller ihn scharf kritisierte, aber auch, daß er ihn bewundere. In vielem waren die zwei einander ähnlich. Sie wurden von dem gleichen brennenden Ehrgeiz angetrieben, sie fühlten sich ihren Mitmenschen unendlich überlegen, sie hatten alle beide, wie ihr langjähriger Mitarbeiter Hans Bethe bemerkt, »fast mehr vom Künstler als vom Wissenschaftler«.

Der übersensitive »Oppie« merkte sehr wohl, daß zwischen ihm und diesem ungewöhnlichen Kollegen etwas nicht stimmte, daß sie trotz häufiger Begegnungen niemals wirklichen Kontakt gefunden hatten. Gerade deshalb war er besonders besorgt, nichts zu unternehmen, was von Eduard Teller als Animosität ausgelegt werden könnte.

Andererseits spendete Oppenheimer dem wissenschaftlichen Franktireur Teller auch nicht das Lob, das dieser wohl von ihm erwartete. »Wenn ›Oppie‹ damals nur gelegentlich einmal ein paar gute Worte für Eduard gefunden hätte, so wie er fast jedem Mechaniker zuzureden verstand, es hätte vielleicht beider Schicksale ändern können«, meint ein Zeuge aus jenen Tagen. Das wurde viel später gesagt, als aus der mangelnden Sympathie zwischen Oppenheimer und Teller ein wirklicher, folgenreicher Konflikt erwachsen war.

6

Nach Kriegsende schloß sich Teller der allgemeinen Rückkehr in die Universitätslaboratorien zunächst nicht an. Während des Krieges hatten böse Zungen behauptet, er neide Oppenheimer seinen Direktorposten. Nun hieß es, er betrachte sich als den geeigneten Nachfolger Oppenheimers, obwohl er, wie jedermann außer ihm selbst zu wissen schien, für administrative Aufgaben denkbar ungeeignet war.

Der Nachfolger Oppenheimers, Norris Bradbury, mochte von diesen Gerüchten gehört haben, denn er bat Teller zu sich und bot ihm sofort die zweitwichtigste Stellung des Laboratoriums, die Leitung der inzwischen durch den Weggang von Bethe verwaisten Theoretischen Abteilung, an.

Zwischen den beiden entspann sich ein Dialog voll unfreundlicher Untertöne. In seiner aggressiven Art erklärte Teller: »Ich muß eine Bedingung stellen. Entweder wird jetzt endlich mit voller Kraft an der thermonuklearen Bombe gearbeitet, oder es müssen mindestens zwölf Uranbombentests pro Jahr durchgeführt werden.«

»Das ist, wie Sie selbst wissen, unter den jetzigen Umständen ganz unmöglich«, antwortete Bradbury. Daraufhin lehnte Teller die Einladung, ständig in Los Alamos zu bleiben, ab und ging an die Universität von Chicago.

Im Laufe des Jahres 1946 kam Teller aber doch wieder für ein paar Tage zu einer Spezialkonferenz nach Los Alamos zurück. Der Gegenstand dieser Besprechungen, zu denen man etwa dreißig Physiker eingeladen hatte, war die »Super«. Die Mehrheit der Teilnehmer kam damals zu dem Ergebnis, daß die Entwicklung einer solchen Waffe langwierig und kompliziert sein müsse. Eine Minderheit unter Führung Tellers dagegen bestand darauf, daß diese Bombe in zwei Jahren verwirklicht werden könne. Damit ging man auseinander. Besonders auf einen der Teilnehmer müssen Dr. Tellers Argumente tiefen Eindruck gemacht haben, und er scheute sich nicht, dies seinen »Kontakten« mitzuteilen. Das war Klaus Fuchs, dessen letzte wichtige Information an die Russen jene »Final Conference on the Super« betraf.

Auch in seiner Stellung als Physikprofessor in Chicago hörte Teller nicht auf, für die »Super«-Bombe zu agitieren. Er verlangte zum Beispiel, daß das »Emergency Committee of the Atomic Scientists« ihn nicht nur anhören, sondern auch für den Bau dieser schrecklichen Waffe eintreten solle, ein Ansinnen, das Einstein, den Vorsitzenden, außerordentlich erregte und von ihm strikt abgelehnt wurde. Teller hielt diese Haltung Einsteins für unlogisch. Ihn erinnerte die Weltsituation an die Periode von 1939 bis 1941, in der er zu dem kleinen Kreis um Szilard gehört hatte, der für den Bau der Uranbombe kämpfte. War die Lage jetzt so sehr verschieden von der damaligen? Abermals bestand doch Gefahr, daß ein totalitärer Staat die Freiheit durch eine Waffe bedrohte, gegen die es keinen Widerstand gab außer dem »Gegenterror« mit der gleichen Waffe. Weshalb sollte man zu Stalin mehr Vertrauen haben, als man zu Hitler gehabt hatte?

Bemerkenswerterweise trat Teller gleichzeitig, wo immer er konnte, für eine »Weltregierung« ein, die ihm als einzige

Rettung erschien. Zu anderen Atomforschern sagte er damals: »Erst wenn die Bomben so groß sind, daß sie alles vernichten können, werden die Menschen wirklich erschrecken und politische Vernunft annehmen. Die Gegner der Wasserstoffbombe treiben Vogel-Strauß-Politik, wenn sie meinen, auf diese Weise den Frieden zu fördern.«

Doch ging er nicht so weit wie Harold Urey, ebenfalls Anhänger einer Weltregierung, der, nachdem er in der vordersten Linie – und vergeblich – für eine internationale Atomkontrolle gekämpft hatte, nun aus mißgeleitetem Idealismus einen Präventivkrieg befürwortete, damit die Menschheit danach endlich wieder in Ruhe und Freiheit leben könne.

7

Bis zum Bekanntwerden der Explosion von »Joe I« fand Teller mit seiner Kampagne für den Bau der Wasserstoffbombe wenig Widerhall. Aber im Augenblick, als die Nachricht bekannt wurde, erinnerten sich alle, die ihn ein wenig spöttisch den »Apostel der Super« genannt hatten, seiner Warnungen. Jetzt mußte man, so schien es all denen, die an die Unvermeidlichkeit des Rüstungswettlaufs glaubten, gegen »Joe I« mit der »Super« auftrumpfen, um den Atomvorsprung zu halten.

Aber war es vielleicht dazu schon zu spät? Konnte es nicht sein, daß die Russen in diesem unheimlichen Rennen sogar bereits weiter vorn lagen? Das war die Frage, die sich jetzt Luis Alvarez stellte, der seit seiner Mission in Tinian wieder zur Grundlagenforschung ans »Strahlungslaboratorium« in Berkeley zurückgekehrt war. In seinem Tagebuch notierte er: »5. Oktober 1949: Latimer (Fakultätsvorstand für Chemie) und ich haben unabhängig voneinander daran gedacht, daß die Russen vielleicht bereits mit größtem Einsatz an der ›Super‹ arbeiten und möglicherweise vor uns dort ankommen. Das einzige, was jetzt zu tun ist, scheint mir, daß wir die ersten sind – hoffe aber, daß die ganze Sache sich überhaupt als unmöglich herausstellt.«

Alvarez sprach sofort mit seinem Meister Ernest O. Lawrence, dem die gleichen Bedenken gekommen waren. Sie beschlossen, sich sogleich mit Teller in Verbindung zu setzen. Aber wo war der jetzt? Ein Anruf in seiner Wohnung in Chicago blieb unbeantwortet. Teller, rastlos wie immer, hatte nämlich einen einjährigen Urlaub von der Universität verlangt, um wieder in Los Alamos arbeiten zu können. Vorher war er jedoch noch auf einige Wochen ins Ausland gefahren. Die Nachricht von der Sowjetbombe hatte Teller nicht anders als die Öffentlichkeit erst am 23. September erfahren. Auf der Durchreise in Washington telefonierte er sofort Oppenheimer an, um dessen Meinung zu hören. Der schien nicht beunruhigt zu sein und sagte wörtlich: »Keep your shirt on!« (Ein Slangausdruck, etwa zu vergleichen mit dem berlinerischen »Kippen Sie nur nicht aus den Pantinen!«)

Dann war Teller so schnell wie möglich nach Los Alamos geeilt. Dort erreichte ihn schließlich am 6. Oktober der Anruf von Alvarez und Lawrence. Die Verbindung war schlecht, und die beiden Physiker in Berkeley beschlossen, da sie ohnehin in zwei Tagen nach Washington fliegen sollten, einen Umweg über Los Alamos zu machen, um Teller ausführlich zu sprechen.

Los Alamos mit seinen nun fast zehntausend Einwohnern hatte sich seit den Tagen des Niederganges im Jahre 1946 erstaunlich verändert. Mit der intensiven Wiederaufnahme und Erweiterung des Rüstungsprogramms waren auch beträchtliche Mittel für den Ausbau der Laboratorien und der Stadt bereitgestellt worden. Los Alamos besaß jetzt gutgepflegte Straßen, ein »Community Center« mit einem Versammlungssaal, einem Kino und den verschiedensten Läden. Es war ein großes Krankenhaus entstanden, eine ausgezeichnete städtische Bibliothek, gute Schulen, und es gab sogar einen Sportverein: die »Los Alamos Bombers«. Auch ein Stadion befand sich in Vorbereitung. Es war noch als Projekt nach Louis Slotin, dem als »Märtyrer der Bombe« glorifizierten jungen Atomforscher, benannt.

Teller brachte Alvarez und Lawrence, die mit dem Luft-Taxi in wenigen Minuten auf den »Hügel« hinaufgeflogen waren, in sein Heim in der sogenannten »Western Area«, wo die prominenten Wissenschaftler jetzt in freundlichen Häuschen wohnten. Zu dem Gespräch wurden später noch George Gamow, der in diesem Jahr gerade als vorübergehender Berater nach Los Alamos gekommen war, und der geniale Mathematiker Stan Ulam hinzugezogen.

Ulam hatte nämlich in den Jahren 1946 und 1947 zusammen mit dem Engländer J. L. Tuck außerordentlich interessante theoretische Arbeiten über thermonukleare Probleme verfaßt. Sie hatten dabei die Effekte studiert, die sich ergeben, wenn die Explosionsschocks sogenannter »Hohlladungen« zusammenstoßen. Dabei werden fast die enormen Hitzegrade entwickelt, wie man sie für die »Fusion« braucht. Damals, in den ersten Jahren nach dem Krieg, waren aber die Berechnungen der thermonuklearen Reaktionen vor allen Dingen deshalb steckengeblieben, weil die zu jener Zeit noch in Gebrauch befindlichen Rechenmaschinen mit den aufgeworfenen Problemen nicht fertig werden konnten.

Während dieses Fünfergesprächs in Los Alamos tauchte die Frage auf, ob man das Interesse der Russen für die neue Bombenart nicht überschätze. Vielleicht ahnten sie noch gar nichts von diesen Möglichkeiten? Daraufhin erzählte Gamow folgende Begebenheit aus seiner »sowjetischen Vergangenheit«: 1932, vor seiner endgültigen Flucht aus der Sowjetunion, hatte er bei einer wissenschaftlichen Veranstaltung über die Arbeit von Atkinson und Houtermans gesprochen, in der bekanntlich die »Fusion« leichter Kerne in der Sonne erstmals vermutet worden war. Nach seinem Vortrag war Volkskommissar Bucharin zu ihm gekommen und hatte interessiert gefragt, ob solche Reaktionen nicht vielleicht auch auf der Erde nachgemacht werden könnten. Er hatte Gamow sogar angeboten, ihm jede Nacht während einiger Stunden den gesamten Strom der Elektrizitätswerke von Leningrad für Versuche zur Verfügung zu stellen.

Diese Mitteilung Gamows bestärkte Teller, Alvarez und Lawrence nur noch in ihrer Entschlossenheit, bei den Regierungsstellen den Bau der »Super« schnellstens durchzusetzen. Sie schworen sich, alles in ihrer Macht Stehende zu tun, um dieses Ziel zu erreichen.

Gewissensnot und technische Versuchung

1

Hans Bethe war sein Leben lang bei Kollegen und Freunden in aller Welt für seine immer gute Laune und seinen womöglich noch besseren Appetit bekannt. Die Vorstellung vom schwankenden, von Gewissenszweifeln gemarterten Atomforscher scheint auf diesen gesunden, glücklichen, innerlich und äußerlich so sicheren Mann ganz und gar nicht zuzutreffen. Gerade er aber machte es sich besonders schwer, als an ihn, wie an die anderen Physiker, die Frage herantrat, ob sie die Wasserstoffbombe bauen sollten.

»Ich bin unglücklich, zugeben zu müssen, daß ich während des Krieges dem keine Aufmerksamkeit geschenkt habe«, erklärte Bethe, als man ihn später fragte, ob ihm in Los Alamos irgendwelche moralischen Zweifel am Atombombenbau gekommen seien. Nach Hiroshima hatte sich seine Haltung geändert. Er fühlte wie manch anderer Atomforscher die Last der Verantwortung, diese furchtbare Waffe mitgeschaffen zu haben, und war als Mitglied des »Emergency Committee of the Atomic Scientists« führend unter den Wissenschaftlern aufgetreten, die für eine Aufklärung des Publikums über die Gefahr eines Atomkrieges und für die Notwendigkeit internationaler Kontrolle kämpften. Aber sehr bald und früher als die meisten seiner anderen Kollegen hatte Bethe eingesehen, daß die Forscher, wenn sie ihren Einfluß wahren wollten, eine gewisse Distanz zum tagespolitischen Getümmel halten müßten.

Bethe, dem Sohn eines bekannten deutschen Physiologen, war es 1933 besonders schwer gefallen, sich von der Heimat zu trennen. Als er kurz vor seiner endgültigen Emigration noch einmal ein paar schöne Tage in Baden-Baden verbringen durfte, schrieb er seinem Lehrer Sommerfeld, der in ihm seinen späteren Nachfolger erblickt hatte, einen Abschiedsbrief voller Wehmut. In den Vereinigten Staaten, wo Bethe von Anfang an eine glänzende Karriere machte, dachte er oft mit Sehnsucht an die alten Zeiten zurück, in denen er meist mit einem schmalen Stipendium auskommen mußte, das ihm sein Meister verschafft hatte. Als aber Sommerfeld ihn nun nach Kriegsende fragte, ob er den Lehrstuhl für Theoretische Physik in München annehmen würde (der nach Sommerfelds Abgang von dem »denkbar schlechtesten Nachfolger«, einem rabiaten Anhänger der »Deutschen Physik« namens Müller, besetzt worden war), mußte Bethe ablehnen. Er hatte sich in seiner neuen Heimat eingelebt und fühlte sich vor allen Dingen den Amerikanern so sehr zu Dank verpflichtet, daß ihn nun dieses einst erstrebte Ziel der Professur an einer deutschen Hochschule nicht mehr reizte.

An der Cornell-Universität von Ithaca im Staate New York war unter Bethes starker Persönlichkeit eines der angesehensten kernphysikalischen Institute der USA entstanden. In diesem Paradies der reinen Forschung tauchte nun gegen Mitte Oktober 1949 Eduard Teller, der Advokat der Höllenbombe, auf, um den Doktor Bethe in Versuchung zu führen. Nur ein einziges Jahr seines Lebens sollte er noch einmal Los Alamos schenken, bat Teller. Seine Mitarbeit an der neuen Waffe sei einfach unentbehrlich.

Bethe, der seinen eigenen Wert sehr wohl kannte, wußte, daß Teller ihm nicht bloß schmeicheln wollte. Er brauchte ihn unbedingt, denn der brillante Kollege glich ein wenig jenen ungarischen Boulevardautoren, deren ausgezeichnete Einfälle gewöhnlich für einen großartigen ersten Akt ausreichen, aber selten bis zum Ende durchdacht sind. »Teller ... bedarf einiger Kontrolle, er braucht eine andere Person, die stärkere Fähigkeiten besitzt, herauszufinden, wie sich die wissenschaftlichen Tatsachen in dieser Angelegenheit verhalten, eine andere Person, welche die schlechten aus den guten Ideen aussortiert.« Das war Bethes Urteil über seinen Besucher, und er konnte sich selbst durchaus in der Rolle der »anderen Person« sehen.

Da Bethe durch Geldangebote nicht zu locken war, warf ihm Teller gleich ein paar glitzernde Gedanken allerneuesten

Datums über die vermutliche Natur der thermonuklearen Reaktionen hin. Und Bethe war, wie er sagt, »sehr beeindruckt von seinen Ideen«. Der Reiz, zusammen mit Teller, Ulam, Gamow, möglicherweise auch Fermi und vor allem mit den neuen, sehr verbesserten, aber vorläufig für Militärzwecke reservierten elektronischen Rechenmaschinen zu arbeiten, muß außerordentlich stark für Bethe gewesen sein. Man konnte eine Fülle interessanter Entdeckungen von einem solch außerordentlichen »Team« erwarten.

Dennoch zögerte Bethe. Denn es schien ihm, wie er Teller gleich sagte, »ein schreckliches Unternehmen, eine noch größere Bombe zu entwickeln«. Gewohnt, mit seiner jungen Frau, der Tochter des bekannten deutschen Chemikers Ewald, alle wichtigen Fragen des Lebens zu besprechen, diskutierte er mit ihr den Antrag Tellers bis in die späte Nacht hinein. »Was sollte ich tun?« erinnert sich Bethe. »Ich war tief beunruhigt. Es schien mir, daß mit der Entwicklung der thermonuklearen Waffen keine der Schwierigkeiten, in denen wir uns befanden, gelöst werden würde, und doch war ich nicht sicher, ob ich ablehnen durfte.«

In seiner Unentschlossenheit handelte Bethe, wie ein Wissenschaftler vorzugehen pflegt, wenn er ein Problem nicht lösen kann. Er wollte mehr Fakten, vor allem politische und militärische, kennenlernen, ehe er endgültig einen Entschluß faßte. Und solche Tatsachen konnte er am ehesten von Oppenheimer erfahren, der als Mitarbeiter mehrerer geheimer Regierungskommissionen die Weltlage sicher genauer zu beurteilen wußte. Gerade hatte Bethe diesen Entschluß Teller mitgeteilt, der über Nacht in Ithaca geblieben war, als das Telefon läutete. »Oppie« war am Apparat. Ihn hatte inzwischen die Nachricht von den Bemühungen des Trios Alvarez, Lawrence und Teller erreicht, die Behörden von der Notwendigkeit einer »Super« zu überzeugen, und er wollte Bethes Ansichten wissen. Als er gehört hatte, daß Teller in dieser Sache nun schon nach Ithaca gekommen sei, schlug er vor, man möge die Angelegenheit zu dritt in Princeton besprechen.

Das war genau das, was Bethe wollte, und er sagte zu. Teller aber, der sofort meinte, Oppenheimer sei gegen ihn oder gegen die »Super«, zeigte sich nach diesem Ferngespräch sehr niedergeschlagen. »Nun werden Sie nicht kommen!« prophezeite er Bethe.

2

Zwei Tage später saßen Bethe und Teller im Direktionsbüro des bei Princeton gelegenen »Institute of Advanced Study«, dessen Leitung Oppenheimer seit 1947 als wichtigste seiner vielen neuen Aufgaben übernommen hatte. Wie sehr unterschied sich dieser helle, gepflegte Raum, der auf weite, von herbstlich bunten Bäumen eingerahmte Wiesen hinausging, von »Oppies« barackenähnlichem Office in Los Alamos, wo die gleichen drei Männer während der Kriegszeit zusammengekommen waren. Damals war Oppenheimer seinen Mitarbeitern manchmal wie der enthusiastische Gründer und Leiter einer Pioniersiedlung im weiten Westen erschienen, jetzt erinnerte er sie an einen englischen Country-Gentleman, der seine Gäste auf seinem mit exquisitem Geschmack ausgestatteten Landsitz empfängt. Im gleichen Haus, nur einige Türen von Oppenheimer entfernt, arbeitete der nun siebzigjährige Einstein in seinem schmucklosen Büro an der großartigen Struktur einer alle Phänomene der Schwerkraft, des Lichts und der Materie einbeziehenden Feldtheorie. Über wissenschaftliche Dinge debattierte er mit seinem Institutsdirektor nur selten. Doch wenn er in der Morgenzeitung Nachrichten las, die ihm nicht gefielen, rief er Oppenheimer über das Haustelefon an und fragte ihn empört: »Was sagen Sie jetzt dazu?«

Im Grunde war es eine genauso einfache Frage, auf die Bethe bei diesem Besuch in Princeton gerne Antwort haben wollte. Aber er bekam sie nicht. Oppenheimer zeigte ihm und Teller einen auf seinem Schreibtisch liegenden Brief von James Conant, den er gerade erhalten hatte. Darin nahm »Onkel Jim« (wie sie ihn in Forscherkreisen nannten) in starken Worten gegen das Projekt der neuen Bombe Stellung und erklärte, wenn man sie unbedingt haben wolle, dann »nur über seine Leiche«.

Dieser Ansicht schien sich Oppenheimer nicht anzuschließen, er sagte aber auch nichts ausdrücklich gegen sie. Er meinte, wenn man in den USA eine Wasserstoffbombe entwickle, so solle dies von Anfang an mit weniger Geheimnistuerei vor sich gehen als bei der Atombombe, und verglich in diesem Zusammenhang die Vereinigten Staaten mit durchsichtigem Glas, die Sowjetunion aber mit dem schwer durchschaubaren Onyx. Während der ganzen Unterhaltung vermied Oppenheimer es, seine Meinung klar heraus zu sagen, vielleicht aus Vorsicht gegenüber Teller, vielleicht aus Diskretion, um Bethe nicht zu beeinflussen, vielleicht aber einfach deshalb, weil er selbst noch unentschieden war.

Bethe war von der Unterredung tief enttäuscht, so sehr enttäuscht, daß er zu Teller, als sie Oppenheimer verlassen hatten, sagte: »Sie dürfen ganz zufrieden sein. Ich komme doch.«

Aber kaum war Teller gegangen, als Bethes Gewissenszweifel wieder erwachten. Er traf sich mit Victor Weißkopf, einem nahen Freund und Kollegen, den man in Los Alamos »das Orakel« genannt hatte. Seit Kriegsende hatte dieser Schüler Bohrs entschlossen alle weitere Mitarbeit an Atomwaffen abgelehnt. Er lehrte jetzt am »Massachusetts Institute of Technology« und galt als einer der führenden Kernforscher seiner Generation.

Es war ein schöner warmer Herbstabend, als die beiden Freunde bis spät in die Dunkelheit hinein im Gespräch auf und ab gingen. Über ihnen und um sie waren Bäume; der leichte Wind sang die feuerroten Herbstblätter in den Schlaf, und ein Bach rauschte seine Melodie. Hatte der Mensch das Recht, all das zu zerstören oder auch nur zu gefährden? Weißkopf, der 1939 noch zur Aktivistengruppe um Szilard gehörte, hatte aus seinen Erfahrungen gelernt. Wenn man den Militärs eine Waffe gab, so war für sie die Versuchung, auf den Abzug zu drücken, allzu groß.

Diese Unterhaltung wurde am nächsten Tag zu dritt auf einer Autofahrt nach New York fortgesetzt. Zu Bethe und Weißkopf hatte sich inzwischen noch ihr Freund und Altersgenosse Georg Placzek gesellt, ein hervorragender Physiker, aber auch ausgezeichneter Historiker und besonders guter Kenner der mittelalterlichen Geschichte. Während sie durch die eintönige, traditionslose Fabriklandschaft vor New York fuhren, wurden sich die drei gebürtigen Europäer einig darüber, daß – wie Bethe es später wiedererzählt hat – »die Welt nach einem solchen Krieg (mit Wasserstoffbomben), selbst wenn wir ihn gewinnen sollten, nicht mehr so sein würde ... wie die Welt, die wir erhalten wollen. Wir würden gerade die Dinge verlieren, für die wir kämpften ...«

Bethes Gewissenskampf war entschieden. Er wollte noch am gleichen Abend nach Ithaca an seine Universität zurückkehren, aber über diesen bedeutungsschweren Unterhaltungen verfehlte er sein Flugzeug. »Vielleicht soll es so sein«, dachte er sich. »Ich muß noch heute mit Teller sprechen.«

Es war schwer, den Kollegen in der großen Stadt zu finden, aber schließlich erreichte er ihn telefonisch. Teller war an diesem Abend zu Besuch bei Lewis Strauss, dem einzigen im fünfköpfigen Direktorat der Atomenergie-Kommission, der gleich ihm für ein »crash program« (»Dringlichkeitsprogramm«) zur Herstellung der »Super« eintrat. »Edward«, sagte Bethe, »ich habe es mir überlegt. Ich kann doch nicht kommen.«

3

Am Morgen des 29. Oktober 1949 veröffentlichten die Zeitungen Washingtons eine erfreuliche Statistik. »Die Sterblichkeit in unserer Stadt ist zur Zeit geringer als je zuvor in der Geschichte«, verkündeten sie. »In den letzten zehn Jahren sank sie um fünfundzwanzig Prozent. Das bedeutet: Fünfzehntausend unserer Mitbürger und Nachbarn wären heute nicht mehr unter den Lebenden, wenn Medizin und Hygiene nicht so erfreuliche Fortschritte gemacht hätten.«

Daß an diesem Tage im zweiten Stock des Gebäudes der Atomenergie-Kommission in der Constitution Avenue über eine geplante Waffe debattiert wurde, welche die Sterblichkeitsziffer fast augenblicklich um achtzig bis neunzig Prozent hinaufschrauben konnte, durften die Zeitungen nicht melden. Nur etwa hundert Menschen in den Vereinigten Staaten wußten überhaupt, daß an diesem Tag der »General Advisory Committee« benannte Rat von neun führenden amerikanischen Wissenschaftlern zusammentrat, um seine Entscheidung über »Super« zu treffen.

Diese seit Anfang 1947 alle paar Monate tagende Kommission, die seit ihrem Beginn unter Leitung von Robert Oppenheimer stand, war diesmal zu dem Zweck einberufen worden, die von den »Supermen« (Superman ist eine populäre amerikanische »Comic strip«-Figur) Lawrence, Alvarez, Teller und Strauss gestellte Frage zu beantworten: »Sollen die Vereinigten Staaten ein Dringlichkeitsprogramm zur Herstellung einer thermonuklearen Bombe beginnen?«

Oppenheimer eröffnete die Sitzung, indem er den Beratungsgegenstand nochmals bekanntgab und dann reihum jeden der sieben Anwesenden (das Kommissionsmitglied Glen Seaborg befand sich im Ausland) nach seiner Meinung fragte.[1] Am Schluß bekannte er seine eigene Ansicht. Keines der Mitglieder hatte länger als fünf bis zehn Minuten gesprochen. Während der folgenden Tage wurden zwei Berichte ausgearbeitet und diskutiert. Sie stimmten darin überein, daß die »Super« zwar technisch vermutlich herstellbar, aber so außerordentlich kompliziert und unwirtschaftlich sei, daß das Entwicklungsprogramm der »Fission«-Bomben, die in verschiedensten Typen und wachsender Zahl hergestellt wurden, darunter leiden müsse. Militärisch erscheine zweifelhaft, ob die »Super« Sinn habe, weil es in der Sowjetunion überhaupt nur zwei Ziele (Moskau und Leningrad) gebe, die groß genug für eine solche Bombe wären. Drittens aber – und das war der Punkt, auf den das allergrößte Gewicht gelegt wurde – waren alle Teilnehmer der Ansicht, daß die moralische Stellung der Vereinigten Staaten in der Welt leiden würde, wenn sie eine solche Waffe entwickelten.

[1] James B. Conant, Rektor der Universität Harvard, Lee DuBridge, Rektor des California Institute of Technology, Enrico Fermi (Universität von Chicago), I. I. Rabi (Columbia-Universität), Hartley Rowe (Präsident der United Fruit Company), Oliver Buckley (Präsident der Bell Telephone Co.), Cyril S. Smith (Universität von Chicago).

Besonders deutlich wurde dieser Punkt von Rabi und Fermi in ihrem gemeinsamen Memorandum betont. Dort hieß es:

»Die Tatsache, daß der Zerstörungskraft dieser Waffe keine Grenzen gesetzt sind, macht ihre bloße Existenz und die Kenntnis ihrer Konstruktion zu einer Gefahr für die ganze Menschheit. Sie ist notwendigerweise etwas Böses, wie immer man es auch ansieht. Aus diesem Grunde halten wir es für wichtig, dem Präsidenten der Vereinigten Staaten, der amerikanischen Öffentlichkeit und der Welt zu sagen, daß wir es aus fundamentalen ethischen Grundsätzen für falsch halten, mit der Entwicklung einer solchen Waffe den Anfang zu machen.« Rabi und Fermi verbanden diese Ablehnung mit dem Vorschlag, der amerikanische Präsident möge den öffentlichen Verzicht auf den Bau der H-Bombe zu einer politischen Geste benutzen, indem er von den Russen eine Zusage auf gegenseitigen Verzicht verlange. Der eventuelle Bruch eines solchen Abkommens über die thermonuklearen Waffen sollte als zureichender Kriegsgrund angesehen werden.

Die anderen sechs Teilnehmer kamen zu einem vorsichtigeren, aber ebenfalls ablehnenden Schluß:

»Wir alle hoffen, daß durch ein oder das andere Mittel die Entwicklung dieser Waffen sich vermeiden läßt. Wir sind dagegen, daß die Vereinigten Staaten im Heraufbeschwören dieser Entwicklung die Initiative ergreifen. Wir sind uns alle darin einig, daß es im gegenwärtigen Augenblick falsch wäre, uns auf eine Forcierung dieser Entwicklung festzulegen …«

4

Es war ein Sieg der Vernunft und des Maßhaltens, der gerade drei Monate dauern durfte. Unermüdlich setzten die »Aktivisten« ihre Kampagne fort. Sie bearbeiteten mit Erfolg die Air-Force und den Vorsitzenden der Vereinigten Atomkommission des Kongresses, Brian MacMahon. Sie brachten den Verteidigungsminister Johnson auf ihre Seite und den Vorsitzenden der Planabteilung des Außenministeriums, Paul Nitze, der meinte, die Welt müsse unbedingt weiter an die

Überlegenheit der amerikanischen Technik glauben können. Das an sich sei schon fünfhundert Millionen Dollar wert.

Schließlich gewannen die Advokaten der »Super« sogar den für seine ruhigen, maßvollen Ansichten bekannten Generalstabschef Omar Bradley für sich. Sein Brief vom 13. Januar 1950, in dem es hieß, der Gedanke sei ihm unerträglich, die Russen könnten als erste eine Wasserstoffbombe herstellen und damit einen Vorsprung im Rüstungswettlauf gewinnen, trug mehr als irgend etwas anderes zu dem sich schon vorbereitenden Umschwung bei. Er bedurfte jetzt nur noch eines letzten Anstoßes, um die Unterstützung des Weißen Hauses für die »Super« zu erhalten.

Dieser Anstoß kam wie bestellt. Am 27. Januar 1950 reiste Klaus Fuchs von der englischen Atomversuchsanstalt Harwell nach London. An der Paddington Station holte ihn ein mittelgroßer Mann ab. Es war der Polizeiinspektor James William Skardon. Beide begrüßten einander freundlich und fuhren dann im Auto zum Kriegsministerium. Dort setzten sie sich in einem der Büros nieder. Skardon fragte: »Sind Sie immer noch bereit, Ihre Erklärung zu machen?« Fuchs nickte. Er wußte seit einiger Zeit, daß man ihm auf der Spur war, und wollte nun ein volles Geständnis ablegen.

Noch am gleichen Tage erfuhr man in Washington, daß Fuchs alle ihm zugänglichen Atomgeheimnisse über viele Jahre hinweg den Russen mitgeteilt hatte. Wieviel wußte er? Eine Anfrage bei der Atomenergie-Kommission klärte das am folgenden Tage. Fuchs war nicht nur über die neuen verbesserten Uranbomben informiert, er hatte auch an den Seminaren und den Abschlußbesprechungen über die »Super« teilgenommen.

Fuchs hatte dem Inspektor alles über seine Agententätigkeit erzählt, sich jedoch geweigert, ihm Details über die technischen Informationen, die er verraten hatte, zu geben, da Skardon kein Recht habe, Atomdaten zu erfahren. Dies tat er erst am 30. Januar in einem ausführlichen Gespräch mit dem für diesen Zweck beauftragten Wissenschaftler Michael Perrin, der im Krieg Verbindungsmann für Atomfragen zwischen den USA und England gewesen war.

Diese sensationelle Nachricht konnte natürlich nicht ohne Rückwirkung auf das gerade wieder in Washington tagende »General Advisory Committee« bleiben. Am folgenden Tag, dem 31. Januar, trat in dem alten Gebäude des State Department, das gleich neben dem Weißen Haus liegt, die Spezialkommission des Nationalen Sicherheitsrates zur Behandlung des »Super«-Problems zusammen. Sie bestand aus dem Verteidigungsminister Johnson, dem Außenminister Acheson, dem Vorsitzenden der Atomenergie-Kommission Lilienthal und deren Mitarbeitern. Tief beeindruckt vom »Fall Fuchs«, stimmten sie mit zwei Stimmen (Johnson und Acheson) gegen eine Stimme (Lilienthal) dafür, dem Präsidenten ein »crash program« für den Bau der Wasserstoffbombe zu empfehlen.

Noch am Nachmittag des gleichen Tages erfuhr das bis dahin nie befragte amerikanische Volk von einer der größten Entscheidungen seiner Geschichte, als Präsident Truman feierlich erklärte: »Ich habe die AEC [Atomic Energy Commission] angewiesen, ihre Arbeit an allen Arten von Atomwaffen einschließlich der sogenannten Wasserstoff- oder Superbombe fortzusetzen ...«

Einer der Hunderttausende, die diese erschütternde Nachricht in der Zeitung lasen, war Klaus Fuchs. Er befand sich in diesem Augenblick noch in Freiheit. Am 2. Feburar 1950 folgte er einer telegrafischen Einladung von Perrin, der ihn nach London in sein Büro im Shell-Mex-House eingeladen hatte. Fuchs war damals noch der Ansicht, man werde ihn, nachdem er ein so freimütiges Geständnis abgelegt hatte, nicht bestrafen. Er kam Punkt drei Uhr nachmittags, wie versprochen, in Perrins Büro an, aber der Polizist, der ihn dort arretieren sollte, war noch nicht da. Da man sich über den Text des Haftbefehls nicht hatte einigen können, traf er mit vollen fünfzig Minuten Verspätung ein. Kurz darauf war Klaus Fuchs auf dem Weg zur Bow Street Police Station, dem ersten seiner Gefängnisse.

Es ist den wenigen Kennern der zum größten Teil noch geheimen Geschichte der Atombeziehungen und -verhandlungen zwischen den USA und Großbritannien aufgefallen, daß der »Fall Fuchs« gerade in dem Augenblick aufgedeckt wurde, als eine englische Delegation in den Vereinigten Staaten über eine Erweiterung des seit Jahren gestörten angloamerikanischen Informationsaustausches auf dem Gebiet der Atomforschung verhandelte. Die Verhaftung von Fuchs, der als Mitglied einer englischen Delegation in Los Alamos gewesen war, brachte den sofortigen Abbruch dieser aussichtsreichen Besprechungen mit sich, da die Amerikaner nun der Ansicht waren, die englischen Sicherheitsmaßnahmen zum Schutz von Atomgeheimnissen seien zu lax. Hatten vielleicht die Russen gerade das beabsichtigt und bewerkstelligt, indem sie Fuchs (der ihnen damals bereits seit geraumer Zeit keine Informationen mehr zukommen ließ) selbst beim englischen Intelligence Service denunzierten und ihn so wenigstens noch als »Querschläger« gegen eine engere englisch-amerikanische Zusammenarbeit benutzen konnten?[1] Wenn das ihre Absicht war, so erreichten sie zwar, was sie wollten, außerdem aber hätten sie dann selbst den letzten Anstoß zum Bau der amerikanischen »Höllenbombe« gegeben.

5

Diesmal erwachte nun die öffentliche Meinung doch endlich aus ihrer Resignation. Die H-Bombe, wie man sie von jetzt an nannte, weckte noch einmal die gleiche Furcht und Empörung wie die erste Atombombe. Männer der Kirche, Gelehrte, Politiker, Leitartikler in aller Welt warnten und drängten auf einen neuen Verständigungsversuch zwischen West und Ost. »Die Anwendung der tiefsten Schöpfungsgeheimnisse zu Zwecken der Zerstörung ist eine entsetzliche Tat«, schrieben die amerikanischen Journalisten John und Stewart Alsop. Der Nobelpreisträger A. H. Compton verlangte:

[1] Diese Hypothese erfährt eine Stärkung durch die Tatsache, daß die Russen den jahrelang verheimlichten Moskauer Aufenthalt des in Italien geborenen, später in England beschäftigten Kernphysikers Bruno Pontecorvo gerade in dem Augenblick bekanntwerden ließen, als wieder einmal eine englische Delegation über die Lockerung amerikanischer Atomgeheimnisse in Washington verhandeln wollte.

»Das amerikanische Volk muß selbst sagen, ob es sich mit solchen Waffen verteidigen will. Das ist keine Frage für militärische oder wissenschaftliche Fachleute allein ...« Szilard erklärte in einer Rundfunksendung, die radioaktive Wirkung der »Superbombe« könne so sehr erhöht werden, daß schon die Explosion von fünfhundert Tonnen schweren Wasserstoffs genüge, jedes Leben auf der Erde auszulöschen. Albert Einstein rief voll Entsetzen aus: »Der Rüstungswettlauf zwischen den Vereinigten Staaten und der Sowjetunion nimmt hysterischen Charakter an. Auf beiden Seiten werden die Mittel zur Massenausrottung mit fieberhafter Hast hinter den Mauern der Geheimhaltung vervollkommnet ... Der gespenstische Charakter dieser Entwicklung liegt in ihrer augenscheinlichen Zwangsläufigkeit. Jeder Schritt erscheint als die unvermeidliche Folge des vorhergehenden. Und am Horizont taucht immer deutlicher die allgemeine Vernichtung auf ...«

Der führende Kopf im Kampf gegen die Wasserstoffbombe war Hans Bethe. Er gab vor allem einer Befürchtung Ausdruck: »Die Atombombe könnte heute kaum mehr aus unserer Rüstung weggedacht werden, weil die meisten unserer strategischen Pläne auf ihr beruhen. Ich möchte nicht erleben müssen, daß das gleiche mit der H-Bombe geschieht.« Ein aufklärender Artikel, den Bethe für die angesehene Zeitschrift »Scientific American« über die wissenschaftlichen, politischen und moralischen Aspekte der »Super«-Bombe schrieb, enthielt die Sätze: »Man argumentiert, es sei besser für uns, das Leben als die Freiheit zu verlieren. Damit stimme ich persönlich überein. Aber das steht, wie ich glaube, gar nicht zur Diskussion. Ich glaube, wir würden in einem Krieg, der mit Wasserstoffbomben ausgefochten wird, viel mehr als unser Leben verlieren. Wir würden tatsächlich gleichzeitig aller unserer Freiheit und unserer Werte verlustig gehen ... Sollen wir die Russen vom Wert der Persönlichkeit überzeugen, indem wir Millionen von ihnen umbringen? Wenn wir einen Krieg mit H-Bomben führen und gewinnen, wird sich die Geschichte nicht an die Ideale erinnern, für die wir kämpften, sondern an die Methode, die wir anwandten, um sie durchzusetzen. Diese Methoden wird man mit der Kriegführung des Dschingis-Khan vergleichen ...«

Mehrere tausend Exemplare der Zeitschrift, in der dieser Aufsatz erschien, wurden unter dem Vorwand, er enthülle rüstungswichtige Geheimnisse, in Verletzung der Pressefreiheit von amerikanischen Regierungsagenten beschlagnahmt und eingestampft. Bethe war auch einer der zwölf amerikanischen Physiker[1], die am 4. Februar 1950 Präsident Truman aufforderten: »... Wir bitten darum, daß die Vereinigten Staaten durch ihre mächtige Regierung eine feierliche Erklärung abgeben, daß wir diese Bomben niemals als die ersten benutzen werden. Der Umstand, der uns zwingen könnte, sie einzusetzen, wäre nur gegeben, wenn wir oder unsere Verbündeten mit *dieser* Bombe angegriffen würden. Es kann nur eine Rechtfertigung für unsere Entwicklung der Wasserstoffbombe geben, und das ist: die Verhinderung ihres Gebrauchs!«

Eine solche beruhigende Zusicherung gab die amerikanische Regierung weder zu diesem noch zu einem späteren Zeitpunkt.

6

Mit dem Auftauchen der »Super«-Bombe stellte sich vielen Wissenschaftlern das Problem der persönlichen Verantwortung für die Resultate ihrer Arbeit erneut in aller Schärfe. Es war erstmals mit aller Deutlichkeit von dem bekannten Mathematiker Norbert Wiener aufgeworfen worden. Als ihn der Mitarbeiter der Forschungsabteilung einer Firma für Flugzeugbau, die auch ferngelenkte Geschosse herstellte, um die Kopie eines Berichtes bat, den Wiener während des Krieges im Auftrag einer militärischen Stelle verfaßt hatte, antwortete er unter anderem: »Die Erfahrung der Wissenschaftler, die an der Atombombe arbeiteten, hat gezeigt, daß sie bei jeder Forschungsarbeit dieser Art schließlich unbegrenzte Macht in die Hände gerade jener Leute legen, denen sie ihren

[1] S. K. Allison, K. T. Bainbridge, H. S. Bethe, R. B. Brode, C. C. Lauritsen, F. W. Loomis, G. B. Pegram, B. Rossi, F. Seitz, M. A. Tuve, V. F. Weißkopf, M. G. White.

Gebrauch am wenigsten gerne anvertrauen möchten. Es ist vollständig klar, daß die Verbreitung von Informationen über eine Waffe im jetzigen Zustand unserer Zivilisation fast sicher bedeutet, daß diese Waffe auch benutzt wird ... Ich möchte nicht am Bombardement und der Vergiftung schutzloser Menschen teilnehmen ... Ich habe daher nicht die Absicht, irgendeine künftige Arbeit von mir zu veröffentlichen, die in den Händen unverantwortlicher Militaristen Schaden anrichten könnte.«

Albert Einstein hat, wenn man der im Herbst 1959 gemachten Mitteilung eines heute in Israel lebenden Verwandten Glauben schenken darf, diese Selbstzensur sogar so weit getrieben, daß er, seinen eigenen Worten zufolge, eine wichtige neue Erkenntnis im mathematisch-physikalischen Grenzgebiet, die ihm nach 1950 aufgegangen war, weder dem Papier noch irgendeinem Menschen anvertraute, weil er befürchtete, sie könnte unter Umständen einmal zum Unheil der Menschheit mißbraucht werden. Die Wahrscheinlichkeit dieser erregenden Mitteilung wird durch eine Anekdote Dr. Szilards bestätigt. »Nicht lange nach Hiroshima«, erinnert sich der Mann, der Einstein zur Unterzeichnung des schicksalhaften Briefes an Präsident Roosevelt bewogen hatte, »besuchte ich Einstein. Als ich in sein Arbeitszimmer trat, schaute er mich traurig an und sagte: ›Da haben Sie es nun. Die alten Chinesen haben schon recht gehabt. Am besten ist es, überhaupt nicht zu handeln.‹«[1]

[1] Dr. Josef Spier, Afula (Israel), der Sohn einer Großcousine Albert Einsteins, führte in einer Tonbandaufnahme, die er einem befreundeten Kreise in Ravensburg (Württemberg) gab und deren Inhalt mit seinem Wissen dem Südwestfunk weitergegeben wurde, aus: »Dieser große Albert Einstein, zum Schluß seines Lebens war er der unglücklichste Mensch. Und ich verrate Ihnen jetzt ein Geheimnis, das er mir damals, 1951, offenbarte. Er verpflichtete mich damals, es nie zu sagen, bevor er das Zeitliche gesegnet habe, und ich habe dieses Versprechen gehalten. Nun darf ich es Ihnen sagen. An diesem Tage, an dem ich ihn zum letzten Mal lebend sah, an diesem Tage sagte er zu mir: ›Weißt du, mein Sohn, ich habe noch etwas erfunden, auf dem Grenzgebiet der Mathematik und der Astronomie. Das habe ich jüngstens kaputtgemacht. Einmal ein Mitmörder an der Menschheit zu sein, genügt mir.‹«

Eine derart radikale Stellungnahme, wie sie Wiener öffentlich und Einstein in aller Stille praktizierte, wurde von den meisten amerikanischen Gelehrten entschieden abgelehnt. Sie stützten sich vor allem auf ein Gegenargument, das Louis N. Ridenour in einer Antwort an Wiener so formulierte: »Kein Mensch kann ahnen, was das Ergebnis einer bestimmten wissenschaftlichen Untersuchung sein wird, aber bestimmt kann niemand voraussagen, welcher Natur einmal das praktische Endresultat einer solchen Forschungsarbeit sein wird ...«

Auf diesen Einwand, der immer wieder gemacht wird, hat die englische Kristallforscherin Kathleen Lonsdale geantwortet: »Das Risiko, daß eines Menschen Arbeit, die an sich gut ist, später einmal mißbraucht wird, muß man immer auf sich nehmen. Aber wenn es bereits bekannt ist, daß der Zweck der Arbeit verbrecherisch und böse sein soll, kann die persönliche Verantwortung nicht umgangen werden!«

Nach dieser Maxime allerdings haben nur ein paar Forscher in der westlichen Welt gehandelt. Diese Gerechten nahmen eine Gefährdung ihrer beruflichen Zukunft auf sich, waren entschlossen zu wirtschaftlichen Opfern, verzichteten in einigen Fällen sogar auf eine geplante Karriere, wie zum Beispiel eine junge Assistentin Max Borns, die Engländerin Helen Smith, die in dem Augenblick, als sie von der Atombombe und ihrer Anwendung erfuhr, beschloß, von der Physik auf die Juristerei umzusatteln.

Eine Anzahl rüstungsfeindlicher amerikanischer Forscher fand sich in der »Society for Social Responsibility in Science« (Gesellschaft für soziale Verantwortung in der Wissenschaft) zusammen, einer Vereinigung, deren Mitglieder sich von den Angehörigen anderer Organisationen dadurch unterschieden, daß sie nicht darauf warten wollten, bis die Politiker sich endlich zur kollektiven Abrüstung entschlossen hätten, sondern die Entscheidung gegen die Fortsetzung des Atom-Wettrüstens sofort und von jedem einzelnen erwarteten. Einer ihrer Gründer, Victor Paschkis, Professor an der Columbia-Universität, erzählt über die Geschichte der »SSRS«: »Im August 1947 veröffentlichte ich im ›Friends Intelligencer‹ [einer

Quäkerzeitschrift] einen Artikel ›Doppelte Maßstäbe‹, in dem ich zu etwas Stellung nahm, das mir völlig unvernünftig erschien: der Tatsache nämlich, daß Wissenschaftler, die versuchten Geld zu sammeln, um das Publikum über die Gefahren der Atomwaffen aufzuklären, gleichzeitig an solchen Waffen weiter mitarbeiteten. A. J. Muste, Vorsitzender der ›Brüderschaft für Versöhnung‹, rief mich an und sagte: ›Es muß noch andere Forscher geben, die so fühlen ...‹«

Wohl stieg die Zahl der Mitglieder dieser Gesellschaft, die ihr Entsetzen über die Entwicklung der Waffentechnik nicht nur in Manifesten, sondern auch in Taten ausdrückte, nach der Ankündigung, daß die USA eine »Super«-Bombe bauen würden, ein wenig, aber es gehörten ihr doch in Amerika nie mehr als insgesamt etwa dreihundert Forscher an (darunter allerdings ab 1950 auch Albert Einstein, und im Ausland Max Born). Großen Einfluß konnte die Vereinigung nicht erlangen, ja man verweigerte ihr sogar den Zutritt zur Dachorganisation aller wissenschaftlichen Vereinigungen Amerikas, der »American Association for the Advancement of Science«. In der Öffentlichkeit wurde es bald wieder still um die Wasserstoffbombe. Die »flammende Empörung« war einmal mehr nur Strohfeuer gewesen.

Im Juni 1950 brach der Koreakrieg aus. Nun kehrte eine ganze Reihe von Wissenschaftlern, die bisher noch Vorbehalte gegen die Mitarbeit in den Rüstungslaboratorien geäußert hatten, zur Kriegsforschung zurück. Sie hielten es für ihre patriotische Pflicht.

Und unter ihnen befand sich auch – Hans Bethe. Er hoffte, wie er später sagte, durch seine Arbeit sich Klarheit darüber zu verschaffen, daß die Wasserstoffbombe prinzipiell nicht herstellbar sei. Solche Gewißheit wäre ihm als die beste Lösung für die USA erschienen, die einen Krieg mit »Super«-Bomben weit mehr zu fürchten hätten als die Russen. De facto aber nahm Bethe durch sein hervorragendes Können und seine systematische Arbeit schließlich an der endgültigen Herstellung der von ihm selbst so gefürchteten und verhaßten Bombe entscheidenden Anteil. Er wurde schließlich sogar damit betraut, die technische Geschichte zu schreiben.

Im Jahre 1954 erklärte er jedoch: »Ich muß leider sagen, daß meine inneren Sorgen mich nicht verließen und mich noch immer nicht loslassen. Ich habe dieses Problem (der Mitarbeit an der H-Bombe) noch nicht gelöst. Ich habe immer noch das Gefühl, daß ich das Falsche tat. Aber ich habe es getan.«

7

Erfolgreicheren Widerstand als die zuerst zwar protestierenden, dann aber doch an dem »Super«-Projekt mitarbeitenden Atomforscher schien Anfang 1950 die Natur den Plänen Eduard Tellers entgegenzusetzen. Sofort nach Bekanntgabe der Direktive des Weißen Hauses hatte die theoretische Abteilung mit Berechnungen für die neue Bombe begonnen. Zwei Gruppen gingen die Aufgabe getrennt an. Die eine benutzte die erste der großen, nach von Neumanns Plänen gebauten elektronischen Rechenmaschinen, den ENIAC, der aus Philadelphia nach dem Artillerieschießplatz Aberdeen geschafft worden war, um dort ballistische Kurven und ähnliches zu berechnen. Die zweite Gruppe bestand aus nur zwei Mann: Ulam und seinem Assistenten Everett. Sie benutzten als einziges mechanisches Hilfsmittel die gewöhnlichen Handrechenmaschinen, wie man sie auch bei den Kalkulationen für den Bau der ersten Atombomben verwendet hatte.

Diese Bearbeitung des gleichen Problems durch zwei Gruppen, von denen jede dann ihre Resultate mit der anderen vergleichen konnte, war schon Tradition in Los Alamos und wurde dort geradezu als eine Art intellektuellen Sports betrieben. Rolf Landshoff, ein nach den USA ausgewanderter Berliner, der schon im Krieg zu Tellers Gruppe gehörte, erinnert sich an eines dieser »Rennen«:

»Das war bei einem Treffen in Tellers Büro, an dem Fermi, von Neumann und Feynman teilnahmen und auch ich, weil ich später die detaillierten Berechnungen ausführen sollte, die man hier plante. Es wurden viele Ideen hin und her geworfen. Alle paar Minuten dachten sich Fermi oder Teller eine schnelle zahlenmäßige Nachrechnung aus, und dann starteten sie. Feynman mit der Rechenmaschine, Fermi mit seinem kleinen Rechenschieber, den er immer bei sich trug, und von Neumann mit seinem Kopf. Gewöhnlich kam der Kopf als erster ans Ziel, und es war bemerkenswert, wie nah die drei Antworten einander kamen.«

Im Fall der Berechnungen für die »Super« schien das Handikap, das Ulam auf sich nahm, zu schwer zu sein. Man glaubte, daß er erst Tage oder Wochen nach dem ENIAC fertig werden würde. Aber diese »künstlichen Gehirne« sprechen bekanntlich eine eigene Sprache, in die alle Probleme, die man ihnen stellt, zunächst erst übersetzt werden müssen. Diese »Übersetzung« ist selten fehlerfrei. Das »merkt« die Maschine. Sie gibt unsinnige »Antworten«, die, wenn man sie genau studiert, aufzeigen, wo die Übersetzungsfehler stekken.

All das brauchte Zeit, die Ulam wohl zu nutzen verstand. Noch bevor die Mannschaft, mit dem ENIAC die Periode der Irrtümer hinter sich gebracht und dem Elektronenorakel die korrigierten Fragen gestellt hatte, war Ulam durch ein paar kühne Abkürzungen bereits ans Ziel gelangt und legte seine Resultate vor. Sie waren, wenn sie stimmten, für Tellers Pläne vernichtend. Demnach war entweder die Wasserstoffbombe, so wie man sie bisher konzipiert hatte, überhaupt unmöglich, oder sie konnte nur mit einer so großen Menge des seltenen Wasserstoff-Isotops Tritium hergestellt werden, daß ihre Kosten viel zu hoch erschienen.

Teller reagierte wie ein orientalischer Despot. Er konnte zwar Ulam, den Überbringer schlechter Nachrichten, nicht köpfen lassen, aber er ließ ihn in Ungnade fallen. Als nun die ersten Resultate des ENIAC kamen und hoffnungsvoll erschienen, mag in dem mißtrauischen Teller, so glaubt man, gar der Verdacht aufgetaucht sein, Ulam habe ihn absichtlich getäuscht. Es gab ja verschiedene Leute in Los Alamos, die nur mitarbeiteten, weil sie hofften, daß die »Super« sich als unmöglich herausstellen werde. Aber die weiteren Resultate der großen Maschine aus Aberdeen rechtfertigten den polnischen Mathematiker glänzend. Sie bestätigten seine Kalkulationen voll und ganz.

Da stand es nun schwarz auf weiß in mathematischer Gewißheit, daß alle bisherige Arbeit an der »Super« nach Tellers eigenen Worten nur aus »Phantasien« bestanden hatte. Man mußte noch einmal ganz von vorn anfangen! Waren die vorbereitenden Messungen, auf denen die bisherigen Berechnungen beruhten, überhaupt richtig gewesen? Davon konnte man sich nur überzeugen, wenn sie in einem praktischen Versuch neu überprüft würden. Er mußte sich dann allerdings, wenn man brauchbare Resultate erzielen wollte, von früheren atomischen Waffentests durch noch viel genauere Beobachtungen unterscheiden. Instrumente von bisher ungekannter Schnelligkeit und Präzision waren notwendig: Kameras, die Tausende von Bildern im Bruchteil einer Minute aufnahmen, Signalgeräte, die einem fernen Kommandostand noch berichteten, was sie »erlebten«, ehe sie selbst von der gewaltigen Explosion zerstört werden würden. Zahllose künstliche, den menschlichen Sinnesorganen überlegene elektronische »Augen«, »Ohren« und »Nasen« sollten einem auf dem fernen Südsee-Atoll Eniwetok erbauten Laboratorium Daten liefern, aus denen die Theoretiker dann vielleicht die Andeutung eines neuen, erfolgversprechenden Weges erhalten könnten.

Der Test, auf den sich Teller und seine Mitarbeiter von 1950 bis Mitte Mai 1951 vorbereiteten, trug den Codenamen »Greenhouse« (»Glashaus«). Aber bei denen, die ihn vorbereiteten, wurde er weit häufiger – und in mancher Hinsicht passender – »Icebox« (»Eisschrank«) genannt, denn das unförmige »Instrument«, das da in die Luft gejagt werden sollte, mußte tiefgekühlt bleiben, da sich der verwendete schwere Wasserstoff (Tritium) nur bei ganz niedrigen Temperaturen in dem für eine solche Explosion richtigen Aggregatzustand hält. Viel später gab man dann diesem kostspieligsten und großzügigsten aller »Super«-Bombentests den Spitznamen »Super fluous« (überflüssig). Obwohl die Ernte der Versuchsresultate reich war, hatten sie schließlich wenig mit der eigentlich von ihnen erhofften Lösung der »Super«-Krise zu tun.

Noch vor dem Test war Stan Ulam, der gleiche Mann, dessen Kalkulationen den alten Plan für die Wasserstoffbombe ad absurdum geführt hatten, auf eine ganz neue Fährte gestoßen. Diesen seinen Einfall, der in eine völlig andere Richtung führte, hatte er Teller mitgeteilt, der sich inzwischen wegen seiner früheren Zweifel bei ihm entschuldigt hatte. Teller war der von Ulam gegebenen Richtung zuerst widerwillig, aber schließlich doch gefolgt. Er diskutierte sie zuerst mit Frederic de Hoffman, seinem jungen Adlatus. Hoffman erinnert sich: »Es war an einem Abend. Ich nahm die Sache zuerst nur halb ernst. Edward hat zu viele Ideen, als daß man jede von ihnen für voll nehmen könnte. Erst als er sogar noch am nächsten Morgen an seinem Einfall festhielt, begann ich mich wirklich damit zu beschäftigen. Ich fing an, den Gedanken mit der Rechenmaschine auf meinem Schreibtisch zu überprüfen. Die Rechnung ging auf!«

So wurde aus einer zuerst von Ulam gegebenen Anregung jene »geniale Idee« entwickelt, die schließlich den Bau der amerikanischen »Super« doch möglich machte. Teller trug »seine Idee« erstmals im Juni 1952 einer größeren Zahl von Sachverständigen vor, die über das Wochenende im »Institute of Advanced Study« zusammengekommen waren, um ausführlich über den augenblicklichen Stand der »thermonuklearen Frage« zu debattieren.

Wie sehr sich das geistige »Klima« seit jenen Oktobertagen 1949 geändert hatte, in denen die Mehrheit der hier jetzt wieder Versammelten, vor allem aus politischen und ethischen Erwägungen, einmal den Bau der »Super«-Bomben abgelehnt hatte, geht aus folgendem Augenzeugenbericht des damaligen Vorsitzenden der AEC, Gordon Dean, hervor:

»Wir hatten bei diesem Treffen in Princeton am 19. Juli 1951, wie mir scheint, alle Personen beisammen, die möglicherweise etwas zu sagen hatten. Leute wie Norris Bradbury, den Chef des Laboratoriums von Los Alamos, und einen oder zwei seiner Assistenten. Ich glaube, auch der im H-Programm sehr tätige Dr. Nordheim war aus Los Alamos da. Weiter Johnny von Neumann von Princeton, einer der besten Waffenleute der Welt, Dr. Teller, Dr. Bethe, Dr. Fermi, Johnny Wheeler und alle Spitzenleute jedes Laboratoriums saßen um diesen Tisch, und wir gingen zwei Tage lang auf die Sache los.

Bei diesem Treffen ergab sich etwas, das Eduard Teller in seinem Kopf mitgebracht hatte: Es war ein völlig neuer Weg, sich der thermonuklearen Waffe zu nähern ... Ich würde es gern beschreiben, aber das ist eines der heikelsten Dinge im Atomenergie-Programm. Es war damals erst eine Theorie. Zeichnungen wurden auf der Tafel gemacht. Dr. Bethe, Dr. Fermi, Dr. Teller nahmen am stärksten an alldem teil. Oppie war auch sehr aktiv ... Ich erinnere mich, wie ich diese Zusammenkunft mit dem Eindruck verließ, daß jeder an diesem Tisch, ohne eine einzige Ausnahme, voller Enthusiasmus war, weil man nun etwas Positives hatte ... Die Sticheleien waren vorbei, zum ersten Mal war wirkliche Begeisterung für das Programm da. Die Diskussionen waren zufriedenstellend abgeschlossen, und wir konnten das Gadget (Patentspielzeug) in knapp einem Jahr fertigstellen ... (Oppenheimer) leitete das Treffen, nahm aktiv daran teil und verließ es enthusiastisch. Ich erinnere mich daran, daß ich nachher mit ihm sprach, und er war, so könnte ich es behaupten, beinahe freudig erregt darüber, daß wir etwas hatten, was aussah, als würde es funktionieren ...«

Das hört sich nicht an, als habe man es mit Männern zu tun, die sich erst nach langen inneren Kämpfen ihr »Dennoch« schwer abgerungen haben. Wie erklärt sich diese makabre Begeisterung, die alle früheren Bedenken und Widerstände gegen das »Super«-Ungeheuer wegfegte? Darüber hat sich Oppenheimer selbst in einer Weise geäußert, die wenigstens einen Anhaltspunkt dafür ergibt, weshalb heutige Wissenschaftler, trotz gelegentlicher Bedenken, angesichts des Gelingens einer erstrebten Lösung (und sei ihre Auswirkung auch noch so verhängnisvoll) letzten Endes so oft »umfallen«.

Rückblickend auf die Ablehnung der Wasserstoffbombe durch das »General Advisory Committee« im Oktober 1949 sagte er: »Ich würde es nicht für sehr sinnvoll halten, wenn ich Spekulationen darüber anstellen wollte, wie wir reagiert hätten, wenn das technische Bild damals ein wenig mehr dem späteren entsprochen hätte. Immerhin ist meine Meinung in bezug auf diese Dinge: Wenn man etwas sieht, was einem ›technically sweet‹ [›technisch süß‹] erscheint, dann packt man es an und macht die Sache, und die Erörterungen darüber, was damit anzufangen sei, kommen erst, wenn man seinen technischen Erfolg gehabt hat. So war es mit der Atombombe. Ich glaube nicht, daß irgend jemand sich ihrer Herstellung widersetzte. Nachdem sie da war, gab es ein paar Debatten darüber, was man mit ihr machen sollte. Ich kann mir nicht gut vorstellen, daß der Ton unseres Berichts der gleiche gewesen wäre, wenn wir Ende 1949 gewußt hätten, was wir Anfang 1951 wußten ...«

Da hört man nun kein Wort mehr von den beredten ethischen Zweifeln des Berichts des »General Advisory Committee«. Oppenheimer legt hier absichtlich oder unabsichtlich eine gefährliche Triebfeder des modernen Forschers bloß. Sein bemerkenswertes Eingeständnis erklärt vielleicht endlich, weshalb der Faust des zwanzigsten Jahrhunderts sich verleiten läßt, Teufelspakte zu unterschreiben.

Was »technisch süß« ist, erweist sich ihm als schlechthin unwiderstehlich.

(In der ausführlichen Kritik, die Hans Bethe der amerikanischen Ausgabe des vorliegenden Buches im »Bulletin of the Atomic Scientists« [Dezember 1958] widmete, bemerkte er zu dieser Behauptung: »Für manche Wissenschaftler mag das zutreffen. Aber bei dieser Gelegenheit lautete das Hauptargument, die H-Bombe sei jetzt unvermeidlich geworden. Mein Wunsch – und der vieler anderer –, den Beweis zu erbringen, daß sie nicht hergestellt werden könnte, war nicht in Erfüllung gegangen. Nachdem die Herstellbarkeit einmal bewiesen worden war und die Regierung ihre volle Unterstützung gab, würde man sie zweifellos fertigstellen, und – das war am wichtigsten – es war nun wahrscheinlich, daß die Russen sie früher oder später ebenfalls herstellen könnten. Wir fühlten aber alle genau wie General Omar Bradley, daß es unerträglich sein würde, die Waffe in den Händen der Russen zu wissen, nicht aber in unseren eigenen.«

Diese Bemerkung drängt dem Autor folgende Frage auf: Trifft es nicht vielleicht zu [wie Oppenheimer in den Debatten des »General Advisory Committee« behauptet hat], daß die Russen im atomaren Rüstungswettrennen stets den zweiten Zug taten und [so nennt es Oppenheimer] nur »imitierten«, was die anderen ihnen vormachten? Hätte also ein öffentlich proklamierter Verzicht der Amerikaner auf H-Bombe und auf Langstreckenraketen die seither so bedrohlich gewordene russische Rüstungsanstrengung gerade auf dem Gebiet der modernen Waffentechnik nicht vielleicht eher aufgehalten als die damalige Kapitulation vor etwas angeblich »Unvermeidlichem«? Darf der Mensch überhaupt je vor dem Bösen als etwas »Unvermeidlichem« die Waffen strecken? Und begibt sich der Christ, wenn er eine solche Entschuldigung braucht, damit nicht selbst auf die Ebene seines marxistischen Gegners, der sich bekanntlich auf »unvermeidliche Entwicklungen« in der Geschichte berufen zu können glaubt?)

Im Zeichen des »Maniac«

1

Die Richtung des Weges, der voraussichtlich zur »Super« führen würde, stand zwar seit jenem denkwürdigen Juni-Wochenende in Princeton fest, aber man wußte, daß ihm erst noch ein fast unüberwindlich hohes Zahlengebirge vorgelagert war. Schon bei der Berechnung der Atombombe waren Tausende und Abertausende von Detailkalkulationen notwendig gewesen, aber die exakte Bestimmung einer thermonuklearen Explosion würde um viele Grade schwieriger werden. Denn es galt, einen durch zahlreiche Stadien gehenden physikalischen Vorgang, der sich in einer millionstel Sekunde abspielen mußte, mit der größtmöglichen Präzision vorauszusehen und nach diesen Annahmen einen unendlich komplizierten Mechanismus zu konstruieren.

All dies mußte aber unter noch größerem Zeitdruck als im Zweiten Weltkrieg geschehen, denn seit der Direktive Präsident Trumans zum Bau der »Super« waren bereits anderthalb Jahre vergangen, und die Russen arbeiteten vermutlich mit aller Energie an den gleichen Problemen.

So wurde von Teller und dem Laboratoriumsdirektor von Los Alamos, Norris Bradbury, alles zum Sturm auf den mathematischen Mount Everest mobilisiert. Die Mitarbeiter des Laboratoriums beschlossen sofort, sechs statt fünf Tage pro Woche zu arbeiten, die »Computer Section« (Berechnungsabteilung) führte sogar Tag- und Nachtschichten ein.

Cerda Evans, eine Spezialistin auf dem Gebiet der neuen »Elektronengehirne«, erzählt: »Niemals in meinem Leben habe ich zu so unmöglichen Zeiten schlafen und frühstücken müssen wie in jenen Monaten, da wir, einander ablösende, vierundzwanzig Stunden pro Tag an unseren Computern saßen. Der ENIAC, an dem wir arbeiteten, war zwar schneller als irgendein anderes mathematisches Gerät vor ihm, aber er war launisch und von delikater Konstitution. Immer wieder wurden irgendwelche Röhren oder Stromkreise defekt.

Dann hieß es einfach warten. Einmal brachte ihn ein Gewitter ganz außer Fassung. Wir hingen alle in unseren Zimmern am Telefon und warteten darauf, daß die Reparaturmannschaft uns mitteilen würde, wir könnten weitermachen. Manchmal riefen sie an: ›Kommt rüber, in zehn Minuten ist es soweit.‹ Und wenn wir gelaufen kamen, war es wieder mal falscher Alarm. So ging das eine volle Woche lang.«

Ehe nicht jede einzelne dieser Berechnungen vorlag, gab es einfach kein wirkliches Weiterkommen. Der Fortschritt aber war vorläufig so langsam, daß ein Ende der Kalkulationen nicht abzusehen war. Wieder einmal drohte eine Krise. Doch in diesem Augenblick sprang der Retter ein. Der Mathematiker und Atomforscher John von Neumann konnte Teller mitteilen, er hoffe, in einigen Monaten eine neue elektronische Rechenmaschine fertiggestellt zu haben, die ungleich leistungsfähiger sein werde als der ENIAC. Schon in seinen Göttinger Studentenjahren hatten seine Kommilitonen den gescheiten Ungarn von Neumann wegen seiner Leidenschaft für mechanische Spielzeuge aller Art »Doktor Mirakel« genannt, nach E. T. A. Hoffmanns skurrilem Automatenbauer, der die lebensgroße und lebensähnliche Puppe Olympia erfand, in die er sich unsterblich verliebte.

1930 war von Neumann, der damals bereits als einer der führenden Mathematiker seiner Generation galt, in die Vereinigten Staaten eingewandert. Die Fortschritte der Elektronik begünstigten seine Liebhaberei, der er bald immer mehr Zeit widmete. Der Vergleich zwischen Mensch und Maschine faszinierte ihn, und er begann eine ganze Reihe von Mechanismen zu erdenken, die »menschliche«, ja »übermenschliche« Eigenschaften besaßen.[1]

[1] So hat von Neumann unter anderem auch ein Wesen erdacht, das sich, solange man ihm genügend Rohmaterial zur Verfügung stellt, selbst immer wieder erzeugen kann. Es besteht aus einer »box« (»Kasten«) und einem »genetic tail« (»genetischen Anhängsel«), das den Bauplan für die Nachkommen enthält. »Man kann es auch so arrangieren«, erklärt von Neumanns Schüler Kemeny, »daß man den Nachschub an Rohmaterial abschneidet, so daß die Maschinen um ›Lebensraum‹ kämpfen müssen und sich vielleicht gegenseitig töten.«

Teller hatte seinen Landsmann von Neumann ohne Schwierigkeiten für die »Super« gewonnen. Im Gegensatz zu Oppenheimer und anderen Atomforschern, die anfänglich von Skrupeln geplagt gewesen waren, hatte der ungarische Mathematiker sofort zugesagt. Denn er fürchtete die Kommunisten, die er als Dreizehnjähriger während ihrer kurzen Herrschaft in Budapest nach dem Ersten Weltkrieg hassen gelernt hatte. Wenige Erlebnisse hatten ihn je so beeindruckt wie diese Tage der Angst und dann der Flucht. Seither bezeichnete er sich, wenn von Bolschewisten die Rede war, als »hardboiled« (»hartgesotten«).

Von Neumann sah sofort, welch unentbehrliche Rolle seinem neuen »Computer« als Geburtshelfer der »Höllenwaffe« zukommen werde. Er tat daher alles, um die Fertigstellung des Instruments zu beschleunigen, gleichzeitig baute in Los Alamos sein Schüler Metropolis Stück um Stück an einem identischen »Computer«.

Der ENIAC, der sich nur an siebenundzwanzig Worte erinnerte, hatte ein Spatzengedächtnis im Vergleich zu dem neuen Elektronengehirn, das 40000 Informations-»Stückchen« auf einmal behalten und, wenn notwendig, darauf zurückkommen konnte. Dieser hochexakte »Computer« vermochte sogar die ihm gegebenen Instruktionen zu kontrollieren, Fehler festzustellen und gegebenenfalls die ungenauen »Befehle« zu korrigieren. Als von Neumann dieses letzte seinem Gehirn entsprungene Wesen zur Arbeit freigab, erregte es die Bewunderung aller, die mit ihm zusammenarbeiteten. Carson Mark, der Leiter der Theoretischen Abteilung in Los Alamos, erinnert sich: »Ein Problem, an dem sonst drei Leute drei Monate lang arbeiteten, konnte nun mit Hilfe dieses ›Computers‹ durch die gleichen drei Leute in etwa zehn Stunden gelöst werden. Statt sich ein Vierteljahr zu gedulden, bevor er fortsetzen konnte, durfte der Physiker, der die Aufgabe gestellt hatte, das für die Weiterarbeit unerläßliche Resultat noch am gleichen Abend erwarten. Eine ganze Reihe solcher auf einen Arbeitstag zusammengeschrumpfter ›Dreimonatsberechnungen‹ waren aber für die Wasserstoffbombe notwendig.«

So wurde eine Rechenmaschine zum eigentlichen Helden des Baus der Wasserstoffbombe. Sie trug, wie übrigens alle »Elektronengehirne«, einen eigenen Namen. Von Neumann hatte sie etwas umständlich »Mathematical Analyzer, Numerical Integrator and Computer« getauft. Las man nur die Anfangsbuchstaben jedes Wortes, so ergab das zusammengezogen »MANIAC«. Unter dieser Abkürzung wurde der neue »Computer« nun allgemein in der Fachwelt bekannt. »Maniac« ist das englische Wort für »Wahnsinniger«.

2

Nicht so reibungslos wie mit dem MANIAC gestaltete sich die Zusammenarbeit zwischen dem Team von Los Alamos und einem anderen »großen Gehirn«: Eduard Teller. Wie schon im Zweiten Weltkrieg konnte er sich nicht einfügen, sondern versuchte ständig, Direktor Bradbury das Tempo und die Art seiner Tätigkeit vorzuschreiben.

Bei seinen einflußreichen Freunden in Washington ließ Teller durchblicken, daß die führenden Leute auf dem »Hügel« immer noch unter dem Einfluß Oppenheimers stünden und darum der Herstellung verbesserter Atombomben den Vorzug vor dem Bau der Wasserstoffbombe gäben.

Aus dieser Unzufriedenheit Tellers entsprang die Idee, neben Los Alamos noch ein zweites kernphysikalisches Waffenlaboratorium mit ihm als Mittelpunkt einzurichten, das sich ausschließlich mit den Problemen einer thermonuklearen Bombe beschäftigen sollte.

Für ein solches Projekt wurde vor allem die Air-Force gewonnen, die damals, im Jahre 1952, befürchtete, ihr bisheriges Monopol für den Einsatz der amerikanischen Atombomben mit den beiden anderen Streitkräften, besonders mit der Armee, teilen zu müssen.

Nachdem die »General Advisory Commission« unter Oppenheimer das zweite Laboratorium mehrmals als unnötig abgelehnt hatte, wurde sie schließlich im Sommer 1952 überspielt, und Vorbereitungen zur Erweiterung eines kleinen, bisher nur nebenbei mit Studienarbeiten für die Universität von Kalifornien beschäftigten Laboratoriums wurden getroffen. Der Ort, an dem diese neue atomische Waffenschmiede entstand, hieß Livermore. Er war – Ironie des Schicksals – von einem kriegsmüden Veteranen der Seeschlachten gegen Napoleon namens Robert Livermore gegründet worden. Als dieser im kalifornischen Hafen Monterey von dem britischen Schlachtschiff »Colonel Young« desertierte Matrose das grüne, an italienische Landschaften erinnernde Tal im Jahre 1835 entdeckte, beschloß er, sich dort niederzulassen. Er heiratete eine Tochter des Landes, hatte acht Kinder und entwikkelte sein Gut »Las Positas« zu einem blühenden Anwesen. Nun aber brachen die Bulldozer in dieses Idyll des »Goldenen Westens« ein, und in wenigen Monaten wurde hier das »Thermonuclear Laboratory« der Atomenergie-Kommission errichtet, dessen Leitung Teller nach seinem unabwendbar gewordenen Abschied von Los Alamos ab Juli 1952, zusammen mit E. O. Lawrence und Herbert York, übernahm.

Inzwischen ging auf dem »Hügel« der Bau der ersten »Super« in Abwesenheit ihres geistigen Vaters im Herbst 1952 seinem Ende entgegen. Marshall Holloway, der diese letzte Phase leitete, verfügte in Los Alamos (in dessen Ausbau und technische Ausrüstung seit 1945 eine Viertelmilliarde Dollar aus Steuergeldern investiert worden war) über ganz neue Apparaturen, die den gefährlichsten Teil der Arbeit, die Bestimmung der kritischen Masse im Herzen der neuen Bombe, fast risikolos machten.

Diese Experimente wurden nun nicht mehr mit so primitiven Mitteln ausgeführt wie zur Zeit Louis Slotins, sondern mit Hilfe einer ferngelenkten »critical assembly« (»kritischer Montage-Apparatur«), die den Namen »Jezabel« trug. Man hatte sie sowie zwei andere ähnliche Vorrichtungen namens »Topsy« und »Godiva« hinter schweren Strahlungsschutzschildern in zwei flachen Gebäuden untergebracht, die so »heiß« (das heißt »hoch radioaktiv«) waren, daß sie nur unter besonderen Vorsichtsmaßnahmen betreten werden konnten.

Der Kontrollraum, von dem aus diese Maschinen gelenkt wurden, befand sich im Hauptlaboratorium, eine Viertelmeile von der Gefahrenzone entfernt.

Was im Innern der »Kivas« vorging (man hatte die Gebäude nach den heiligen Zeremonienkammern der Pueblo-Indianer genannt, denen sich allein die Priester mit größter Scheu nähern dürfen), war nur auf einem Fernsehschirm wahrzunehmen.

Die schließlich aus der Zusammenarbeit Tellers mit von Neumann, einigen hundert besessenen Forschern, dem MANIAC und der »Jezabel« entstandene »Höllenbombe« war allerdings vorläufig noch gar kein richtiges Geschoß, sondern nur eine »thermonukleare Vorrichtung«, die nicht weniger als fünfundsechzig Tonnen wog, da das in ihr unter anderem enthaltene Tritium (ein im Uranbrenner hergestelltes künstliches Wasserstoff-Isotop) durch eine ebenso schwere wie komplizierte Kühlanlage auf einer bestimmten Tieftemperatur gehalten werden mußte.

Ab Anfang Oktober 1952 versammelten sich auf dem inzwischen zu einem ständigen Testplatz für Kernwaffen ausgebauten Atoll Eniwetok (es gehört zu den Marshall-Inseln und war bis 1918 deutsche Kolonie, ehe die Japaner es übernahmen) einige tausend Wissenschaftler, Testingenieure, Mechaniker, Soldaten und Matrosen, um den »shot« von »Mike« – so hieß die Bombe – vorzubereiten.[1] Das Monstrum wurde auf dem Inselchen Elugelab (von den amerikanischen Militärs in ihrer Passion für paradoxe Tarnbezeichnungen ausgerechnet »Flora« genannt!) installiert. Es war in einer großen Schutzkabine untergebracht, deren massive, rechteckige Form einige Teilnehmer des Tests an die »Kaaba«, den heiligen Stein der nach Mekka pilgernden Mohammedaner, erinnerte.

In der Nacht vom 31. Oktober zum 1. November 1952 wurde durch Namensaufruf eine letzte Musterung des gesamten Personals durchgeführt. Der Sicherheitsdirektor Roy

[1] Dem Test ging in Washington ein Versuch von Vannevar Bush, dem Leiter der amerikanischen Forschung während des Zweiten Weltkriegs, voraus, der sich bemühte, seine Regierung zur Einleitung von Verhandlungen mit den Russen zu überreden, ehe man diesen neuen Schritt in eine »scheußliche Art von Welt« tun würde. Sein Ratschlag wurde nicht befolgt.

Reider hatte darauf bestanden, daß man vorsichtshalber alle Inseln räume und sich auf die bereitliegenden Schiffe begebe. Man müsse bei solchen Versuchen aus Vorsicht stets mit einem zehnmal so großen »bang« (»Knall«) rechnen, als kalkuliert worden sei. Bei diesem Versuch aber habe man sogar die Möglichkeit der Auslösung eines Seebebens in Betracht zu ziehen. Während sich die Testteilnehmer nicht weniger als vierzig Meilen von dem Ort der voraussichtlichen Explosionen entfernten, machte ein kleiner Spezialtrupp auf Elugelab kurz vor Einbruch der Dämmerung die Bombe scharf. »Diese Männer waren so einsam und abgeschieden wie eine Gruppe von Leprakranken«, erinnert sich Reider, »aber sie standen doch immer in Verbindung mit dem Kontrollzentrum.« Als auch diese Personen sich in Sicherheit gebracht hatten, begann das Zählen der Minuten und Sekunden über die Schiffslautsprecher, und alle Augen starrten in die Richtung, aus der das Licht des ersten künstlichen Sternes, den der Mensch geschaffen hatte, aufgehen sollte.

3

Eduard Teller hatte zwar eine formelle Einladung von Bradbury erhalten, dem Test der »Super« im Pazifik beizuwohnen, sie aber aus verständlichen Gründen abgelehnt. Etwa eine Viertelstunde vor dem großen Ereignis – es war an der Westküste der USA schon fast zwölf Uhr mittags – ging Teller langsam mit gesenktem Kopf auf einem schmalen Parkweg der University of California in Berkeley hinüber zur »Haverland Hall«, einem Gebäude, das in seinem Keller einen der empfindlichsten Erdbebenmesser der Welt, den Benioffschen Seismographen, beherbergt. An ihm hoffte Teller das Eintreffen der Schockwelle miterleben zu können, die durch den fünftausend Meilen entfernten Test ausgelöst wurde. Der kleine Raum, in dessen Felsboden das empfindliche Instrument eingelassen ist, war nur von einer roten Lampe erhellt. Sie wurde ausgedreht. Teller blieb allein mit einer laut tickenden Küchenuhr und dem Registriergerät, das schon die leiseste Erschütterung mit einem millimeterdünnen Lichtgriff auf eine Fotoplatte notiert. Über das, was nun geschah, erzählt der Atomforscher selbst:

»Als meine Augen sich an die Dunkelheit gewöhnt hatten, bemerkte ich, daß der Lichtpunkt ziemlich unruhig schien ... Das kam von den Bewegungen meiner eigenen Augen, die in der Dunkelheit keinen Halt an den Bildern fester Objekte finden konnten. Bald gab mir der leuchtende Punkt das Gefühl, an Bord eines sanft und unregelmäßig schaukelnden Schiffes zu sein. Daher stützte ich meinen Bleistift an einen Teil des Apparates und hielt ihn dicht an den Lichtpunkt. Jetzt schien er fest zu stehen, und ich fühlte mich, als wäre ich wieder auf festem Boden.

Das war um die Zeit, wo der ›shot‹ wirklich stattfinden sollte. Nichts geschah, es konnte auch gar nichts geschehen. Es mußte etwa eine Viertelstunde dauern, ehe der Schock tief unter dem Bassin des Pazifik bis zur Küste Kaliforniens reisen konnte; ich wartete ungeduldig. Jede Minute vibrierte der Seismograph einmal ganz deutlich. Das diente als Zeitsignal. Schließlich kam das Signal, dem der Schock von der Explosion hätte folgen müssen. Und da schien es wirklich soweit zu sein: Der Lichtpunkt tanzte wild und unregelmäßig. War das vielleicht nur der Bleistift, den ich zur Markierung in meiner Hand hielt? Ich wartete noch viele Minuten, um sicher zu sein, daß alle Schocks, die dem ersten folgen mochten, registriert würden. Dann wurde schließlich der Film herausgenommen und entwickelt. In der Zwischenzeit war ich fast davon überzeugt, daß ich mich geirrt haben mußte. Das, was ich gesehen hatte, war wohl eher die Bewegung meiner eigenen Hand als das Signal der ersten Wasserstoffbombe gewesen. Dann aber erschien die Spur auf der fotografischen Platte. Sie war klar und groß und nicht zu verkennen ... ›Mike‹ war erfolgreich gewesen.«

Im Pazifik hatte sich ein Krater von einer Meile Länge und einhundertfünfundsiebzig Fuß Tiefe aufgetan. Sobald der Feuerball der ersten »Super«, eine Flammenkuppel von dreieinhalb Meilen Durchmesser, verschwunden war und die riesige pilzförmige Rauchwolke bis zu einer Höhe von fast vierzig Kilometern zum Himmel stieg, stellten die Beobachter fest, was sie zuerst kaum glauben wollten: Das Eiland Elugelab (»Flora«) war versunken.

Der »Schuß«, bei dem die Energie von drei »Megatonnen« (drei Millionen Tonnen) Dynamit ausgelöst worden war, hatte, wie die erste Atombombe, alle Erwartungen übertroffen, auch die Berechnungen des MANIAC.

4

Die erfolgreiche Explosion von »Mike« hatte praktisch zum ersten Male bewiesen, daß es möglich ist, auf der Erde die in der Sonne vermuteten Vorgänge nachzuahmen. Aber das »Monstrum« war noch keineswegs eine im Flugzeug transportierbare Bombe. Daher brachte auch dieser technische Erfolg den in den Rüstungswettlauf eingespannten amerikanischen Wissenschaftlern keine wirkliche Befriedigung. Nun mußte mit dem gleichen Tempo an einem sogenannten »trokkenen« Bombentyp gearbeitet werden, der statt mit Tritium mit einem Isotop des Lithium arbeitete und auf die Kühlanlagen verzichten konnte. Noch während man in Los Alamos und Livermore an dieser neuen, nur unter dem gemütlichen Decknamen »The Sausage« (»Die Wurst«) bekannten Bombe arbeitete, erschütterte eine Nachricht aus Sowjetrußland die Forscher der ganzen Welt.

Malenkow, der Nachfolger Stalins, erklärte nämlich am 8. August 1953, die »Vereinigten Staaten hätten kein Monopol mehr auf die Herstellung der Wasserstoffbombe«. Vier Tage später stellte die »RD«-Patrouille (»Radiation Detection«) in den Himmeln Asiens Spuren einer neuen, sowjetischen Bombenexplosion fest. Das, was nun auf Grund der aufgefangenen Proben in der Laboratoriumsanalyse festgestellt wurde, verursachte in den eingeweihten Kreisen eine Aufregung, nur vergleichbar mit der Nachricht von der ersten Sowjetbombe. Die Russen – so lautete der Bericht der Radiomechaniker – besaßen bereits die »trockene Bombe«.[1] Sie waren nun vermutlich imstande, wie Cole, der Vorsitzende der Atomkommission des Kongresses, in einem kleinen Kreis von Kollegen voller Sorge erklärte, jederzeit drohend mit Wasserstoffbomben über den USA aufzutauchen, während die Amerikaner vorläufig nur mit Atombomben zurückschlagen konnten. Diese Tatsache ihren Bürgern mitzuteilen, wagte die amerikanische Regierung jedoch nicht.

So war nun also wirklich das eingetreten, wovor sich Washington so lange gefürchtet hatte. Die andere Seite – so hieß die damals allgemein geglaubte Version – lag im Rennen um die »absolute Waffe« vorne. Hans Bethe war damals und ist noch heute anderer Ansicht – und nach neuesten Ermittlungen trifft seine abweichende Beurteilung tatsächlich zu. Er bemerkt (in seiner Besprechung des vorliegenden Buches): »Die russische Bombe, die im August 1953 explodierte, wird für ›fortgeschrittener‹ als Amerikas ›Mike‹ vom November 1952 angesehen. Man kann Jungk wegen dieser Ansicht kaum einen Vorwurf machen, denn sie wurde auch von vielen amerikanischen offiziellen Persönlichkeiten vertreten – allerdings zum Teil wohl deshalb, weil sie damit ihre vorhergehende Behauptung von Ende 1949 rechtfertigen wollten, die Russen hätten vermutlich mit der H-Bomben-Entwicklung bereits begonnen, bevor wir selbst uns entschlossen, das Startzeichen zu geben.«

Aus guter Quelle scheint auch folgender Bericht des bei den Genfer Verhandlungen über das Testverbot anwesenden Berichterstatters der »Frankfurter Allgemeinen Zeitung«, J. Schwelien, zu stammen, der am 11. November 1958 berichtete, die amerikanische Regierung sei »unzureichend« oder »unzutreffend« unterrichtet gewesen, als sie »die erste sowjetische Wasserstoffbomben-Explosion für bare Münze nahm –

[1] Eine solche Bombe hatte der bekannte österreichische Physiker Hans Thirring bereits in seinem 1946 in Wien erschienenen Buch »Die Geschichte der Atombombe« vorhergesehen, als er schrieb: »Dabei ist nun Lithium ein gar nicht so seltenes Element, so daß man in einer Superatombombe ungefähr ebensoviel Tonnen Lithiumhydrid verwenden könnte, als man jetzt Kilogramm Plutonium verwendet, derart, daß sich eine Wirkung ergäbe, die wiederum einige tausendmal gegenüber der bisher bekannten gesteigert werden könnte. Gott gnade jenem Lande, über dem eine Sechstonnenbombe von Lithiumhydrid zur Explosion gebracht wird.«

was übrigens die öffentliche Meinung im Westen bis heute tut. Tatsächlich aber hatte die Sowjetunion damals keine eigentliche Wasserstoffbombe. Sie hatte nur etwas vorgetäuscht, und der wissenschaftliche Beweis, daß sie damals bluffte, liegt vor.« Nun folgt eine Andeutung Schweliens, die tief nachdenklich stimmen muß. Er schreibt nämlich: »Die Mitteilung der amerikanischen Atomenergie-Kommission vom 20. August 1953, die Sowjetunion habe am 12. August 1953 eine Explosion ausgelöst, bei der sowohl Spaltprodukte als auch thermonukleare Fusion aufgetreten seien, und die damalige Ankündigung der Sowjetregierung, sie besitze die Wasserstoffbombe, waren überwiegend *beabsichtigte* oder aber *selbstgewählte* Irreführungen.«[1]

Wenn man die vorsichtigen Formulierungen von Bethe und Schwelien etwas verdeutlicht, so wird in beiden Mitteilungen die Möglichkeit erwähnt, daß die amerikanische Atomenergie-Kommission in seltsamer, aber keineswegs ungewöhnlicher »Waffenbrüderschaft« mit der »Kriegspartei« der anderen Seite die Gefahr eines sowjetischen Rüstungsvorsprungs wider besseres Wissen an die Wand malte, um die Nation zu erschrecken und aufzustacheln. Denn nun hieß es in Washington: »Was haben wir zu tun, um die Russen wieder einzuholen und womöglich zu überflügeln?«

Jetzt nahm das Wettrüsten ein halsbrecherisches Tempo an. Um ein paar Warnminuten vor einem gegnerischen Angriff zu gewinnen, der mit einem Schlag Millionen Menschen töten und die amerikanischen Produktionsstätten lahmlegen konnte, wurde mit dem Bau eines bis in die Nähe des Nordpols und weit ins Meer hinausgeschobenen »elektronischen Walls« begonnen. Um Minuten zu sparen, griff man auch auf die seit 1945 nur nebensächlich behandelte Idee zurück, unbemannte, ferngelenkte Geschosse zu bauen, die in weniger als einer halben Stunde den Atlantik oder die Schneewüste der nördlichen Regionen überqueren konnten.

Diese sogenannten ICBM (»Intercontinental Ballistic Missiles«), an deren Entwicklung auch deutsche, inzwischen von

[1] Vom Autor kursiv.

den Amerikanern naturalisierte Konstrukteure der früheren V-2-Waffen leitenden Anteil hatten, waren nur deshalb bisher noch nicht in großen Serien gebaut worden, weil man errechnet hatte, daß sie auf einer Strecke von 5000 Meilen durchschnittlich ein Prozent vom Zielobjekt abweichen würden. Und das wären fünfzig Meilen gewesen! Durch Verbesserung der Lenkapparatur gelang es zwar, diesen Fehler auf 0,2 Prozent herabzusetzen – das waren aber immer noch zehn Meilen. Eine auf Moskau gerichtete ICBM wäre nicht ins Stadtzentrum gelangt, sondern in irgendeinem Vorort krepiert, und eine auf einen Flugplatz in Leningrad gerichtete Fernrakete auf dem flachen Land oder gar im Wasser niedergegangen.

Und doch erschien der Air-Force dieser unheimliche Lufttorpedo, wenn es nur etwas zielsicherer gemacht würde, als der Trumpf, mit dem sie vermutlich die neueste russische Karte am ehesten stechen könnte. Um dieses Problem zu studieren, wurde der damals schon von einer unheilbaren Krankheit befallene John von Neumann an die Spitze einer geheimen Sonderkommission gesetzt, die im September 1953, einen Monat nach Bekanntwerden der russischen Explosion, erstmals zusammentrat. Durch seine engen Beziehungen zur Atomenergie-Kommission, deren Direktoratsmitglied er nicht lange darauf wurde, wußte von Neumann, daß dort Pläne für eine sogenannte »Dreistufen-Bombe« entworfen worden waren. Den zwei Stufen, die sonst eine thermonukleare Explosion ausmachen (durch eine Atombombe im Innersten wird die Kernverschmelzung mit ihrem noch viel gewaltigeren Effekt ermöglicht), sollte nun noch eine dritte Stufe hinzugefügt werden: die Kernspaltung der Bombenhülle, die anstatt aus gewöhnlichem Metall aus U 238 bestehen würde. Dieses auch Fission-Fusion-Fission (Spaltungs-Verschmelzungs-Spaltungs)- oder FFF-Bombe genannte Geschoß war bisher nur deshalb nicht gebaut worden, weil man es für das Maximum an Zerstörung und Verderbnis hielt. Eine solche Waffe, deren radioaktive Spaltstoffe über eine Region von dreihundert Quadratmeilen verbreitet werden würden, galt als »overdestroying« (»überzerstörerisch«)

Nun aber kombinierte von Neumann in seinem Geist die Zielunsicherheit der interkontinentalen Geschosse mit der enormen Breitenwirkung der »Dreistufen-Bombe«. Er vermählte zwei Ungeheuer, die man bisher für die Kriegführung als unbrauchbar betrachtet hatte, und präsentierte sie seinen dankbaren Auftraggebern als die »absolute Waffe«. Selbst wenn die ICBM nun weit daneben schoß, konnte sie das eigentliche Objekt in ihren Todeskreis einbeziehen und dennoch vernichten. »Ein Auftreffen der Waffe, acht oder zehn Meilen vom Zielpunkt entfernt, erschien nun militärisch annehmbar«, berichtete später die amerikanische Zeitschrift »Fortune« über von Neumanns »geniale« Kombination.

5

Von Neumann, der »Mathematiker, der die Ampel auf Grün stellte« – wie »Fortune« es ausdrückt –, typisiert am deutlichsten die Entwicklung des Forschers vom Erfinder neuer Waffen zum wissenschaftlichen Strategen. In den Jahren seit dem Ende des Zweiten Weltkrieges war nach den Worten des amerikanischen Militärschriftstellers Hanson W. Baldwin »eine technische Revolution zum Durchbruch gekommen, welche die größten Wirkungen auf die Kriegskunst in den ganzen anderthalb Jahrhunderten seit Napoleon ausübte«. Die Atomforscher hatten eine ganze »Familie von Kernwaffen« aller Art und Größen hervorgebracht, die Aerodynamiker und Flugzeugingenieure unerhört wendige und rapide Düsenjäger gebaut, die Raketenforscher Geschosse zahlreicher Typen von enormen Geschwindigkeiten konstruiert. Dazu kamen noch, wie Baldwin ausführt, »biologische und chemische Waffen sowie radioaktive Staubarten und Gase«.

Die Fortschritte der Elektronentechnik ermöglichten es, alle diese Todesbringer selbst bei höchsten Geschwindigkeiten relativ exakt zu dirigieren. Aber allein hätten die Generale mit diesem »Quantensprung« der Kriegstechnik geistig nicht mehr Schritt zu halten vermocht. Sie brauchten neben sich die Wissenschaftler, die ihnen bei der Ausarbeitung und der mit jedem technischen Fortschritt notwendigen Revision ihrer Pläne zur Seite standen. Die meisten Forscher, die an diesen »Kriegsspielen« teilnahmen, handelten weiter unter dem Zwang der Angst und des Mißtrauens, dem sie sich seit 1939 unterworfen hatten. Sie machten auch diese immer hoffnungsloseren Manöver von steigender Drohung und Gegendrohung mit, weil sie nur so den Frieden zu erhalten hofften.[1]

Die Planung solcher Zukunftskriege – in der Hoffnung, daß sie nie stattfinden würden, wenn man sie nur vorbereitete – gab auch dem MANIAC (und anderen nach ihm entstehenden Elektronenorakeln) eine neue Rolle als unentbehrliches Instrument schnellster strategischer Lagebeurteilung und Entschlußfassung. Für den MANIAC war auch der Weltuntergang nur ein Rechenexempel unter vielen anderen. Übersetzte man eine Stadt oder eine Nation in seine Sprache, so rannen Geschichte und Leben zu dürren Chiffren zusammen, ließ sich der Massentod bequem in Formeln pressen. Wenn von Neumann und seine gelehrigen Schüler, wie z. B. Hermann Kahn, an der Konsole eines »Computers« sitzend, die Kriegschancen berechneten, dann dividierten sie die Stärke eines Landes durch die Panik und Verzweiflung der Bevölkerung oder multiplizierten sie mit Erfindungsgabe und Siegesbesessenheit. War die Aufgabe gelöst, wenn der Verlierer auf »Null« reduziert war? Oder sollte man statt »radikaler Vergeltung« nur »gradweise Vergeltung« üben? Es ging in diesen Kalkulationen stets um Millionen Tote, von einer Million bis zu Hunderten von Millionen, und es ging um immer kürzere Zeitspannen, in denen ihnen Vernichtung drohte. Das war, wenn man nur vergessen konnte, daß es sich um Menschenle-

[1] Der amerikanische Psychiater Lawrence S. Kubie fragt in der Zeitschrift »The American Scientist« nach den tieferen Beweggründen der am Rüstungswettrennen teilnehmenden Forscher, indem er ausführt: »Erleben wir die Entwicklung einer Generation von hartgesottenen, zynischen, erbitterten, illusionslosen Wissenschaftlern? Wenn das so ist, dann bietet zur Zeit der Bau von Zerstörungsinstrumenten ein passendes Ventil für ihre destruktiven Gefühle. Aber wenn diese Tendenz während der kommenden Jahre noch deutlicher werden und noch zerstörerischere Ausdrucksmöglichkeiten finden sollte, so wird der Fehler bei uns liegen, nicht bei ihnen.«

ben handelte – und man vergaß es leicht –, im Grunde nichts anderes als jene Wahrscheinlichkeitsrechnungen, die notwendig gewesen waren, um das Verhalten der Millionen Atompartikelchen im Herzen der neuen Bomben zu erraten.

6

Und dann blies in all diese Kalkulationen einer mit rasender Exaktheit arbeitenden Vernunft ein ganz gewöhnlicher Seewind hinein, mit dem niemand hatte rechnen können. Er sollte vom Atoll Bikini gen Norden wehen, so lautete die Wettervorhersage am 1. März 1954. Aber ganz plötzlich drehte er nach Süden ab, segelte über die Inseln Rongelap, Rongerik und Uterik hinaus auf das weite Meer, wo sich in diesem Augenblick ein japanischer Fischdampfer befand: der »Glücksdrachen Nummer Fünf«, über den nun aus heiterem Himmel eine Art »Schneegestöber« herniederging. Das war, wie die Welt erst vierzehn Tage später erfahren sollte, in Wahrheit ein radioaktiver Aschenregen gewesen, und die winzigen Stäubchen, welche japanische Wissenschaftler in den Fugen des Schiffes fanden, enthielten das Geheimnis der »Dreistufen-Bombe«, die am 1. März 1954 als »Schuß Eins« (Kennwort »Bravo«!) einer neueren Serie von H-Bomben-Tests zum ersten Male explodiert war.

Gerade zu dieser Zeit war die Kriegsgefahr besonders akut, denn in Indochina stand die französische Festung Dien-Bien-Phu vor dem Fall, in Washington und Paris wurde die Möglichkeit einer amerikanischen Intervention gegen die vordrängenden indochinesischen Kommunistenheere erwogen, und der amerikanische Generalstabschef Admiral Radford hatte soeben den Einsatz einer »taktischen Atombombe« vorgeschlagen.

Doch dazu kam es nie. Wie im August 1945 und im Februar 1950 packte nun die ganze Menschheit zum dritten Mal das Entsetzen vor der schrecklichen Gewalt der »neuen Waffen«. Die japanischen Fischer hatten sich weit außerhalb der von den Amerikanern festgelegten Sicherheitszone befunden, und doch hatte sie, etwa einhundert Kilometer vom Ort der

Explosion entfernt, die Wirkung der Bombe erreicht. Krank und schwach von einem Leiden, dessen Natur sie nicht begreifen konnten, waren sie am 14. März in ihren Heimathafen Yaizu gelandet und sofort ins Krankenhaus gebracht worden.

Es hieß, daß die Wissenschaftler über die neue Bombe, welche die gewaltige Energiemenge von achtzehn bis zweiundzwanzig Millionen Tonnen Dynamit freisetzte (die Explosionskraft von »Mike« hatte »nur« drei Millionen Tonnen betragen), die Kontrolle verloren hätten. Zugegebenermaßen war der »Knall« doppelt so stark gewesen, als berechnet worden war. Aber viel beunruhigender noch war die Giftwirkung des neuen Geschosses, die in den folgenden Tagen im Regen über Japan, im Schmieröl indischer Flugzeuge, in den Winden über Australien, im Himmel über den USA, ja bis nach Europa hinein festgestellt wurde.

Die vorhergehenden Bomben hatten nur das schnell wieder apathisch werdende Gewissen der Menschen beschäftigt; die neuesten Höllenbomben aber gefährdeten, so ging aus den Berichten hervor, die Luft, die sie atmeten, das Wasser, das sie tranken, die Lebensmittel, die sie aßen, sie bedrohten mitten im Frieden die Gesundheit jedes einzelnen Menschen, wo immer er auch lebte.

Natürlich blieb die »Gegenoffensive« des Admirals Strauss nicht aus. Er ließ, gestützt auf Urteile »seiner« Wissenschaftler, die Öffentlichkeit wissen, die Befürchtungen über die Erhöhung der lebensgefährdenden Radioaktivität in der gesamten Biosphäre seien übertrieben. Zwischen »Beruhigern« und »Beunruhigern« begann damals eine Auseinandersetzung, die noch viele Jahre anhalten dürfte, da die gefährlichste Wirkung der durch die Tests verbreiteten Radioaktivität, die Schädigung der Erbmasse, wissenschaftlich genau erst nach Generationen feststellbar sein wird.

Alle Genetiker sind sich, wenn auch nicht über das Ausmaß, so doch über die Tatsache der Gefährdung unserer Nachkommen durch das von der Bombe freigesetzte Zellgift einig. Besonders eindrucksvoll war die Kritik, die der angesehene amerikanische Erbforscher A. H. Sturtevant an Strauss übte:

»Es gibt kein Ausweichen vor dem Schluß, daß die Bomben, die bereits zur Explosion gebracht wurden, eines Tages die Zeugung zahlreicher defekter Menschen zum Resultat haben werden ... Ich bedaure es, daß ein Beamter in einer so verantwortlichen Stellung behaupten konnte, daß kleine Dosen von hochenergetischer Strahlung kein biologisches Risiko mit sich bringen.«

Nicht lange darauf sprach der gleiche Gelehrte in einer öffentlichen Rede aus, daß vermutlich bereits 1800 der im Jahre des Bombentests 1954 geborenen Kinder als Folge der erzeugten hohen radioaktiven Strahlung geschädigt seien. Der amerikanische Zoologe Curt Stern konstatierte im gleichen Jahr: »Jeder Mensch auf der Erde trägt bereits in seinem Körper kleine Mengen von Radioaktivität, die von den Tests herstammen: ›heißes‹ Strontium in den Knochen und ›heißes‹ Jod in den Schilddrüsen.« Der amerikanische Physiker Ralph Lapp aber warnte auf Grund der Gespräche mit einem Biologen der »Atomic Energy Commission« (der aus Furcht vor Entlassung seinen Namen nicht der Öffentlichkeit preisgab): »1945 wurden nukleare Bomben entsprechend einer Menge von 55000 Tonnen Sprengstoff zur Explosion gebracht. 1954 war die getestete Menge tausendmal größer als 1945. Meine Berechnungen zeigen, daß bei Fortsetzung der Tests bis 1962 die Atmosphäre in den siebziger Jahren die ›höchste durchschnittlich zulässige Menge‹ für die gesamte Weltbevölkerung erreicht haben wird ... Das heißt, daß dann in den Knochen jedes Menschen die noch verträgliche Dosis von Radiostrontium erreicht und (bei Personen schwächlicher Konstitution) vermutlich überschritten sein wird.«

Radiostrontium ist ein Krebserreger. Um festzustellen, wieviel von diesem Gift sich bereits als Folge der Tests über die Welt verbreitet hat, schickte Admiral Strauss eine besondere Untersuchungskommission aus, die alle fünf Erdteile besuchte und Proben des Strontiumniederschlags in Pflanze, Tier und Mensch untersuchte. Sie trug von Anfang an den freundlichen Decknamen »Operation Sunshine«, und sie machte ihrem Namen alle Ehre. Ihr Bericht strahlte von Zweckoptimismus.

Von den dreiundzwanzig japanischen Fischern ist einer, der Funker Kuboyama, einige Monate nach dem Test gestorben. Seine Landsleute nennen ihn den »ersten Märtyrer der H-Bombe«.

Die anderen siechen seit Jahren in japanischen Krankenhäusern dahin. Einer von ihnen, der Fischer Misaki, sandte durch einen Besucher, den Berichterstatter Hilmar Pabel, folgende Botschaft an die Welt: »Unser Schicksal droht der ganzen Menschheit. Sagen Sie es denen, die verantwortlich sind – und gebe Gott, daß sie auch hören.«

Oppenheimers Fall

1

In der neuen Phase des Wettrüstens, die im Zeichen der Elektronengehirne, Höllenbomben und ferngelenkten Geschosse stand, verlor Robert Oppenheimer nach und nach seinen oft beträchtlichen Einfluß auf die amerikanische Regierung. Das begann, als er im Juli 1952 den Vorsitz des »General Advisory Committee«, jenes angesehensten beratenden Ausschusses der »Atomic Energy Commission«, niederlegte. Dieser Rücktritt war unvermeidlich geworden, seitdem im »Bürgerkrieg der Wissenschaftler« (wie der amerikanische Publizist J. Mason Brown den um die H-Bombe entstandenen Forscherzwist nennt) die »Aktivisten«, die für die größtmöglichen Bomben eintraten, die Oberhand gewonnen hatten. Oppenheimer blieb von nun an nur als gelegentlicher »special consultant« (»Fachberater«) bei der AEC. Er behielt jedoch die sogenannte »Q clearance«, die ihm weiter Zutritt zu den bestgehüteten »Geheimnissen« der sich von Tag zu Tag weiterentwickelnden Atomrüstung erlaubte. Aber man machte in Washington nur selten Gebrauch von Oppenheimers Rat. Im Verlauf eines ganzen Jahres wurde er bloß sechsmal von der AEC konsultiert.

Unter den Intellektuellen Amerikas stieg Oppenheimers geistige Bedeutung mit jedem Jahr: Er war ihr bevorzugter Führer durch das neuentdeckte Reich des Atoms geworden. Im Gegensatz zu den meisten anderen Atomkernforschern, die sich nach dem Scheitern ihrer Versuche, das Denken und die Politik ihres Landes mitzuformen, wieder auf ihr Spezialgebiet zurückgezogen hatten, bemühte sich Oppenheimer weiterhin, in einer Reihe von brillanten, zum Teil großartigen Reden die Kluft zwischen den Wissenschaftlern und seinen Zeitgenossen aufzuzeigen und, wo möglich, zu überbrücken. Er popularisierte nicht im üblichen Stil. Bei seiner außerordentlichen Gabe der Darstellung verstand er es, in seinen Hörern das Gefühl für das Columbus-Abenteuer der modernen

Physik zu erwecken, indem er ihnen die tiefe Erregung beim Betreten wissenschaftlichen Neulandes zu vermitteln wußte. Sein Ruf, derjenige zu sein, der diese seltsame neue Welt nicht nur kannte, sondern auch über sie philosophierte und in dichterischen Bildern mit den Problemen der Gegenwart zu vergleichen wußte, war so groß, daß ihm 1953 die Ehre zuteil wurde, die alljährlichen »Reith-Lectures« der »British Broadcasting Corporation« zu halten. Gleichzeitig sollte er auf dieser Reise nach England in Oxford seinen sechsten Doktortitel »honoris causa« erhalten.

Titel und Ehrungen aller Art liefen seit 1945 bei Oppenheimer als regelmäßige Zinsen seines im Krieg erworbenen Kapitals an Ansehen ein. Darunter befanden sich auch einige bedeutende, wie zum Beispiel die Verleihung der »Medal of Merit« (Verdienstmedaille) durch Präsident Truman, die höchste Auszeichnung, die der amerikanische Staatschef vergeben kann. Der Forscher schien Trophäen zu lieben und sammelte sie daher recht wahllos. So ließ er sich durch eine Holzfirma im Staate Georgia den »Wedge Award« (»Spalt-Preis«) verleihen, von der »National Baby Institution« zum »Vater des Jahres« ernennen und durch das Magazin »Popular Mechanics« in die »Ruhmeshalle der ersten Hälfte des Jahrhunderts« wählen. In seinen Schränken mehrten sich Urkunden der Mitgliedschaft bei ausländischen Akademien, die Ehrendiplome und Anerkennungsschreiben. Eine seiner Sekretärinnen war viele Stunden damit beschäftigt, jede Nachricht, jeden Artikel, jede Karikatur, jedes Foto über ihren Chef in »Ausschnittbüchern« zu sammeln und zu ordnen. Der Ruhm war eine schöne Sache, und »Oppie«, so asketisch er auch mit seinem mageren, fast kantig gewordenen Gesicht wirkte, genoß ihn sichtlich. Nur sein rein wissenschaftliches Prestige ging zurück.

In physikalischen Zeitschriften sah man den einst als Verfasser bedeutender Aufsätze erscheinenden Namen J. R. Oppenheimer nun so gut wie nie mehr. Von 1943 an, dem Jahr, als er aus seiner Gelehrtenstube ins »große Leben« getreten war, bis 1953 wurden alles in allem nur fünf kleinere wissenschaftliche Arbeiten von ihm veröffentlicht.

2

Da seine staatlichen Verpflichtungen – er war Mitglied von nicht weniger als fünfunddreißig verschiedenen Regierungskommissionen gewesen – mit dem Antritt der neuen Verwaltung unter Präsident Eisenhower allmählich auf ein Minimum zusammenschrumpften, konnte Oppenheimer daran denken, nun öfter ins Ausland zu reisen. Er hielt im Sommer 1953 Vorträge in Südamerika und reiste im Spätherbst mit seiner Gattin nach Europa. Zu den zahlreichen Freunden, die »Oppie« dort besuchte, gehörte auch Haakon Chevalier, dessen Schicksal nicht aufgehört hatte, sein Gewissen zu beschäftigen.

Seitdem er durch Oppenheimers aufgebauschte Spionagegeschichte politisch verdächtig geworden war, hatte der Professor für romanische Sprachen kein Lehramt mehr in den USA finden können. So hatte er seine Heimat verlassen müssen und sich in Paris als Übersetzer niedergelassen. Da Chevalier in Wahrheit nie »Sowjetagent« oder auch nur aktiver kommunistischer Verbindungsmann gewesen war, hatte die Polizei trotz ihrer jahrelangen Bemühungen nichts Belastendes über ihn herausgefunden. Aber »semper aliquid haeret«, wie Chevalier konstatieren mußte, als er 1950 bei der amerikanischen Botschaft in Paris um eine Verlängerung seines Passes einreichte. In seinen Schwierigkeiten wandte er sich damals an Oppenheimer – von dessen Rolle in seiner »Affäre« er noch immer nichts wußte – und erhielt von ihm einen Brief, den er zur Unterstützung seines Paßantrages verwendete.

Chevalier hatte daher im Winter 1953 noch allen Grund, »Oppie« als seinen Freund und einflußreichen Protektor zu betrachten. Seine Freude über die Aussicht, Oppenheimer nach so vielen Jahren wiederzusehen, war so groß, daß er, sobald er erfahren hatte, »Oppie« wolle ihn besuchen, einen Dolmetscher-»Job« bei einer in Mailand stattfindenden Konferenz stehen und liegen ließ (so nötig er ihn auch aus finanziellen Gründen gehabt hätte), um schnellstens nach der französischen Hauptstadt zurückzueilen.

Das Zusammentreffen nach all den Jahren war äußerst herzlich. Die Chevaliers hatten in ihrer kleinen Zweizimmerwohnung auf der »Butte Montmartre« ein wahres Festessen vorbereitet. Da die beiden Ehefrauen zugegen waren, sprach man vor allem über Familienfragen und gemeinsame Freunde. Das Thema Politik wurde gemieden. Nur einmal kam das Gespräch an diesem Abend auf eine heikle Frage. Chevalier hatte die Hinrichtung des wegen Atomspionage zum Tode verurteilten Ehepaares Rosenberg kritisiert. Oppenheimer fand es zwar richtig, daß die Rosenbergs bestraft worden waren, verdammte jedoch die Strenge des Urteils. In diesem Augenblick hätte sich für Oppenheimer ein Anlaß ergeben, dem Freunde zu gestehen, daß er ihn – ursprünglich in der Absicht, seinen Namen nicht preiszugeben – 1943 in seinem Verhör durch Oberst Pash zum Helden einer stark ausgeschmückten Spionagegeschichte gemacht hatte. Aber er wagte es nicht. Und noch eine zweite, drängendere Gelegenheit zu einem solchen verspäteten Geständnis tauchte auf, als Chevalier erzählte, daß er vermutlich seine Beschäftigung als Dolmetscher bei der UNESCO verlieren werde, da er nicht hoffen könne, die neuerdings verlangte »politische Zuverlässigkeitsprüfung« zu bestehen, der alle bei dieser internationalen Organisation tätigen Amerikaner unterworfen würden. Eine Aufklärung des wahren Sachverhalts durch Oppenheimer hätte Chevalier endlich die Erklärung für alle seine Schwierigkeiten geliefert und ihn instand gesetzt, sich wirkungsvoll gegen die Verdächtigungen der Behörden zu verteidigen. Oppenheimer schwieg jedoch auch jetzt.

Beim Auseinandergehen umarmte man sich. Noch heute schauert es Chevalier, wenn er an diese Abschiedsszene zurückdenkt. Er hat Oppenheimer seither nie mehr gesehen und auf die Briefe, die er an ihn schrieb, nachdem er ein halbes Jahr später endlich durch eine Veröffentlichung der amerikanischen Regierung die volle Wahrheit erfahren hatte, nur einmal eine ganz kurze, nichtssagende Antwort erhalten.

3

Für Oppenheimer schien, soweit es seine Person betraf, die nunmehr zehn Jahre zurückliegende »Affäre Chevalier« begraben zu sein. Nicht aber für die amerikanischen Behörden. Edgar Hoover, der Chef des »Federal Bureau of Investigation« (»Bundesamt für kriminalistische Untersuchungen«), hatte gerade diese Episode in Oppenheimers Leben niemals für hinreichend geklärt gehalten und daher 1947 – übrigens damals vergeblich – Bedenken gegen die Erteilung einer »security clearance « (Sicherheits-Zuverlässigkeitszeugnis») geäußert. Seither hatte er durch seine Agenten fleißig weiter »Material« über Oppenheimer sammeln lassen. Dieses Dossier erreichte, wenn man alle Dokumente aufeinanderstapelte, wie der Washingtoner Korrespondent der »New York Herald Tribune« Robert J. Donovan erzählt, im Jahre 1953 bereits eine Höhe von »vier Fuß und sechs Zoll«, also nahezu Mannesgröße.

Aus diesem gewaltigen Aktenmaterial stellte Hoover im November 1953, während Oppenheimer in England war, einen »Digest« (»Auswahl«) zusammen, den er am letzten Tag des Monats nicht nur an alle »interessierten Regierungsbehörden«, sondern auch an Präsident Eisenhower schickte. Den unmittelbaren Anlaß zu diesem neuerlichen Aufflackern des »Falles Oppenheimer« hatte ein Brief des ehemaligen ersten Assistenten von Senator MacMahon, William L. Borden, gegeben. In diesem Schreiben vom 7. November 1953 äußerte er auf Grund seiner eigenen Kenntnis des Geheimdossiers J. R. O. (J. R. Oppenheimer), daß der Gelehrte »wahrscheinlich ein verkappter Sowjetagent« sei.

Präsident Eisenhower machte es sich sonst zur Regel, nicht persönlich in die vielen damals laufenden »Sicherheitsverfahren« gegen politisch verdächtige Beamte einzugreifen. In diesem besonderen Fall jedoch beraumte er dringendst eine Sondersitzung im Weißen Haus an. Sie fand am 3. Dezember 1953 statt. Es nahmen an ihr zwei Kabinettsmitglieder (Justizminister Brownell und Verteidigungsminister Wilson), ein Mitglied des Nationalen Sicherheitsrates (Robert Cutler) sowie der Vorsitzende der Atomenergie-Kommission, Lewis Strauss, teil. Nach einer kurzen Beratung – Eisenhower stand gerade vor der Abreise zur Bermuda-Konferenz – ordnete der Präsident an, es möge sofort »eine fugenlose Wand zwischen Oppenheimer und allen Regierungsgeheimnissen errichtet werden«.

Als Oppenheimer, nichts von dem Gewitter ahnend, das sich da gegen ihn zusammenbraute, in der zweiten Dezemberhälfte nach Princeton zurückkehrte, um die Feiertage mit seinen beiden Kindern zu verbringen, erreichte ihn ein dringender Anruf von Admiral Strauss. Der Chef der AEC bestand darauf, er möge sofort, und zwar noch vor Weihnachten, nach Washington kommen.

Am Nachmittag des 21. Dezember 1953 betrat Oppenheimer das Büro des Admirals, Zimmer 236, in dem leuchtendweißen Gebäude der Atomenergie-Kommission an der Constitution Avenue. Zu seiner Überraschung fand er Strauss dort nicht allein vor. Neben ihm stand K. D. Nichols, sein »General Manager«, der gleiche Nichols, dem Oppenheimer zum ersten Mal vor elf Jahren an einem anderen Wendepunkt seines Lebens begegnet war, als er zusammen mit ihm und General Groves im Pullman den Plan eines Atomwaffen-Laboratoriums entworfen hatte.

Die drei Männer nahmen an einem langen Beratungstisch Platz. Obwohl Strauss seit Jahren gegen Oppenheimer wenig freundlich eingestellt war, fiel es ihm doch schwer, mit der bösen Nachricht sofort herauszuplatzen. Daher brachte er das Gespräch zuerst auf den kürzlich erfolgten Tod von Admiral Parsons, der in der Geschichte der Atomrüstung eine wichtige Rolle gespielt hatte; denn er war es gewesen, der 1945 während des Fluges im dunklen Hinterraum der »Enola Gay« den »Thin Man«, die für das unglückliche Hiroshima bestimmte Bombe, scharf gemacht hatte. Diesen Reminiszenzen wurde aber von den Gesprächspartnern nur halbe Aufmerksamkeit geschenkt. Jeder von ihnen wartete auf das, was nun eigentlich kommen sollte. Ganz plötzlich ließ Strauss sein »Geschoß« los. Oppenheimer wurde aschfahl. Als erste Reaktion bot er seinen sofortigen Rücktritt als Berater der

AEC an, erinnert sich Nichols, der ein Protokoll abgefaßt hat. Aber nun schob ihm Strauss den Entwurf eines von Nichols verfaßten Briefes hin, in dem die Anklage der AEC niedergelegt war.

Oppenheimer überflog das Schreiben. Dreiundzwanzig Punkte behandelten seine »Verbindungen« mit Kommunisten, der vierundzwanzigste brachte die große Überraschung: Es wurde dem Atomforscher vorgeworfen, sich dem Bau der Wasserstoffbombe nicht nur vor, sondern auch noch nach der Entscheidung Präsident Trumans »stark widersetzt« zu haben. Schließlich drückte der Brief zusammenfassend Zweifel an seiner »Wahrhaftigkeit, seinem allgemeinen Verhalten und sogar an seiner Loyalität« aus.

Strauss erhob sich. Er gab Oppenheimer einen Tag Bedenkzeit, in dem er sich entscheiden könne, ob er sofort von sich aus zurücktreten oder die Behandlung des Falles durch einen Loyalitätsausschuß vorziehen wolle. Oppenheimer fuhr nach Hause und schrieb den folgenden kurzen Brief an den Vorsitzenden der Atomenergie-Kommission.

Lieber Lewis!

Gestern, als Sie mich sehen wollten, haben Sie mir zum ersten Male erzählt, daß meine »clearance« für die Atomenergie-Kommission vor dem Widerruf stehe. Sie haben mir als die möglicherweise wünschbare Alternative vorgeschlagen, ich könnte die Beendigung meines Kontraktes als Berater der Kommission beantragen und dadurch eine ausführliche Behandlung der Vorwürfe vermeiden, auf denen sonst das Verfahren der Kommission beruhen würde … Ich habe diese mir vorgeschlagene Alternative ernstlich durchdacht. Unter den gegebenen Umständen würde diese Handlungsweise bedeuten, daß ich der Ansicht zustimme, ich sei nicht fähig, unserer Regierung zu dienen, der ich nun etwa zwölf Jahre gedient habe. Das kann ich nicht tun …

Getreulich Ihr
Robert Oppenheimer

Am folgenden Tag, dem 23. Dezember 1953, wurde dem Wissenschaftler der Anklagebrief von Nichols, den er in Washington flüchtig gelesen hatte, offiziell zugestellt. Sein Zugang zu allen Staatsgeheimnissen war ab sofort gesperrt. In Princeton tauchten Sicherheitsbeamte auf und räumten den Safe aus, in dem Oppenheimer mit Zustimmung der AEC einige mit »Geheim« oder »Sehr Geheim« gestempelte Dokumente aufzuheben pflegte.

Oppenheimer hatte stets hohes Interesse für den »Fall Dreyfus« gezeigt. Nun mußte er fühlen, als risse man ihm wie jenem zu Unrecht verdächtigten französischen Offizier die Epauletten von der Uniform und zerbräche vor seinen Augen den Offizierssäbel. Er hatte den Vereinigten Staaten unter Hintansetzung vieler moralischer Skrupel, die ihn nie ganz verließen, gedient.

War alles umsonst gewesen? Stießen sie ihn für immer zurück ins »Niemandsland«?

4

Die Öffentlichkeit erfuhr von dem bevorstehenden Verfahren gegen Oppenheimer erst über ein Vierteljahr später, im April 1954, nachdem sein Anwalt, Lloyd Garrison, bei Beginn der Verhandlungen, die hinter verschlossenen Türen stattfinden sollten, das Anklageschreiben des Generals Nichols und einen am 4. März 1954 von Oppenheimer geschriebenen, dreiundvierzigseitigen Antwortbrief dem Washingtoner Bürochef der »New York Times«, James Reston, übergeben hatte.

Der Eindruck, den das Vorgehen der amerikanischen Regierung gegen Oppenheimer machte, war tief. Nicht nur weil der Gelehrte ein berühmter Mann, ja geradezu ein Symbol des Atomzeitalters geworden war, sondern weil fast jeder Zeitgenosse sich von dem Schicksal dieses in Gewissenskonflikte geratenen Forschers unmittelbar angesprochen fühlte. Denn nicht einmal zwei Wochen zuvor hatte Admiral Strauss, gezwungen durch die weltweite Unruhe, die der Unfall der japanischen Fischer hervorgerufen hatte, bei seiner Rückkehr vom Testplatz im Pazifik erstmals genauere, offizielle Mitteilungen über die gewaltige Wirkung der Wasserstoffbombe gemacht.

Als nun die Zeitungen schrieben, die längst bekannten und weit zurückliegenden Verbindungen Oppenheimers mit Kommunisten seien nur deshalb wieder hervorgeholt worden, weil er »Widerstand gegen die Wasserstoffbombe« geleistet habe, mußte er den entsetzten und geängstigten Menschen in aller Welt, die selbst seit Jahren nicht das geringste Mitspracherecht in dieser sie alle zutiefst angehenden Frage haben durften, geradezu als ihr Verteidiger erscheinen. Oppenheimer, so kam es in diesem Augenblick dem »Mann von der Straße« vor, war der einzig Mitfühlende und Nachdenkliche unter den am Bau der »neuen Waffen« beteiligten Wissenschaftlern gewesen.

Noch ehe das Verfahren richtig begann, umgab ihn der Glorienschein eines Märtyrers.

Fast einmütig stellten sich von Anfang an die Berufskollegen hinter Oppenheimer. Was die Wissenschaftler für den Angegriffenen einnahm, war in den seltensten Fällen persönliche Sympathie. Sie kannten die Geschichte seiner Schwankungen und Kompromisse seit 1945 zu gut, um in ihm nun, wie es das große Publikum tat, den standhaften Verteidiger der Menschlichkeit zu sehen. In erster Linie setzten sie sich aus beruflicher Solidarität und aus Selbstinteresse für ihn ein: Durfte ein Forscher, der die Regierung beraten hatte, später wegen seiner in einem Gutachten geäußerten Ansichten zur Rechenschaft gezogen und mit unehrenvoller Entlassung bedroht werden, dann konnte das in Zukunft auch jedem von ihnen geschehen. Daß gerade der Mann, den viele seiner Berufskollegen seit seinem Eintreten für die vom Kriegsministerium unterstützte May-Johnson-Bill eher als zu fügsam und folgsam gegenüber den Forderungen der staatlichen Stellen befunden hatten, nun als Saboteur angeprangert wurde, erschien vielen von ihnen als geschichtliche Ironie. Forscher wie der Nobelpreisträger Harold C. Urey oder der ehemalige Direktor des »Bureau of Standards«, Edward U. Condon, die Oppenheimer früher oft wegen seiner allzu großen politischen Biegsamkeit und Vorsicht kritisiert hatten, sahen sich nun zu ihrer eigenen Überraschung unter seinen Fürsprechern.[1]

[1] Als Condon selbst einige Jahre zuvor das Objekt ungerechtfertigter Angriffe in bezug auf seine Loyalität gewesen war, hatten die Wissenschaftler demonstrativ ein Ehrendiner für ihn veranstaltet. Oppenheimer war damals der einzige prominente Forscher gewesen, der aus »taktischen Gründen« gezögert hatte, sich dieser Protestaktion anzuschließen.

Auf der Anklagebank

1

Die Verhandlungen »In Sachen J. Robert Oppenheimer« begannen am 12. April 1954. Sie dauerten drei volle Wochen. Von Anfang an wurde ausdrücklich betont, daß es sich nicht um einen Prozeß, sondern um ein reines Verwaltungsverfahren handle, bei dem allerdings einige forensische Methoden wie die Einvernahme und das Kreuzverhör von Zeugen in Anwendung kommen sollten. Aber Roger Robb, der Vertreter der Atomenergie-Kommission, benahm sich von Anfang an wie ein scharfer, unbarmherziger Staatsanwalt und behandelte Oppenheimer nicht als Zeugen in eigener Sache, sondern wie einen des Hochverrats Angeklagten.

Die Sitzungen, zu denen kein einziger Vertreter der Öffentlichkeit zugelassen war, fanden in dem noch aus dem Krieg stammenden Building T-3, einem unscheinbaren provisorischen Bürogebäude, statt, das mit seiner Fassade aus schmutzig-weißen Brettern, seinen hölzernen »Seufzerbrücken« von Baracke zu Baracke und seinem häßlichen, grünlichen Behelfsdach fast genau dem ersten Verwaltungsgebäude von Los Alamos glich, in dem sich Oppenheimers Direktionsbüro befunden hatte. Damit seine Ankunft unbemerkt bliebe, führte man den Gelehrten stets durch einen Hintereingang in das im zweiten Stock gelegene Zimmer 2022, ein gewöhnliches Büro von etwa acht Meter Länge und vier Meter Breite, das durch ein paar an den Wänden entlang aufgestellte Tische und Stühle notdürftig in eine Art von »Tribunal« verwandelt worden war. An der einen Querwand saßen die drei von der AEC speziell für dieses Verfahren bestellten Mitglieder des »Personnel Security Boards« (Personal-Sicherheitausschuß). Gordon Gray, sein Vorsitzender, ein intelligenter, sehr gutaussehender, aber farbloser Millionärssohn, der sich im öffentlichen Dienst vor allem als »Undersecretary of the Army« ausgezeichnet hatte, war zur Zeit Universitätsrektor in North Carolina sowie Besitzer einiger Zeitungen und Radiostationen. Neben ihm zur Rechten saß der schweigsame Thomas A. Morgan, ein Großindustrieller, der bis 1952 die »Sperry Gyroscope Company« gemanagt hatte, und zur Linken Ward E. Evans, ein angesehener Chemieprofessor, der mit seinen gelegentlichen skurrilen Fragen oder seiner Gewohnheit, sich bei den zur Verhandlung berufenen Zeugen im Laufe des Verhörs, sooft er eingriff, gemütlich nach privaten oder wissenschaftlichen Freunden zu erkundigen (»Sie haben Bohr getroffen? Wie geht es Niels?«), den tragischen Ernst der Verhandlungen etwas entspannte.

Den drei Richtern gegenüber am anderen Ende des Raumes stand ein altes Ledersofa. Hier pflegten die Zeugen – es traten nacheinander nicht weniger als vierzig prominente Wissenschaftler, Politiker und Militärs auf – Platz zu nehmen, nachdem sie zuvor feierlich vereidigt worden waren. An der Fensterseite, dem Tageslicht den Rücken kehrend, saß der »Ankläger« Robb und ihm gegenüber Oppenheimer mit seinen Verteidigern. Es waren selten mehr als zehn bis zwölf Personen auf einmal anwesend. Gelegentlich erfüllten auch körperlose Stimmen die Szene. Sie kamen aus einem tragbaren Lautsprecher. Es waren die ohne Oppenheimers Wissen aufgenommenen Aussagen aus seinen Verhören im Kriege, die von der »Anklage« nun kontrapunktisch gegen seine jetzigen Aussagen gesetzt wurden.

2

Während der ganzen ersten Woche seines Verfahrens wurde Robert Oppenheimer, alles in allem nur von zwei anderen Aussagen unterbrochen, täglich von Beginn der Verhandlung am Morgen bis in den Abend hinein verhört. Selten hat ein Mensch unserer Zeit, seine Hoffnungen und Zweifel, Leistungen und Irrtümer schildernd, so spontan und in so vielen Einzelheiten über sich selbst ausgesagt. Keine geschriebene Selbstbiographie, an der stets der formende, selbstkritische und die eigenen Erlebnisse entstellende oder zensierende Verstand mitarbeitet, könnte jenen Grad von Echtheit erreichen, wie das nachträglich veröffentlichte, neunhundertzweiundneunzig engbedruckte Seiten umfassende Protokoll dieser Monologe und Dialoge im Zimmer 2022.

Liest man das wörtliche »transcript of the hearing« (»Abschrift des Verhörs«), so fällt auf, wie undeutlich und unsicher der sonst so hervorragende, die Zuhörer in seinen Bann zwingende Sprecher Oppenheimer sich bei dieser Gelegenheit ausdrückte. Es scheint fast, als hätte er sich freiwillig seiner stärksten Waffe beraubt. Nur in den von ihm schriftlich vorbereiteten Aussagen, wie in der bei aller verbalen Kargheit bewegenden Lebensbeschreibung, die er vor Prozeßbeginn verfaßte, spürt man den Meister des Wortes.

Augenzeugen erzählen, daß Oppenheimer, den sie zuvor als einen jede Debatte beherrschenden und selbst seine Gegner für sich einnehmenden Sprecher gekannt hatten, bei diesen Verhandlungen oft den Eindruck machte, als wäre er nur halb dabei. »Er lehnte sich lässig, manchmal wie abwesend, in dem zur ›Anklagebank‹ gewordenen Sofa zurück«, wird berichtet. André Malraux, der Oppenheimer einst durch Chevalier, seinen langjährigen Übersetzer, kennenlernte, soll, als er das Protokoll des Verhörs gelesen hatte, gesagt haben, er verstehe nicht, weshalb der angesehene Gelehrte sich von seinem Hauptgegner, Roger Robb, eine oft so unwürdige Behandlung gefallen ließ. »Er hätte sich voller Selbstbewußtsein aufrichten und ausrufen sollen: ›Messieurs, la bombe atomique, c'est moi!‹« (»Meine Herren, die Atombombe bin ich!«), äußerte der große französische Schriftsteller.

Aber eben das hätte Oppenheimers Charakter nicht entsprochen. Er hatte stets mehr von Shakespeares dänischem Prinzen als vom »Sonnenkönig« an sich gehabt. Wie Hamlet hatte er einst gedacht, daß er »zur Welt, sie einzurenken« kam, aber sein »open mind« (»offener Geist«), wie er seine unentschiedene Haltung am liebsten kennzeichnete, hatte ihn vor wichtigen Entscheidungen so lange zaudern, zögern und schwanken gemacht, bis ihn dann innerer Ehrgeiz und äußerer Zwang schließlich doch zu Entschlüssen trieben, die er fast jedesmal kurz danach wieder bereute.

Gegenüber einem »one track mind« (»Einbahn-Geist«)

wie Roger Robb mußte ein so komplizierter, widerspruchsvoller Mensch von vornherein im Nachteil sein. Der »Staatsanwalt« verwickelte Oppenheimer unbarmherzig in Widersprüche, lockte ihn in Fallen, trieb ihn in die Enge. Aber indem er ihn auf solche Weise bloßstellte, leistete er dem Schwankenden in Wahrheit einen großen Dienst: Der Nachwelt würde Oppenheimer, der »Vater der Atombombe«, nun nie mehr als gewissenlos oder gar böse erscheinen können, sondern nur noch als zerrissen, schwach und im entscheidenden Augenblick ohne jenen tieferen Halt, den ihm wohl nur ein jenseits aller Kalkulationen vorhandener Glaube hätte geben können.

Vielleicht nirgends treten die Qual und das Versagen Oppenheimers so deutlich hervor, wie an den folgenden Stellen:

Robb: Hätten Sie sich dem Abwurf einer thermonuklearen Bombe auf Japan aus moralischen Skrupeln widersetzt?

Oppenheimer: Ich glaube, das hätte ich.

Robb: Widersetzten Sie sich dem Abwurf einer Atombombe auf Hiroshima aus moralischen Skrupeln?

Oppenheimer: Wir äußerten …

Robb: Ich frage, was Sie taten, nicht »wir«.

Oppenheimer: Ich gab meinen Ängsten Ausdruck und äußerte Gründe, die dagegen sprachen.

Robb: Sie meinen, Sie argumentierten gegen den Abwurf der Bombe?

Oppenheimer: Ich brachte Gründe vor, die gegen den Abwurf sprachen.

Robb: Gegen den Abwurf der Atombombe?

Oppenheimer: Ja, aber ich unterstützte diese Argumente nicht ausdrücklich.

Robb: Sie meinen, daß Sie – nachdem Sie, wie Sie es selbst ganz ausgezeichnet gesagt haben, Tag und Nacht drei oder vier Jahre lang an der Fertigstellung der Atombombe gearbeitet hatten – das Argument vorbrachten, sie solle nicht verwendet werden?

Oppenheimer: Nein, ich trat nicht dafür ein, daß sie nicht verwendet werden solle. Ich wurde vom Kriegsminister gefragt, was die Ansichten der Wissenschaftler wären. Ich gab ihm Argumente, die dagegen, und solche, die dafür sprachen.

Robb: Aber Sie sind doch für den Abwurf der Atombombe auf Japan eingetreten?

Oppenheimer: Was verstehen Sie unter »eintreten«?

Robb: Sie halfen das Ziel auszusuchen, nicht wahr?

Oppenheimer: Ich tat nur meine Arbeit, die Arbeit, die ich tun sollte. Ich war in Los Alamos nicht in der Lage, politische Entscheidungen zu treffen. Ich hätte alles gemacht, was man von mir verlangt hätte, einschließlich Bomben aller verschiedener Formen, wenn ich sie nur für technisch herstellbar gehalten hätte.

Robb: Sie würden also auch eine thermonukleare Bombe hergestellt haben, nicht wahr?

Oppenheimer: Ich konnte es damals nicht.

Robb: Danach habe ich Sie nicht gefragt, Doktor.

Oppenheimer: Ich hätte daran gearbeitet.

Robb: Wenn Sie nun die thermonukleare Bombe in Los Alamos entdeckt hätten, dann hätten Sie das getan. Wenn Sie sie hätten entdecken können, hätten Sie das getan, nicht wahr?

Oppenheimer: O ja.

3

Am 22. April 1954 wurde Robert Oppenheimer fünfzig Jahre alt. Unter normalen Umständen wäre das für den Erfolgreichen ein Tag der Feier und der Ernte gewesen. So aber wurde es ein Tag des Gerichts. Man stand in der zweiten Woche des Verfahrens, und das lange Zeugendefilee war nun im Gange. Alle, die bisher zur Sprache gekommen waren, hatten Oppenheimer gepriesen. Sie lobten seine Energie und Führungsqualitäten als Leiter von Los Alamos, sein Verständnis für die Notwendigkeit strenger Maßnahmen zur Verhinderung von Spionage, seine Fähigkeiten als Organisator, seine Loyalität.

Aber bevor jeder Zeuge nach oft stundenlanger Befragung durch Gray, Robb und Oppenheimers Anwälte seine Aussage beendet hatte, pflegte sich Professor Evans einzuschalten und eine Frage nach dem Charakter und Wesen der Wissenschaftler zu stellen. So auch an diesem Morgen.

Auf dem Ledersofa saß Norris Bradbury, Oppenheimers Nachfolger als Direktor von Los Alamos. Evans wandte sich an ihn mit folgenden Worten:

»Denken Sie nicht, daß die Männer der Wissenschaft meist recht eigenartige Individuen sind?«

»Sie wollen wohl wissen, ob ich meine Frau schlage, und so?« gab Bradbury im Scherz zurück. Dann aber suchte er nach einer Antwort und sagte: »Wissenschaftler sind menschliche Wesen ... Ein Wissenschaftler will wissen. Er will korrekt, wahrheitsgemäß und präzis wissen ... Daher werden Sie unter Leuten in wissenschaftlichen Berufen, die Phantasie haben, einzelne finden, die ... den Willen haben, zu prüfen und sich überzeugen zu lassen, ohne voreingenommen zu sein, ob diese Konstante im moralischen Sinne nun richtig oder falsch sei oder diese Kurve oder jene Funktion vielleicht Unheil bringen könnte ... Wenn sie das eigenartig macht, dann ist das wahrscheinlich eine wünschenswerte Eigenartigkeit.«

Evans: Haben Sie so gehandelt?

Bradbury: Na ja...

Evans: Gehen Sie fischen und so?

Bradbury: Doch, ich habe eine Menge solcher Sachen gemacht. Einige Leute, wahrscheinlich war ich auch darunter, waren allerdings in letzter Zeit viel zu sehr mit ... ihren Forschungen beschäftigt.

Evans: Aber das macht sie doch nicht eigenartig?

Bradbury: Das sollen andere beurteilen.

Evans: Jüngere Leute machen Fehler, wie?

Bradbury: Ich glaube, das gehört zum Erwachsenwerden.

Evans: Glauben Sie, daß Dr. Oppenheimer irgendwelche Fehler beging?

So war man also wieder beim Hauptthema: Robert Oppenheimer, der mit einem Gesicht, starr wie eine römische Maske, zuhörte. Am Tage zuvor war aus dem Munde von Rabi, dem quicken, kleinen, scharfzüngigen Nobelpreisträger, der Oppenheimer noch als Studenten in Europa und als jungen Dozenten gekannt hatte, folgende bemerkenswerte Äußerung über ihn und sein Verfahren gefallen:

»Das ist es, wovon Romane handeln. Da ist ein dramatischer Augenblick, und aus ihm erhellt die Historie eines Menschen: was ihn zum Handeln getrieben, was er getan hat und welche Art von Mann er war. Genau das geschieht hier. Sie schreiben die Lebensgeschichte eines Menschen.«

Aber aus dieser und noch mancher anderen Aussage, die zwischen dem 12. April und dem 6. Mai 1954 im Zimmer 2022 gemacht wurde, erstand nicht nur die Lebensgeschichte eines einzigen Mannes, sondern die einer ganzen Generation von Atomforschern: ihre ungetrübte Jugend, ihre Furcht vor den Diktatoren, ihre Blendung durch eine übermächtige Erfindung, ihre schwere Verantwortung, auf die sie nicht vorbereitet waren, ihr Ruhm, der sie zu ruinieren drohte, ihre Verstrickung und ihre Not. Es ging in diesem engen Amtszimmer nicht nur um Robert Oppenheimer. Es ging um alle die neuen, ungelösten Fragen, die den Wissenschaftlern mit dem Anbruch des Atomzeitalters aufgegeben worden waren: ihre neue Rolle in der Gesellschaft, ihr Unbehagen in einer Welt des mechanisierten Terrors und Gegenterrors, die sie selbst mitgeschaffen hatten, ihren Verlust eines tieferen Ethos, aus dem die Wissenschaft einst gewachsen war.

Wer nachliest, was diese eminenten Geister – damals noch im Glauben, daß ihre Aussagen niemals einer größeren Öffentlichkeit bekannt werden würden – in jenem »Hearing« über sich selbst und ihr Schicksal äußerten, muß sich fragen: Warum ging das Lebenskalkül dieser hervorragenden Rechner so ganz anders auf, als sie erwartet hatten? Weshalb waren gerade sie, die doch ihren Beruf zuerst wählten, um einer chaotischen, gesetzlosen Welt den Rücken zu kehren, ins Zentrum des politischen Sturmes hineingeführt worden? Wie kam es, daß Menschen, die auszogen, um vollkommenere Wahrheit zu finden, schließlich die besten Jahre ihres Lebens damit verbringen mußten, nach immer perfekteren Zerstörungsmitteln zu forschen?

Manchmal, so zeigen diese Aussagen, war es selbst den

treuesten Staatsbürgern zuviel geworden. Das wird zum Beispiel an einem Augenblick aus dem Leben von James Conant klar. Er sprach allerdings nicht von selbst davon, obwohl auch er zu den Zeugen gehörte, sondern es war Luis Alvarez, der darüber berichtete. Auf einer Autofahrt von Berkeley nach San Francisco im Sommer 1949 hatte E. O. Lawrence versucht, Conant für die Kriegsverwendung von radioaktivem Giftstaub zu interessieren. Halb gequält, halb ärgerlich hatte ihm Conant geantwortet: »Damit will ich nichts zu tun haben. Ich habe schließlich während des Krieges meine Pflicht getan.«

Erschütternd ist es aber, nun zu hören, daß Alvarez diesen schließlich unüberwindlich gewordenen Abscheu vor der zur Tatsache gewordenen Perversion der Wissenschaft nicht etwa als den Ausdruck tiefer moralischer Bedenken wertet, sondern nur als Zeichen dafür, daß der große Gelehrte und Lehrer eben schon »alt, müde und ausgebrannt« sei.

Man hat die Fragen, die Dr. Evans in diesem Verfahren stellte, öfter als nebensächlich und nur vom »Thema Oppenheimer« ablenkend beurteilt. In Wahrheit zielten aber gerade sie in ihrer gespielten Naivität mitten ins Herz des größten Problems, das durch Oppenheimers Sturz deutlich geworden war: Was ist eigentlich diese neue, so mächtige und doch so ohnmächtige Figur des Wissenschaftlers?

Durch den Mund dieses ungenierten, auch noch als Mitglied eines staatlichen Untersuchungsausschusses stets menschlichen Chemieprofessors haben vermutlich alle die Laien gesprochen, deren halb bewundernden, halb ängstlichen Blick er auf sich fühlte, seit sie seinen Berufsstand nicht mehr als »komisch«, sondern als schrecklich empfanden. »Sind Wissenschaftler sonderbar? Sind sie vielleicht verrückt?« In solchen primitiven Fragen, die Evans vorbrachte, klang in Wahrheit die Stimme von Millionen Beunruhigten durch, die von den Männern der Wissenschaft erfahren wollten: »Seid ihr noch Geschöpfe wie wir? Erkennt ihr noch das Maß, die Würde des Menschen und die Gebote seines Schöpfers an? Sagt uns, wohin ihr eigentlich strebt.«

Die Atomforscher, die ja vor dem »Personnel Security

Board« defilierten, waren in Wahrheit auch Angeklagte, und die kritische Frage, zu der sie sich äußern sollten, hieß nicht: »Warst du dem Staate treu?«, sondern: »Warst du den Menschen treu?«

4

Der vorläufig letzte Akt des Oppenheimer-Dramas erinnert in seiner Einfachheit an die volkstümlichsten Sagen und Legendenspiele früherer Jahrhunderte, in denen Marlowe und Goethe den Stoff für ihre Faust-Tragödie entdeckten. Oppenheimers Sturz wurde durch die Entscheidung des Personalausschusses, der mit den Stimmen von Gray und Morgan gegen die Stimme des Dr. Evans für eine Aufhebung seiner »security clearance« eintrat, offiziell und durch die nachfolgende Ablehnung seines Appells an die Atomenergie-Kommission mit vier gegen eine Stimme (die von Henry D. Smyth) endgültig bestätigt.[1]

Von nun an aber begann für den Geprüften ein neuer Aufstieg zu anderen, reineren Höhen. Befreit von der Last staatlicher Aufgaben und der Notwendigkeit, politische oder strategische Ratschläge zu erteilen, widmete sich Oppenheimer seither hauptsächlich der Leitung des »Institute for Advanced Study« und dem Erforschen der durch die moderne Kernphysik aufgeworfenen geistigen Probleme. Wer ihm heute begegnet, liest wohl noch Spuren der inneren Kämpfe und Niederlagen auf seinem in der Spanne weniger Jahre stark gealterten Gesicht, aber auch eine aus stoischer Bescheidenheit neugewonnene Ruhe. Oppenheimer hofft nun, vor allem an der geistigen Klärung der von der Zeit und ihren vorläufig ungebändigten technischen Kräften gestellten Fragen mitarbeiten zu können.

Ganz im Gegenteil dazu, macht Eduard Teller, der als einziger Wissenschaftler von Rang gegen Oppenheimer aussagte

[1] Der Personalausschuß erkannte Oppenheimer zwar zu, er sei seinem Lande loyal geblieben, äußerte aber »Unruhe« über sein Verhalten in der Frage der Wasserstoffbombe und Kritik an seinem Umgang mit politisch Verdächtigen.

und damit entscheidend zur Ausschaltung seines Rivalen beitrug, jetzt den Eindruck eines Gehetzten, vom lauten Ruhm, der ihm als »Vater der Wasserstoffbombe« zuteil wurde, zutiefst Unbefriedigten. Seine Berufskollegen behandelten ihn in den ersten Monaten nach dem Oppenheimer-Verfahren wie einen Aussätzigen, schlimmer noch, wie einen Regierungsspitzel, vor dem man nicht offen sprechen könne. Er drang darauf, sich vor den versammelten Mitarbeitern von Los Alamos verteidigen zu dürfen. Man hörte ihn in eisiger Stille an, aber er überzeugte nicht, und man verzieh ihm nicht.

Die Gründe für diese Animosität gehen wahrscheinlich tiefer, als die meisten Physiker selber wissen. Sie sehen in Teller nicht nur einen Verräter an einem Berufskollegen, sondern das lebendige Beispiel und die Verkörperung des Verrates an den Idealen der Wissenschaft. Von seinen Vorlesungen in sein Bombenlaboratorium Livermore eilend, von Seminaren zu Konferenzen mit dem State Department oder dem »Strategic Air Command« fliegend, ist er zum lebenden Symbol ihrer eigenen Rastlosigkeit und Verstrickung geworden.

Wenn Stan Ulam, sein einstiger Mitarbeiter, über Teller befragt wird, so hütet er sich vor einem eigenen Urteil. Er nimmt statt dessen einen Band von Anatole France aus dem Regal und zeigt auf das über einem Kapitel stehende Motto: »Vous n'avez donc pas vu que c'étaient des anges?« (»Habt ihr denn nicht gesehen, daß dies Engel waren?«)

Hält er ihn für einen gefallenen Engel? Er sagt es nicht und lächelt nur. Vielleicht denkt er, wie manche andere Atomforscher heute, daß Teller gerade dadurch, daß er den Rüstungswahnsinn wie kein anderer befürwortete, durchlebte und auf die Spitze trieb, zum Instrument eines göttlichen Willens wurde und den Frieden herbeiführen half?

Oppenheimer aber sieht die Jahre seiner Blendung und Not heute nur noch wie ein Stück Geschichte. »Wir haben die Arbeit des Teufels getan«, summierte er seine Erfahrung im Frühsommer 1956 gegenüber einem Besucher. »Aber nun kehren wir zu unseren wirklichen Aufgaben zurück. Erst vor ein paar Tagen hat mir Rabi erzählt, er wolle sich wieder ausschließlich der Forschung widmen.«

Es gibt freilich unter denen, die Oppenheimer einst gut kannten und von ihm enttäuscht wurden, auch manche, die nicht zu glauben vermögen, er habe für immer der Macht entsagt. Einer von ihnen, ein einstiger Schüler von »Oppie« und heute selbst ein angesehener Gelehrter, meint skeptisch: »Ich fürchte, er spielt nur eine neue Rolle in seinem großen Repertoire. Jetzt ist er eben notgedrungen der Märtyrer, der Heilige, aber sobald sich die Gelegenheit ergibt, wird er wieder in Washington mitmachen.«

Dieses bittere Urteil ist eine zwar verständliche, aber wohl kaum zutreffende Prognose. Oppenheimer erwarten wichtigere und erregendere Aufgaben als die, welche Ministerien oder Generalstäbe ihm stellen könnten.

Ein Streben, dem er sich widmen möchte, hat er in einer seiner letzten Reden visionär entworfen:

»Beide, die Männer der Wissenschaft und der Kunst, leben stets am Rande des Geheimnisses, sind ganz von ihm umgeben. Beide haben als Maß ihrer Schöpfung stets mit der Harmonisierung des Neuen und des Gewohnten zu tun gehabt, mit dem Gleichgewicht zwischen Neuheit und Synthese, mit der Bemühung, im totalen Chaos wenigstens teilweise Ordnung zu schaffen. Sie können in ihrer Arbeit und in ihrem Leben sich selbst, einander und allen Menschen helfen. Sie können Pfade bauen, welche die Dörfer der Kunst und der Wissenschaften miteinander und mit der Welt draußen verbinden, vielfache, verschiedene, kostbare Bindeglieder einer wahren und weltweiten Gemeinschaft.

Das kann kein leichtes Leben sein. Wir werden es schwer haben, unseren Geist zu öffnen und zu vertiefen, unseren Sinn für Schönheit, unsere Fähigkeit, sie zu schaffen, und unsere Fähigkeit, sie in weltfremden, seltsamen, ungewohnten Plätzen zu entdecken; wir werden es schwer haben, alle von uns, wenn wir die vielfachen, verschlungenen, zufälligen Wege bewahren und in einer großen, offenen, windigen Welt in Existenz halten wollen. Aber das ist, wie ich sehe, Vorausbedingung des Menschen, und unter dieser Bedingung können wir helfen, weil wir einander lieben.«

Nachwort

Am Ende einer Möglichkeit?

1

Zimmer 2022, in dem die Untersuchung gegen Robert Oppenheimer stattfand, ist heute wieder ein gewöhnliches Büro, in dem ein Zivilangestellter der Navy arbeitet, der nicht einmal weiß, was sich zwei Jahre zuvor in diesen vier Wänden abgespielt hat. In »Farm Hall«, dem Internierungslager der deutschen Kernphysiker, malt die neue Besitzerin des Hauses farbenprächtige Blumen-Stilleben. Vor dem Felsenkeller von Haigerloch mümmeln Kaninchen friedlich ihr Heu, und der Krater, den die erste Atombombe in den Wüstenboden von New Mexico riß, ist unlängst zugeschüttet worden: Sand darüber!

Auch das Leben der Atomforscher fließt seit dem Sommer 1955, der viele von ihnen in Genf bei der Konferenz »Atome für den Frieden« zusammenbrachte, wieder in etwas ruhigeren Bahnen. Die Fesseln der Sicherheitsvorschriften sind ein wenig gelockert, die Hindernisse, die der Wiederherstellung des internationalen wissenschaftlichen Verkehrs in den Weg gelegt wurden, etwas abgebaut worden, aber die lang vernachlässigte Grundlagenforschung und die Probleme einer wirtschaftlichen Nutzung der Kernenergie beschäftigen die Physiker heute stärker als Fragen der Waffenforschung.

Anders als die Gestalten in Dramen und Romanen, die mit dem Fallen des Vorhangs oder mit dem Umblättern der letzten Seite verschwinden, überleben die Helden eines Zeitberichts oft ihre Tragödie. Der Reporter findet sie mitten im Alltagsbetrieb, voll neuer Pläne und frischer Hoffnungen, mehr auf das Kommende als auf Vergangenes gerichtet.

Und doch ist die Unruhe von den Atomforschern nicht gewichen. Sie sind sich selbst zum Problem geworden. »Was sollen wir tun?« fragte C. F. von Weizsäcker sich im Herbst 1945. »Wir haben wie Kinder mit dem Feuer gespielt, und es ist emporgeschlagen, ehe wir es erwarteten.« Die Gewissensfragen, die sich fast jeder Kernphysiker seit Kriegsende gestellt hat, fanden bis heute keine anerkannte und bindende Antwort.

Wohl erkennen die meisten Naturwissenschaftler nun an, daß sie für die Anwendung ihrer Entdeckungen mitverantwortlich sind, aber was verstehen sie unter »Verantwortung«? Für einige von ihnen heißt das, an Rüstungsvorhaben nicht teilzunehmen. Die eindrücklichste Demonstration dieser Haltung war die am 12. April 1957 von achtzehn führenden deutschen Atomforschern abgegebene Erklärung, die in den Worten gipfelte: »Jedenfalls wäre keiner der Unterzeichneten bereit, sich an der Herstellung, der Erprobung oder dem Einsatz von Atomwaffen in irgendeiner Weise zu beteiligen.« Diese deutschen Physiker (es gehörten dazu führende »Passivisten« der Hitlerzeit wie Bopp, Born, Fleischmann, Gerlach, Hahn, Haxel, Kopfermann, von Laue, Mattauch, Straßmann und von Weizsäcker) blieben damit ihrer bereits in den Jahren des »Dritten Reiches« unter größten Gefahren praktizierten Widerstandshaltung weiterhin treu.

Ihr Beispiel fand unerwartet großen Widerhall. Nicht nur im eigenen Lande, sondern bei den Wissenschaftlern aller Welt wurde es heftig diskutiert. Denn nie zuvor hatten sich in irgendeinem anderen Staat nahezu alle bedeutenden Kernphysiker so eindeutig gegen den Mißbrauch ihrer Wissenschaft erklärt und darüber hinaus diese Erkenntnis durch eine feierliche Verpflichtung besiegelt.

Der Standpunkt derjenigen, die nun aber gerade dieses neue Gefühl der »Verantwortung« als Anlaß – und als Entschuldigung – *für* ihre weitere Teilnahme an der Atomforschung angeben, ist im April 1958 am eindeutigsten von Eduard Teller dargelegt worden.

Wieder einmal war Teller vor einer Kommission des amerikanischen Senats erschienen. Er sollte seine Meinung äußern, ob es wohl möglich wäre, mit Hilfe internationaler Kontrollstationen die Einhaltung eines »Stops« aller weiteren Atomversuche zu überwachen. In den vorhergehenden Monaten hatte der »Vater der Wasserstoffbombe« seine Stellung als wissenschaftlicher Berater der amerikanischen Regierung in ungeahntem Maße gefestigt. Durch seinen Freund und Chef Lewis Strauss konnte er nun jederzeit Zugang zu Präsident Eisenhower finden. Teller nahm 1957 und bis ins Frühjahr 1958 in Washington etwa die Stellung ein, die Oppenheimer in den Jahren 1945 bis 1947 bekleidet hatte.

Teller war gegen jedes Kontrollabkommen. Sein seit jeher ungewöhnlich stark entwickeltes Mißtrauen, genährt von einer hochentwickelten Phantasie, hatte buchstäblich hundert Kniffe und Tricks erdacht, welche ein zur Umgehung des Abkommens entschlossener Partner sich ausdenken konnte, um heimlich mit seinen Entwicklungsversuchen fortzufahren, während die anderen sich treu an die geschlossenen Verträge hielten. Die Abrüstung sei eine verlorene Sache, erklärt Teller. Man solle es daher gar nicht erst mit ihr versuchen. Und die durch weitere Atomversuche drohenden Gesundheitsschäden für die gesamte Menschheit? Sie wurden von Teller mit einer Handbewegung weggewischt. Seiner Ansicht nach seien sie für den einzelnen nicht schwerwiegender, als wenn er alle zwei Monate einmal eine Zigarette rauche.

Die Senatoren hörten sich diese Argumente mit einem Gemisch von Bewunderung und Verwunderung an. Andere »Zeugen« waren zuvor hier erschienen und hatten in ruhiger, sachlicher, wissenschaftlicher Weise ihre Meinungen geäußert. Diese Aussagen waren allerdings weder so brillant formuliert gewesen noch mit solcher Leidenschaftlichkeit vorgetragen worden. Gerade Tellers propagandistische Geschicklichkeit, gerade sein Eiferertum begannen aber nun die amerikanischen Volksvertreter mißtrauisch gegen ihn zu stimmen. Schließlich brachte einer der Senatoren vor, was wohl auch die anderen dachten. Es war der ehemalige Sekretär der US Air-Force, Stuart Symington. Der elegante, gutaussehende Senator fragte Teller nämlich, ob sein Urteil in Abrüstungsfragen nicht verzerrt (»distorted«) sein müsse, weil er eben unbedingt immer neue Waffen entwickeln wolle?

Einen Augenblick lang war es in dem kleinen, pergamentbraun tapezierten Raum totenstill. Dann brach es aus Teller hervor:

»Ich habe nichts für Waffen übrig. Ich wählte den Beruf eines Wissenschaftlers, weil ich die Wissenschaft liebe. Und ich würde am liebsten nichts betreiben als reine Forschung. Hier liegen meine wirklichen Interessen. Ich möchte Frieden haben. Aber um Frieden zu haben, brauchen wir Waffen, und ich denke nicht, daß meine Ansichten verzerrt sind. Ich glaube vielmehr, daß ich meinen Beitrag zu einer friedlichen Welt leiste.«

2

Als Eduard Teller an jenem 16. April 1958 den »hearing room« im Senatsgebäude verließ, war sein Einfluß schon so erschüttert, daß sein Rücktritt als Berater der Regierung nur noch eine Sache von Wochen, vielleicht Monaten sein konnte. Tatsächlich legte er genau fünf Monate später sein Amt als Mitglied der »General Advisory Commission« nieder, um sein Mißfallen gegenüber dem »neuen Kurs« der USA in Sachen der Atomrüstung auszudrücken. Seine als Protest gedachte Geste erregte jedoch kaum irgendwelche Aufmerksamkeit. Im Gegensatz zu Robert Oppenheimer, dessen internationales Ansehen im gleichen Jahre durch eine Reihe von Vorlesungen in Paris und Tel Aviv womöglich noch gestiegen war, galt Teller nun, im Sommer 1958, als ein »vergessener Mann«.

Den »neuen Kurs« der Regierung Eisenhower in Richtung auf eine internationale Atomkontrolle steuerte nunmehr ein Atomwissenschaftler, dem wir im Laufe unseres Berichtes schon mehrfach begegnet sind: Hans Bethe. Nach dem Schock, den Amerika im Oktober 1957 durch das Erscheinen des ersten »Sputnik« erlitten hatte, war der Präsident der Vereinigten Staaten auf die Suche nach einem Mann gegangen, der ihn in allen Fragen des wissenschaftlichen Fortschrittes beraten könnte, und hatte den Rektor des weltberühmten »Massachusetts Institute of Technology«, James R. Kilian, gefunden. Eines der ersten Projekte, die Kilian im Sinn hatte, war die Ausarbeitung eines wissenschaftlich fundierten Planes zur Herbeiführung einer allgemeinen Weltabrüstung.

Verantwortlich für diese Studie wurde aber Hans Bethe gemacht, der nun endlich nach jahrzehntelanger, oft unwilliger Mitarbeit an der Entwicklung neuer Waffen die Chance erhielt, Vorschläge für eine wirksame Kontrolle und Abschaffung dieser Menschheitsgeißeln zu machen.

Das bedeutete für den Professor Bethe abermals vorübergehenden Abschied von der geliebten Forschungsarbeit. Immer seltener sah man ihn jetzt in seinem modernen neuen Physik-Institut an der Cornell-Universität. Ja, das Rektorat dieser Hochschule schien ihn wegen seiner häufigen Abwesenheit dem Lehrkörper so wenig zuzurechnen, daß man Bethe feierlich zu einer besonderen Vorlesungsreihe einlud, die sonst eigentlich nur auswärtigen Professoren vorbehalten war.

Aber diesmal lohnte sich der neuerliche Ausflug des Forschers in die »große Welt«. Es waren vor allem Bethes Ausführungen, die schließlich die maßgebenden Senatoren, den Präsidenten, ja sogar den mißtrauischen Staatssekretär John Foster Dulles veranlaßten, die russischen Vorschläge zu einem »Test-Stop« ernst zu nehmen und sich von der Möglichkeit einer internationalen Überwachung zur Einhaltung dieses Verbotes überzeugen zu lassen.

Bethes gute Laune, Offenheit und sein Geist wissenschaftlicher Fairneß beherrschten die im Sommer 1958 in Genf zusammengetretene Konferenz der Atomexperten aus Ost und West. Als diese fünfzehn Wissenschaftler (acht aus dem Ostblock, sieben aus den USA, Großbritannien, Kanada und Frankreich) am 1. Juli 1958 zum ersten Male im Saal VIII des alten Genfer Völkerbundgebäudes an langen grünen Tischen Platz genommen hatten, waren die Hoffnungen auf eine Einigung denkbar gering gewesen. Aber diese wissenschaftlichen Delegierten und ihre Assistenten, die unter striktem Ausschluß der Öffentlichkeit tagten, erwiesen sich als sachlichere und daher erfolgreichere Unterhändler als die Berufsdiplomaten. Nach siebenwöchiger Arbeit konnten sie am 21. August 1958 in einer gemeinsamen Mitteilung an die Presse erklären:

»Die Expertenkonferenz ist zu dem Schluß gekommen,

daß es möglich ist, ein funktionierendes und wirksames Kontrollsystem für die Entdeckung von Verstößen gegen einen möglichen Vertrag einzurichten, der die weltweite Unterbindung von Atomwaffenversuchen zum Ziel hätte.«

Aber die wissenschaftlichen Fachmänner gingen weiter. Während die Vertreter der Sowjetunion in früheren Jahren jede Atomkontrolle auf dem Gebiete ihres Staates als Eingriff in die nationale Oberhoheit abgelehnt hatten, ließ nun die Genfer Atomexperten-Konferenz mit Zustimmung der sowjetrussischen, polnischen, rumänischen und tschechischen Vertreter verlauten, daß sie »ein Netz von Kontrollposten ... unter der Leitung eines internationalen Kontrollorganes« befürworte, das dann selbstverständlich nicht nur in den USA, sondern auch in der UdSSR und in der Chinesischen Volksrepublik eingerichtet werden müßte.

Die sowjetischen Vertreter hatten die von den westlichen Wissenschaftlern verlangten sechshundertfünfzig Kontrollposten als »zuviel« abgelehnt und dagegen einhundertzehn Posten vorgeschlagen. Schließlich einigte man sich auf etwa einhundertachtzig Posten. Wichtig war, daß diese internationalen Kontrollbeamten auch, wie das Kommuniqué ausdrücklich betonte, das Recht haben sollten, »nicht identifizierbare Ereignisse, die möglicherweise Kernexplosionen sein könnten, an Ort und Stelle zu inspizieren«. Dies würde der »Anti-Atompolizei« das Recht geben, sich im Territorium aller kontrollierten Länder weitgehend freizügig zu bewegen.

Als der sowjetische Delegationsführer Professor Fedorov und der Chef der amerikanischen Abordnung, Professor Fisk, einander zum Abschluß die Hand schüttelten, hatten die Wissenschaftler zum ersten Male erreicht, was sie seit 1945 vergeblich erstrebt hatten: den Beginn einer Wiedergeburt internationaler Zusammenarbeit aus dem Geiste wissenschaftlicher Freundschaft und Sachlichkeit.

Die nachfolgenden Verhandlungen über die praktische Durchführung der Kontrolle haben sich dann allerdings unerwartet lange hingezogen, weil sich herausstellte, daß es eine hundertprozentige Sicherheit gegen mögliche Verletzungen eines Testverbots kaum geben konnte. Dennoch »platzte« die

Atomtest-Konferenz selbst nach jahrelanger Dauer nicht; vielmehr fand man immer Wege, ihr Scheitern zu vermeiden und Kompromisse zu erarbeiten, die dann im Sommer 1963 endlich zu einem ersten greifbaren Resultat führten: der Unterzeichnung des Testbannabkommens für alle über oder auf dem Erdboden abgehaltenen Atomversuche durch die drei Atom-Großmächte USA, UdSSR und Großbritannien, dem sich fast alle Staaten der Welt mit Ausnahme von Frankreich und Rotchina anschlossen.

3

Zu einem solchen Erfolg hätte es aber kaum kommen können, wenn nicht in den vorhergehenden Jahren eine wahrhaft weltumfassende Bewegung der öffentlichen Meinung immer lauter nach dem Ende der Atomversuche gerufen hätte. Dem großen Menschenfreund Albert Schweitzer fällt das Verdienst zu, diese Flamme der Anti-Atombewegung entfacht zu haben. Seine Osterbotschaft im Jahre 1957, der er Ende April 1958 eine zweite längere Botschaft folgen ließ, fand überall Echo. Die Menschheit der Gegenwart begann sich endlich darüber klarzuwerden, daß sie mit ihren Kernwaffenversuchen die Gesundheit, ja das Leben zahlloser Menschen der Zukunft gefährde, und verlieh in zahlreichen nichtkommunistischen Ländern dieser Überzeugung durch die jährlichen »Ostermärsche« besonders deutlich Ausdruck.

Auch in einem totalitär regierten Lande wie der Sowjetunion fanden diese Aufrufe auf dem Wege über die Sowjetische Akademie der Wissenschaften ihren Weg zu den Gelehrten im ganzen Lande und in die Regierungskreise. An einzelnen Universitäten, wie zum Beispiel in Kiew, wurden auf Grund einer Initiative der dortigen Professoren Tausende Unterschriften gegen alle Atomtests (auch die eigenen!) gesammelt. Die Tatsache, daß die Machthaber des sowjetischen Staatsapparates nun plötzlich die Anti-Atompropaganda in den Mittelpunkt aller ihrer Kampagnen zur Beeinflussung der Weltmeinung stellten, zeigt, welchen starken Eindruck ihnen diese über allen Parteien und Ideologien stehende Bewegung gemacht hat. Die Zeiten, in denen die Sowjetstellen die Atombewaffnung und ihre Gefahren verharmlost hatten, waren nun längst vorbei, ja, die UdSSR trat im Konflikt mit Rotchina vor allem mit stärksten anti-atomaren Argumenten auf.

Eifrigster Vorkämpfer für eine möglichst schnelle Einstellung der Atomversuche war der amerikanische Nobelpreisträger Linus Pauling. Angespornt durch den Aufruf der »achtzehn Göttinger« und den Schweitzer-Appell, verfaßte er einen Monat später anläßlich eines Besuches in St. Louis zusammen mit dem dort lehrenden Zellenforscher Barry Commoner und dem Physiker E. U. Condon ein kurzes Manifest gegen die Atomtests, das er an Tausende Naturwissenschaftler in der ganzen Welt versandte. Um nicht in den Verdacht zu kommen, daß hinter dieser Petition irgendeine politische Organisation stecke, übernahm der Gelehrte persönlich die beträchtliche Arbeitslast und die Kosten, die eine solche Unterschriftensammlung verursachte. Am 14. Januar 1958 konnte Pauling dem Sekretariat der Vereinten Nationen nicht weniger als 9235 namentlich unterschriebene Exemplare seiner Petition einreichen. Jeder der Signatoren war als Forscher oder Lehrer in seinem Fach ein anerkannter Mann. Sechsunddreißig Unterzeichner hatten für ihre Leistungen den Nobelpreis erhalten.

Bereits vorher war von den Vereinten Nationen eine Sonderkommission ernannt worden, in der Vertreter von fünfzehn Nationen einen möglichst objektiven Bericht über die Wirkungen der durch die Atomversuche in aller Welt erhöhten Radioaktivität abfassen sollten. Die Mehrheit in dieser Gruppe beschloß zwar nach Abschluß der Arbeiten von einem Aufruf zur Einstellung der Versuche abzusehen, da dies »außerhalb des Rahmens der Kommissionsarbeit liege« und nationale oder internationale Beschlüsse politischer Natur erfordere. Aber es wurde doch in dem am 10. August 1958 erschienenen Bericht einmütig festgestellt, daß künstliche Spaltprodukte, wie »Carbon 14«, »Caesium 137« und »Strontium 90«, welche nur durch die Atomexplosionen in den Haushalt der Natur geraten waren, auf alle Fälle lebensschädigend seien, selbst wenn es sich nur um verhältnismäßig kleine Dosen handle.

4

Die durch die Genfer Expertenkonferenz vom Sommer 1958 angebahnte Einstellung der Atomversuche ist allerdings nur ein erster notwendiger Schritt auf dem Wege zur weiteren Atomabrüstung. In dem Maße aber, wie sich das Wissen um die »neue Kraft« vermehrte und verbreitete, haben andere Mächte, die sich bisher frei von Atomwaffen gehalten hatten, begonnen, nach Atom- und Wasserstoffbomben zu verlangen, sei es auch nur, um dadurch eventuelle Gegner von atomaren Erpressungen abzuschrecken. Frankreich, China, die Vereinigte Arabische Republik, die deutsche Bundesrepublik, Schweden, ja sogar die traditionell friedliche und neutrale Schweiz haben ihren Eintritt in den bis dahin nur auf die drei Großmächte USA, UdSSR und UK (United Kingdom) beschränkten »Atom-Club« angemeldet. Im gleichen Zeitpunkt also, da die »haves« unter den Atommächten erstmals ernsthaft anfingen von möglicher Abrüstung zu sprechen, begannen die bisherigen »have-nots« an Aufrüstung mit Kernwaffen zu denken.

Die bedrohliche Perspektive eines sich ankündigenden »nuklearen Chaos«, das die Risiken eines atomaren Krieges entsprechend der wachsenden Zahl mit Kernwaffen gerüsteter Staaten vermehren müßte, hat die zu neuer politischer Verantwortung erwachten Wissenschaftler in den letzten Jahren besonders beschäftigt.

Um eine derartige Entwicklung womöglich aufzuhalten, ehe es zu spät dazu sei, und darüber hinaus Wege zu einer allgemeinen Beseitigung oder wenigstens verschärften Kontrolle der Atomwaffen zu finden, wurden ab 1955 zwischen Atomforschern aus Ost und West auf privater Basis mehrere nichtöffentliche Besprechungen abgehalten, die unter der Bezeichnung »Pugwash-Treffen« bekanntgeworden sind.

Diese vielleicht interessantesten Nachkriegsbemühungen zur Wiederherstellung der internationalen Familienbande zwischen den Atomforschern erhielten ihren entscheidenden Anstoß, wie so viele frühere Ereignisse in der weiter oben geschilderten geschichtlichen Entwicklung, durch Albert Einstein. Nur zwei Tage vor seinem Tod unterschrieb der Vater der Relativitätstheorie eine von ihm und dem großen englischen Philosophen Bertrand Russell besprochene Erklärung, die sich einmal mehr gegen den drohenden Atomkrieg wandte. Diese Signatur war Einsteins allerletzte öffentliche Handlung.

Über Einsteins oft allzu freigebige Unterzeichnung von Anti-Atomerklärungen waren seit 1945 zahlreiche Anekdoten verbreitet worden. Eine davon pflegte Lew Kowarski, der langjährige Mitarbeiter Joliot-Curies, zu erzählen. Als er nicht lange nach Kriegsende in einem Hofe der Universität von Chicago mehrere eifrig debattierende Studenten und Professoren erblickt hatte, fragte er seinen Begleiter, worüber sich diese Kollegen eigentlich so erhitzten. Die Antwort lautete: »Ach, die sind gerade dabei, Einsteins nächsten Brief an den Präsidenten der Vereinigten Staaten zu schreiben.«

Im Gegensatz nun zu vielen Aufrufen, Manifesten und Petitionen, die den Einfluß Einsteins nur mißbraucht oder zumindest entwertet hatten, war aber diesem Dokument ein günstigeres Schicksal bestimmt. Russell wollte das Schriftstück, das energische Maßnahmen zur Verhinderung weiterer Atomaufrüstung verlangte, einer Gruppe von Wissenschaftlern aller Länder zur Diskussion vorlegen. Es gelang ihm nun, die »Vereinigung englischer Parlamentarier für eine Weltregierung«, eine Gruppe, der mehrere einflußreiche Mitglieder des englischen Unterhauses angehörten, zur Einberufung einer solchen Konferenz zu bewegen.

Dieses Treffen, das vom 3. bis 5. August 1955 in London abgehalten wurde, ließ sich keineswegs erfolgversprechend an, Eugene Rabinowitch, der Herausgeber des »Bulletin of the Atomic Scientists«, erinnert sich: »... das Programm der Londoner Konferenz war ziemlich improvisiert. Man hatte an die Wissenschaftler, die den größten Beitrag hätten liefern können, keine Einladungen geschickt. Ein Grund dafür war, daß die praktische Organisation der Konferenz in Händen von

Leuten lag, die mit der Welt der Wissenschaft nicht vertraut waren, ein anderer, daß praktisch keine Mittel für Reisespesen vorhanden waren.«

Das plötzliche und unerwartete Eintreffen einer sowjetischen Delegation von vier Mann unter der Leitung des Chemikers Topchiev scheint die Veranstalter zunächst mehr verwirrt als erfreut zu haben. Denn sie waren in keiner Weise auf ein solches Erscheinen vorbereitet gewesen. Noch vor gar nicht langer Zeit hatten die Russen in ihrer Presse den eigentlichen »spiritus rector« der Veranstaltung, Lord Russell, »einen kapitalistischen Lakaien und Kriegshetzer« genannt. Man erwartete daher, daß sie nun alles unternehmen würden, um die Konferenz zu torpedieren.

Nichts dergleichen geschah. Es entwickelten sich über die vier Themen des Treffens (1. Das Zerstörungspotential der Kernwaffen, 2. Risiken der nichtmilitärischen Atomentwicklung, 3. Technische Möglichkeiten der atomaren Abrüstungskontrolle, 4. Die Verantwortung der Wissenschaftler) äußerst fruchtbare Gespräche, und man ging auseinander mit dem Versprechen, sich im kommenden Jahr wieder zu treffen.

Allerdings vergingen nun fast zwei Jahre, ehe es zur nächsten Ost-West-Konferenz der Wissenschaftler kommen konnte. Denn erstens waren die in Aussicht genommenen Teilnehmer meist knapp an Reisegeld, und zweitens fehlte ihnen, die nun alle meist neben ihrer Lehr- und Forschungstätigkeit auch noch als Regierungsberater Pflichten zu erfüllen hatten, die Zeit. Aber Russell, der sich trotz seines biblischen Alters und seiner weißen Haare die Energie eines Jugendlichen bewahrt hat (»Denken erhält frisch«, pflegt er zu sagen), verstand es zunächst, die meisten Eingeladenen davon zu überzeugen, daß man bei einer Konferenz, die Fragen von derartiger Wichtigkeit gewidmet sei, keinen besetzten Terminkalender vorschützen dürfe. Dann aber fand er auch in dem kanadischen Millionär Cyrus Eaton, einen Mann, der sich selbst gerne als »Friedenshetzer« bezeichnete, den Mäzen für die geplanten Treffen.

Eaton hatte das kanadische Küstenstädtchen Pugwash, aus dem seine Familie stammt, zum Teil aufgekauft und in eine

Kolonie für Dichter, Denker, Künstler verwandelt. Einst waren in Pugwash die hölzernen »Clipper«-Schiffe gezimmert worden, nun sollte man hier an der Arche Noah arbeiten, welche die Gedanken der Freundschaft und des gegenseitigen Verstehens über die Sintflut von Gewalttaten und Propagandalügen hinwegretten würde.

Im Juli 1957 trafen also hier in diesem altertümlichen Nest an der Meeresenge von Northumberland zweiundzwanzig »Männer guten Willens aus Ost und West« ein, um unter sich, ohne Zeitnot, ohne zu starren Stundenplan und vor allem ohne Einsichtnahme der Öffentlichkeit, also ohne Furcht vor Beobachtung, alle möglichen Wege für eine Atomabrüstung zu debattieren. Ähnliche Konferenzen finden seither jährlich ein- bis zweimal statt. Es gab Treffen in Kanada, England, Österreich, aber auch in der Sowjetunion, in Jugoslawien und den USA. Allen war die verhältnismäßig kleine Anzahl von Eingeladenen und die bewußte Ausschaltung von Presse-Berichterstattern gemeinsam.

An den »Pugwash-Treffen« nehmen aber nicht nur Atomphysiker, sondern auch Biologen, Völkerrechtler, Militärwissenschaftler, Soziologen, Historiker teil. Auf diese Weise werden bei diesen Veranstaltungen nicht nur Brücken von der »offenen Welt des freien Westens« zu der »geschlossenen und dirigierten Welt des Ostens« geschlagen, sondern auch wichtige und fruchtbare Verbindungen zwischen hochspezialisierten Wissensgebieten. Ohne besondere Absicht dienen diese Veranstaltungen damit dem heute überall spürbar werdenden Zug zu einem neuen Universalismus, der den »Fachmann« nur noch als eine besonders überentwickelte Seite des »ganzen Menschen« gelten läßt.

Die Referate und ein Teil der Debatten werden jeweils in einem Band gesammelt, der jedoch nicht in Buchform veröffentlicht, sondern nur als vertrauliches Zirkular an die Regierungen der mit Atomfragen beschäftigten Länder gesandt wird. Dies mag manchen Leuten als ein etwas mageres Resultat erscheinen. Aber geistige Erleuchtung kann nun einmal nicht so geschwind »angeknipst« werden wie elektrisches Licht. Neue Gedanken, die der durch die Kernspaltung und ihre Konsequenzen geschaffenen »radikal veränderten Wirklichkeit« gerecht werden, können nur allmählich entstehen. Auch sie müssen erst sorgfältig auf dem Versuchsfeld der Diskussion »getestet« werden, auch sie haben erst durch eine lange Reihe von Experimenten zu gehen, ehe sich ihre Richtigkeit erweist.

Noch langsamer vielleicht bewegt sich der »Strom«, der in solchen geistigen Zentralen erzeugt wird, durch die »Drähte« der Mitteilung in Zeitung, Zeitschrift, Buch und Gespräch. Ganz allmählich und auf kaum wahrnehmbare Weise dringen Ideen überall ein, werden Allgemeingut, bestimmen die Handlungsweise derer, die an der Macht sind.

Man hat oft ein wenig mitleidig, ja geradezu spöttisch über die Bemühungen der Wissenschaftler gesprochen, die versuchten, den in ihren Laboratorien geborenen Dämon »Atomwaffe« wieder zu zähmen. Aber versuchen wir uns einmal vorzustellen, was geschehen wäre, wenn die Atomwissenschaftler nach 1945 über die erschütternde Natur ihrer Erfindung geschwiegen hätten oder wenn sie gar auf diese ihre Leistung stolz gewesen wären. Dann hätte die Öffentlichkeit vielleicht den Untergang von Hiroshima fast ebenso schnell vergessen wie den Untergang von Coventry, Hamburg und Dresden. Das Publikum hätte nicht einmal geahnt, in welch neue Ära der unerhörten Gefahren es eingetreten war. Dies aber hätte bedeuten können, daß die Regierungen, ungehindert durch eine erschreckte und daher vorsichtig gewordene öffentliche Meinung, der Versuchung, gewisse »gordische Knoten« der Politik mit atomaren Schwertstreichen zu durchschlagen, nachgegeben hätten. Gewiß, die Atomforscher haben ihr Ziel einer wirklichen Kriegsächtung nicht erreicht. Aber sie haben doch durch ihre wiederholten Warnungen mehr als einmal fatale Ereignisse, die in einen neuen großen Krieg hineinzuführen schienen, bremsen helfen.

5

Es gibt unter den Atomforschern solche, die sich, enttäuscht von ihrem Mißerfolg im öffentlichen Leben, ins Laboratorium zurückgezogen haben, und solche, die für eine immer intensivere Mitarbeit am Ganzen eintreten. Unter den Jüngeren sehen nicht wenige ihre wissenschaftliche Arbeit als eine Art von intellektuellem Wettbewerb ohne tieferen Sinn und ohne Verpflichtung an, aber es gibt unter ihren Altersgenossen schon wieder einige, denen die Forschung ein »religiöses Erlebnis« vermittelt.[1]

So kann der Berichterstatter in diesem Stadium der erneut aufgelebten Auseinandersetzung über die Rolle und die Aufgaben des Naturwissenschaftlers noch kein klares Fazit ziehen. Das Experiment, dem die Atomforscher unterworfen worden sind, befindet sich in voller Entwicklung.

Und doch scheint diesem Beobachter, der sich bewußt ist, daß er damit vielleicht ein vorschnelles und zu subjektives Urteil fällt, die geistige Unruhe und seelische Erschütterung, die er bei den Atomforschern fand, schon an sich ein beachtenswertes Phänomen zu sein. Während dreier Jahrhunderte glaubte der Naturwissenschaftler, er könne sich aus der Welt herausstellen, nun aber beginnt er, sich als ein Teil von ihr zu sehen: bedingt, begrenzt und mit dieser Einsicht auf dem Weg zu einer neuen Bescheidenheit. Er hat erkennen müssen, daß er wie jeder Mensch »sowohl Zuschauer wie Darsteller in dem großen Drama des Daseins ist« (Bohr).

Hinter der neuzeitlichen Naturwissenschaft stand bisher der »stolze Wille, die Natur zu beherrschen« (Pauli), eine Haltung, die vor allem in Bacons Ausspruch »knowledge is power« (Wissen ist Macht) ihren Ausdruck gefunden hat. Heute aber hört man weit öfter: »Wissen ist *leider* Macht«. Dem Forscher ist »vor seiner Gottähnlichkeit bange« geworden, und er bekennt sich gegenüber den »unbeantwortbaren Geheimnissen des Universums, die unbeantwortet bleiben sollen«, zur »Demut des Intellekts« (Feynman). In der Epoche, die in der Entwicklung der »absoluten Waffen« einen Höhepunkt erreichte, wurde der Fortschritt fast allgemein dem wissenschaftlichen und technischen Fortschritt gleichgesetzt,

[1] Richard P. Feynman: The Relation of Science and Religion in Engineering and Science, Juni 1956.

nun aber erklärt ein hervorragender Physiker: »Der Raum, in dem sich der Mensch als geistiges Wesen entwickelt, hat mehr Dimensionen als die eine, in der er sich während der letzten Jahrhunderte ausgebreitet hat.« (Heisenberg)

Die neue Bescheidenheit wuchs, wie die unmenschlichen und übermenschlichen Waffen, zuerst am Baum der Atomforschung. Denn aus dem Studium der atomaren Welt gewannen die theoretischen Physiker die längst von den Religionen verkündete, nun aber auch wissenschaftlich nachweisbare Erkenntnis von der Begrenztheit menschlichen Beobachtungs- und Urteilsvermögens. So stammt die Atombombe, in deren Gewalt die Maßlosigkeit des modernen Menschen ihren deutlichsten Ausdruck fand, aus der gleichen Wurzel wie die neue, auf kernphysikalischen Daten beruhende Philosophie des Maßes.

Als H. G. Wells 1946 kurz vor seinem Tod den Zusammenbruch des wissenschaftlichen Fortschrittglaubens erlebte, meinte er verkünden zu können, der Mensch sei am Ende seiner Möglichkeiten angelangt und fast unvermeidlich zum baldigen Untergang bestimmt. Vermutlich ist er jedoch nur am »Ende *einer* Möglichkeit« angelangt.

Wohin der Weg nun führen könnte, hat der einst in der »Familie« der Atomforscher als Zweifler bekannte Wolfgang Pauli angedeutet. 1932 in Kopenhagen war er der »Mephisto« im »Faust«. 1955 aber hatte dieser scharfe Geist sein Blickfeld so sehr erweitert, daß er zum beredten Schilderer eines lang vernachlässigten »inneren Heilsweges« wurde und zum Abschluß seines Vortrages über »Wissenschaft und abendländisches Denken« erklärte: »Entgegen der seit dem siebzehnten Jahrhundert strengen Einteilung der Tätigkeiten des menschlichen Geistes in getrennte Gebiete, halte ich die Vorstellung vom Ziel einer Überwindung der Gegensätze, zu der auch eine das rationale Verstehen wie das mystische Einheitserlebnis umfassende Synthese gehört, für den ausgesprochenen oder unausgesprochenen Mythos unserer eigenen, heutigen Zeit.«

Kann die »neue Bescheidenheit«, gepaart mit der Wiederanerkennung eines inneren Heilsweges, auf kommende Jahrhunderte einen ähnlich starken Einfluß ausüben wie der nunmehr als verhängnisvoll erkannte Geist der Hybris?

Der Chronist wagt nicht zu prophezeien. Er will nur schildern und damit zu jenem großen Gespräch beitragen, das vielleicht einmal eine Zukunft ohne Furcht vorbereiten kann.

Anhang

Niels Bohrs Memorandum an Präsident Roosevelt, Juli 1944[1]

Es übersteigt gewiß die Vorstellungskraft jedes Menschen, wenn er sich ausmalen wollte, welche Folgen die Entwicklung des Atomprojektes in den kommenden Jahren haben wird; denn bestimmt werden die gewaltigen, bis dahin zur Verfügung stehenden Energiequellen das ganze Industrie- und Transportwesen revolutionieren. Im Augenblick jedoch liegt das Schwergewicht auf der Herstellung einer Waffe, die an Durchschlagskraft nicht ihresgleichen kennt und die für alle Zukunft völlig neue Voraussetzungen zur Kriegführung schaffen wird.

Abgesehen von der Frage, wann diese Waffe einsatzbereit sein kann und welche Aufgabe ihr im jetzigen Krieg zukommen wird, wirft die gegenwärtige Situation noch zahlreiche weitere Probleme auf, die der dringenden Aufmerksamkeit bedürfen. Wenn nicht so bald wie möglich ein Abkommen geschlossen wird, das eine Kontrolle über die Verwendung dieser neuen, radioaktiven Elemente garantiert, könnte jeder gegenwärtig noch so große Vorteil durch eine ständige Bedrohung der allgemeinen Sicherheit aufgehoben werden.

Seit die Möglichkeit nähergerückt ist, größere Mengen Atomenergie freizumachen, wurde immer wieder die Frage einer Kontrolle aufgeworfen. Aber je weiter die wissenschaftlichen Forschungen auf diesem Gebiete fortschreiten, desto klarer wird es, daß die für diesen Zweck üblichen Maßnahmen nicht genügen und daß sich die grauenerregende Aussicht auf eine Zukunft, in der sich die Nationen um diese furchtbare Waffe streiten werden, nur durch ein weltumspannendes, auf voller Ehrlichkeit beruhendes Abkommen vermeiden läßt.

In diesem Zusammenhang ist besonders bemerkenswert, daß das ganze Unternehmen, so ungeheuerlich es auch ist,

[1] Siehe Seite 197.

sich bis jetzt doch als geringfügiger erwiesen hat, als man erwarten durfte, und daß bei der ständig voranschreitenden Arbeit wiederholt neue Wege entdeckt wurden, wie die Produktion der radioaktiven Stoffe gefördert und ihre Wirkung verstärkt werden könnte.

Um eine im geheimen vorbereitete Konkurrenz zu verhüten, ist es deshalb notwendig, Zugeständnisse zu machen: Informationen müssen ausgetauscht werden können, und bei allen industriellen und militärischen Planungen muß restlose Offenheit herrschen. Derartige Zugeständnisse dürften jedoch kaum denkbar sein; es sei denn, alle Partner wären vor diesen Gefahren von nie dagewesener Größe durch eine ausgleichende Garantie allgemeiner Sicherheit geschützt.

Die Einrichtung wirksamer Kontrollmaßnahmen wird natürlich schwierige Probleme verwaltungstechnischer und auch rein technischer Art mit sich bringen; entscheidend für diesen Vorschlag ist jedoch nicht nur die Notwendigkeit, ein solches Projekt durchzuführen, sondern auch die sich leicht daraus ergebende Möglichkeit, die Probleme der internationalen Beziehungen neu anzupacken.

Die gegenwärtige Stunde, in der fast alle Nationen in einen Kampf auf Leben und Tod um die Freiheit und Menschenwürde verstrickt sind, mag auf den ersten Blick für jederlei bindende Abmachung über diesen Plan recht ungeeignet erscheinen. Denn einerseits verfügen die Angriffsmächte immer noch über eine erhebliche militärische Stärke, wenn dabei auch zugegeben werden muß, daß ihre ursprünglichen Pläne einer Weltherrschaft vereitelt worden sind und man mit ziemlicher Sicherheit ihrer Kapitulation entgegensehen darf; andererseits werden – auch im Falle einer Kapitulation – die gegen den Angreifer vereinten Nationen mit ernstlichen Auseinandersetzungen rechnen müssen, weil ihre Einstellungen zu sozialen und wirtschaftlichen Fragen einander widersprechen.

Bei näherer Betrachtung jedoch ist es unbestreitbar, daß die Möglichkeit eines solchen Planes, unter diesen besonderen Umständen Vertrauen einzuflößen, mehr und mehr an Wert gewinnt. Außerdem bietet die augenblickliche Lage in dieser Hinsicht einzigartige Chancen; wenn ihre Wahrnehmung aber verzögert wird, weil die weitere Entwicklung des Krieges und die Vollendung der neuen Waffe abgewartet werden sollen, könnte man sich diese Chancen leicht verscherzen ...

Angesichts dieser möglichen Ereignisse dürfte die augenblickliche Situation eine höchst günstige Gelegenheit zu einem baldigen ersten Schritt bieten, und zwar von seiten jener Nation, die das Glück hat, in der Beherrschung jener gewaltigen Naturkräfte, die bisher dem Menschen verborgen waren, führend zu sein.

Ohne die unmittelbaren militärischen Operationsziele zu beeinträchtigen, sollte eine Initiative, die einem schicksalsschweren Wettstreit vorbeugen will, jegliches Mißtrauen zwischen den einzelnen Mächten ersticken, von deren harmonischer Zusammenarbeit die Zukunft der kommenden Generationen abhängt.

Natürlich können sich die einzelnen Partner nur dann auf die ehrlichen Absichten der anderen verlassen, wenn unter den vereinten Nationen die Frage beantwortet wird, welche Zugeständnisse die einzelnen Mächte als Beitrag zu einem erfolgversprechenden Kontrollabkommen zu machen gedenken.

Selbstverständlich ist der Einblick in die gegenwärtigen politischen Verhältnisse allein den verantwortlichen Staatsmännern vorbehalten. Es dürfte jedoch ein glücklicher Umstand sein, daß die in eine künftige harmonische internationale Zusammenarbeit gesetzten Erwartungen, die innerhalb der vereinten Nationen von allen Seiten einmütig Ausdruck gefunden haben, so auffallend mit den einzigartigen, der Öffentlichkeit unbekannten Voraussetzungen übereinstimmen, die von der stetig fortschreitenden Wissenschaft geschaffen worden sind.

Es sind wahrhaftig der Gründe genug, welche die Überzeugung rechtfertigen, daß jegliches Streben zur Festigung der allgemeinen Sicherheit und damit zur Überwindung der drohenden Gefahr durch eine loyale Zusammenarbeit im Ausbau der nötigen und weitreichenden Kontrollmaßnahmen willkommen geheißen würde; dabei brauchte keine einzige Nation von der vielversprechenden industriellen Entwicklung, welche die Vollendung des Atomprojektes mit sich bringt, ausgeschlossen zu werden.

In dieser Hinsicht könnte vielleicht Hilfe aus der weltweiten wissenschaftlichen Zusammenarbeit kommen, die seit Jahren die leuchtenden Verheißungen gemeinsamer humaner Bemühungen verkörpert hat. Die persönlichen Beziehungen zwischen den Wissenschaftlern der einzelnen Nationen böten sogar die günstige Gelegenheit, bereits einen vorläufigen und inoffiziellen Kontakt anzubahnen.

Es braucht wohl kaum hinzugefügt zu werden, daß bei all diesen Hinweisen und Vorschlägen keineswegs unterschätzt wird, wie schwierig und heikel es für die Staatsmänner ist, eine für alle Beteiligten befriedigende Vereinbarung zu treffen. Diese Hinweise und Vorschläge wollen lediglich das eine: einige Gesichtspunkte aufzeigen, welche die Bemühungen, das Atomprojekt zu einer dauerhaften und segensreichen Einrichtung der Allgemeinheit zu machen, erleichtern könnten.

Der »Franck Report«
Ein Bericht an den Kriegsminister, Juni 1945[1]

I

Einleitung

Der einzige Grund, weshalb die Kernenergie anders zu behandeln ist als die übrigen Sachgebiete der Physik, liegt in der Möglichkeit, daß sie im Frieden politischem Druck und im Kriege plötzlicher Zerstörung dienen kann. Alle gegenwärtigen Pläne zur Organisation der Forschung, der wissenschaftlichen und industriellen Entwicklung und der Publizierung auf dem Gebiet der Kernphysik sind bedingt durch das politische und militärische Klima, in dem diese Pläne verwirklicht

[1] Siehe Seite 208.

werden sollen. Wenn man also Vorschläge für die nach dem Kriege zu schaffende Organisation der Kernphysik macht, so läßt sich eine Diskussion der politischen Probleme nicht vermeiden. Die auf diese Organisation hinarbeitenden Wissenschaftler geben nicht vor, in der nationalen und internationalen Politik sachverständig zu sein. Wir, eine kleine Gruppe von Staatsbürgern, haben jedoch in den letzten fünf Jahren unter dem Zwang der Ereignisse eine ernste Gefahr für die Sicherheit unseres Landes und für die Zukunft aller anderen Nationen erkannt, eine Gefahr, von der die übrige Menschheit noch nichts ahnt. Wir halten es daher für unsere Pflicht, darauf zu drängen, daß die politischen Probleme, die sich aus der Beherrschung der Kernenergie ergeben, in all ihrer Schwere begriffen und daß geeignete Schritte zu ihrer Untersuchung und zur Vorbereitung der nötigen Entschlüsse unternommen werden. Wir hoffen, daß das durch den Kriegsminister gegründete Komitee, welches die verschiedenen, aus der Kernphysik erwachsenden Fragen zu behandeln hat, ein Beweis dafür ist, daß diese einschneidenden Folgen von der Regierung erkannt worden sind. Wir glauben, daß unser Vertrautsein mit den wissenschaftlichen Voraussetzungen dieser Situation, der stetigen Weiterentwicklung und den daraus entstehenden weltumspannenden politischen Verwicklungen uns die Pflicht auferlegt, diesem Komitee etliche Vorschläge zu einer eventuellen Lösung dieser schwerwiegenden Frage zu unterbreiten.

Wiederholt hat man den Wissenschaftlern den Vorwurf gemacht, die Nationen mit neuen Waffen zu ihrer wechselseitigen Vernichtung versorgt zu haben, anstatt zu ihrem Wohlergehen beizutragen. Es stimmt zweifellos, daß zum Beispiel die Erfindung des Fliegens der Menschheit mehr Unglück als Freude und Gewinn gebracht hat. In der Vergangenheit jedoch konnten die Wissenschaftler jede unmittelbare Verantwortung für den Gebrauch, den die Menschheit von ihren uneigennützigen Entdeckungen machte, ablehnen. Jetzt aber sind wir gezwungen, einen aktiven Standpunkt einzunehmen, weil die Erfolge, die wir auf dem Gebiet der Kernenergie errungen haben, mit unendlich viel größeren Gefahren verbunden sind als bei den Erfindungen der Vergangenheit. Wir alle, die wir den augenblicklichen Stand der Kernphysik kennen, leben ständig mit der Vision einer jähen Zerstörung vor Augen, einer Zerstörung unseres eigenen Landes, einer Pearl-Harbor-Katastrophe, die sich in tausendfacher Vergrößerung in jeder Großstadt unseres Landes wiederholen könnte.

Überdies vermochte die Wissenschaft in der Vergangenheit häufig neue Methoden zum Schutze gegen die neuen Angriffswaffen zu entwickeln – Waffen, deren Vorhandensein sie erst ermöglicht hatte; doch gegen die zerstörende Kraft der Kernenergie kann sie keinen wirksamen Schutz versprechen. Dieser Schutz wird ausschließlich von einer weltumfassenden politischen Organisation geboten werden können. Unter allen Argumenten, die für eine leistungsfähige internationale Friedensorganisation sprechen, ist die Existenz der Kernwaffen die zwingendste. Da es bisher keine internationale Behörde gibt, die bei internationalen Konflikten jede Anwendung von Gewaltmitteln unmöglich zu machen hätte, könnten die Nationen doch noch immer von einem Weg abgebracht werden, der lediglich in die restlose gegenseitige Vernichtung führt – vorausgesetzt, es würde ein besonderes internationales Abkommen getroffen, das ein Kernwaffen-Wettrüsten verhinderte.

II

Aussichten eines Kernwaffenwettrüstens

Man könnte folgenden Vorschlag unterbreiten: Die Gefahr einer Zerstörung durch Kernwaffen – wenigstens soweit sie unser Land betrifft – ließe sich dadurch vermeiden, daß wir entweder unsere Entdeckungen für immer geheimhalten oder unsere Kernwaffen-Aufrüstung so weit vorantreiben, daß keine andere Nation auch nur daran dächte, uns anzugreifen – aus Furcht vor einer katastrophalen Vergeltung.

Die Antwort auf diesen Vorschlag lautet: Wenn wir auch im Augenblick in dieser Beziehung der Welt sicherlich voraus sein dürften, so sind doch die Grundlagen der Kernenergie allgemein bekannt. Die britischen Forscher wissen ebensoviel wie wir über die grundlegenden, im Krieg gemachten Fortschritte in der Kernphysik – womöglich sind sie sogar über bestimmte Ergebnisse unterrichtet, die im Verlauf unserer technischen Fortschritte erzielt wurden –; und die Rolle, die französische Kernphysiker während der Vorkriegsentwicklung auf diesem Gebiet gespielt haben – ganz abgesehen von ihrer teilweisen Kenntnis unserer Arbeiten – wird es ihnen erlauben, schnellstens aufzuholen, wenigstens soweit es die grundlegenden wissenschaftlichen Entdeckungen betrifft. Die deutschen Wissenschaftler, auf deren Forschungsergebnisse die ganze Entwicklung der Kernphysik zurückgeht, bauten sie offenbar während des Krieges nicht im selben Maße aus, wie dies in Amerika der Fall war; aber wir lebten doch bis zum letzten Tage des europäischen Krieges in ständiger Furcht, den Deutschen könnte die Herstellung einer Kernwaffe gelungen sein. Die Gewißheit, daß die deutschen Forscher an dieser Waffe arbeiteten und daß ihre Regierung höchstwahrscheinlich keine Skrupel kennen würde, sie bei Vorhandensein auch anzuwenden, war der vornehmliche Grund zu der von den amerikanischen Wissenschaftlern ergriffenen Initiative, die Kernenergie weiterzuentwickeln und sie zu militärischen Zwecken großen Umfangs für unser Land auszuwerten. Auch in Rußland waren bereits 1940 die grundlegenden Fakten und die Bedeutung der Kernenergie durchaus bekannt, und die Erfahrung der russischen Wissenschaftler in der Kernforschung ist immerhin so groß, daß sie uns in wenigen Jahren einholen könnten, selbst wenn wir alle Anstrengungen machten, unsere Versuche geheimzuhalten. Denn selbst wenn wir die Führung innerhalb der Grundlagenforschung auf dem Gebiet der Kernphysik für einige Zeit nicht aus der Hand gäben, indem wir alle erworbenen Erkenntnisse und die damit verbundenen Projekte geheimhielten, wäre es töricht, zu glauben, dadurch für mehr als ein paar Jahre geschützt zu sein.

Es wäre zu überlegen, ob wir nicht die Entwicklung einer in anderen Ländern vom Militär ausgenutzten Kernphysik durch ein Monopol auf den Rohstoff der Kernenergie verhüten könnten. Die Antwort heißt: Obwohl die größten bis jetzt bekannten Uranerzlager von Staaten kontrolliert werden, die zu den Westmächten gehören (Kanada, Belgien und Britisch-Indien), liegen doch die alten Lager der Tschechoslowakei außerhalb dieses Einflußbereiches. Es ist bekannt, daß Rußland in seinem eigenen Land Uran schürft; und wenn wir auch nichts von dem Umfang der bis heute in der UdSSR entdeckten Lager wissen, so ist doch die Wahrscheinlichkeit gering, daß in einem Land, welches ein Fünftel der Erde einnimmt (und dessen Einflußsphäre sich auch noch über zusätzliche Gebiete erstreckt), keine großen Uranvorräte gefunden werden sollten; ein Sicherheitsfaktor jedenfalls darf dies nicht sein. *So können wir nicht hoffen, ein Kernwaffen-Wettrüsten zu verhindern, indem wir entweder die grundlegenden wissenschaftlichen Erkenntnisse auf dem Feld der Kernenergie vor den konkurrierenden Nationen geheimhalten oder die für ein derartiges Wettrüsten nötigen Rohstoffe aufkaufen.*

Untersuchen wir nun den zweiten Vorschlag, der zu Beginn dieses Absatzes gemacht wurde, und fragen wir uns, ob wir uns bei einem Kernwaffen-Wettrüsten nicht sicher fühlen können, weil wir über ein größeres Industriepotential, einschließlich einer größeren Verbreitung von wissenschaftlichen und technischen Kenntnissen, über größere Aufgebote an Fachkräften und eine erfahrenere Betriebsführung verfügen – lauter Faktoren also, deren Bedeutung einleuchtend demonstriert wurde, als sich unser Land während des Krieges in ein Arsenal der Alliierten verwandelte. Die Antwort lautet: Alles, was uns diese Vorteile verschaffen können, ist die Ansammlung einer größeren Zahl von gewaltigeren und besseren Atombomben.

Solch ein quantitativer Vorsprung an gestapelten Zerstörungswaffen sichert uns jedoch nicht vor einem plötzlichen Angriff. Gerade weil ein möglicher Feind befürchten könnte, an Zahl und Waffen ausgestochen zu werden, dürfte die Versuchung, einen unerwarteten und keinesfalls herausgeforderten Angriff zu wagen, besonders groß sein – vor allem dann, wenn er uns verdächtigte, aggressive Pläne gegen seine Sicherheit oder seine Einflußsphäre zu hegen. Bei keiner anderen Art der Kriegführung liegt der Vorteil so eindeutig beim Angreifer. Er kann seine »Höllenmaschine« als erster auf alle unsere Großstädte einsetzen und sie gleichzeitig explodieren lassen, womit er die Schwerpunkte unserer Industrie und außerdem einen großen Teil unserer Bevölkerung vernichten würde, die in den dichtbesiedelten Gebieten unserer Städte zusammengedrängt lebt. Unsere Vergeltungsmöglichkeiten – Vergeltung als adäquater Ausgleich für den Verlust von Millionen Menschenleben und für die Zerstörung unserer größten Städte verstanden – wären sehr gering, weil wir vom Lufttransport der Bomben abhängig wären und weil wir es überdies mit einem Feind zu tun haben könnten, dessen Industrie und Bevölkerung über große Territorien zerstreut sind.

Wenn man das Kernwaffen-Wettrüsten zuläßt, dann gibt es nur einen Weg, unser Land vor der Vernichtung durch einen plötzlichen Angriff zu retten: Wir müssen unsere Kriegsindustrie sowie die Bevölkerung unserer größten Städte über weite Gebiete verteilen. Solange Kernwaffen rar sind (das heißt, solange Uran der einzige Rohstoff zu ihrer Herstellung bleibt), so lange wird eine erfolgreiche Zerstreuung unserer Industrie und der Bevölkerung unserer größten Städte die Versuchung, uns mit Kernwaffen anzugreifen, zumindest sehr herabsetzen.

Gegenwärtig kommt die Wirkung einer Atombombe der Detonation von zwanzigtausend Tonnen TNT gleich. Also könnte eine solche Bombe etwa drei Quadratmeilen einer Stadt zerstören. Man darf erwarten, daß bis in etwa zehn Jahren Atombomben zur Verfügung stehen, die eine wesentlich höhere Radioaktivität besitzen und doch immer noch leichter als eine Tonne sein werden und die somit über zehn Quadratmeilen einer Stadt zerstören könnten. Eine Nation also, die es sich leisten kann, zehn Tonnen Atomsprengstoff zu einem heimtückischen Angriff auf unser Land aufzubringen, darf mit der Möglichkeit rechnen, die ganze Industrie und den größten Teil der Bevölkerung in einem Gebiet von fünfhundert Quadratmeilen und mehr zu vernichten. Wenn nun aber fünfhundert Quadratmeilen amerikanischen Bodens kein rechtes Angriffsziel böten, weil auf dieser Fläche wenig Industrie und nur verhältnismäßig wenig Menschen angesiedelt wären und daher kein vernichtender Schlag gegen das Kriegspotential und die nationale Verteidigungskraft geführt werden könnte, dann würde sich der Angriff kaum lohnen und vielleicht gar nicht unternommen werden. Augenblicklich jedoch könnte man in unserem Land mühelos hundert Gebiete von je fünf Quadratmeilen finden, deren gleichzeitige Vernichtung sich für unsere Nation niederschmetternd auswirken würde. Da aber die Vereinigten Staaten ein Gebiet von drei Millionen Quadratmeilen umfassen, sollte es möglich sein, ihre Industrie und ihre Bevölkerung so zu verteilen, daß keine fünfhundert Quadratmeilen übrigbleiben, die einem Angriff mit Kernwaffen ein lohnendes Ziel bieten könnten.

Wir sind uns durchaus bewußt, daß eine solch radikale soziale und wirtschaftliche Veränderung in der Struktur unserer Nation außerordentliche Schwierigkeiten mit sich brächte. Wir sind jedoch der Ansicht, daß auf dieses Dilemma hingewiesen werden muß, weil nur so klar wird, für welche Art des Selbstschutzes man sich zu entscheiden hat – wiederum vorausgesetzt, daß keine erfolgreiche internationale Verständigung zu erreichen ist. Es muß dabei hervorgehoben werden, daß wir gegenüber den anderen Nationen im Nachteil sind; denn die anderen Länder sind entweder dünner besiedelt und ihre Industrien mehr verstreut, oder ihre Regierungen verfügen über eine uneingeschränkte Macht, wodurch es ihnen möglich ist, die Bevölkerung über das ganze Land zu verteilen und den Aufbau von Industrien zu überwachen.

Sollte kein wirkungsvolles internationales Abkommen erzielt werden, so wird bereits am Morgen nach unserer ersten Demonstration, daß wir Kernwaffen besitzen, das allgemeine Wettrüsten losgehen. Die anderen Nationen werden dann vielleicht drei oder vier Jahre brauchen, um uns einzuholen, und acht oder zehn Jahre, bis sie womöglich mit uns Schritt halten können – selbst wenn wir fortfahren, angestrengt auf diesem Gebiet zu arbeiten. Diese Spanne würde jedoch genügen, unsere Bevölkerung und Industrie zu verlagern. Jedenfalls sollte keine Zeit verloren werden, dieses Problem von Experten prüfen zu lassen.

III

Aussichten einer Verständigung

Die Folgen eines Atomkrieges und die Maßnahmen, die zum Schutze eines Landes vor seiner totalen Zerstörung durch Kernwaffen notwendig sind, dürften wohl auch den anderen Nationen genauso erschreckend erscheinen wie den Vereinigten Staaten. England, Frankreich und die kleineren dichtbesiedelten Staaten Europas mit ihren konzentriert gelagerten Industrien wären angesichts solcher Bedrohung in einer furchtbaren Lage. Rußland und China sind die einzigen großen Nationen, die im Augenblick einen Angriff mit Kernwaffen überstehen würden. Aber wenn auch diese Nationen das Leben eines Menschen nicht so hoch einschätzen mögen wie die Völker Westeuropas und Amerikas und wenn auch Rußland ein riesiger Raum zur Verfügung steht, über den es seine wichtigen Industrien verteilen kann, und außerdem eine Regierung hat, die eine solche Verlagerung an dem Tag zu befehlen vermag, da sie von der Notwendigkeit dieser Maßnahme überzeugt ist – so gibt es doch trotz alledem keinen Zweifel, daß auch Rußland vor der Möglichkeit einer plötzlichen Zerstörung Moskaus und Leningrads, die im gegenwärtigen Krieg wunderbarerweise fast erhalten geblieben sind, und seiner neuen Industriestädte im Ural und in Sibirien erschaudert. So kann es also nur der Mangel an gegenseitigem *Vertrauen* sein, nicht aber der mangelnde *Wunsch* nach Verständigung, der einem wirkungsvollen Abkommen über die Verhütung eines Atomkrieges im Wege steht. Das Zustandekommen eines solchen Abkommens hängt daher im wesentlichen von der Rechtschaffenheit der Absichten und von der Bereitschaft aller Partner ab, ihre Souveränität zu einem gewissen Teil zu opfern.

Eine Möglichkeit, die Welt mit der Kernwaffe bekannt zu machen – einleuchtend vor allem für jene, die Atombomben vorwiegend als eine Geheimwaffe betrachten, die lediglich dazu entwickelt wurde, den gegenwärtigen Krieg zu gewinnen –, besteht darin, sie ohne Ankündigung gegen geeignete Ziele in Japan einzusetzen.

Wenn auch durch den unerwarteten Einsatz von Kernwaffen zweifellos wichtige taktische Ergebnisse errungen werden könnten, so glauben wir dennoch, daß die Anwendung der ersten verfügbaren Atombomben im japanischen Krieg sorgfältig erwogen werden sollte – nicht nur von militärischen Sachverständigen, sondern auch von den höchsten politischen Vertretern unseres Landes.

Rußland, aber auch die zu den Alliierten gehörenden Länder, die unseren Wegen und Plänen weniger mißtrauen, und schließlich die neutralen Länder, sie alle werden von diesem Schritt wahrscheinlich schwer erschüttert sein. Es dürfte sehr schwierig sein, die Welt davon zu überzeugen, daß man einer Nation, die eine neue Waffe insgeheim vorzubereiten und plötzlich anzuwenden in der Lage war – eine Waffe, die so diskriminierend ist wie die Raketenbombe, nur daß ihre vernichtende Wirkung tausendmal größer ist –, in ihrem Wunsch vertrauen soll, derartige Waffen auf Grund eines internationalen Abkommens abzuschaffen. Wir verfügen über große Mengen Giftgas, aber wir wenden es nicht an; vor kurzem erhobene Befragungen haben ergeben, daß die öffentliche Meinung in unserem Land dies mißbilligen würde, selbst wenn damit der siegreiche Ausgang des Krieges im Fernen Osten beschleunigt werden könnte. Es stimmt zwar, daß ein irrationales Element in der Massenpsychologie Gasvergiftungen schrecklicher erscheinen läßt als eine Vernichtung durch Sprengstoff, obwohl ein Gaskrieg in keiner Weise »unmenschlicher« wäre als ein Krieg mit Bomben und Kugeln. Dennoch ist es keinesfalls sicher, ob die amerikanische Öffentlichkeit, würde man ihr die Wirkung von Atombomben erklären, damit einverstanden wäre, daß unser Land als erstes eine solch verwerfliche Methode der restlosen Zerstörung jeglicher Zivilisation einführte.

Vom »optimistischen« Standpunkt aus (das heißt, wenn man dabei an ein internationales Abkommen zur Verhütung von Atomkriegen denkt) könnten also die militärischen Vorteile und die Ersparnis amerikanischer Menschenleben – Vorteile, die durch eine plötzliche Anwendung von Atombomben im Krieg gegen Japan errungen würden – aufgehoben werden durch den darauffolgenden Vertrauensverlust und eine Welle des Schreckens und Widerwillens, die sich über die übrige Welt ergösse und die vielleicht sogar die öffentliche Meinung in der Heimat spaltete.

Im Hinblick darauf wäre zu empfehlen, die neue Waffe in der Wüste oder auf einer unbewohnten Insel vor den Augen der Abgeordneten aller Vereinten Nationen vorzuführen. Die günstigste Atmosphäre für das Zustandekommen eines internationalen Abkommens ließe sich dadurch schaffen, daß Amerika der Welt erklären könnte: »Ihr seht, was für eine Waffe wir besaßen, aber wir haben sie nicht angewandt. Wir sind bereit, sie auch in Zukunft nicht anzuwenden, wenn sich die anderen Nationen uns darin anschließen und in die Gründung einer wirkungsvollen internationalen Kontrolle einwilligen.«

Nach dieser Vorführung könnte die Waffe eventuell gegen Japan angewandt werden – sofern dies von den Vereinten Nationen (und der öffentlichen Meinung in der Heimat) gebilligt würde; vielleicht erst nach einem Ultimatum an Japan, sich zu ergeben oder, als Alternative zu einer völligen Zerstörung, wenigstens gewisse Gebiete zu räumen. Dies mag phantastisch klingen, aber mit den Kernwaffen haben wir tatsächlich eine ganz neuartige gewaltige Zerstörungskraft gewonnen, und wenn wir ihren Besitz voll einsetzen wollen, dann müssen wir auch neue und neuartige Methoden ersinnen.

Es muß betont werden, daß vom pessimistischen Standpunkt aus und bei nur geringer Möglichkeit, eine wirkungsvolle internationale Kontrolle über die Kernwaffen zu schaffen, der baldige Einsatz von Atombomben gegen Japan bloß noch fragwürdiger wird – ganz abgesehen von irgendwelchen humanen Erwägungen. Wenn nicht gleich nach der ersten Demonstration ein internationales Abkommen zustande kommt, bedeutet dies einen fliegenden Start zu einem hemmungslosen Aufrüstungswettlauf. Wenn aber dieses Rennen nun einmal unvermeidlich ist, dann haben wir allen Grund, seinen Start so lange wie möglich hinauszuschieben, um unsere Vorrangstellung noch weiter voranzutreiben.

Der Vorteil für unsere Nation und die zukünftige Schonung

amerikanischer Menschenleben, die wir uns dadurch erringen könnten, daß wir auf eine baldige Anwendung der Atombombe verzichten und die anderen Nationen nur zögernd ins Rennen kommen lassen – allein auf der Basis von Vermutungen und ohne sicheres Wissen, daß »das Ding funktioniert« –, dürfte die Vorteile, die durch eine sofortige Anwendung der ersten und verhältnismäßig schwachen Bomben im Krieg gegen Japan gewonnen würden, bei weitem aufwiegen. Andererseits mag entgegengehalten werden, daß es ohne eine solche baldige Demonstration schwierig sein dürfte, die nötige Unterstützung für die weitere Entwicklung der Kernphysik in unserem Lande zu erhalten; und wiederum könnte dadurch die Zeit bis zu dem verzögerten Start eines allgemeinen Aufrüstungswettlaufs nicht voll genutzt werden. Weiterhin darf man annehmen, daß die anderen Nationen jetzt oder zumindest sehr bald unsere augenblicklichen Errungenschaften nicht ganz übersehen können und daß somit die Verzögerung einer Vorführung nicht gerade nützlich wäre, sofern dabei an einen Aufrüstungswettlauf gedacht wird, ja daß unsere Verzögerungstaktik nur zusätzliches Mißtrauen schüfe und sich somit die Chancen, zu einer schließlichen Übereinstimmung in der internationalen Kontrolle von Kernsprengstoffen zu gelangen, eher verschlechterten.

Wenn man also die Aussichten für ein Abkommen in allernächster Zukunft für gering erachtet, dann müssen Pro und Kontra einer baldigen, für die ganze Welt bestimmten Enthüllung unseres Kernwaffenbesitzes – nicht nur durch ihre tatsächliche Anwendung gegen Japan, sondern auch durch eine vorher eingeleitete Demonstration – von den höchsten politischen und militärischen Vertretern des Landes sorgfältig erwogen werden; jedenfalls sollte der Entschluß nicht allein vom taktischen Gesichtspunkt aus gefällt werden.

Man könnte erwidern, daß die Wissenschaftler ja selbst die Entwicklung dieser »Geheimwaffe« angeregt haben und daß es daher merkwürdig erscheint, wenn sie zögern, sie am Feind auszuprobieren, sobald sie zur Verfügung steht. Die Antwort auf diesen Einwand wurde bereits gegeben: Der zwingende Grund, diese Waffe mit solcher Eile zu schaffen, war unsere Furcht, Deutschland könne die nötigen technischen Kenntnisse zur Entwicklung einer solchen Waffe haben und die deutsche Regierung keine moralischen Bedenken hegen, sie einzusetzen.

Ein weiteres Argument, das zugunsten einer Anwendung der Atombombe, sobald sie erst einmal verfügbar ist, sprechen könnte, wäre folgendes: In diese Projekte haben die Steuerzahler so viel Geld hineingesteckt, daß der Kongreß und das amerikanische Volk nun endlich sehen wollen, wo ihr Geld geblieben ist. Die bereits erwähnte Haltung der amerikanischen öffentlichen Meinung hinsichtlich eines Gaskrieges gegen Japan beweist jedoch, daß man von den Amerikanern Verständnis dafür erwarten kann, wie wichtig es manchmal ist, eine Waffe nur für den äußersten Notfall bereitzuhalten; und sobald die Bedeutung der Kernwaffen dem amerikanischen Volk offenbart wird, darf man sicher sein, daß es alle Versuche unterstützt, die Anwendung solcher Waffen unmöglich zu machen.

Wenn dies erst einmal erreicht ist, dann sollen die großen Anlagen und Ansammlungen von Explosivstoffen, die augenblicklich zum eventuellen militärischen Einsatz bereitgehalten werden, ausschließlich für bedeutende Entwicklungen im Frieden zur Verfügung stehen – samt der Energiegewinnung, den großen Maschinenbauten und der Massenproduktion radioaktiven Materials. Auf diese Weise könnte das zu Kriegszwecken für die Entwicklung der Kernphysik ausgegebene Geld eine Spende für die Entwicklung der nationalen Wirtschaft im Frieden sein.

IV

Arbeitsweisen einer internationalen Kontrolle

Betrachten wir nun die Frage, wie eine wirkungsvolle internationale Kontrolle über die Aufrüstung mit Kernwaffen erreicht werden kann. Ein schwieriges Problem, aber wir halten es für lösbar. Es verlangt von den Staatsmännern und internationalen Rechtsgelehrten eine sorgsame Untersuchung, und wir können für diese lediglich einige einleitende Ratschläge bieten.

Vorausgesetzt, daß auf allen Seiten gegenseitiges Vertrauen und guter Wille vorhanden sind, einen gewissen Teil der Souveränität aufzugeben, d. h. eine internationale Kontrolle über bestimmte Zweige der Volkswirtschaft anzuerkennen, könnte die Kontrolle – alternativ oder simultan – auf zwei verschiedenen Ebenen durchgeführt werden.

Der erste und wohl einfachste Weg ist die Rationierung der Rohstoffe – vor allem des Uranerzes. Die Produktion von nuklearem Sprengstoff beginnt mit der Gewinnung großer Uranmengen in gewaltigen Isotopetrennungsgeräten oder riesigen Atommeilern. Die Erzmengen, die an den verschiedenen Orten gewonnen werden, ließen sich leicht von den dort ansässigen Mitgliedern des internationalen Kontrollausschusses überwachen; außerdem dürfte jede Nation nur eine begrenzte Menge erhalten, so daß eine im großen Stil durchgeführte Trennung von spaltbaren Isotopen von vornherein unmöglich wäre.

Solch eine Begrenzung hätte den Nachteil, daß dadurch die Gewinnung von Kernenergie auch für friedliche Zwecke unmöglich gemacht würde. Diese Begrenzung brauchte jedoch eine ausreichende Produktion von radioaktiven Spurenelementen nicht zu verhindern; durch diese Produktion ließen sich Industrie, Wissenschaft und Technik revolutionieren, und somit müßte nicht auf die Hauptvorteile, welche die Kernphysik der Menschheit bringen könnte, verzichtet werden.

Ein Abkommen auf höherer Ebene, das noch größeres gegenseitiges Vertrauen und Verständnis erforderte, würde eine unbeschränkte Produktion erlauben, vorausgesetzt, daß über die Verwendung jedes Pfundes geschürften Urans genau Buch geführt wird. Wenn auf diese Weise auch der Verwandlung von Uran- oder Thorium-Erz in reines radioaktives Material Einhalt geboten ist, so erhebt sich doch die Frage, wie man die Anhäufung von großen Mengen solchen Materials in Händen einer oder mehrerer Nationen verhüten soll. Denn wenn sich eine Nation der internationalen Kontrolle plötzlich entzöge, könnten derartige Anhäufungen sehr schnell zur

Herstellung von Atombomben verwendet werden. Es ist vorgeschlagen worden, sich auf eine obligatorische Denaturierung reiner radioaktiver Isotope zu einigen; nach ihrer Gewinnung müßten sie lediglich mit den passenden Isotopen geschwächt und damit für militärische Zwecke wertlos gemacht werden; für den Antrieb von Maschinen dagegen blieben sie nach wie vor verwendbar.

Eines ist klar: Jedes internationale Abkommen zur Verhütung einer Kernwaffenaufrüstung muß durch wirksame und erfolgversprechende Kontrollen unterstützt werden. Ein lediglich auf dem Papier bestehendes Abkommen hat wenig Sinn, denn weder unsere noch eine andere Nation kann ihre Existenz auf dem Vertrauen zur Unterschrift einer anderen Nation aufbauen. Jeder Versuch, die internationalen Kontrollstellen zu behindern, müßte als ein Verrat an diesem Abkommen geahndet werden. Es braucht wohl kaum betont zu werden, daß wir als Wissenschaftler der Meinung sind, jedes ins Auge gefaßte Kontrollsystem zur friedlichen Entwicklung der Kernphysik müßte noch so viel Freiheit lassen, wie mit der Sicherheit der Welt zu vereinbaren ist.

V
Zusammenfassung

Die Entwicklung der Kernenergie bedeutet nicht nur eine Steigerung der technologischen und militärischen Kraft Amerikas, sondern schafft auch ernste politische und wirtschaftliche Probleme für die Zukunft unseres Landes.

Nukleare Bomben können keinesfalls länger als einige Jahre eine »Geheimwaffe« zum ausschließlichen Nutzen unseres Landes bleiben. Die wissenschaftlichen Voraussetzungen, auf denen ihre Konstruktion basiert, sind den Forschern anderer Länder wohlbekannt. Wenn nicht eine wirkungsvolle internationale Kontrolle über die nuklearen Sprengstoffe geschaffen wird, ist es gewiß, daß unmittelbar auf die für die ganze Welt erstmalige Enthüllung unseres Besitzes von Kernwaffen ein allgemeines Aufrüsten einsetzen wird. Bis in zehn Jahren können dann andere Länder ebenfalls Kernwaffen besitzen, von denen jede ein Stadtgebiet von mehr als zehn Quadratmeilen zerstören kann und dabei nicht einmal eine Tonne zu wiegen braucht. In dem Krieg, zu dem solch ein Wettrüsten wohl führen würde, wären die Vereinigten Staaten durch ihre Bevölkerungsansammlungen und Industrieanhäufungen in verhältnismäßig wenig Städten im Nachteil – verglichen mit Nationen, deren Bevölkerung und Industrie über große Gebiete verteilt sind.

Wir glauben, daß diese Überlegungen nicht dafür sprechen, nukleare Bomben in einem baldigen, unvorhergesehenen Angriff gegen Japan einzusetzen. Wenn die Vereinigten Staaten das erste Land wären, welches diese neuen Mittel zur rücksichtslosen Zerstörung der Menschheit anwendete, würden sie auf die Unterstützung aller Welt verzichten, den Aufrüstungswettlauf beschleunigen und die Chancen für ein künftiges internationales Abkommen zur Kontrolle derartiger Waffen zunichte machen.

Wenn man jedoch diese Chancen für das Zustandekommen einer wirkungsvollen internationalen Kernwaffenkontrolle gegenwärtig als gering betrachtet, dann dürfte nicht nur die Anwendung solcher Waffen gegen Japan, sondern auch ihre baldige Anwendung den Interessen unseres Landes entgegenstehen. In solch einem Fall hätte eine Verzögerung den Vorteil, daß der Start zu einem Kernwaffen-Wettrüsten so weit wie möglich hinausgeschoben werden kann.

Sollte sich die Regierung zu einer baldigen Vorführung der Kernwaffen entscheiden, hätte sie die Möglichkeit, die öffentliche Meinung unseres Landes und anderer Nationen kennenzulernen und sie in Betracht zu ziehen, bevor sie sich entschlösse, diese Waffen gegen Japan einzusetzen. Auf diese Weise könnten die anderen Nationen einen Teil der Verantwortung für solch einen schicksalhaften Entschluß auf sich nehmen. Verfaßt und unterschrieben von

J. Franck *E. Rabinowitch*
D. Hughes *G. Seaborg*
L. Szilard *J. J. Nickson*
J. Stearns

ANMERKUNG ZU SEITE 126

In einem Brief an den Verfasser gibt Heisenberg selbst eine ausführliche Version seiner Unterhaltung mit Bohr. Darin heißt es:

»In meiner Erinnerung, die mich natürlich nach so langer Zeit auch trügen kann, hat sich die Unterhaltung etwa in folgender Weise abgespielt. Mein Besuch in Kopenhagen war im Herbst 1941; ich glaube mich zu erinnern, daß es etwa Ende Oktober gewesen ist. Um diese Zeit waren wir im ›Uran-Verein‹ auf Grund unserer Experimente mit Uran und schwerem Wasser zu folgender Meinung gekommen: Es wird sicher möglich sein, einen Reaktor aus Uran und schwerem Wasser zu bauen, der Energie liefert. In diesem Reaktor wird (auf Grund einer theoretischen Arbeit von v. Weizsäcker) ein Folgeprodukt von Uran 239 entstehen, das sich ebenso wie Uran 235 als Sprengstoff für Atombomben eignet. Für die Gewinnung von Uran 235 wußten wir damals kein Verfahren, das mit einem technisch in Deutschland und unter Kriegsverhältnissen realisierbaren Aufwand zu nennenswerten Quantitäten geführt hätte. Da auch die Gewinnung des Atomsprengstoffes aus Reaktoren offenbar nur durch den jahrelangen Betrieb von riesigen Reaktoren verwirklicht werden konnte, waren wir uns also jedenfalls klar darüber, daß die Herstellung von Atombomben nur mit einem ungeheuren technischen Aufwand möglich sein würde. Wir wußten also, daß man grundsätzlich Atombomben machen kann, haben aber dazu den nötigen technischen Aufwand eher für noch größer gehalten, als er dann tatsächlich war. Diese Situation schien uns eine besonders günstige Voraussetzung dafür, daß die Physiker Einfluß auf das weitere Geschehen nehmen konnten. Denn wäre die Herstellung von Atombomben unmöglich gewesen, so wäre das Problem gar nicht entstanden; wäre sie aber leicht möglich gewesen, so hätten die Physiker sicher die Produktion nicht verhindern können. Die tatsächlich vorhandene Situation aber räumte den Physikern um diese Zeit einen entscheidenden Einfluß auf das weitere Geschehen ein, da sie ihren Regierungen gegenüber gut argumentieren konnten, daß die Atombomben wahrscheinlich im Laufe des Krieges nicht mehr ins Spiel kommen würden, oder auch argumentieren konnten, daß es mit Hilfe ganz ungeheurer Anstrengungen vielleicht doch noch möglich sein werde, sie ins Spiel zu bringen. Daß beide Arten zu argumentieren sachlich voll berechtigt waren, hat die weitere Entwicklung gezeigt; denn tatsächlich haben ja auch die Amerikaner die Atombombe gegen Deutschland nicht mehr einsetzen können. In dieser Lage glaubten wir, daß ein Gespräch mit Bohr nützlich sein könnte. Dieses Gespräch fand dann statt auf einem abendlichen Spaziergang in dem Stadtviertel in der Nähe von Ny-Carlsberg. Da ich wußte, daß Bohr von deutschen politischen Stellen überwacht wurde und daß Äußerungen Bohrs über mich höchstwahrscheinlich wieder nach Deutschland gemeldet wurden, habe ich versucht, das Gespräch so in Andeutungen zu halten, daß ich mich damit nicht unmittelbar in Lebensgefahr brachte. Das Gespräch mag damit begonnen haben, daß ich etwas beiläufig die Frage stellte, ob es eigentlich richtig sei, daß die Physiker sich jetzt in Kriegszeiten mit dem Uranproblem beschäftigten, da doch immerhin mit der Möglichkeit gerechnet werden müßte, daß die Fortschritte auf diesem Gebiet zu sehr schwerwiegenden Konsequenzen in der Kriegstechnik führen könnten. Bohr hat die Bedeutung dieser Frage sofort verstanden, wie ich aus seiner etwas erschreckten Reaktion entnahm. Er hat nach meiner Erinnerung etwa mit der Gegenfrage geantwortet: ›Ja glaubst du denn wirklich, daß man die Uranspaltung zur Konstruktion von Waffen ausnützen kann?‹ Ich mag dann etwa geantwortet haben: ›Ich weiß, daß dies im Prinzip möglich ist, aber es würde wohl ein ungeheuer großer technischer Aufwand dazu gehören, von dem man hoffen kann, daß er in diesem Kriege nicht mehr geleistet werden wird.‹ Bohr war offenbar über diese Antwort so erschrocken, daß er glaubte, ich wollte ihm damit sagen, daß Deutschland große Fortschritte in Richtung auf die Konstruktion von Atomwaffen gemacht habe. In meinem nun folgenden Versuch, diese falsche Reaktion zu korrigieren, ist es mir wohl nicht gelungen, Bohrs Vertrauen völlig zu gewinnen, besonders da ich immer nur wagte, in ganz vorsichtigen Andeutungen zu reden (was sicher ein Fehler von mir war), aus Angst, auf irgendeinen Wortlaut später festgelegt werden zu können. Ich selbst war über das Ergebnis dieses Gespräches sehr unglücklich.«

Heisenberg machte dazu die Einschränkung, daß er den genauen Wortlaut der einzelnen Äußerungen heute sicher nicht mehr ganz richtig wiedergeben könne. Wolle man den eigentlichen Inhalt des Gespräches in den psychologischen Schattierungen richtig wiedergeben, so käme es auf sehr feine Nuancen an. Da aber keiner der beiden Gesprächspartner ein stenographisch genaues Protokoll dieser Unterhaltung besitzt, ist diese Gedächtnisaufzeichnung Heisenbergs mit allen ihren Vorbehalten die beste vorhandene Quelle.

DANK DES VERFASSERS

Da die meisten der in diesem Buch genannten Personen noch am Leben sind, habe ich viele von ihnen entweder selbst sprechen können oder schriftliche Auskünfte von ihnen erhalten. Zur Zeit meiner Recherchen war es leider nicht möglich, ähnlich unkontrollierte und unzensierte Mitteilungen von sowjetischen Wissenschaftlern zu erhalten, obwohl ich mich auf verschiedenen internationalen Physikerkonferenzen (in Pisa, Genf und Rochester) darum bemühte. Daher sind in diesem Buche leider nur Verdienst und Versagen des Westens geschildert, eine unvermeidliche Einseitigkeit, die hoffentlich von späteren Historikern korrigiert werden kann.
Für Wiedergabe oder Auslegung aller zitierten Aussagen trage ich die Verantwortung. In einigen Fällen mußte ich auf Wunsch meiner Gesprächspartner ihre Äußerungen ohne Namensnennung wiedergeben. Ich möchte folgenden Wissenschaftlern für Zeit und Geduld, die sie mir widmeten, herzlich danken:

Australien: M. Oliphant.
Dänemark: N. Bohr.
Deutschland: F. Bopp, G. Cario, S. Flügge, W. Gentner, W. Gerlach, O. Hahn, O. Haxel, W. Heisenberg. G. Joos, P. Jordan, H. Korsching, I. Noddack (Korr.), R. Pohl, M. Schön, F. Straßmann, C. F. v. Weizsäcker.
Frankreich: H. v. Halban, I. Joliot-Curie, L. Kowarski, Ch.-N. Martin.
Großbritannien: M. Born, O. R. Frisch, K. Furth, K. Lonsdale, R. Peierls, M. Perrin.
Japan: N. Fukuda.
Österreich: H. Thirring.
Polen: L. Infeld.
Schweiz: F. Houtermans, W. Pauli.
Vereinigte Staaten von Amerika: H. Agnew, L. Alvarez (Korr.), H. Bethe, G. Breit, R. Brode, H. Brown, A. H. Compton, C. Daniel, C. Evans, R. Feynman, J. Franck (Korr.), G. Gamow, S. A. Goudsmit, F. de Hoffman, H. Kalmus, R. Landshoff, R. Lapp, C. Mark, L. Marshall, R. L. Meier, P. Morrison, J. R. Oppenhei-

mer, L. Pauling, V. Paschkis, E. Rabinowitch, A. H. Sturtevant, H. Suess, L. Szilard, E. Teller, G. H. Tenney, N. Wiener, E. Wigner.

Folgenden anderen Persönlichkeiten, die mir wichtige Anregungen und Auskünfte gaben, möchte ich ebenfalls danken: Fr. M. Bohr, Mrs. R. Brode, Mrs. R. Felt, Mrs. L. Fermi, Fr. M. Hager (Korr.), Mrs. E. Jette, Mrs. D. McKibben, Mrs. A. Simpson, Mme. A. Vallentin, M. Amrine, J. Bergier, L. Bertin, R. J. C. Butow, H. Chevalier, W. Dames, L. Farago, E. Fuchs (Korr.), P. Gallois, H. B. Gisevius, L. R. Groves, P. Hein, K. Kirschfeld, A. MacCormack, D. MacDonald, O. Nathan, B. Pregel, R. Reider, A. Sachs, R. Schmidt, A. Schweitzer, K. Selmayr, E. Sommerfeld.

Es wurde mir eine Reihe von *nichtgedruckten* Quellen zugänglich gemacht:

Promotionsakten und Dossiers über die Professoren-Entlassung im Jahre 1933 im Archiv der Universität Göttingen durch G. v. Selle. Papiere der »Federation of American Scientists« in Washington durch Miss D. Higinbotham.

Akten des »Emergency Committee of the Atomic Scientists« in der »Harper Memorial Library« (Special Collection), University of Chicago, durch R. Rosenthal.

Aussagenprotokolle des japanischen Atomforschers Y. Nishina durch das »Office of Military History« US Army, Washington.
Akten über die »Alsos«-Mission im Besitz von S. A. Goudsmit.
Korrespondenz von Professor A. Sommerfeld durch K. Selmayr.
Korrespondenz Sommerfeld-Bethe durch E. Sommerfeld.
Korrespondenz über das Problem der »Selbstzensur« (1939) durch L. Szilard.

Korrespondenz Oppenheimer-Chevalier durch H. Chevalier.

C. F. v. Weizsäcker stellte mir seine nichtveröffentlichten Bemerkungen zu »Alsos« von S. A. Goudsmit zur Verfügung, sowie »Bemerkungen zur Atombombe« (unabgeschlossene Aufzeichnungen vom August 1945). W. Heisenberg überließ mir zeitweilig den vervielfältigten Text der »Faust«-Parodie (Kopenhagen 1932). Pascual Jordan gab mir ein unveröffentlichtes Manuskript über W. Heisenberg.

Michael Amrine stellte mir mehrere Manuskripte und Protokolle zur Verfügung, die sich mit dem »Kreuzzug der Wissenschaftler« beschäftigen.

QUELLENANGABEN

Bücher

Otto Hahn: Vom Radiothor zur Uranspaltung (Braunschweig 1962)
H. Hartmann: Schöpfer des neuen Weltbildes (Bonn 1952)
J. R. Oppenheimer: Science and the Common Understanding (New York 1954)
J. R. Oppenheimer: The Open Mind (New York 1955)
H. Schwartz und W. Spengler: Forscher und Wissenschaftler im heutigen Europa (Oldenburg 1955)
J. G. Crowther: British Scientists of the Twentieth Century (London 1952)
J. Bergier et P. de Latil: Quinze hommes et un secret (Paris 1955)
H. De Wolf Smyth: Atomic Energy for Military Purposes (Washington 1945)
Crowther and Widdington: Science at War (London 1947)
L. Bertin: Atom Harvest (London 1955)
S. A. Goudsmit: Alsos (New York 1962)
S. Werner: Niels Bohr (Kopenhagen 1955)
M. Rouze: F. Joliot-Curie (Paris 1950)
Carl Selig: Helle Zeit – Dunkle Zeit – In Memoriam A. Einstein (Zürich 1956)
A. Schilp: Albert Einstein, Philosopher-Scientist (New York 1951)
A. Vallentin: Das Drama Albert Einsteins (Stuttgart 1954)
L. Fermi: Atoms in the Family (Chicago 1954)
A. Moorehead: The Traitors (London 1952)
U. S. Atomic Energy Commission: In the Matter of J. Robert Oppenheimer (Washington 1954)
J. and S. Alsop: We Accuse – The Story of the Miscarriage of American Justice in the Case of J. Robert Oppenheimer (New York 1954)
A. S. Eve: Rutherford (Oxford 1939)
Iris Runge: Carl Runge und sein wissenschaftliches Werk (Göttingen 1949)
A. H. Compton: Atomic Quest (New York 1956)
E. Rabinowitch: Minutes to Midnight (Chicago 1950)

M. Amrine: Secret (Boston 1950)
B. Barber: Science and Social Order (Glencoe 1952)
R. I. C. Butow: Japan's Decision to Surrender (Stanford 1954)
P. M. S. Blackett: Military and Political Consequences of Atomic Energy (London 1952)
Walter Gellhorn: Security, Loyalty and Science (Ithaca 1950)
J. R. Shepley and C. Blair: The Hydrogen Bomb (New York 1954)
M. J. Ruggles and A. Kramish: Soviet Atomic Policy (Santa Monica 1956) [Vervielfältigt]
G. Hewlett and O. E. Anderson: The New World (University Park, Pennsylvania 1962) [Offizielle Geschichte und Rechtfertigung der U. S. Atomic Energy Commission]

Zeitschriften

Bulletin of the Atomic Scientists 1946–1956 (Chicago)
Atomic Scientists' News 1950–1952 (London)
Atomic Scientists' Journal 1953–1956 (London)
Nature 1939–1956 (London)
Newsletter of the »Federation of American Scientists« 1946–1956 (Washington)
Newsletter of the »Society for the Social Responsibility of Science« 1950–1956 (Gambier, Ohio)
Die Naturwissenschaften 1933–1939 (Berlin)
Die Naturwissenschaften 1946–1956 (Göttingen)
Science 1939, 1945–1956 (Washington)
La Nef (Paris): »L'atome, notre destin« (September 1955)
Politics (New York): Sonderheft »The Bomb« (September 1945)
Fortune (Mai 1956)
Die Zeit (Hamburg): »Der deutsche Forscher-Anteil« von K. Diebner (August 1955)
»Safety Planning of an Atomic Test Operation« by Roy Reider (Transactions of the National Safety Council, 1954)
Look (New York): »The Fight over the A-Bomb« (13. August 1963)

Namenregister

D

E

F

G